Concise Handbook of
Mineral Processing Equipment

矿物加工设备
简明手册

邹志毅　编著

U0194656

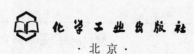

化学工业出版社

·北京·

内 容 简 介

《矿物加工设备简明手册》阐述了破碎机、磨机、筛分机、分级机、重选设备、磁选机、电选机和浮选机等各种选矿设备的作用原理、类型、结构、技术参数、选型、设计方法及其应用，内容简明扼要，具有全面性、系统性、新颖性和前沿性。本手册最大的特点是采用 Excel 电子表格通过实例给出了各种选矿设备的选型和计算，对设计选型有一定的参考性。

本书可供矿物加工工程和矿山机械等专业的高年级大学生、研究生，矿山企业和设计院所的选矿及矿山机械等相关专业的技术人员参考使用。

图书在版编目（CIP）数据

矿物加工设备简明手册/邹志毅编著. —北京：化学
工业出版社，2020.9
　ISBN 978-7-122-37072-3

　Ⅰ.①矿…　Ⅱ.①邹…　Ⅲ.①选矿机械-手册
Ⅳ.①TD45-62

中国版本图书馆 CIP 数据核字（2020）第 089891 号

责任编辑：袁海燕　　　　　　　　　　　文字编辑：赵　越
责任校对：李雨晴　　　　　　　　　　　装帧设计：王晓宇

出版发行：化学工业出版社（北京市东城区青年湖南街 13 号　邮政编码 100011）
印　　装：三河市延风印装有限公司
787mm×1092mm　1/16　印张 24　字数 542 千字　2021 年 1 月北京第 1 版第 1 次印刷

购书咨询：010-64518888　　　　　　　　售后服务：010-64518899
网　　址：http://www.cip.com.cn
凡购买本书，如有缺损质量问题，本社销售中心负责调换。

定　　价：128.00 元

京化广临字 2020—15

前　言

随着材料科学、计算机辅助设计和机械加工技术的飞速发展，矿物加工设备技术也取得了长足进步。例如高压辊磨机、超细粉碎设备和超大型浮选机的应用，在矿产资源综合利用、选矿厂的高效生产和节能减排方面发挥了极其重要的作用。在全球矿业蓬勃发展的新形势下，应化学工业出版社编辑袁海燕老师邀请，我在近两年的时间里，通过广泛的文献资料收集整理，完成了《矿物加工设备简明手册》的编写工作。

《矿物加工设备简明手册》共分 8 章，包括破碎、磨碎、筛分、分级、浮选、重选、磁选和电选等设备，旨在为从事矿物加工工程专业（选矿专业）的大专院校师生以及工程技术人员提供一本设备选用和初步设计的工具书，也可指导大专院校矿物加工专业高年级学生的毕业设计，同时可作为选矿厂和设计部门的矿物加工专业技术人员进行设备方案设计的参考，该书具有以下特点。

1. 简明：除数据图表外，设备分类、结构特点与技术性能也尽量用表格说明，便于查阅。

2. 实用：编写过程中紧密围绕设备选型和初步设计这一思路取材，并提供了相应的设备选型计算实例。

3. 前沿：广泛收集了近年来国内外有关资料，采用较新的数据和实例，反映了选矿设备的新类型、新技术和新发展。

清华大学戴猷元教授审阅了第 1～4 章，江西理工大学邱廷省教授审阅了第 5～8 章，感谢他们为本书勘误和润色；感谢化学工业出版社编辑的关心、支持和帮助。

本书编写过程中编著者曾得到许多专家和友人的帮助和建议，在此一并表示感谢。他们是任德树教授、Roman 先生、徐政博士、张喜先生、Cleary 博士、Morrel 博士、刘文焰女士、杨松荣博士、方启学博士、张雁生博士、黄自力教授、温建康教授、王应安先生、冯晓然先生、高敏女士、陈泽基博士、王闯博士、王武军先生、张光烈教授级高级工程师等。

时间仓促，不足在所难免，敬请读者批评指正。

编著者　邹志毅

2020 年 1 月 26 日

目 录

7 磁选机

8 电选机

绪　论

　　矿物加工（Mineral Processing）也称为选矿（Ore Dressing），即将采矿所得原矿中的有用矿物和脉石分离并得到精矿的过程。矿物加工包括矿石粒度的调整、有用矿物和脉石的物理分离、精矿和尾矿的生产。

　　随着国民经济的飞速发展，矿产资源大量被开发，原材料不断消耗，使得已探明资源量不断减少，同时导致了矿物资源日趋贫、细、杂。为了提高选矿厂的效益，势必扩大生产规模，日处理数万吨的大型或特大型选矿厂日趋增多。这对选矿设备提出了越来越高的要求，促使选矿设备不断向大型、高效和节能的方向发展。

0.1　矿物加工设备的作用

　　矿物加工是采矿和冶炼的一个中间环节，是矿物资源利用过程中的一个重要的、必不可少的子过程。它在提高矿石品位使之符合冶炼要求以及合理利用国家资源方面，成为国民经济中一个不可缺少的组成部分。

　　有色金属和稀有金属是机械制造工业、国防工业和发展现代尖端科学的必需材料。金属生产的最终目标是生产最纯净的金属。矿物加工在实现这一目标中起着不可或缺的作用。图 0.1 显示了从采矿（步骤 1）至冶炼加工提取金属的一般流程图。步骤 2 和 3 分别是粉碎和矿物分选，这两个步骤都被视为矿物加工的一部分。步骤 5 和 7 涉及低温冶金处理（湿法冶金），步骤 4 和 6 为高温冶炼（火法冶金），都不属于矿物加工的范畴。

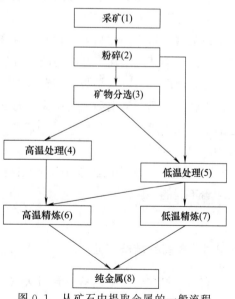

图 0.1　从矿石中提取金属的一般流程

　　矿物加工过程是由各种选矿设备（破碎机、筛分机、磨矿机、分级机、选别设备和脱水设备）来完成的。它是一条机械化甚至是自动化的生产流水线。流水线上的每台设备承担着不同的任务，设备的类型、性能、可靠性对矿物加工的效率、数量指标、质量指标、经济效益有着重要的影响。因此，全面认识、掌握各种矿物加工设备的工作原理、结构特点、应用范围以及关键零部件的计算方法，了解设备的使用与调整、操作与维护，对保证生产任务的顺利完成，提高矿物加工生产的各项技术经济指标，使矿山企业获得良好的经济效益，都具有重要的意义。

应该看到，选矿设备的发展还会引起选矿流程的改变并促进选矿技术的发展。例如，超达科技公司提出用 Isa 磨机——Jamson 浮选槽回路回收磨矿回路中新单体解离的有用矿物。Isa 磨使用惰性磨矿介质，防止铁介质对磨矿过程中新生成的矿物表面的污染，Jamson 浮选槽可实现对矿物的快速浮选。与使用普通球磨机和常规浮选槽的浮选回路相比，该工艺获得的精矿铅回收率提高 5%，铅品位提高 5%，另外一些优点在于减少了闪锌矿的损失，节约了能源并降低了药剂用量。

还有，炼铜炉渣中往往含有较高的铜，某冶炼厂采用选矿方法处理，使炼铜炉渣中94%左右的铜金属得到回收。如果全国的炼铜炉渣都得到处理，那么不仅节约大量资源，而且将为国家创造出十分可观的财富。

此外，选矿设备还广泛地应用在化学工业、玻璃、陶瓷以及建筑材料等工业部门中，随着这些工业的发展，选矿设备对国民经济的作用就更加重要了。

0.2　选矿的基本作业和工艺流程

选矿过程有两个基本作业，即有价矿物与无用的脉石矿物的解离，或称单体分离，以及有价成分与脉石的分离，或称富集。

有价矿物与脉石的单体分离是通过粉碎过程实现的，该过程包括碎矿和磨矿，使产品达到一定颗粒大小，成为相对纯净的矿物和脉石颗粒的混合物。正确的解离度是选矿成功的关键。有价矿物必须从脉石中解离，但只需单体分离即可。矿石过度磨碎是浪费的，因为不必要地消耗了磨矿电能，并使有效回收更加困难。本书以后将会谈到，避免过磨是如此重要，以致某些矿石在入选前的粉碎粒度宁可大于解离度。

矿物从脉石中解离后，就用某种方法对矿石进行选别，将各矿物分选成两种或多种产品。往往利用矿石中金属和脉石矿物的物理或化学性质的某种特殊差异来达到分选目的。

选矿的工艺流程由选前的准备作业、选别作业和选后的脱水作业等组成。每个作业都起着不同的作用。

0.2.1　选前的准备作业

有用矿物在矿石中通常呈嵌布状态。嵌布粒度的大小通常为几毫米至 0.05mm。目前，露天矿开采出来的原矿最大块度为 1300～200mm，地下矿开采出来的原矿最大块度为 600～200mm。因此，为了从矿石中提出有用矿物，必须将矿石破碎，使其中的有用矿物得以单体分离，以便选出矿石中的有用矿物。有用矿物和脉石颗粒解离得越完全，有用矿物选别作业的效果就越好。

对于绝大多数矿石，选前的准备作业可分两个阶段进行：

（1）破碎筛分作业

破碎是指将块状矿石变成粒度大于 1～5mm 产品的作业。粗嵌布的矿石（有用矿物的粒度为几毫米），经破碎后即可进行选别。破碎矿石通常是采用各种类型的破碎机。

筛分就是将颗粒大小不同的混合物料按粒度分成几种级别的分级作业。从矿山采出来的矿石，其粒度大小很不一致，其中含有一定量的细粒矿石，如其粒度适于下段作业的要求，那么，这些矿石就无需破碎。所以，当矿石进入破碎机之前，应将细粒矿石分出，这样可以增加机器的处理能力和防止矿石的过粉碎。其次，在破碎后的产品中也时常含有粒度过大的矿粒，这也要求将过大的矿粒从混合物料中分出并返回破碎机中继续破碎。为了达到上述目的，必须进行筛分。在选矿厂中，破碎和筛分组成联合作业。

（2）磨碎分级作业

有用矿物呈细粒嵌布时，由于粒度比较小（1～0.05mm），因此，矿石经几段破碎以后，必须继续进行磨碎，才能使有用矿物与脉石达到单体分离，以便选出有用矿物而去掉脉石。

为了控制磨矿产品的粒度和防止矿粒的过粉碎或泥化，通常采用分级作业与磨矿作业联合进行。

0.2.2 选别作业

矿石经粉碎到一定大小的粒度以后，虽然有用矿物呈单体分离状态，但仍与脉石混在一起。选别作业就是根据矿石的性质，用适当的方法从中选出矿石中的有用矿物。最常用的分选方法有以下几种：

（1）重选法

重选是利用矿石中有用矿物和脉石的密度差，在介质 [水、空气、重介质（重液或悬浮液）] 中造成不同的运动速度而使它们分离的一种选矿方法。

重选的设备有跳汰机、摇床、溜槽和重介质选矿机等。

（2）浮选法

浮选是根据各种矿物表面物理化学性质的差别，而使有用矿物与脉石相互分离的选矿方法。

浮选是在浮选机中进行的。

（3）磁选法

磁选是根据有用矿物与脉石的磁性不同，而使它们分离的一种选矿方法。

磁选是在磁选机中进行的。

（4）电选法

电选是根据有用矿物与脉石的导电性不同，而使它们分离的一种选矿方法。

此外，还有根据矿物的摩擦系数、颜色和光泽等不同而进行选矿的一些其他选矿方法，如摩擦选矿法和光电分选法等。

矿石经过选矿过程以后，可以得到几种产品：精矿、尾矿和中矿。

选矿过程的效率主要用回收率来表示。回收率是以精矿中金属的重量与原矿中金属的重量之比的百分数表示。回收率愈高，则选矿过程的效率愈高。

各种矿石的选矿过程是不同的，它们取决于矿石的性质、选矿厂所在地的自然条件、冶炼要求等一系列因素。图 0.2 为用主要设备和辅助设备表示的某铜矿选矿厂设备流程图。

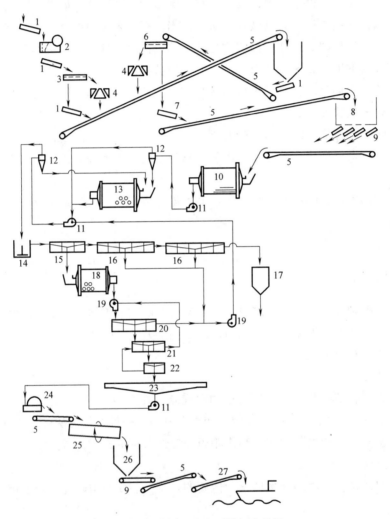

图 0.2 某铜矿选矿厂设备流程图

1—给料机；2—颚式破碎机；3—筛子；4—圆锥破碎机；5—带式输送机；6—双层振动筛；7—圆盘给矿机；8—碎矿仓；
9—带式给矿机；10—棒磨机；11—卧式泵；12—水力旋流器；13—球磨机；14—调浆槽；15—浮选粗选槽；
16—浮选扫选槽；17—尾矿泵；18—再磨球磨机；19—立式泵；20—浮选一次精选槽；21—浮选二次精选槽；
22—浮选三次精选槽；23—浓密机；24—圆筒真空过滤机；25—圆筒干燥机；26—精矿仓；27—装船机

选矿设备是根据选矿流程来选择的，但是，流程应当与主要工艺设备协调一致，并考虑到设备的特性。设备的选择与选矿厂操作的技术经济指标有关，即与电能的消耗、设备配置所需的厂房面积、基本建设投资、经营管理费用以及选矿过程的工艺指标有关。

0.3　选矿设备的发展概况

新中国成立以来，随着选矿工业的发展，选矿机械经历了从无到有、从小到大、从单个品种和规格到多个品种和规格的发展过程。各种选矿机械产品已经形成系列。现在生产的各种型式和规格的破碎机、磨矿机和选别机械，基本上能满足国民经济建设的需要，同时，在自磨机、高压辊磨机、液压圆锥破碎机、反击式破碎机、离心选矿机、液压动筛跳汰机、浮选机、稀土永磁磁选机和超导磁选机等产品的研制和新技术的应用方面都取得了一定的成果。但是，根据我国矿藏资源的特点（贫矿多、共生矿物多、细粒嵌布矿物多），选别机械的品种还不能完全满足新的选矿工艺的需要，特别需要发展一些适用于难选矿物分选的选别设备。为了提高我国的金属产量，也需要在消化先进技术的基础上发展我国现有选矿设备并研制新的选矿设备。

为了适应矿物加工工业高速发展的需要，使我国成为社会主义现代化强国，必须不断地改进现有产品的结构，提高制造质量，加强耐磨材料的研究，延长易损零部件和选矿设备的使用寿命，充分发挥设备的生产能力，搞好产品的标准化、系列化、通用化，努力提高选矿过程的机械化、自动化和智能化水平，研制大型、高生产率和高效率的选矿设备。

1 破碎

1.1 概述

破碎是粉碎的第一个阶段，通常是干法作业，分粗碎和中碎两段或粗碎、中碎和细碎三段或粗碎、中碎、细碎和超细碎四段。

就破碎机而言，其破碎方式和设备类型很多，通常是按照破碎物料时所施加的挤压、剪切、冲击、研磨等破碎力进行分类的。

挤压式破碎机包括颚式、旋回、圆锥、辊式和高压辊磨机等五种类型。这些破碎机在破碎物料过程中，都是通过固定面和活动面对物料相互挤压而达到粉碎的。

冲击式破碎机最典型的特点，就是利用高速旋转的转子或锤子来击碎物料。根据冲击作用的破碎原理而产生的锤式破碎机和反击式破碎机，除了向待碎的物料施加冲击力外，还经常伴有剪切力和研磨力的联合作用，以便对在旋转的转子或锤子与固定筛条之间的物料进行冲击和研磨而破碎。

各种类型的破碎机都有自己的特点及其适用范围。例如，颚式或旋回式破碎机一般用来粗碎大块坚硬或磨蚀性很强的物料。它们不适于破碎潮湿性和黏性物料。

辊式破碎机破碎的产品中立方体颗粒较多，能处理非常坚硬的、湿度大或像黏土一样的矿物。虽然这种设备的破碎比较小，但是这个缺陷可以通过安装两段三辊或四辊式机型得以补偿。辊式破碎机还用于坚硬物料且排料粒度很细的场合。

冲击式和锤式破碎机具有很大的破碎比，一般能处理大块物料，且能生产出大量的细粒产品的矿物。

表 1-1 为工业上常用的破碎设备的分类情况。

破碎机常按物料性质、粒度、处理能力、用途、工厂规模和厂址地形等因素进行选型。

① 破碎坚硬、脆性物料时，可以按给料粒度或产品粒度来选用破碎机。粗碎机（给料粒度 ≤1500mm，产品粒度 100～350mm），选用颚式或旋回破碎机，中碎机（给料粒度 150～350mm，产品粒度 19～150mm）和细碎机（给料粒度 19～150mm，产品粒度 5～30mm），多数选用圆锥破碎机，少数采用颚式或辊式破碎机。对于产品粒度小于 5mm 的超细破碎机，选用旋盘（Gyradisc）式破碎机或光面辊式破碎机或高压辊磨机。

② 对于中硬和软质物料的破碎，可选用锤式和冲击式破碎机、齿面辊式破碎机

表 1-1 常用的破碎设备

作业	破碎机名称	主要破碎方法	粉碎比	适用物料性质
粗碎	颚式破碎机	压碎	(4∶1)~(9∶1)	各种硬度物料
	旋回破碎机	压碎	(3∶1)~(10∶1)	各种硬度物料
	锤式破碎机	击碎	(20∶1)~(40∶1)	中硬以下、脆性、SiO$_2$含量较低的物料
	反击式破碎机	击碎	40∶1	中硬以下、脆性、SiO$_2$含量较低的物料
中碎	圆锥破碎机	压碎	(6∶1)~(8∶1)	各种硬度物料,含泥、含水量低的物料
	冲击式破碎机	压碎	(8∶1)~(10∶1)	中硬以下、脆性、SiO$_2$含量较低的物料
	锤式破碎机	压碎	(8∶1)~(10∶1)	中硬以下、脆性、SiO$_2$含量较低的物料
	单辊辊式破碎机	击碎	7∶1	脆软及非磨蚀性物料
细碎	短头圆锥破碎机	压碎	(4∶1)~(6∶1)	各种硬度物料,含泥、含水量低的物料
	辊式破碎机	压碎	(3∶1)~(15∶1)	中硬以下、非黏性、SiO$_2$含量较低的物料
	锤式破碎机	击碎	(4∶1)~(10∶1)	中硬以下、脆性、SiO$_2$含量较低的物料
	立式冲击破碎机	击碎	(8∶1)~(10∶1)	中硬以下、脆性、SiO$_2$含量较低的物料
	高压辊磨机	压碎	(10∶1)~(15∶1)	中硬以下、脆性、含泥、含水量低的物料
超细碎	新型圆锥破碎机	压碎	(10∶1)~(20∶1)	各种硬度物料,非黏性、含水量低的物料
	立式冲击破碎机	击碎	(10∶1)~(15∶1)	中硬以下、脆性、含泥、含水量低的物料
	高压辊磨机	压碎	(10∶1)~(15∶1)	中硬以下、脆性、含泥、含水量低的物料

等。锤式和冲击式破碎机的破碎比和处理能力很大，例如把给料粒度＜1300mm 和＜300mm 的物料分别碎至＜70mm 和＜10mm，从而兼有粗碎和中碎或中碎和细碎的作用。

③ 工厂规模较大，山坡建厂者宜用旋回破碎机作为粗碎；工厂规模小，平地建厂者，粗碎作业可选用颚式破碎机。

1.2 颚式破碎机

1.2.1 类型和构造

颚式破碎机由于具有构造简单、制造容易、维护方便和造价低廉等优点，所以在冶金、矿山、建筑、交通和化工等工业部门中获得极其广泛的应用。特别是在中、小型选矿厂和矿山，使用这种类型破碎机的最多。这种破碎机还可以安装在活动的机架上，作为移动式破碎机在不同地点进行破碎工作。

根据动颚的悬挂位置的不同，颚式破碎机可分为上部悬挂式和下部悬挂式两种。现在，各类矿山使用的基本上都是上部悬挂式颚式破碎机。

按照动颚运动的方式，颚式破碎机又可分为简单摆动式 ［图 1-1（a）］ 和复杂摆动式 ［图 1-1（b）］ 两类。

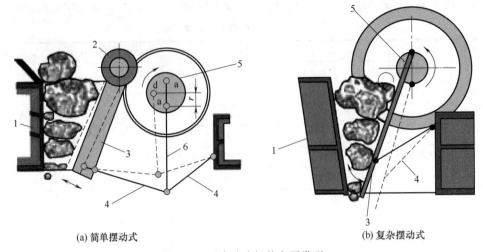

(a) 简单摆动式   (b) 复杂摆动式

图 1-1   颚式破碎机的主要类型

1—固定颚；2—动颚悬挂轴；3—动颚；4—前（后）推力板；5—偏心轴；6—连杆

1.2.1.1   简单摆动式颚式破碎机

简单摆动式颚式破碎机简称为简摆型颚式破碎机，这种颚式破碎机应用很广。图 1-2 是简摆型颚式破碎机，主要由破碎腔、调整装置、保险装置、支承装置和传动机构等部分组成。图中机架的前端壁是固定颚，心轴（又称动颚悬挂轴）支承在机架侧壁的轴承中，心轴中部悬挂着动颚。偏心轴由主轴承支承，偏心轴上装有连杆。连杆下部备有前后推力板，当电动机通过 V 带来带动皮带轮和偏心轴旋转时，垂直的连杆即产生上下运动，并带动前推力板做前后运动。当连杆向上运动时，前推力板即推动动颚向前靠近固定颚，这时处在破碎腔内的物料即被破碎，称为工作行程；连杆下降时，动颚退到原来位置，即离开固定颚时，已碎的物料随即排出，称为空行程。在空行程期间，

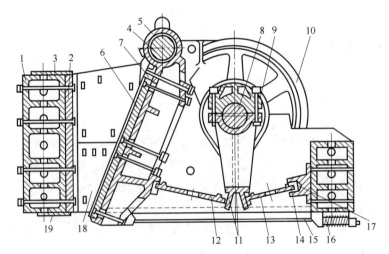

图 1-2   简单摆动式颚式破碎机

1—机架；2，6—齿板；3—压板；4—心轴；5—动颚；7—螺栓；8—偏心轴；9—连杆；10—皮带轮；11，14—推力板支座；12—前推力板；13—后推力板；15—拉杆；16—弹簧；17—垫板；18—侧衬板；19—钢板

装在偏心轴上的飞轮（图中未示出）和皮带轮将能量储存起来，以便工作行程时释放出能量，从而降低偏心轴转速及减少电动机功率的波动。

　　动颚和固定颚之间的梯形空间称为破碎腔，是破碎物料的工作部分。破碎腔的形状直接影响生产能力、动力消耗、衬（齿）板磨损和破碎比，有直线型和曲线型两种，如图1-3所示。曲线型破碎腔将颚板下部的齿板制成曲线形状，使得破碎腔的啮角（动颚和固定颚衬板之间的夹角）从上向下逐渐减小，在动颚每产生一次开启或闭合期间，所形成的梯形断面的物料体积往下逐渐增加，即物料通过量增大，使堵塞点位置上移，在排矿口附近不易发

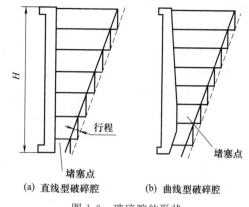

图1-3　破碎腔的形状

生堵塞现象。实践表明，当动颚行程和摆动次数相同时，曲线型破碎腔的生产能力提高28%，齿板磨损降低20%，并且节省能耗10%左右。

　　固定颚和动颚齿板上的齿形为三角形断面，而且固定颚齿板的齿峰与动颚齿板的齿谷相对，以产生集中应力及弯曲应力，有利于物料破碎。为了提高齿板的使用寿命，除采用耐磨合金钢制作外，大型破碎机的齿板往往做成2～3块分别安装，以便工作一段时间后，可将上下两部分齿板调换使用。

　　齿板的材质对颚板寿命、生产费用和破碎产品粒度分布等有很大影响。齿板普遍采用高锰钢（含锰12%～14%或更高）制造。近年来，我国研制成功合金铸铁（如高铬铸铁、镍硬铸铁和中锰球铁等）齿板，其使用寿命比高锰钢提高很多。

　　排料口的调整装置在后推力板与后支座之间，装有一组垫板，改变垫板的厚度或个数，即可调整排料口的宽度。大型颚式破碎机多用这种调整装置。还有一种楔块调整装置，如图1-4中的楔块，借助于螺栓与螺母或蜗杆、蜗轮，或者利用链式传动装置使后楔块做上下移动，则前楔块沿水平方向前后移动，推力板及动颚随之移动，从而调节排料口的宽度。第三种调整排料口宽度的装置是在后推力板支座与机架后壁之间安置液压油缸和活塞，活塞的移动推动推力板和动颚移动，达到调节排料口宽度的目的。

　　推力板是破碎机的保险装置（简摆型颚式破碎机利用其后推力板作保险装置）。推力板通常用铸铁制造，并在断面上开设若干个小孔，以降低强度，当非破碎物进入破碎腔时，后推力板首先从小孔处折断，以保护设备其他部件免遭损坏。另一种保险装置是后推力板分成两部分用铆钉

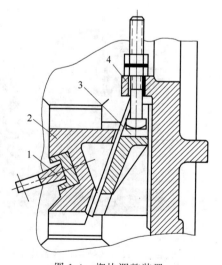

图1-4　楔块调整装置

1—推力板；2—楔块；3—调整楔块；4—机架

铆接而成，以便破碎腔进入非破碎物体时，销钉首先剪断，破碎机立即停止运转。还有一种是液压连杆的保险装置。该连杆上装有液压油缸和活塞；油缸与连杆头相连，活塞与推力板支座相连。当非破碎物进入破碎腔时，活塞上的作用力增大，油缸内油压随之增大并超过规定的压力时，压力油将通过高压溢流阀排出，活塞及推力板停止动作。

颚式破碎机的偏心轴常用优质合金钢制造，我国采用 42MnMoV、30Mn2MoB、34CrMo 等钢种。悬挂轴用 45 钢制造。

颚式破碎机的轴承为具有巴氏含金轴瓦的滑动轴承或滚动轴承。我国目前仅在小型颚式破碎机上使用滚动轴承。滑动轴承的润滑很重要，通常采用稀油润滑系统，并兼有润滑和冷却双重作用。

颚式破碎机的机架由铸钢或钢板焊接制成。大型破碎机多用焊接机架。

1.2.1.2　复杂摆动式颚式破碎机

复杂摆动式颚式破碎机简称为复摆型颚式破碎机。这种破碎机只有一个推力板，而且动颚的悬挂轴同时是传动的偏心轴，取消了连杆等部件，机器重量较简摆型颚式破碎机减轻 20%～30%。由于该破碎机的动颚直接悬挂在偏心轴（图 1-5）上，所以动颚的运动轨迹较复杂。在简摆型颚式破碎机中，动颚的运动行程是以心轴为中心做往复摆动的圆弧运动，行程可分为水平和垂直的两个分量，其比例大致如图 1-6（a）所示。复摆型颚式破碎机的动颚运动轨迹，在动颚上端近似为圆形，中部近似为椭圆形，下端则为圆弧形，其水平与垂直行程的比例大致如图 1-6（b）所示。实践表明，在设备规格等条件相同时，复摆型颚式破碎机的生产能力比简摆型颚式破碎机增加约 30%，但齿板的磨损要比后者严重。

固定颚和动颚齿板、破碎腔形状和保险装置等结构与简摆型颚式破碎机相似。

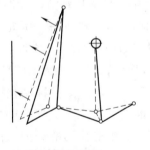

(a) 简摆型颚式破碎机　　(b) 复摆型颚式破碎机

图 1-5　复杂摆动式颚式破碎机（图片来自山特维克）　　图 1-6　颚式破碎机动颚的运动轨迹

1—偏心轴；2—飞轮；3—头部护板；4—压条；

5—上颚板；6—前机架；7—定颚衬板；8—下

颚板；9—动颚衬板；10—支承条；11—动颚；

12—拉杆；13—肘板；14—排矿口调整装置

颚式破碎机的规格是以给料口的尺寸（宽度×长度）表示。颚式破碎机的生产能力列于表 1-2 中。

表 1-2　颚式破碎机生产能力　　　　　单位：m³/h

给矿口尺寸 /in	电机 /kW	开边排矿口/mm								
		25	32	38	51	63	76	102	127	152
10×20	14	127	154	182	230	310				
10×24	11	145	173	200	310	300				
15×24	22		209	245	300	381	454			
14×24	19			236	700	372	454			
24×36	56					863	103	136		
30×42	75					113	136	182	227	272

给矿口尺寸 /in	电机 /kW	开边排矿口/mm								
		63	76	102	127	152	178	203	229	254
32×42	75		227	263	300	327	363			
36×48	93		189	245	300	354	409			
42×48	110				345	381	426	463	490	527
48×60	1580				436	481	517	554	600	
56×72	186						454	500	567	617
66×84	225						700	772	863	950

注：1in＝2.54cm，下同。

1.2.1.3　直接传动颚式破碎机

直接传动颚式破碎机（图 1-7）没有后推力板，偏心轴位于下部，偏心轴转动时直接推动动颚而破碎物料。这种破碎机用于粗碎各种坚硬物料[1]。

在常规传动的简摆型颚式破碎机中，其连杆及连杆轴承的受力约为推力板受力的 1/3，而在直接传动简摆型颚式破碎机中，全部作用力都加到轴承和偏心轴上，从而对轴承及偏心轴都有很高的要求。当动颚行程相同时，由于这种破碎机直接推动动颚，其偏心轴的偏心距比常规传动颚式破碎机的偏心距要小。

通常使用不同长度的推力板或采用增减垫板的厚度和个数来实现排料口宽度的粗调，通过转动轴承头中的偏心衬套来进行精细调整。

1.2.1.4　冲击颚式破碎机

冲击颚式破碎机是一种利用冲击能来破碎高强度（350MPa 以上）物料的破碎设备。该机具有不同啮角的破碎腔，越接近给料口，啮角和破碎空间越大，除满足给料粒度大的要求外，还能使物料受到冲击破碎作用。同时，排料口处的啮角较小，有利于排料，减少了堵塞现象。这种破碎机采用偏心轴的高转速（高达 500～1200r/min）使动颚产生冲击和挤压作用而破碎物料。图 1-8 为冲击颚式破碎机结构图[2]。

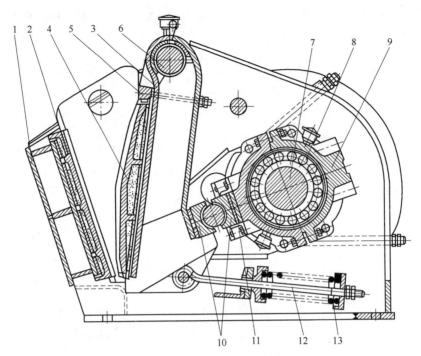

图 1-7 直接传动颚式破碎机

1—外壳；2—固定颚板；3—动颚；4—动颚板；5—夹紧楔块；6—动颚轴；7—偏心轴；
8—偏心轴轴承；9—轴承头；10—推力板；11—隔板；12—弹簧拉杆；13—回拉弹簧

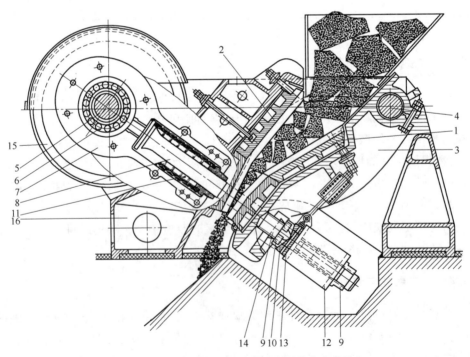

图 1-8 冲击颚式破碎机（图片来自蒂森克虏伯）

1—动颚衬板；2—固定颚衬板；3—动颚；4—心轴；5—偏心轴；6—滚子轴承；7—连杆体；8—连杆；9—调整
螺钉；10—楔块；11—过载保护弹簧；12—横梁；13—支承板；14—支承头；15—飞轮；16—机架

　　这种破碎机的连杆上装有作为设备保险的盘形弹簧。当非破碎物进入破碎腔时，弹簧可以退让，以保护破碎机的安全。

　　目前，德国蒂森克虏伯公司制造的用于粗、中、细破碎的冲击颚式破碎机共有 24 种规格。该破碎机特别适用于高强度物料（如铁合金等）和中硬物料的粗碎和中碎作业。用作粗碎时，给料粒度最大可达 1800mm，排料粒度最小可达 260mm，生产能力可达 650m³/h 左右。

1.2.1.5　其他类型颚式破碎机

　　双动颚颚式破碎机的结构示意图如图 1-9 所示。该机的结构特点是：采用同步运动的双动颚机构；具有上下对称的变啮角的破碎腔；动颚的推力板采用负倾角支承；采用低悬挂的偏心轴等机构[3]。

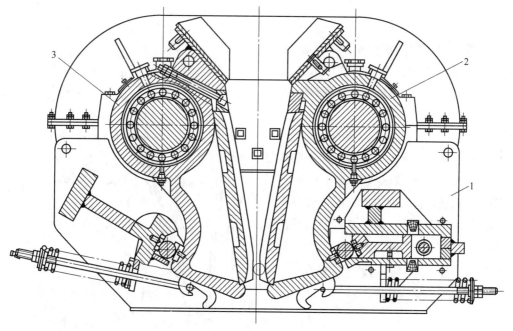

图 1-9　双动颚颚式破碎机示意图

1—机架；2，3—带传动轴的颚板

　　振动颚式破碎机是由俄罗斯米哈诺布尔选矿研究设计院研制的，利用不平衡振动器产生的离心惯性力和高频振动实现破碎。它具有双动颚结构，如图 1-10 所示，弹性支承在机架上，机架的扭力轴上分别悬挂着两个动颚，动颚装有同步运转的不平衡振动器。当两个不平衡振动器作相反旋转时，分别推动动颚，相对于扭力轴做相反方向的往复摆动。两个动颚相互靠近时，处在破碎腔内的物料即被破碎。通过扭力轴可以调整动颚摆动振幅，从而控制破碎产品的粒度。该破碎机适用于破碎铁合金、金属屑、边脚钢料、砂轮和冶炼炉渣等难碎物料，还可用于破碎冰冻的鱼块，并减少对鱼本身的损伤。可破碎的物料抗压强度高达 500MPa。设备规格为 80mm×300mm、100mm×300mm、100mm×1400mm、200mm×1400mm 和 440mm×1200mm 等。动颚摆动频率为 13~24Hz，功率 15~74kW，破碎比可达 4~20[4]。

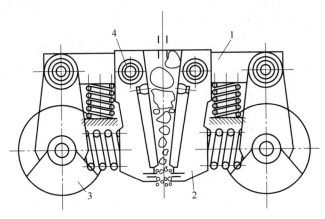

图 1-10　振动式颚式破碎机结构简图

1—机架；2—动颚；3—不平衡振动器；4—扭力轴

上推型复摆颚式破碎机将推力板装置由向下支承改为向上支承，并增大传动角 γ，使得 $\gamma > 90°$（下推型复摆颚式破碎机的 $\gamma < 90°$），如图 1-11 所示，从而改变了动颚的运动特性，减少了动颚的垂直行程，而保持动颚原来的水平行程。另一个结构特点是，将传统的颚式破碎机的正悬挂方式（即动颚悬挂点在垂直方向上的位置高于给料口的位置）改为负（或零）悬挂方式，即动颚悬挂点的垂直位置下移至接近于或低于给料口的位置，既增大动颚在上端的水平行程，又降低设备高度和重量。

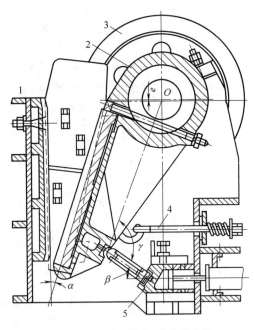

图 1-11　上推型复摆颚式破碎机

1—机架；2—动颚；3—皮带轮；4—拉紧装置；5—调整装置

1.2.2　颚式破碎机的参数

1.2.2.1　啮角

破碎机的动颚与固定颚之间的夹角 α（图 1-12）称为啮角。啮角的上限应能保证破碎时能够咬住物料不被挤出破碎腔。同时，在调节排料口的宽度时，啮角是变化的。排料口宽度减小，啮角增大；反之，排料口宽度增大，而啮角减小。啮角增大，破碎比也增大，但生产能力相应减少。所以啮角大小的选择还应当考虑破碎能力和破碎比之间的关系。

理论上两颚板之间极限啮角的大小，可通过颚板上的受力分析求出。当颚板压住物料时，作用在物料上的力如图 1-12 所示。

设颚板对物料的垂直作用力为 P_1、P_2，物料沿颚板表面所受的摩擦力为 fP_1 和

fP_2，其中 f 表示物料与颚板之间的摩擦系数。物料的重量与作用力 P_1、P_2 相比很小，故可忽略。由图 1-12 中两个颚板受力情况的分析，可分别列出 x 轴和 y 轴的力平衡方程式：

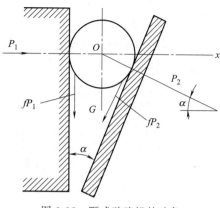

$$P_1 - P_2 \cos\alpha - fP_2 \sin\alpha = 0 \quad （1\text{-}1）$$
$$-fP_1 - fP_2 \cos\alpha + P_2 \sin\alpha = 0$$
$$（1\text{-}2）$$

通过简单的运算，可得：

$$\tan\alpha = 2f/(1-f^2) \quad （1\text{-}3）$$

摩擦系数 f 可用摩擦角 ψ 表示，即 $f = \tan\psi$

图 1-12　颚式破碎机的啮角

代入式（1-3）：

$$\tan\alpha = \tan 2\psi$$
$$\alpha = 2\psi \qquad\qquad （1\text{-}4）$$

式（1-4）表明，啮角的最大值为摩擦角的 2 倍。通常情况下，物料与颚板之间的摩擦系数 $f = 0.2 \sim 0.3$，相当于摩擦角 $\psi \approx 12°$。因此，颚式破碎机的啮角通常取为 $18° \sim 24°$。

1.2.2.2　偏心轴的转速

颚式破碎机偏心轴的转速即为动颚前后摆动的次数。偏心轴转一圈，动颚往复摆动一次，前半圈为工作行程，后半圈为空行程。转速太快，已碎的物料还来不及从破碎腔中排出，动颚又向前摆动而影响排料，不利于提高破碎机生产能力。转速太慢，破碎腔内物料已经排出，但动颚还未开始工作行程，同样不利于破碎机生产能力的发挥。

图 1-13 是破碎腔排料口处的排料情况示意图。左方为固定颚，右方的实线和虚线分别为动颚闭合和开启时的位置，梯形面积表示动颚每次开启将排出的物料。动颚闭合时将物料压碎，并以 C_4B_4 表示动颚开启时能够排出物料的最大宽度。

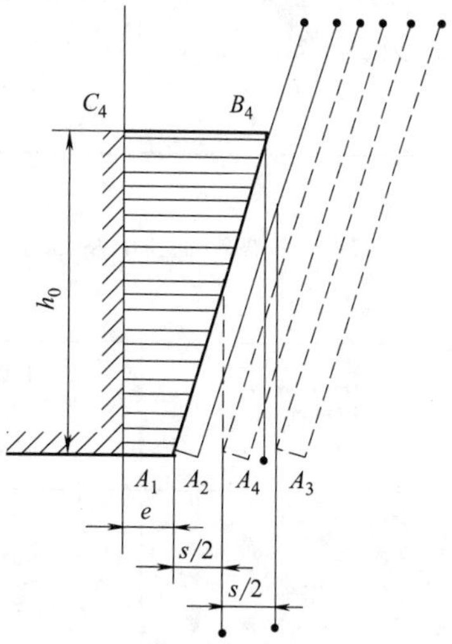

当动颚由 A_1 退到 A_2，破碎腔内的物料仍处于压紧状态，物料从 A_2 起开始排料，一直延续到右死点 A_3，而达到闭合行程的 A_4 才告结束。此时，偏心轴大致转动 $120°$，即 $1/3$ 转，其时间 t 与转速 n 的关系为：

$$t = \frac{60}{3n} = \frac{20}{n}$$

图 1-13　颚式破碎机的排料示意图

梯形体的高度 h_0 为：

$$h_0 = A_4 B_4 = \frac{3s}{4\tan\alpha}$$

式中　s——动颚在排料口处的水平行程，cm；

α——破碎腔的啮角，（°）。

按自由落体定律，在时间 t 时物料下落的距离 $h_0 = \frac{1}{2}gt^2$。

$$h_0 = \frac{3s}{4\tan\alpha} = \frac{1}{2}gt^2 = \frac{1}{2}g\left(\frac{20}{n}\right)^2$$

$$n \cong 500\sqrt{\frac{\tan\alpha}{s}} \tag{1-5}$$

设备规格＞900mm×1200mm 的颚式破碎机，推荐用式（1-5）计算偏心轴的转速。

对于规格≤900mm×1200mm 的颚式破碎机，推荐采用式（1-6）计算转速：

$$n \cong 665\sqrt{\frac{\tan\alpha}{s}} \tag{1-6}$$

在实际生产中，常用下列简单的公式来确定颚式破碎机的转速。

当破碎机给料口宽度 B≤1200mm，偏心轴转速为：

$$n = 310 - 145B \qquad \text{r/min} \tag{1-7}$$

而给料口宽度 B＞1200mm，则：

$$n = 160 - 42B \quad \text{r/min} \tag{1-8}$$

式中，B 为颚式破碎机的给料口宽度，　m。

利用式（1-7）和式（1-8）算出的偏心轴转速，与颚式破碎机实际采用的转速较接近，见表 1-3。

表 1-3　颚式破碎机偏心轴转速的对比情况

破碎机型和规格/mm		颚式破碎机的偏心轴转速/（r/min）	
		按式(1-7)或式(1-8)计算	实际采用（按产品目录）
简单摆动	1500×2100	97	100
	1200×1500	136	135
	990×1200	180	180
复杂摆动	600×900	223	250
	400×600	252	250
	250×400	274	300
	150×250	228	300

1.2.2.3　生产能力

影响颚式破碎机生产能力的因素很多，如物料性质、转速、动颚运动特性等。要准确地确定颚式破碎机的处理量，必须考虑啮角、行程、速度等因素的影响，但在以往的计算处理量的公式中，没有全面地考虑这些影响因素。因此，计算其处理量的公式没有一个是完全令人满意的。不同研究者提出了各自不同的公式，见表 1-4 [5-12]。

表 1-4　颚式破碎机处理量的经验公式

序号	提出者	公式
1	Rose	$Q_s = 2820 W L_T^{0.5} (2L_{min} + L_T)\left(\dfrac{R}{R-1}\right)^{0.5}$
2	Hersam	$Q = 59.8\left[\dfrac{L_T(2L_{min}+L_T)wG v\rho_s K}{G-L_{min}}\right]$
3	Michaelson	$Q = \dfrac{7.037 \times 10^5 W K'(L_{min}+L_T)}{v}$
4	Broman	$Q_s = \dfrac{W L_{max} L_T K 60 v}{\tan\alpha}$
5	Taggart	$Q_s = 930 W L_{max}$
6	Plaksin	$Q = 5Ksb \times 10^{-4}$
7	Gieskieng	$Q_s = c\gamma bshme\eta \times 10^{-7}$
8	Lewenson	$Q_s = 150 n b_2 s_2 d\mu\gamma$
9	Razumov	$Q_s = 1.5 f\gamma b\left(s' + \dfrac{h}{2}\right)mh \times 10^{-7}$

注：$Q(Q_s)$—破碎机生产能力，t/h；W—动颚板宽度，m；L_T—动颚在排料口处的行程，m；L_{min}—紧边排矿口；R—破碎比；G—给料口宽度，m；v—转速，r/min；ρ_s—物料密度；K—系数，实验室破碎机取 0.75；K'—系数；L_{max}—开边排矿口；α—啮角，（°）；s—破碎机排料口宽度，mm；b—颚式破碎机排料口长度，mm；c—根据给料中存在的细粒量和颚板表面特征决定的系数；γ—物料的密度，t/m³；h—颚板摆动幅度，cm；m—每分钟冲击次数；e—颚板夹角的修正系数，26°=1，夹角每减少 1°，系数增大 3%；η—破碎机的理论生产能力与实际生产能力之比，约为 0.8～0.9；n—传动轴转速，r/min；b_2—动颚板宽度，m；s_2—动颚板摆动幅度，m；d—物料破碎后的平均粒度，m；μ—物料破碎后的松散系数，根据它的物理特性而定，约为 0.25～0.50；f—松散系数，约为 0.3～0.7；s'—破碎机紧边排料口宽度，mm。

　　图 1-14 给出了采用其中 6 个不同的公式得到的颚式破碎机生产能力的计算结果，并与设备制造商的数据进行了比较[13]。从此图中可以明显地看出，若 S_C 值为 1.0，Rose 公式的计算结果对破碎机制造商推荐的生产能力做出了过高的估算。颚式破碎机生产能力的计算非常依赖于被破碎矿石的 S_C 值。若 S_C 值为 0.5，其生产能力的计算值则降低到已安装工厂的数据范围内。大多数其他计算方法往往估计出比制造商推荐值更高的生产能力，因此，应当始终咨询破碎机制造商。

　　在实际工作中，常用下面的经验公式计算颚式破碎机的处理量，即

$$Q = K_1 K_2 q_0 e\,\frac{\gamma}{1.6} \tag{1-9}$$

式中　K_1——物料可碎性系数，查表 1-5；

　　　K_2——物料粒度修正系数，查表 1-6；

　　　q_0——破碎机单位排料口宽度的处理能力，t/（h·mm），查表 1-7；

　　　e——排料口宽度，mm；

　　　γ——物料的松散体积密度，t/m³。

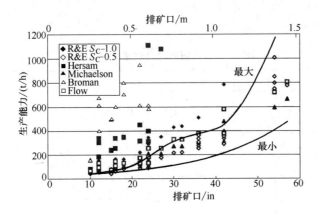

图 1-14　采用不同公式计算得到的颚式破碎机生产能力的比较

图中计算所采用的数据是：密度 2.6t/m³，$f(P_K)=0.65$，$f(\beta)=1.0$ 和 $S_C=0.5\sim1.0$ （R&E）；$K=0.4$ （Hersam）；$K'=0.3$ （Michaelson）；$K=1.5$ （Broman）；$v=275r/min$。最大值和最小值曲线为制造商推荐的破碎机正常操作的生产能力范围。

表 1-5　物料可碎性系数 K_1

物料的普氏系数	<1	1～5	5～15	15～20	>20
可碎性系数 K_1	1.3～1.4	1.15～1.25	1.0	0.8～0.9	0.65～0.75

表 1-6　物料粒度修正系数 K_2

给料最大粒度 D_{max}/给料宽度 B	0.85	0.6	0.4
K_2	1.0	1.1	1.2

表 1-7　颚式破碎机单位排料口宽度的处理能力

破碎机规格/mm	250×400	400×600	600×900	900×1200	1200×1500	1500×2100
q_0/[t/(h·mm)]	0.4	0.65	0.95～1.0	1.25～1.3	1.9	2.7

1.2.2.4　电动机功率

(1) 按动颚受力计算破碎机的功率

在一般情况下，动颚的最大受力 P_{max} （kgf）为：

$$P_{max}=27LH \tag{1-10}$$

式中，L、H 分别为破碎腔的长度和高度，cm。

动颚的平均受力 $P=0.2P_{max}$。在计算破碎机功率时，应该用平均受力 P 的作用点处的行程 s'。对于复摆型颚式破碎机，$s'=0.5s$ （s 为动颚在排料口处的行程）；对于简摆型颚式破碎机，$s'=(0.56\sim0.6)s$，颚式破碎机的功率 N （kW）为：

$$N=\frac{Ps'n}{102\times60\eta}\times10^{-2} \tag{1-11}$$

式中　s' ——动颚平均受力的作用点处的行程，cm；

　　　　n ——动颚偏心轴的转速，r/min；

　　　　η ——破碎机的传动效率，取 $0.6 \sim 0.75$。

电动机的安装功率 N_m 为：

$$N_\mathrm{m} \approx 1.5N \tag{1-12}$$

（2）功率的经验公式

对于设备规格为 $900\mathrm{mm} \times 1200\mathrm{mm}$ 以上的大型颚式破碎机，功率 N（kW）为：

$$N = \left(\frac{1}{100} \sim \frac{1}{120}\right)BL \tag{1-13}$$

对于规格为 $600\mathrm{mm} \times 900\mathrm{mm}$ 以下的中、小型颚式破碎机，功率为：

$$N = \left(\frac{1}{50} \sim \frac{1}{70}\right)BL \tag{1-14}$$

式中，B、L 分别为破碎机给料口的宽度和长度，cm。

（3）电动机功率的另一个经验公式

简摆型颚式破碎机的功率 N 为：

$$N \approx 10LHsn \tag{1-15}$$

式中，s 为动颚在排料口处的行程，m。

复摆型颚式破碎机的功率按式（1-16）计算：

$$N \approx 18LHrn \tag{1-16}$$

式中，r 为偏心轴的偏心距，m。

　　颚式破碎机的规格是以给料口的尺寸（宽度 $B \times$ 长度 L）表示。目前颚式破碎机的最大规格是 1600mm 开口 × 1900mm 宽。这种规格的破碎机能处理的最大矿块为 1.22m，排矿口为 300mm，破碎能力约为 1200t/h。然而刘易斯（Lewis）认为，破碎能力超过 545t/h，颚式破碎机相对于旋回破碎机的使用经济性优势逐渐减少，若超过 725t/h 时，在经济上则不如旋回破碎机[14]。

1.3　旋回破碎机

1.3.1　旋回破碎机的类型和工作原理

　　旋回破碎机是一种圆锥破碎机，有人将旋回破碎机称为粗碎圆锥破碎机，广泛应用于各种坚硬物料的粗碎。当给料粒度或设备规格相同时，旋回破碎机的生产能力比颚式破碎机大 2 倍以上，故在大型金属矿山中用作粗碎破碎机。

　　根据传动和保险方式的不同，旋回破碎机分为液压式与普通式两种 ［见图 1-15（a）、（b）］；根据排料方式的不同，旋回破碎机分为侧卸式与中心排料式两种 ［见图 1-15（b）、（c）］。在这三种类型中，悬轴式中心排料旋回破碎机的应用最广泛。

　　旋回破碎机的简要结构见图 1-15（c）。旋回破碎机的机体由破碎腔、调整装置、悬挂装置和机架等主要部分构成。破碎腔是由动锥（破碎锥）和固定锥组成的环形空间，动锥固定于主轴上。主轴上端通过悬挂装置由横梁支承，下端插入偏心轴套内。当

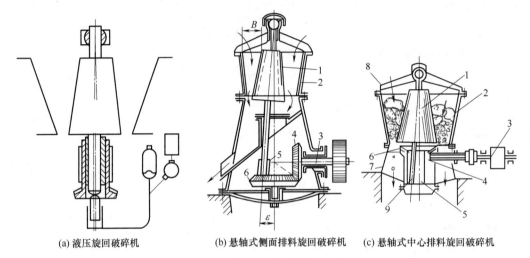

(a) 液压旋回破碎机　　(b) 悬轴式侧面排料旋回破碎机　　(c) 悬轴式中心排料旋回破碎机

图 1-15　旋回破碎机结构示意图

1—动锥；2—固定锥；3—传动轴；4—小伞齿轮；5—偏心轴套；6—大伞齿轮；

7—机架；8—悬挂主轴的横梁；9—主轴

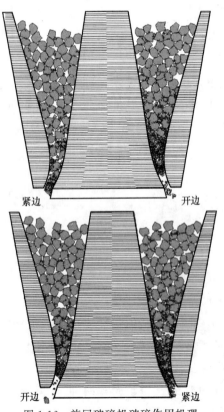

图 1-16　旋回破碎机破碎作用机理
的高保真数值模拟（HFS）

偏心轴套经大小伞齿轮带动主轴转动时，动锥即产生以悬挂点为中心的旋回运动，并在运动中，动锥时而靠近，时而远离固定锥。当动锥靠近时，给入的物料在动锥与固定锥之间受到挤压和弯曲作用而破碎；当动锥远离时，该部分物料向下排卸。物料经如此反复破碎后从破碎腔底部排出。

　　动锥和固定锥的表面都敷有锰钢衬板或齿板。由于动锥衬板下部不断磨损，排料口宽度和破碎产品粒度逐渐增大，需利用主轴上端的调整装置进行调节。调节排料口宽度时，先取下轴帽，用吊车将主轴稍稍向上吊起，取出楔形键，然后再顺转或逆转锥形螺母，使主轴和动锥上升或下降，排料口宽度则减小或增大。当调整到要求的排料口宽度时，打入楔形键，装好轴帽。

　　普通旋回破碎机的过载保险装置，通常利用了安在传动皮带轮上的保险销子。一旦非破碎物进入破碎腔而出现过载时，销子即剪断，机器则停止运转。

偏心轴套的内外表面浇铸（或熔焊）巴氏合金，但外表面只在 3/4 面积上浇铸巴氏合金。为防止粉尘进入偏心轴套等运动部件中，在动锥下部装有挡油环及密封套环。

从旋回破碎机上部看，破碎腔是环形的。因此，在破碎腔内的物料还受到弯曲作用。而且在任一瞬间，都有一部分物料正在受到动锥的压碎作用，在它对面的那部分物料则正在向下排卸，因此机器的工作是连续的。图 1-16 是旋回破碎机破碎作用机理的高保真数值模拟。

1.3.2　旋回破碎机的构造

液压旋回破碎机的结构图如图 1-17 所示。油缸安装在破碎机主轴的下部，用来支承动锥和主轴的重量，并由缸体、活塞和摩擦盘等组成。油缸的上部有三个摩擦盘，上摩擦盘和下摩擦盘分别固定于主轴和活塞上，中摩擦盘的上表面是球面，下表面是平面。破碎机工作时，中摩擦盘的上球面和下平面与上下摩擦盘都有相对滑动。改变油缸内的油量即可调整排矿口的大小。

图 1-17　液压旋回破碎机结构（图片来自艾法史密斯）

1—臂架；2—臂架护板；3—臂架帽；4—臂架衬套；5—臂架油封；6—螺纹主轴瓦；7—头螺母；8—主轴；9—动锥；
10—动锥中心体；11—分段接触油封；12—上架体；13—中间架体；14—下架体；15—定锥；16—防尘密封帽；
17—防尘密封环；18—偏心套；19—齿轮箱护板；20—水平轴；21—水平轴密封；
22—液压缸；23—活塞；24—动锥位置传感器

旋回破碎机的液压系统如图 1-18 所示。蓄能器内的充气压力为 1100kPa。破碎机启动前，先向油缸内充油。充油时，关闭截止阀 4b、打开截止阀 4a，开动单级叶片泵。油压达到 8～1100kPa 时，动锥开始上升。当升到工作位置后，关闭截止阀 4a 和叶片泵。这时，液压系统的油缸压力与破碎机工作的破碎力相平衡。

这个液压系统既是旋回破碎机排料口的调整装置，又是设备的过载保险装置。当增大排料口宽度时，打开截止阀 4a 和 4b，油缸内的油在动锥自重的作用下流回叶片泵。

动锥下降到需要的位置后，立即关闭截止阀。当需要减小排料口尺寸时，打开截止阀4a，启动油泵向油缸内充油，动锥开始上升，直至达到要求的排料口尺寸时，关闭截止阀4a和停止油泵。

当非破碎物进入破碎腔时，动锥受力激增，并向下猛压活塞，使油缸内的油压大于蓄能器内的气体压力，于是油缸内的油被挤入蓄能器中，动锥开始下降，排料口增大而排出非破碎物。排出之后，由于单向节流阀的作用，蓄能器中的油缓慢地流向油缸，使动锥缓慢地恢复原位。

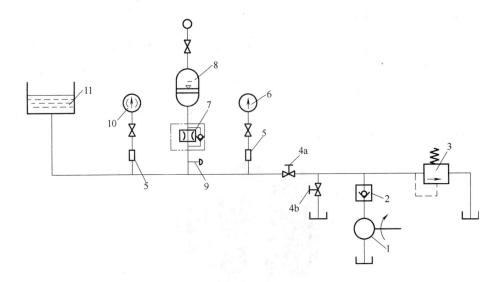

图 1-18   旋回破碎机液压系统示意图

1—单级叶片泵；2—单向阀；3—溢流阀；4a, 4b—截止阀；5—减震器；6—压力表；
7—单向节流阀；8—蓄能器；9—放气阀；10—电接点压力表；11—油缸

目前各国生产的旋回破碎机均向大型化方向发展。大型旋回破碎机的主要参数见表 1-8。

表 1-8   大型旋回破碎机主要参数

破碎机厂家	规格 /mm	动锥直径 /mm	给料口尺寸 /mm	电动机功率 /kW	设备质量 /t	产量 /(t/h)
美卓矿机	1524×2794	2794	1524	1200	390	10000
山特维克	1650×3022	3022	1650	1100	824.5	6160~10940
艾法史密斯	1600×3000	3000	1600	1200	525	6208~9490
蒂森克虏伯	1600×3300	3300	1600	1500	495	6200~14400

目前世界上最大规格的旋回破碎机是德国蒂森克虏伯公司制造的 1600mm×2896mm 旋回破碎机，用于 Iriana Jaya 的 Grasberg 铜金矿，其处理能力超过10000t/h。

1.3.3 旋回破碎机的参数

旋回破碎机的啮角、转速、处理能力和电动机功率等主要参数的理论计算公式与生产实际有较大出入，在此着重介绍比较适用的半经验公式或经验公式。

(1) 啮角

旋回破碎机在动锥和固定锥之间破碎物料的作用，与简摆型颚式破碎机在动颚和固定颚之间破碎物料相似，因此前面关于颚式破碎机啮角的分析推导也适用于旋回破碎机。

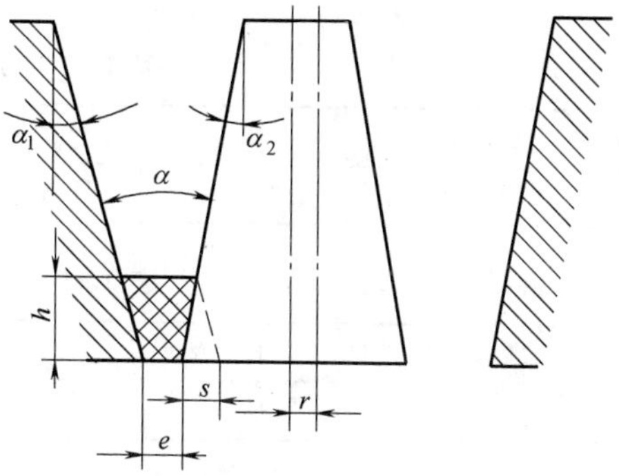

旋回破碎机的啮角是动锥与固定锥之间的夹角，按图1-19可得出：

$$\alpha = \alpha_1 + \alpha_2 \leqslant 2\varphi \qquad (1-17)$$

图 1-19 旋回破碎机啮角的示意图

式中 α_1——固定锥锥角，(°)；

α_2——动锥锥角，(°)；

φ——摩擦角，(°)。

由于旋回破碎机是连续工作且动锥进行旋回运动，所以它的啮角比颚式破碎机选得略大，一般取 $\alpha = 22° \sim 28°$（最大可达 $30°$）。

(2) 转速

转速的经验公式有：

$$n = 160 - 42B \qquad (1-18)$$

$$n = 175 - 50B \qquad (1-19)$$

式中 n——动锥的转速，r/min；

B——破碎机的给料口宽度，m。

式（1-18）与式（1-19）的计算结果与产品目录中实际使用的颇为接近（表1-9）。

表 1-9　按理论公式和经验公式计算的转速

破碎机规格/mm	理论公式[①]计算的转速/(r/min)	式(1-18)计算的转速/(r/min)	式(1-19)计算的转速/(r/min)	实际采用的转速/(r/min)
500	292	139	150	140
700	—	131	140	140
900	232	122	130	125
1200	238	110	115	110

① $n \approx 470 \sqrt{\dfrac{\tan\alpha_1 + \tan\alpha_2}{s}}$，$s$ 为动锥底部的行程，cm。

(3) 处理能力

$$Q = K_1 K_2 q_0 e \frac{\gamma}{1.6} \qquad (1-20)$$

式中　Q——处理能力，t/h；

　　　K_1——物料的可碎性系数（表1-10）；

　　　K_2——物料粒度的修正系数（表1-11）；

　　　q_0——破碎机单位排料口宽度的生产能力（表1-12），t/（h·mm）；

　　　γ——松散体积密度，t/m³；

　　　e——排料口宽度，mm。

表 1-10　物料的可碎性系数 K_1

物料的普氏硬度系数	<1	1~5	5~15	15~20	>20
可碎性系数 K_1	1.3~1.4	1.15~1.25	1.0	0.8~0.9	0.65~0.75

表 1-11　物料粒度修正系数 K_2

给料最大粒度 D_{max}/给料口宽度 B	0.85	0.6	0.4
粒度修正系数 K_2	1.0	1.1	1.2

表 1-12　旋回破碎机的 q_0 值

旋回破碎机规格/mm	500/75	700/300	900/160	1200/180	1500/180	1500/300
q_0 值/[t/(h·mm)]	2.5	3.0	4.5	6.0	10.5	13.5

另一种计算处理能力的经验公式：

$$Q = Ke\gamma D^{2.5} \tag{1-21}$$

式中　K——经验系数，一般 $K = 0.95 \sim 0.98$；

　　　D——动锥底部的直径，m；

　　e，γ——符号的意义同式（1-20），单位分别为 mm 和 t/m³。

（4）电动机功率

$$N = 85KD^2 \tag{1-22}$$

式中　N——电动机功率，kW；

　　　D——动锥底部直径，m；

　　　K——系数，按表1-13选取。

表 1-13　系数 K 值

给料口宽度/mm	500	700	900	1200	1500
K	1.00	1.00	1.00	0.91	0.85

1.3.4　颚式与旋回破碎机的比较和选择

颚式破碎机与旋回破碎机各有优缺点。大体上比较其特点，则如表1-14所示。

表 1-14　颚式破碎机与旋回破碎机的比较

项目	颚式破碎机	旋回破碎机
粉碎能力	产出少量大块	产出大量中块
能力范围	有大中小各种类型	只有大型

项目	颚式破碎机	旋回破碎机
安装	机身低，振动多	机身高，基础大
拆装工作	比较容易	困难
粉碎粒度	不够一致	均匀
动力	大	小

塔加特（Taggart）给出了一个指导性的关系式：若粉碎能力（t/h）$<161.7×$开口（开口以 m^2 为单位），则选择颚式破碎机；若粉碎能力（t/h）$>161.7×$开口（开口以 m^2 为单位），则选择旋回破碎机。

1.3.5　颚-旋式破碎机

为了解决旋回破碎机在一定给料粒度时生产能力过大的问题，研制了颚-旋式破碎机。该机的主体结构仍是旋回破碎机，只是将给料口的一侧向外扩大（图 1-20），使给料粒度比规格相同的一般旋回破碎机增加 1 倍。这种破碎机用于石灰石等中硬物料的粗碎，效果比较显著。例如，将规格为 700mm 旋回破碎机改为 1000mm/150mm 的颚-旋式破碎机，给料的最大粒度由原来的 500mm 增大到 800mm，而设备的台时生产能力与 1200mm×1500mm 简摆型颚式破碎机相接近，而且无需另设给料设备。

图 1-20　颚-旋式破碎机（图片来自蒂森克虏伯）

1.4　圆锥破碎机

1.4.1　圆锥破碎机的类型和构造

通常所谓的圆锥破碎机用于坚硬物料的中碎和细碎，前者叫作标准型圆锥破碎机，后者称为短头型圆锥破碎机。

中、细碎圆锥破碎机的构造基本相同，其工作原理与旋回破碎机相似。但圆锥破碎机与旋回破碎机结构方面的主要区别为：

① 圆锥破碎机的动锥不是靠主轴悬挂在机器上部的横梁上面，而是由动锥体下方的球面来支承。

② 旋回破碎机是利用动锥的上升或下降来调节排料口的宽度，圆锥破碎机通过调整

固定锥（调整环）的高度位置来实现排料口宽度大小的调节。

③ 常规旋回破碎机通常采用液压缸和蓄能器作为保险装置，弹簧圆锥破碎机用机身周围的弹簧作为保险装置。

④ 破碎腔形状不同。圆锥破碎机的动锥和固定锥的锥角大，破碎腔（从上部看）的直径越接近排料口处越大，在排料口附近还有一个较长的平行区。

1.4.1.1 弹簧式圆锥破碎机

弹簧式圆锥破碎机（图 1-21）的主要构造有机架、动锥、固定锥及弹簧。破碎腔由固定锥和动锥构成，两个锥体表面均敷有耐磨合金钢的衬板。定锥衬板固定在调整环上。调整环的外侧借助锯齿形螺纹与支承环连接。支承环不能转动，拧动调整环即改变固定锥的高度位置，从而调节排料口的宽度。

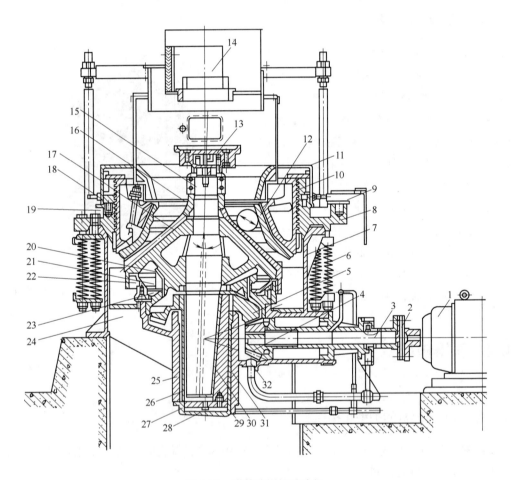

图 1-21　弹簧式圆锥破碎机

1—电动机；2—联轴器；3—传动轴；4—小圆锥齿轮；5—大圆锥齿轮；6—保险弹簧；7—机架；8—支承环；
9—推动油缸；10—调整环；11—防尘罩；12—固定锥衬板；13—给矿盘；14—给矿箱；15—主轴；16—可动
锥衬板；17—可动锥体；18—锁紧螺母；19—活塞；20—球面轴瓦；21—球面轴承座；22—球形颈圈；
23—环形槽；24—筋板；25—中心套筒；26—衬套；27—止推圆盘；28—机架下盖；
29—进油孔；30—锥形衬套；31—偏心轴承；32—排油孔

支承环借助一组弹簧压紧在机架的周围，此弹簧即为破碎机的保险装置。在正常工作时，弹簧产生足够的压力以平衡固定锥受到的破碎力。当非破碎物进入破碎腔时，由于动锥对于固定锥的作用力激增，弹簧退让，使支承环和调整环的一侧向上抬起，增大了排料口的宽度，可排出非破碎物。然后，弹簧的压力使支承环恢复至原来的位置。

圆锥破碎机工作过程中，为避免粉尘进入球面轴承及传动部件内部，在球面轴承上设有水封防尘装置。

圆锥破碎机的两个锥体（动锥和定锥）在排料口附近有一个平行区，为了保证破碎产品达到一定的细度和均匀度，平行区要有一定的长度，使物料在排出之前，在平行区至少要受到一次的挤压或破碎作用。平行区的长度与破碎产品要求的粒度、破碎机的规格和类型有关。根据平行带区的长度不同，圆锥破碎机的破碎腔分为标准型、中间型和短头型，如图 1-22 所示。

(a) 标准型　　　　　　(b) 中间型　　　　　　(c) 短头型

图 1-22　标准型、中间型和短头型破碎腔形状

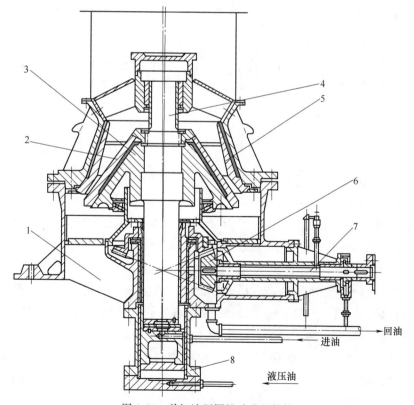

回油

进油

液压油

图 1-23　单缸液压圆锥破碎机结构

1—筋板；2,5—衬板；3—动锥；4—主轴；6—小圆锥齿轮；7—传动轴；8—液压缸

1.4.1.2 液压圆锥破碎机

上述的各类圆锥破碎机，都是采用弹簧作为设备的保险装置。实践证明，这种保险装置的可靠性差，易于造成断轴等事故。而且这类破碎机排料口的调节很不方便。为此，国内外都在大力生产和推广应用液压圆锥破碎机。

液压圆锥破碎机可分为单缸和多缸等型式。多缸液压圆锥破碎机，一般用 12～24 个油缸代替弹簧圆锥破碎机的保险弹簧，而以液压油缸作为保险装置，其排料口的调节仍与弹簧圆锥破碎机相同。而单缸液压圆锥破碎机的保险作用和排料口的调节全由置于主轴下部的单个油缸来完成。尽管油缸数量和安装位置不同，但它们的工作原理和基本结构及液压系统是相似的。

单缸液压圆锥破碎机，就其对矿石的破碎作用和破碎过程来说，同弹簧式圆锥破碎机基本是一样的。

图 1-23 为单缸液压圆锥破碎机的结构。这种形式的单缸液压圆锥破碎机与弹簧式圆锥破碎机相比，主要特点在于它采用了液压调整、液压保险和液压卸载（卸除堵塞的物料）。底部单缸液压圆锥破碎机的液压调节和保险的作用原理如图 1-24 所示。

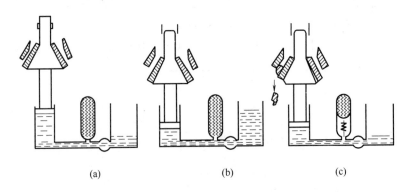

(a)   (b)   (c)

图 1-24 液压调节和保险的作用原理

液压油压入液压缸柱塞下方，破碎锥上升，排矿口缩小，见图 1-24（a）。

液压缸柱塞下的油放回油箱，破碎锥下降，排矿口增大，见图 1-24（b）。

液压缸柱塞下方高压油与蓄能器相通，蓄能器内充入 502kgf/cm² （1kgf/cm² ＝ 0.1MPa，下同）压力的氮气。当铁块或其他不可破异物进入破碎腔时，破碎锥向下压的垂直力增大，导致高压油路中的油压大于蓄能器内氮气压力，氮气被压缩，液压油进入蓄能器，液压缸内柱塞与破碎锥同时下降，排矿口增大，异物排除，实现保险，见图 1-24（c）。

异物排出后，氮气压力高于正常破碎时的油压，进入蓄能器的油又被压回液压缸，使柱塞上升，破碎锥恢复到正常工作位置。

液压系统示意图如图 1-25 所示。液压油箱的水平截面积与液压缸水平截面积相等，因此，液压油箱上油位指示器所指示的油位变化量即液压缸内柱塞和破碎锥的上下起落量。利用破碎锥垂直上下变化量与排矿口变化量之间的比例关系，在油位指示器上设置排矿口标尺，调整排矿口时，操作者即可依液压油位所对应的排矿口标尺的读数差，确定排矿口的变化量。

　　这种破碎机的主轴和动锥的重量是全部由液压油缸的油压支承的。油压系统包括液压油缸和活塞、蓄能器和油箱等部分。当需要减小排料口时，将液压油从油箱压入油缸的活塞下方，这时动锥升起，排料口减小：反之，排料口增大。排料口的尺寸大小，可由油位指示器直接显示出来。当非破碎物进入破碎腔时，油路中的油压大于蓄能器的氮气压力，蓄能器内的压力一般为 5000kPa，液压油进入蓄能器内，这时油缸内的油塞和动锥即同时下降，排料口增大，排出非破碎物，起到机器的保险作用。

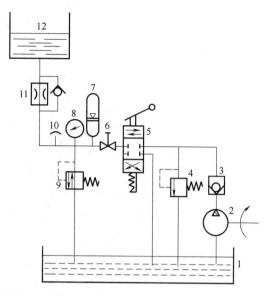

图 1-25　底部单缸液压圆锥破碎机液压系统示意图
1—油箱；2—油泵；3—单向阀；4—高压溢流阀；
5—手动换向阀；6—截止阀；7—蓄能器；8—压力表；9—安全阀；10—放气阀；11—单向节流阀；12—主机液压缸

　　单缸液压圆锥破碎机很容易实现破碎过程的自动操作，而且它的重量较轻。这种破碎机在我国已得到广泛应用。

　　圆锥破碎机的规格以动锥底部的直径 D（mm）来表示。目前世界上最大规格的圆锥破碎机是美卓矿机制造的 MP2500 圆锥破碎机，安装功率为 2000kW。

1.4.1.3　CALIBRATOR 圆锥破碎机

　　CALIBRATOR 圆锥破碎机（图 1-26）的固定锥衬板安装在上部机架上，动锥支承在球面支承上。球面支承由液压缸或一组环形弹簧支承。环形弹簧装于主轴内。该破碎机的结构上有一些创新的特点，即保险装置和排料口调整装置设在球面支承上；使用环形弹簧的 CALIBRATOR 圆锥破碎机，其特点之一是阻尼大。当非破碎物进入破碎腔时，环形弹簧受压变形，动锥及球面支承向下退让。排出非破碎物后，动锥及球面支承缓慢地恢复到原位，从而减小冲击和减轻衬板的磨损。排料口的宽度利用手轮通过圆锥齿轮来调节球面支承的上升或下降，从指针及刻度盘中读出动锥升降的高度位置，从而达到排料口需要调节的宽度。

　　这种圆锥破碎机现在也有用液压代替环形弹簧的液压 CALIBRATOR 圆锥破碎机，装有标准型、中型、细型和超细型四种衬板。

1.4.1.4　旋盘式圆锥破碎机

　　美卓矿机的旋盘式圆锥破碎机（图 1-27）是一种细碎破碎机，其保险装置、排料口调节装置、球面支承等结构，与一般短头型圆锥破碎机相似。但衬板和破碎腔形状比较特殊，即破碎机的平行区的衬板极短，倾角又平缓，物料在破碎腔内形成很厚的"密实的聚积层"，颗粒在动锥作用下依靠相互挤压研磨而粉碎。这种作用称为粒间粉碎，

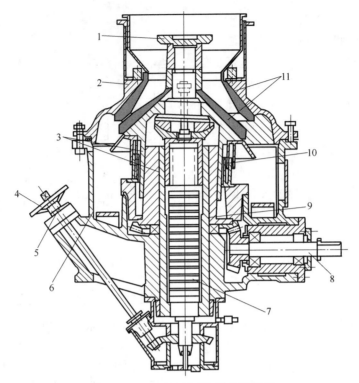

图 1-26   CALIBRATOR 圆锥破碎机

1—给料盘；2—上部机架；3—滑动瓦；4—手轮；5—刻度盘；6—下部机架；

7—环形弹簧；8—传动轴；9—主轴；10—迷宫式密封；11—衬板

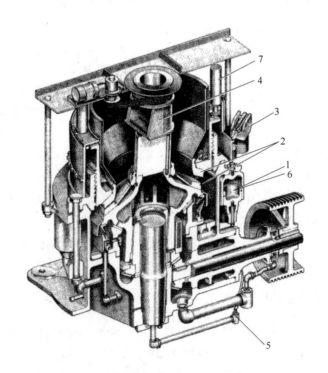

图 1-27   旋盘式圆锥破碎机（图片来自美卓矿机）

1,6—气动保险装置；2—破碎板；3—液力调整装置；4—旋转给料装置；5—压力油润滑系统；7—液压控制锁紧装置

其优点一是能在同样的排料口宽度下得到粒度较细的产品粒度，二是由于破碎作用主要在颗粒之间进行，衬板的磨损较低。

采用这种破碎机对某物料二次细碎时，细碎产品粒度可降低至 $100\% - 7mm$（循环负荷 $\leqslant 50\%$）或 $100\% - 3mm$（循环负荷 $< 150\%$），从而提高球磨机产量并降低能耗。

1.4.1.5　新型圆锥破碎机

(1) HKB 圆锥破碎机

一个现代化的新型短头型圆锥破碎机——HKB 圆锥破碎机如图 1-28 所示，该圆锥破碎机包括一个圆柱形的下机架，垂直的主轴固定于其上。上主轴采用中空轴设计，其中容纳一个垂直可调节的活塞，活塞上有球面支承轴承，用于悬垂的动锥的轴向引导。动锥的径向支承由安装在动锥和主轴之间的偏心轴套来保证。锥齿轮带动偏心轴套旋转，从而使得动锥做旋摆运动。带有定锥的上机架通过螺栓连接牢固地连在下机架上。通过液压方式提升或降低主轴中的活塞，达到调整排矿口宽度的目的。

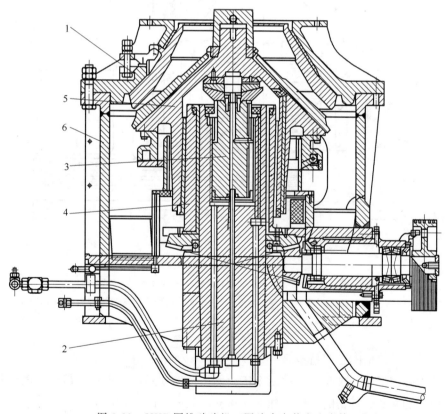

图 1-28　HKB 圆锥破碎机（图片来自蒂森克虏伯）

1—上机架；2—主轴；3—可调节的活塞；4—偏心轴套；5—动锥；6—圆柱形下机架

当不易破碎的异物通过时，一旦接近预设定的液压压力，动锥将向下偏离，达到保护设备之目的。

该圆锥破碎机（型号为 HKB 1050）已经在矿渣和骨料破碎中得到了很好的应用。用于破碎砾石，产量可达到 200t/h，进料尺寸 F_{80} 为 35mm，产品尺寸 P_{80} 为 12mm。

（2）惯性圆锥破碎机

惯性圆锥破碎机由俄罗斯米哈诺布尔选矿研究设计院（OAO Mekhanobr Tekhnika）于 20 世纪 80 年代中期研发成功，可粉碎任何强度的物料：从金属合金到超硬陶瓷以及从岩石到工业废料、植物材料和食物。在惯性圆锥破碎机中，采用不平衡振动器作为破碎锥体的驱动装置，取代了破碎机中采用 100 多年之久的传统偏心轴套。惯性圆锥破碎机的结构简图见图 1-29，其技术特点列于表 1-15 [15, 16]。

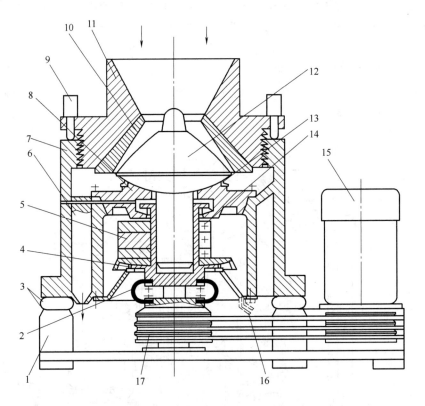

图 1-29　惯性圆锥破碎机简图

1—底架；2—伸缩联轴带；3—减振器；4,13—密封装置；5—不平衡转子的旋转配重；6—供油孔；
7—外壳；8—内圆锥球面支座；9—环形液压止动器；10—外圆锥；11—调整环；12—内圆锥；
14—轴承衬；15—电动机；16—排油孔；17—三角皮带传动

惯性圆锥破碎机的主要特点是：

在这种破碎机里，破碎锥借助两个不平衡振动器使其在固定锥内运动。振动器安装在水平摇臂的两端。摇臂的心轴用球面活接头同破碎锥的主轴连接。

两个不平衡振动器由于自同步的缘故，所以做同步和同相旋转。不平衡振动器由支承架上的电动机通过万向轴带动旋转。

工业试验表明，惯性圆锥破碎机具有下列优点：破碎比高（超过 20）；最终产品粒度小；由于设备为动态平衡，所以不需要构筑整体基础；最终产品的粒度与排矿口的宽度无关；排除了由于掉入非破碎物体而造成的损坏事故；破碎机可以不设给矿机而直接安装在矿仓下面（挤满给矿作业）。

表 1-15　惯性圆锥破碎机的技术性能

型号	КИД-60	КИД-100	КИД-200	КИД-300	КИД-450	КИД-600	КИД-900	КИД-1200	КИД-1750	КИД-2200
水分＜3%的处理量/(t/h)	0.01	0.03	0.1	1	4	22	42	85	150	259
给料粒度/mm	6	10	25	20	35	50	60	80	90	110
筛上物占5%的产品最大粒度/mm	0.2	0.3	0.5	2	3	5	7	8	10	14
装机功率/kW	0.55	1	3	11	30	75	160	200	500	800
机重/t	0.02	0.03	0.2	1.35	2	6.7	20	30	90	180
外形尺寸/mm　长	380	400	930	1420	1400	2300	3300	3800	6500	6600
宽	190	210	365	800	1000	1350	2200	2500	1000	4000
高	300	350	750	1175	1650	2500	2300	3000	5400	6000

1.4.2　圆锥破碎机的参数

1.4.2.1　啮角

圆锥破碎机的啮角（动锥与固定锥之间的夹角） α 应满足 $\alpha \le 2\varphi$（φ 为物料与衬板之间的摩擦系数）。通常取 $\alpha = 21° \sim 23°$。

1.4.2.2　转速

弹簧圆锥破碎机动锥的摆动次数的计算（转速）可用下述经验公式：

$$n = 81(4.92 - D) \tag{1-23}$$

$$n = 320/\sqrt{D} \tag{1-24}$$

式中，D 为动锥的底部直径，m。

单缸液压圆锥破碎机的动锥摆动次数的经验公式为：

$$n = 400 - 90D \tag{1-25}$$

式中，D 为液压圆锥破碎机动锥底部直径，m。

1.4.2.3　处理能力

圆锥破碎机的处理能力与物料性质及其操作条件等因素有关。工业生产中，标准型圆锥破碎机多是开路操作，而短头型圆锥破碎机通常与筛分机构成闭路操作。

(1) 圆锥破碎机开路操作的处理能力

① 理论公式。根据推导和整理后，处理能力公式为；

$$Q = 188neLD_c \gamma \mu \qquad (1-26)$$

式中 e——排料口的平行带宽度，m；

  n——动锥的主轴转速，r/min；

  L——平行区的长度，m；

  D_c——平行区的直径，$D_c \approx D$（动锥的底部直径）m；

  γ——物料的松散体积密度，t/m³；

  μ——物料的松散系数。

② 经验公式。

$$Q = K_1 K_2 q_0 e \frac{\gamma}{1.6} \qquad (1-27)$$

式中 K_1——给料的颗粒形状及可碎性修正系数，通常为 1～1.3，当颗粒多呈块状且
    易碎时取上限；

  e，γ——符号的意义和单位同式（1-26）；

  K_2——物料粒度的修正系数，查表 1-16；

  q_0——圆锥破碎机单位排料口宽度的处理能力，t/（h·mm），分别查表 1-17
    和表 1-18。

表 1-16 弹簧圆锥破碎机的矿石粒度的修正系数 K_2

标准型或中间型圆锥破碎机		短头型圆锥破碎机	
e/B	K_2	e/B	K_2
0.60	0.90～0.98	0.35	0.90～0.94
0.55	0.92～1.00	0.25	1.00～1.05
0.40	0.96～1.06	0.15	1.06～1.12
0.35	1.00～1.10	0.075	1.14～1.20

注：1. e 指上段破碎机的排料口宽度；B 为本段破碎机（中碎或细碎圆锥破碎机）给料口宽度。当闭路破碎
时，系指闭路破碎机的排料口与给料口的比值。

2. 设有预先筛分取小值；不设预先筛分取大值。

表 1-17 开路破碎时标准型和中间型圆锥破碎机的 q_0 值

破碎机规格/mm	$\phi 600$	$\phi 900$	$\phi 1200$	$\phi 1650$	$\phi 1750$	$\phi 2100$	$\phi 2200$
单位处理能力 q_0/[t/（h·mm）]	1.0	2.5	4.0～4.5	7.8～8.0	8.0～9.0	13.0～13.5	14.0～15.0

注：当排料口小时取大值；排料口大时取小值。

表 1-18 开路破碎时短头型圆锥破碎机的 q_0 值

破碎机规格/mm	$\phi 900$	$\phi 1200$	$\phi 1650$	$\phi 1750$	$\phi 2100$	$\phi 2200$
单位处理能力 q_0/[t/（h·mm）]	4.0	6.5	12.0	14.0	21.0	24.0

（2）圆锥破碎闭路操作的处理能力

① 中间型圆锥破碎机的处理能力为：

$$Q_闭 = KQ_开 \tag{1-28}$$

式中　$Q_闭$——中间型圆锥破碎机闭路操作的处理能力，t/h；

　　　$Q_开$——中间型圆锥破碎机开路操作的处理能力，t/h，按式（1-27）计算；

　　　K——闭路破碎时给料粒度变细的系数，一般取 $K = 1.15 \sim 1.40$，物料硬时取小值。

② 短头型圆锥破碎机的处理能力为：

$$Q_闭 = k_1 q_0 e \frac{\gamma}{1.6} \tag{1-29}$$

式中　$Q_闭$——短头型圆锥破碎机闭路破碎时的处理能力，t/h；

　　　k_1——考虑物料可碎性和形状的系数；通常 $k_1 = 1.0 \sim 1.3$（当物料可碎性好且呈块状时，取大值）；

　　　e, γ——符号的意义和单位同式（1-27）；

　　　q_0——短头型圆锥破碎机闭路工作时单位排料口宽度的生产能力，t/（h·mm），查表 1-19。

表 1-19　短头型圆锥破碎机闭路工作时的 q_0 值

破碎机规格/mm	$\phi1650$	$\phi1750$	$\phi2100$	$\phi2200$
单位处理能力 q_0/[t/(h·mm)]	12.8	16.6	21.5	24

1.4.2.4　电动机功率

弹簧圆锥破碎机的电动机功率按下述的经验公式计算：

$$N = (60 \sim 65) D^2 \tag{1-30}$$

式中　N——电动机功率，kW；

　　　D——动锥底部直径，m。

1.4.2.5　圆锥破碎机的产品粒度特性

标准型圆锥破碎机的典型破碎产品粒度曲线如图 1-30 所示。

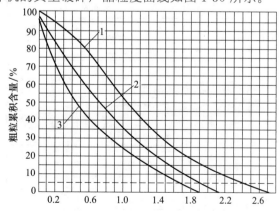

图 1-30　标准型圆锥破碎机的典型破碎产品粒度曲线

1,2,3—分别为难碎、中等、易碎性矿石

短头型圆锥破碎机开路、闭路工作时的典型破碎产品粒度曲线分别如图 1-31 和图 1-32 所示。

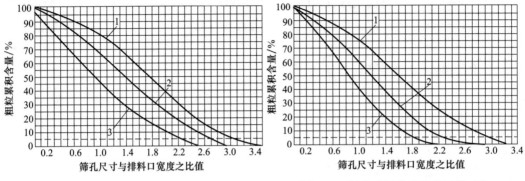

图 1-31　短头型圆锥破碎机开路工作　　　　图 1-32　短头型圆锥破碎机闭路工作
时破碎产品的粒度曲线　　　　　　　　　时破碎产品的粒度曲线
1,2,3—分别为难碎、中等和易碎性矿石　　　　1,2,3—分别为难碎、中等和易碎性矿石

1.5　锤式破碎机

1.5.1　锤式破碎机的类型和构造

锤式破碎机，简称锤碎机。锤式破碎机的结构类型很多，按回转轴的数目不同可分为单转子式和双转子式；按转子的回转方向分为可逆式和不可逆式；按锤头的排数分为单排式和多排式；按锤头装配方式分为固定式和铰接式。详细的锤式破碎机分类见表 1-20 [17]。

表 1-20　锤式破碎机的分类

类别	转速/(m/s)	结构特点			
		破碎腔		排料方式	其他
慢速锤式破碎机	17～25	带盛料承击筐		有排料算子	单转子 双转子
快速锤式破碎机	40～70	承击式	通用型	有排料算子	单转子 双转子
			带行走破碎板	有排料算子 无排料算子	单转子
		平击式		有排料算子	可逆转 单转子
				无排料算子	不可逆转
		仰击式		有排料算子 无排料算子	单转子

类别		转速/(m/s)	结构特点		
			破碎腔		排料方式	其他
中速锤式破碎机		30～40	承击式	通用型	有排料箅子 无排料箅子	单、双转子
				带行走破碎板	有排料箅子 无排料箅子	单转子
			平击式		有排料箅子 无排料箅子	可逆转 单转子 不可逆转
			仰击式	通用型	有排料箅子 无排料箅子	单转子
				带给料辊	有排料箅子 无排料箅子	单转子
特殊锤式 破碎机	熟料破碎机	慢及中速度	仰击式		无排料箅子	
			击出式		机外带箅子	
	生料破碎机	中速度	平击式		风扫	
	环锤式破碎机	中速度	承击式		有排料箅子	
	立轴锤式破碎机	中速度	立筒式		无排料箅子	

工业部门中最常用的是单转子、不可逆、多排、铰接锤头的锤碎机。通用的锤碎机主要用于水泥厂、化工厂等矿山的中硬以下物料的破碎。专用的锤碎机则用于破碎废钢屑、垃圾等特殊物料。

图 1-33 为我国大、中型水泥厂常用的单转子、不可逆、规格为 $\phi1600\text{mm} \times 1600\text{mm}$ 锤碎机，由传动部、转子、轴承、筛条和机壳等部分组成。

转子是锤式破碎机的主要机构，由主轴、锤架和锤子（头）等部件构成。主轴是支承破碎机转子的主要零件，要求具有较高强度和韧性的材质制造（如用 35 号磁锰钼钒钢锻造）。主轴的断面形状多为圆形，有的为正方形。

锤子（头）是破碎机的工作机构，又是设备的主要磨损件，通常采用优质钢、高锰钢或其他合金钢（如 30CrNiMoRe 钢）制作，并要求锤头的形状、尺寸和重量必须设计合理，除有效地破碎物料外，还要在锤子磨损后能够上下或者前后调头使用。锤子的形状如图 1-34 所示。图中（a）、（b）两种锤子磨损后，可以上下左右四次调头使用；图中（c）、（d）两种能够左右两次调转方向使用，而图中（d）种锤子质量为 30～60kg，图中（e）、（f）两种锤子质量为 50～60kg，用于破碎粒度较大和比较难碎的物料。装在转子圆盘上的每个锤子的质量必须相等，使转子转动时不产生振动。在更换锤子时，应将对面位置上的锤子成对地进行更换，以保持转子的平衡。

锤架是悬挂锤子用。锤架本身虽然不起破碎物料的作用，但它常与破碎物料接触而造成磨损，所以，锤架常用优质的铸钢制作。

筛板或筛条的主要作用是控制破碎产品的粒度，同时还与转子构成圆弧形的破碎腔。

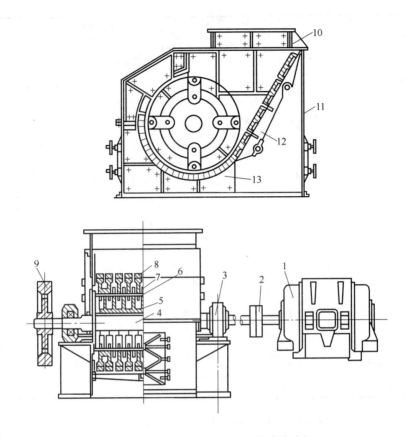

图 1-33　ϕ1600mm×1600mm 锤式破碎机

1—电动机；2—联轴器；3—轴承；4—主轴；5—圆盘；6—销轴；7—轴套；

8—锤子；9—飞轮；10—进料口；11—机壳；12—衬板；13—筛板

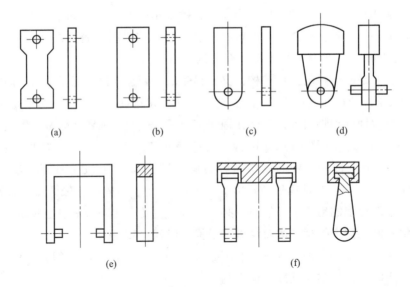

图 1-34　锤子的形状

合格的产品通过筛孔（常为 10～20mm）排出，大于筛孔的物料留在筛板上继续受到锤头的冲击和研磨作用而破碎，通过筛孔排出。筛条的断面形状有三角形、梯形和短形等。筛条也是锤式破碎机的磨损件，常用高锰钢等合金钢制作。筛条的排列方式与锤子（头）运动方向相垂直，并与转子的回转半径保持一定的间隙。筛孔尺寸视产品粒度和物料性质而定。当破碎易碎物料、产品的粒度较细时，筛孔尺寸选为破碎产品的最大粒度的 3～6 倍；当破碎难碎物料、产品的粒度较粗时，筛孔选为破碎产品的最大粒度的 1.5～2 倍。

当非破碎物进入破碎腔时，由于锤子以铰接方式装在销轴上，在旋转时锤子向外张开，一旦遇到非破碎物，锤子可往后退让，起着破碎机保险装置的作用。

不可逆锤式破碎机具有一个严重的缺点，就是锤头极易一面磨损。要想把锤头翻过来再使用，必须停车把锤头卸下，再倒个装上，因而消耗很多时间，浪费人力，降低了作业率。为了克服这种缺点，在许多工业部门中，采用可逆锤式破碎机，如图 1-35 所示。单转子可逆锤式破碎机的规格和基本参数如表 1-21 所示[18]。

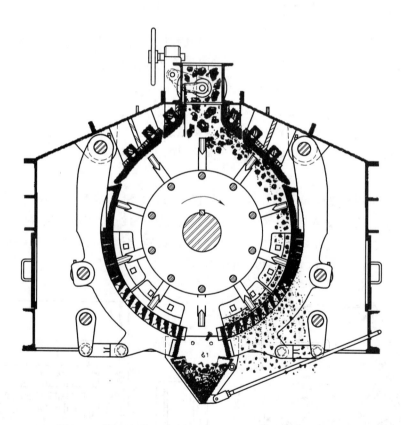

图 1-35　可逆锤式破碎机（图片来自宾夕法尼亚破碎机）

表 1-21　单转子可逆锤式破碎机的规格和参数

转子直径×长度 /mm	生产能力 /(t/h)	电动机功率 /kW	物料名称	给料粒度 /mm	排料粒度 /mm
1000×1000	75	75～110	煤	100	10
1200×1200	120	90～160	煤	100	10

续表

转子直径×长度 /mm	生产能力 /(t/h)	电动机功率 /kW	物料名称	给料粒度 /mm	排料粒度 /mm
1400×1400	150	200～355	煤	100	10
1400×1800	250	355～710	煤	100	10
1600×2200	400	500～800	煤	100	10
1600×2600	500	560～1000	煤	100	10
1600×3000	600	630～1250	煤	100	10
1600×3400	800	750～1400	煤	100	10

注：数据来自山特维克。

1.5.2　MAMMUT 锤式破碎机

水泥厂要求将大块原料经过一次破碎达到磨机给料粒度的需求，德国蒂森克虏伯公司制造的 MAMMUT 单转子锤式破碎机就是为上述应用而设计的。

这种破碎机（图 1-36）的结构特点是在给料部附近设有冲击板，其作用与冲击式破碎机的冲击板相似，故可称为"冲击-锤式破碎机"；采用短而重的锤头，锤头可以绕销轴转动，在破碎过大的物料时，其料块重量超出锤头所能破碎的范围，锤头边冲击边向后转动以起保险作用。破碎潮湿或多泥物料时，冲击板设有外部的加热装置，防止物料粘连。

这种锤碎机用于破碎石灰石、泥灰石、白云石、石膏、黏土、岩盐等中硬及韧性物料，具有节能、简化破碎流程、减少设备和基建投资等优点。例如将给料块度为 600～700mm 的石灰石一次破碎到 0～25mm 占 95%，可直接给入管磨机。设备和基建投资节省一半，而且破碎能耗只有 1kW·h/t 左右。

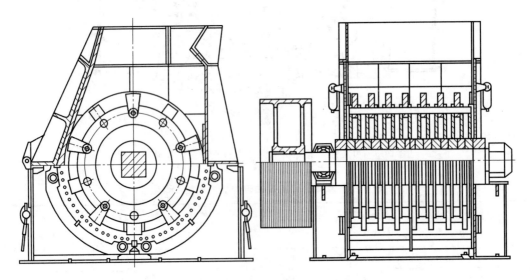

图 1-36　MAMMUT 锤式破碎机

1.5.3　锤式破碎机的应用

锤碎机用于破碎各种中硬且磨蚀性弱的物料。我国大、中型水泥厂多采用单转子、不可逆的 $\phi1600mm \times 1600mm$ 和单转子、可逆的 $\phi1430mm \times 1300mm$ 锤碎机，可将给料粒度为 $350 \sim 400mm$ 的石灰石经一段破碎至 95% 为 $-25mm$，直接送至磨碎系统。小型水泥厂采用的规格有 $\phi1000mm \times 1000mm$ 和 $\phi1000mm \times 800mm$，或更小规格的。

在炼焦厂，锤碎机用于煤的破碎，例如使用单转子锤式破碎机（锤子的线速度为 $30 \sim 50m/s$）将煤碎到 85% $-3 \sim 15mm$，每台设备的生产能力视规格不同可达 $100 \sim 200t/h$ 以上。

锤碎机由于具有一定的混匀和自行清理的作用，可用来破碎含有水分及油质的有机物，如饲料、骨头和制备鱼粉等。

锤碎机可将建材、陶瓷、耐火材料等工业部门使用的黏土破碎至 $0.06 \sim 5mm$，特殊用途的锤碎机，还可用于破碎金属切屑等。

1.5.4　锤式破碎机参数

1.5.4.1　转速

锤碎机转子的转速按锤子端部的圆周速度计算。圆周速度取决于物料性质、给料和破碎产品的粒度、锤子的材质和设备结构等因素。该速度通常在 $35 \sim 75m/s$ 之间。实践证明，破碎煤时，圆周速度一般为 $50 \sim 70m/s$；破碎石灰石时，圆周速度一般为 $40 \sim 55m/s$。圆周速度越高，破碎产品粒度越细，但锤子、研磨板的磨损也越大。

1.5.4.2　处理能力

锤碎机的处理能力，通常按制造厂家产品目录的技术特征并参照实际生产数据来计算。下面介绍的是计算处理能力的经验公式：

$$Q = k_g \phi L \gamma \tag{1-31}$$

式中　Q——锤碎机的处理能力，t/h；

　　　ϕ，L——转子的直径和长度，m；

　　　γ——物料的松散体积密度，t/m³；

　　　k_g——经验系数，取决于物料性质、设备的结构和参数等，破碎石灰石等中硬物料时，

　　　　　　$k_g = 30 \sim 45$（设备规格较大时，取上限），破碎煤时 $k_g = 130 \sim 150$。

1.5.4.3　电动机功率

锤碎机的电动机功率除查阅制造厂家给出的技术数据外，还可按下述的经验公式近似计算：

$$N = k_n \phi^2 Ln \tag{1-32}$$

式中　N——电动机功率，kW；

　　　ϕ，L——转子的直径和长度，m；

　　　　　n——转子的转速，r/min；

　　　　k_n——经验系数，$k_n = 0.1 \sim 0.2$。

$$N = (0.1 \sim 0.15)iQ \tag{1-33}$$

式中　N——电动机所需的功率，kW；

　　　　i——破碎机的破碎比；

　　　　Q——破碎机的处理能力，t/h。

1.5.4.4　锤碎机结构尺寸的选择

锤碎机转子直径通常为最大给料粒度的 2~8 倍。转子的直径与长度的比值一般为 0.7~1.5，如需要的生产能力较大时，该比值取下限。装有筛条的锤碎机，其筛孔尺约为破碎产品最大粒度的 1.5 倍。

1.5.4.5　锤子质量的计算

锤碎机的锤子质量和转子转速是影响破碎机的处理能力和功率消耗的主要因素。一般先确定转子的转速或锤子的圆周速度，再确定锤子所需的质量。在多数情况下，锤子的质量可按下列经验公式计算：

$$G = (1.5 \sim 2)G_m \tag{1-34}$$

式中　G——每个锤子的质量，kg；

　　　G_m——最大块物料的质量，kg。

1.6　冲击式破碎机

1.6.1　冲击式破碎机的类型和构造

冲击式破碎机又称反击式破碎机，它的分类与锤式破碎机的分类相似。它的不同类型如图 1-37 所示。

双转子冲击式破碎机的两个转子的转动方向可为同向，也可为异向。双转子的配置可以在同一水平或不同水平上。最常用的是单转子、不可逆、固定锤头冲击式破碎机。但双转子冲击式破碎机的应用近来也日渐增多。

图 1-38 是国产的 $\phi1000\text{mm} \times 700\text{mm}$ 单转子冲击式破碎机。这种破碎机主要由机壳、转子和冲击板（或反击板）等部分组成。电动机通过三角皮带带动转子，物料经给料口进入破碎腔（转子与冲击板组成的空间），在板锤和冲击板之间受到多次的冲击和反弹。碎块在转子上受到板锤的冲击，再抛向第二冲击板。第二冲击板与转子之间构成第二段破碎腔，并重复上述破碎过程。物料在破碎腔内除了受到板锤和冲击板的反复冲击破碎外，物料颗粒之间也相互冲击、破碎，最后从破碎机下部排出。

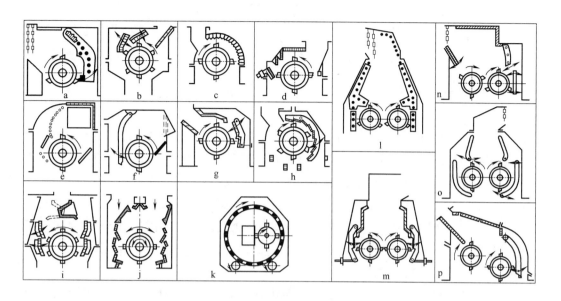

图 1-37　不同类型的冲击式破碎机

a～h—单转子冲击破碎机；i, j—可逆的单转子冲击破碎机；k—带排料箅子的冲击破碎机；l～p—双转子冲击破碎机

就结构和原理而言，冲击式与锤式破碎机有如下主要区别。

① 冲击式破碎机的板锤和转子之间是刚性连接，利用整个转子的惯性冲击物料。物料在破碎时，不仅获得较大的速度和动能，向冲击板冲击而破碎，而且在破碎过程中，物料与物料之间发生相互冲击破碎作用。

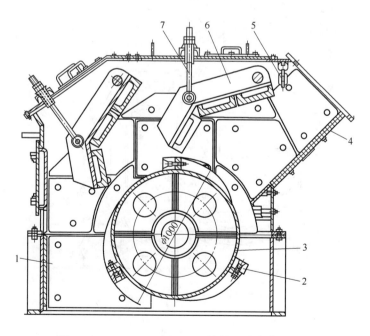

图 1-38　φ1000mm×700mm 单转子冲击式破碎机

1—机壳；2—板锤；3—转子；4—给料口；5—链幕；6—冲击板；7—拉杆

② 冲击式破碎机的冲击板（多为两个）同板锤组成破碎腔。物料在板锤的冲击作用下，以高速度先冲向第一段冲击板组成的破碎腔进行破碎，然后再冲向第二段破碎腔继续破碎。

③ 冲击式破碎机通常无筛条或筛板。物料经板锤和冲击板多次反复冲击破碎，其破碎产品的粒度由物料性质、板锤速度、板锤和冲击板之间的径向间隙和机器结构等决定。

④ 冲击板的一端铰接于机架上，另一端用弹簧或拉杆悬挂在机架上。当破碎腔进入非破碎物时，冲击板受到很大压力，并绕着铰链摆动一定的角度，使板锤和冲击板之间的间隙增大而排出异物。然后，冲击板恢复原位，进行正常工作。

冲击式破碎机具有生产能力高、破碎比大、破碎效率高、设备重量轻和产品粒度均匀等优点。但破碎坚硬或磨蚀性强的物料时，板锤和冲击板的磨损严重。板锤和冲击板常用高锰钢和高铬铸铁等材质制作，用 15Cr2Mo1Cu 高铬铸铁制造冲击板，破碎硅石，使用寿命比用高锰钢提高 2～4 倍。

冲击式破碎机的板锤和冲击板的结构形状对破碎效果影响很大。板锤的断面形状常用的有长条形、I 形、T 形和 S 形等。冲击板的表面形状主要有折线形（图 1-38）和渐开线形（图 1-39）等。后者的破碎效率高，因在冲击板的各点上，物料都是以垂直方向撞击冲击板的表面，实践中有时采用多段圆弧构成模拟渐开线的冲击板（图 1-39）。

国产冲击式破碎机的技术特征列于表 1-22。

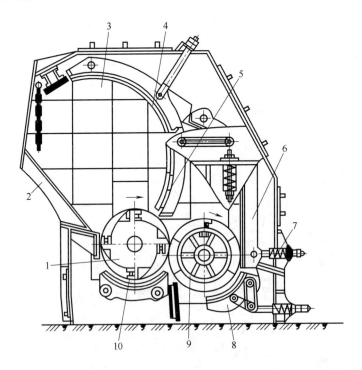

图 1-39　ϕ1250mm×1250mm 双转子冲击式破碎机

1—第一转子；2—给料口；3—机壳；4—第一挡板；5—下挡板；

6—第二挡板；7—弹簧；8，10—筛条；9—第二转子

表 1-22　冲击式破碎机的技术特征

类型	单转子									双转子
规格/mm×mm	φ500×400	φ1000×700	φ1250×1000	φ750×500	φ750×700	φ1100×850	φ1100×1200	φ1250×1400	φ1600×1600	φ1250×1250
给料口尺寸/mm	320×250	670×400	1000×550	520×350	720×350	—	—	1440×450	1645×500	1440×1320
给料最大粒度/mm	100	250	250	80	80	80~200	80~200	80	80	800
破碎产品粒度/mm	<20	<30	50	80%<3	80%<3	80%<(3~15)	80%<(3~15)	80%<3	80%<3	90%<2
生产能力/(t/h)	4~8	15~30	40~80	20	50	100	200	300	500	80~150
转子转速/(r/min)	960	680	475	1470	1470	980	980	985	735	535/720
板锤线速/(r/min)	—	35.5	31	58	58	56	56	64.5	62	36/48
板锤数目	3	3	6	4	4	6	6	8	10	4/6
电动机功率/kW	7.5	40	95	30	75	130	240	380	625	130/155
电动机电压/V	380	380	380	380	380	380	380	6000	3000	
外形尺寸/mm　长度	1200	2170	3357	2141	2375	3204	3622	5697	4975	5200
外形尺寸/mm　宽度	1000	2650	2255	1670	1670	2400	2400	2448	3080	2400
外形尺寸/mm　高度	1160	1850	2460	1470	1470	2280	2280	2088	2700	5000
机器质量/kg	1350	5320	13418	1869	2358	5400	7217	9048	14500	64000

图 1-39 是国产 $\phi 1250\text{mm} \times 1250\text{mm}$ 双转子冲击式破碎机。这种破碎机的两个转子做同向高速旋转，但转子采用高-低配置（即位于不同水平）方式，而且破碎腔的空间较大，有破碎比大、生产能力高等特点，主要用于水泥工业的石灰石等中硬物料的破碎，能将给料粒度为 850mm 的石灰石破碎至 -20mm 的产品粒度。

1.6.2　其他型式的冲击式破碎机

1.6.2.1　立式冲击破碎机

这种没有冲击板（或锤头）的立式冲击破碎机（图 1-40）主要是以物料互相冲击作用原理进行破碎的自碎机。

该破碎机的结构型式是由焊接的圆筒和垂直安装在立轴上的转子组成。在转子工作区内，圆筒内侧安装有保护筒体的钢衬板，或在圆筒内侧设计成能够形成物料层的衬垫，如图 1-40 所示。电动机通过皮带使转子做高速（转子的线速度达 $60 \sim 100\text{m/s}$）旋转，给料在转子的离心力作用下，被加速至 $650g$（g 为重力加速度）左右的加速度，随后抛向形成料层衬垫的破碎腔内，物料在剧烈的相互撞击和研磨下被破碎，粉碎产品从排料口排出。

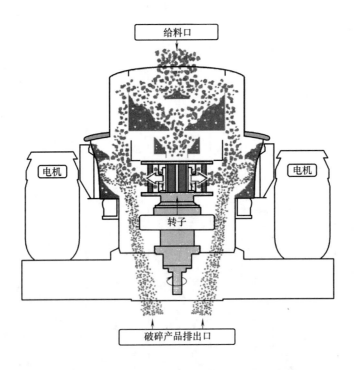

图 1-40　巴马克立式冲击破碎机（图片来自美卓矿机）

美卓矿机生产的巴马克（Barmac）立式冲击破碎机的技术特征列于表 1-23。我国研制的立式冲击破碎机的技术特征列于表 1-24。

立式冲击破碎机具有机件磨损小、处理能力高、单位电耗和设备费用较低、铁质污染少以及产品中立方体颗粒较多等优点。

这种破碎饥不足之处是给料块度受到限制，大块需要预先破碎。适用于破碎脆性、坚硬的及磨蚀性强的各种物料，如矿渣、刚玉、石英、碳化硅等。

表 1-23　Barmac 立式冲击破碎机的技术特征

型号	B3100SE	B5100SE	B6150SE	B7150SE	B9100SE	XD120
最大给料粒度/mm	20	32	44	66	66	76
转子直径/mm	300	500	690	840	840 或 990	1200
电动机功率/kW	11～15	37～55	75～150	150～300	370～600	800
转子转速/(r/min)	3000～5300	1500～3600	1500～2500	1100～2200	1000～1800	800～1400
生产能力/(t/h)	3～23	10～104	40～285	80～470	260～1580	550～2080
破碎机质量/kg	973	3037	6730	11833	14357	23310

表 1-24　国产立式冲击破碎机的技术特征

型号	VSI500	VSI630	VSI800	VSI1000	VSI1250
给料粒度/mm	＜50	＜50	＜60	＜100	＜100
转子转速/(r/min)	2000～3000	1500～2500	1200～2000	1000～1700	800～1450
电动机功率/kW	30～55	45～75	75～130	110～220	180～300
产量/(t/h)	15～30	30～50	50～100	75～150	180～300

1.6.2.2　Hardopact 型冲击式破碎机

一般的冲击式破碎机的破碎效果虽然较好，但仅适用于破碎中硬以下、磨蚀性较弱的物料。Hardopact 型冲击式破碎机能够破碎较为坚硬的物料，例如用于破碎玄武岩、花岗岩、刚玉、硬质石灰岩、金属矿石及石英含量较高、抗压强度超过 2500kgf/cm²[①]的物料。

图 1-41 是这种破碎机的结构图，上部机壳以下部铰链为轴可以向外翻转，使全部冲击板暴露在外面，便于维修。转子由若干个正方形钢盘和板锤构成。板锤采用特厚的、不需加工的合金钢制作。转子采用低速运转，其线速度为 26～32m/s，比同规格的一般的冲击式破碎机约低 15%～20%，以减少板锤的磨损。为了低速运转时仍能保证破碎产品粒度，采用了三块冲击（挡）板，将整个破碎腔分为三部分，并且利用两个调整螺栓调节冲击（挡）板的位置。

这种冲击式破碎机没有研磨板，主要是利用冲击原理破碎物料，并具有能耗较低、产品颗粒多为立方体、维修方便等优点。表 1-25 为该破碎机的技术特征。这种破碎机破碎砂砾、黑斑岩和辉长岩时的破碎指标如表 1-26 所示。

---

① 1kgf/cm² = 98.0665kPa，下同。

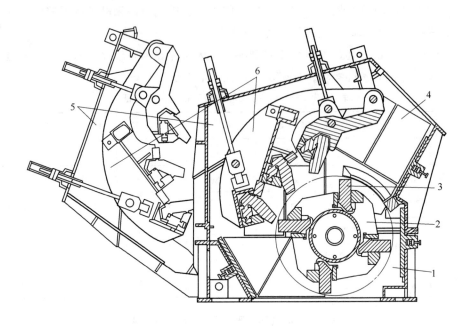

图 1-41　Hardopact 型冲击式破碎机

1—焊接底架；2—转子；3—板锤；4—右部机架；5—铰接件；6—冲击板

表 1-25　Hardopact 型冲击式破碎机的技术特征

转子规格(直径×长度)/mm×mm	1000×700	1000×1050	1250×1050	1250×1400	1600×1400	1600×2100
给料口尺寸/mm	730×400	1080×400	1080×400	1430×400	1430×500	2130×500
最大给料粒度/mm	300	350	350	350	400	400
生产量/(t/h)	30～50	50～80	70～120	95～145	120～190	160～240
电动机功率/kW	30～55	55～90	110～160	130～180	130～180	160～220
机重/t	8	10	13	16	23	27.5

表 1-26　Hardopact 型冲击式破碎机的破碎指标

物料	砂砾	黑斑岩	辉长岩	物料	砂砾	黑斑岩	辉长岩
机器规格($\phi \times L$)/mm	1000×700	1000×1050	1250×1050	冲击板/板锤间距/mm	50/30/10	65/42/20	60/40/20
给料粒度/mm	32～250	40～250	10～200	单位功耗/(kW·h/t)	0.83	0.94	1.02
生产量/(t/h)	46	70	110	板锤净磨损/(g/t)	38	8	15
板锤速度/(m/s)	26	29.2	32.7	一套板锤破碎物料量/t	8000	45000	18000

1.6.2.3　Universal 型冲击式破碎机

这种破碎机用于民用废料和工业废料的破碎等特殊用途，前者通常破碎到 85%－50mm，后者一般破碎到 60%－50mm，经破碎和分解后的废料，其体积仅占原来的 30%。

该破碎机（图 1-42）的板锤只有两个，利用楔块或液压装置固定于转子的凹槽中，冲击板由一组（约 10 个）钢条组成，用弹簧支承。冲击板下面安装的研磨板以及筛条，视破碎产品粒度的需要，在生产中可以反装上冲击板或研磨板。机壳采用液压装置开闭。非破碎物进入破碎机，受到板锤打击经过链幕从机器上部排出。该机已制成直径×长度为 $\phi1600mm\times2000mm$ 和 $\phi2000mm\times3000mm$ 两种规格。

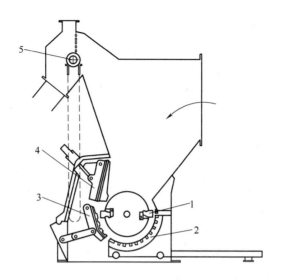

图 1-42　破碎废料用的 Universal 型冲击式破碎机
1—板锤；2—筛条；3—研磨板；4—冲击板；5—链幕

1.6.3　冲击式破碎机的应用

冲击式破碎机的用途极为广泛，如德国 Hazemag 公司生产的各种型号的冲击式破碎机已用于 50 种行业，例如建材、煤炭、矿石、兽骨、食品、垃圾、塑料等。

采石场开采出来的石料，经冲击式破碎机破碎后，可用于修路或制备混凝土。另外，还有破碎的石料专用于生产人工砂的冲击式破碎机。

冲击式破碎机破碎石棉矿时，有时分为两段进行：第一段破碎机的转子采用中速运转，使石棉纤维与脉石分离；第二段转子采用高速，使石棉分离成单体纤维。

在破碎炼焦煤时，由于破碎产品要求的粒度较细，通常采用装有研磨板的冲击式破碎机，破碎产品中 $85\%\sim90\%-2mm$，$40\%-0.5mm$。

特殊用途的冲击式破碎机可用于破碎民用和工业用的废料。

1.6.4　冲击式破碎机参数

1.6.4.1　转速

冲击式破碎机的转速决定于板锤端部的圆周速度的大小。破碎石灰石时，板锤的圆周速度为 $30\sim40m/s$；破碎煤时，圆周速度可达 $50\sim65m/s$。对于双转子冲击破碎机，通常第一个转子的圆周速度低于第二个转子，如将石灰石或潮湿、黏性较强的泥灰岩破碎至 30mm 时，第一与第二转子的圆周速度分别为 36m/s 和 45m/s。

1.6.4.2　处理能力

除按生产厂家提供有关冲击破碎机的技术特征并参阅生产实践的数据外，也可按公式计算它的处理能力。该式为：

$$Q = 60k_q N (h+e) Ldn \gamma \tag{1-35}$$

式中　Q——冲击式破碎机的处理能力，t/h；

　　　k_q——系数，$k_q \approx 1$；

　　　N——板锤的个数；

　　　h——板锤伸出转子的高度，m；

　　　e——板锤与冲击板（或研磨板）之间的径向间隙，m；

　　　L——转子的长度，m；

　　　d——最大的排料粒度，m；

　　　n——转子的转速，r/min；

　　　γ——物料的松散体积密度，t/m³。

$$Q = 3600 Lve \gamma \mu \tag{1-36}$$

式中　Q——冲击式破碎机的处理能力，t/h；

　　　L——转子的长度，m；

　　　v——板锤的圆周速度，m/s；

　　　e——板锤与冲击板之间的间隙，m；

　　　γ——物料的松散体积密度，t/m³；

　　　μ——松散系数，取 0.2～0.7。

1.6.4.3　电动机功率

电动机功率按照下列的经验公式计算：

$$N = W_0 Q \tag{1-37}$$

式中　N——冲击式破碎机的电动机功率，kW；

　　　W_0——物料破碎的比功耗，kW·h/t，建议取 1.2～2.4；

　　　Q——冲击式破碎机的处理能力，t/h。

1.7　辊式破碎机

1.7.1　辊式破碎机的类型和构造

辊式破碎机具有结构简单、工作可靠和过粉碎少等优点，按辊子的数目，可分为单辊、双辊、三辊和四辊破碎机。按辊子表面的形状，可以分为光面和齿面辊碎饥。

光面双辊破碎机的辊面耐磨性强，主要用于中碎、细碎坚硬的、磨蚀性强的物料，如矿石、刚玉、碳化硅等。单辊破碎机的辊面通常都是带齿的。这种辊碎机适用于粗碎或中碎中硬以下的物料，例如石灰石、煤炭、泥灰岩等。我国生产的齿面双辊破碎机和齿面单面破碎机，最大给料粒度分别达到 800mm 和 1000mm，用作粗碎。

1.7.1.1 双辊破碎机

图 1-43 为双辊破碎机的示意图。该机的工作机构是辊子 1 和 2，可动辊子 1 支承在活动轴承上，辊子 2 支承在固定轴承上。工作时，两个辊子由电动机带动做相向转动。物料给入两个辊子之间，在辊子与物料之间的摩擦力作用下，受到辊子的挤压而粉碎。破碎的产品从两个辊子之间的间隙处排出。两个辊子之间的最小间隙即是排料口宽度。

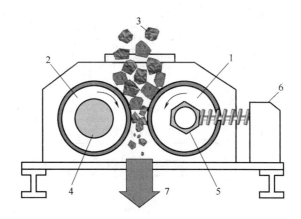

图 1-43 双辊破碎机示意图

1—可动辊子；2—辊子；3—给料；4—固定轴承；5—活动轴承；6—机架；7—产品

图 1-44 为双辊破碎机的结构图，其由机架、辊子、传动装置和弹簧保险装置等组成。图中由两台电动机通过皮带轮分别带动两个辊子做相向转动。活动轴承的轴承座可以沿机架导轨水平移动，既可以借此调节排料口宽度，又可以作为破碎机的保险装置。改变装在活动轴承的滑轨上的垫片数目和厚度，可调节活动轴承的极限位置，并且调节了排料口的宽度。当非破碎物进入破碎腔时，辊子受的作用力激增，迫使活动轴承压缩弹簧向右移动，使排料口宽度增大，排出非破碎物，起到设备保险装置的作用。辊子（图 1-45）由辊面（或辊皮）、辊心、主轴和轴毂等部件组成。辊面是破碎机的主要磨损件，由高锰钢或其他合金钢制作。国产的双辊破碎机的技术特性见表 1-27。

双辊破碎机的另一种传动方式：仅用一台电动机通过皮带和一对长齿齿轮装置而使两个辊子做相向转动。当电动机带动三角皮带驱动装在固定轴承上的固定辊子，该辊子的主轴的另一端装有特制的长齿齿轮（图 1-46），这个长齿齿轮带动装在活动轴承主轴上的另一个长齿齿轮，从而驱动活动辊子转动。这种传动装置一般用于较低转速的双辊破碎机。

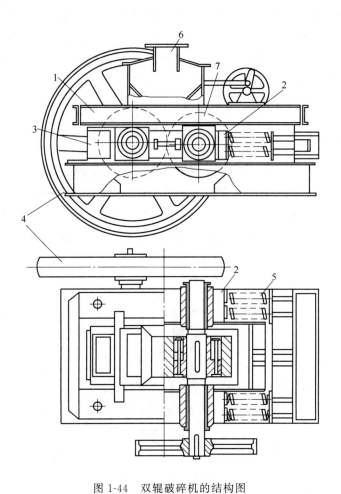

图 1-44 双辊破碎机的结构图

1—机架；2—活动轴承；3—固定轴承；4—皮带轮；5—弹簧；6—给料部；7—辊子

  双辊破碎机的辊面有光面的和齿面的。光面的辊子表面磨损较低，适用于破碎坚硬的、磨蚀性强的物料；带有齿形的辊面，其破碎效果较好，但抗磨损能力差，不适用于破碎磨蚀性强的物料。

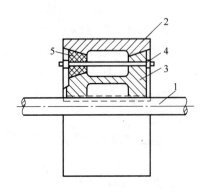

图 1-45 辊面固定方法

1—轴；2—辊套；3—辊心；4—夹紧螺栓；5—楔块

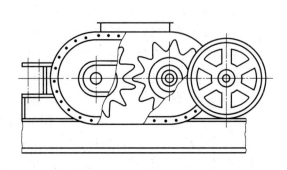

图 1-46 长齿齿轮

表 1-27 国产的双辊破碎机的技术特性

机器的规格(辊子直径×长度)/mm×mm		光面			齿面		
		1200×1000	600×400	400×250	900×900	750×600	450×500
辊子转速/(r/min)		122	120	200	37.5	50	64
最大给料粒度/mm		40	36	32	800	600	200
最大产品粒度/mm		2~12	2~9	2~8	100~150	50~125	25~100
电动机功率/kW		40	20	10	28	20~22	8~11
处理能力/(t/h)		15~90	4~15	5~10	125~180	60~125	20~55
弹簧力	正常时/kgf	60000	13500	4800	5440	6300	4660
	最大时/kgf	—	24300	13000	13000	15000	10600
机器质量/t		—	2.55	1.3	13.3	6.7	3.7

1.7.1.2 单辊破碎机

单辊破碎机的辊面都是带齿的（齿面），其构造如图 1-47 所示。该机有由一个转动的辊子和一个砧板构成的曲线形破碎腔。物料进入破碎腔，即受辊齿的挤压、剪切和劈碎等联合作用而被破碎，破碎产品即从下部排出。

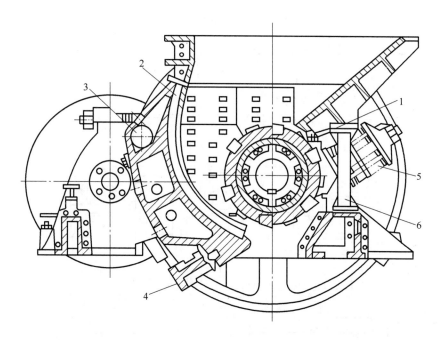

图 1-47 单辊破碎机
1—辊子；2—砧板；3—心轴；4—支座；5—弹簧；6—机架

辊子上的齿形，可视物料性质、粒度要求和工作条件制成板状或环状（分别称为齿板或齿环）。齿板或齿环磨损后可以更换。

砧板的上端悬挂在心轴上，下端支承在由螺杆与弹簧相连的支座中。当非破碎物进入破碎腔时，砧板受力激增，支座通过螺杆压缩弹簧，使砧板向左退让，排料口宽度增大，非破碎物随之排出，以此保护设备。

1.7.1.3　三辊和四辊破碎机

三辊和四辊破碎机的破碎比大、占地面积小。三辊破碎机由一台单辊破碎机和一台双辊破碎机组合而成；四辊破碎机由两台规格相同的双辊破碎机上下重叠配置而成（图1-48）。电动机经减速器和联轴器带动辊子，其中一台电动机带动右上方的辊子，另一台电动机带动左下方的辊子。每个辊子的主轴的一端都装有皮带轮，以带动另外两个辊

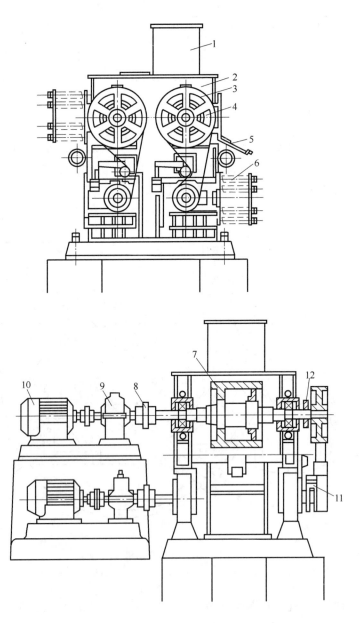

图 1-48　φ900mm×700mm 四辊破碎机

1—给料口；2—机架；3—皮带轮；4—轴承；5—切削装置；6—弹簧；7—辊面；
8—联轴器；9—减速器；10—电动机；11—干油润滑；12—链轮

子。当物料由给料口给入破碎机内，受到辊子的压碎并向下方排料，再进入下面另一对辊子继续破碎后，破碎产品从下部排出。在每台的双辊破碎机中，一个辊子支承在固定轴承上，另一个辊子支承在活动轴承（由弹簧及垫片压紧）上。弹簧就是破碎机的保险装置。

1.7.2　辊式破碎机的参数

1.7.2.1　辊子直径

光面双辊破碎机辊子直径的理论公式的推导。设给料直径为 D 的球体，辊面和物料之间产生的正压力 P 和摩擦力 F 如图 1-49 所示。由正压力引起的摩擦力 $F=Pf$，f 为静摩擦系数。力 P 和 F 可分解为水平分力和垂直分力，只有在下列条件下，两个辊子才能咬住物料并产生破碎：

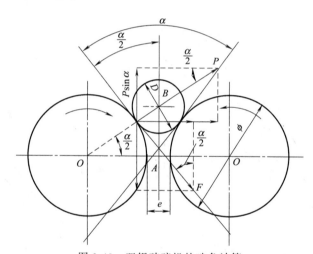

图 1-49　双辊破碎机的啮角计算

$$2P\sin\frac{\alpha}{2}\leqslant 2Pf\cos\frac{\alpha}{2} \tag{1-38}$$

$$\tan\frac{\alpha}{2}\leqslant f\leqslant\tan\varphi_1$$

$$或\ \ \alpha\leqslant 2\varphi_1 \tag{1-39}$$

式中　α——物料与辊面之间的啮角，(°)；

　　　f——物料与辊面之间的摩擦系数；

　　　φ_1——物料与辊面之间的摩擦角。

一般 $f=0.3$，$\varphi_1=16°40'$。

由图 1-49 中直角三角形 OAB 得出：

$$\cos\frac{\alpha}{2}=\frac{\dfrac{e+\phi}{2}}{\dfrac{\phi+D}{2}}=\frac{\phi+e}{\phi+D}$$

由于排料口宽度 $e \ll \phi$（辊子直径），可略去 e，

$$则 \quad D = \frac{\phi \left(1 - \cos \dfrac{\alpha}{2}\right)}{\cos \dfrac{\alpha}{2}}$$

以 $\alpha = 2\varphi_1 = 33°20'$ 代入：

$$D = \frac{1}{20}\phi \tag{1-40}$$

或

$$\phi = 20D \tag{1-41}$$

可见，光面双辊破碎机的辊子直径至少等于最大给料粒度的 20 倍。

齿面辊碎机的 ϕ/D 值较光面辊碎机小，其数值取决于齿形及齿高。使用正常齿时，$\phi/D = 1.5 \sim 6$；使用槽形齿面时，$\phi/D = 10 \sim 12$。

根据生产实践，破碎煤时，最大给料粒度与辊子直径及齿形的关系如图 1-50 所示。

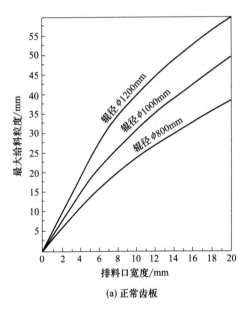

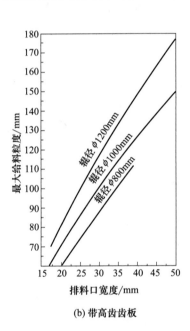

图 1-50　破碎煤时最大给料粒度与辊径及齿形的关系

图 1-51 为某厂根据生产经验绘制的给料粒度与辊子直径的关系曲线。

1.7.2.2　辊面的圆周速度和辊子的转速

光面辊碎机在破碎中硬物料，且破碎比为 4 时的辊面圆周速度 v 为：

$$v = \frac{1.27\sqrt{\phi}}{\sqrt[4]{\left(\dfrac{\phi + D}{\phi + e}\right)^2 - 1}} \tag{1-42}$$

式中　v——辊子的圆周速度，m/s；

ϕ——辊子的直径，m；

D——最大给料粒度，m；

e——排料口宽度，m。

圆周速度通常在1.5～7m/s之间。破碎的物料越硬、给料粒度越大，使用齿面辊子时，圆周速度越小。高速齿面辊碎机的圆周速度可达8～10m/s，不仅适用于破碎给料粒度较大的软或中硬物料，而且能破碎有明显解离或自然脆弱裂纹的坚硬物料。

另外，考虑了辊子直径、给料粒度、物料与辊面之间的摩擦系数等因素的辊子转速计算公式为：

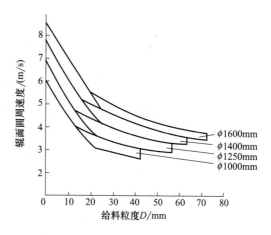

图1-51　圆周速度、给料粒度与辊径关系

$$n = K\sqrt{\frac{f}{\phi D\gamma}} \qquad (1\text{-}43)$$

式中，K 为与辊面形状有关的系数，$K=120～240$，光面的辊碎机，取上限；齿面或槽形齿的辊碎机，取下限。

图1-51也反映了辊面圆周速度与给料粒度和辊子直径之间的关系。速度的上限适用于形状近似于球形的颗粒，速度下限适用于给料是粉碎后的产品，或物料颗粒多呈棱角的情况。

1.7.2.3　处理能力

辊碎机的处理能力与排料口尺寸、辊子圆周速度和辊碎机的规格尺寸等因素密切相关。通过理论推导和简单整理后，得出以下的理论公式：

$$Q = 188eL\phi n\gamma\mu \qquad (1\text{-}44)$$

式中　Q——辊碎机的处理能力，t/h；

e——排料口宽度，m；

L，ϕ——辊子的长度与直径，m；

n——辊子的转速，r/min；

γ——物料的松散体积密度，t/m³；

μ——物料的松散系数，处理中硬物料、破碎比4，给料粒度为 $0.8\times$ 破碎机的最大给料粒度时，$\mu=0.3～0.5$，给料粒度为 $(0.8～1)\times$ 破碎机的最大给料粒度时，$\mu=0.25～0.5$，若破碎比较小，μ 最大可取0.8，破碎煤、焦炭或潮湿物料时，$\mu=0.4～0.75$。

1.7.2.4　电动机功率

辊碎机的电动机功率，通常按照经验公式计算或生产数据来确定。

光面辊碎机破碎中硬物料时的电动机功率公式为：

$$N = 0.795KLv \qquad (1\text{-}45)$$

式中　N——电动机功率，kW；

　　　K——与物料和破碎产品粒度有关的系数，$K = 0.6D/d + 0.15$（式中 D 为给粒粒度，d 为破碎产品粒度）；

　　　L——辊子的长度，m；

　　　v——辊子的圆周速度，m/s。

对于齿面辊碎机破碎煤或焦炭时，电动机功率为：

$$N = KL\phi n \tag{1-46}$$

式中　N——电动机功率，kW；

　　　L, ϕ——辊子的长度和直径，m；

　　　n——辊子的转速，r/min；

　　　K——系数，破碎煤时，$K = 0.85$。

H. Motek 提出，当辊面的圆周速度为 2.5～3.5m/s、破碎软物料时的电动机功率公式：

$$N = 0.06 \frac{D}{e} Q \gamma \tag{1-47}$$

式中　N——电动机功率，kW；

　　　D——辊碎机的给料粒度，mm；

　　　e——排料口宽度，mm；

　　　Q——破碎机的处理能力，m^3/h；

　　　γ——物料的松散表观密度，t/m^3。

在破碎焦炭或石灰石等中硬物料时，电动机功率较上式计算出的数值高些。

1.8　高压辊磨机

高压辊磨机又称辊压机，是一种新型粉碎机，其外形与辊式破碎机很相似，而工作原理、结构及配套设施有很大差异。

在水泥工业，高压辊磨机常与风力分级机（选粉机），有时还包括打散机和球磨机及其他辅助设备和控制仪表等，组成高压辊磨机粉碎系统。该系统是从 20 世纪 70 年代开始研制并逐渐发展成熟的粉碎新技术，其核心设备是高压辊磨机。

高压辊磨机的出现是粉碎技术的一个突破。在建材和其他需要粉碎系统的工业部门，采用或增设高压辊磨机一般可取得明显的经济效益，既可以大幅度地提高系统的处理能力，又能降低系统的比能耗（粉碎单位重量物料的能耗）。

1.8.1　工作原理

高压辊磨机的两个辊子对物料施以巨大作用力（高达 20MN），将粉碎所需能耗作用于物料上，使物料在辊子间粉碎和压实成所谓的"压片"。在该过程中，物料颗粒内部产生大量裂纹，结构被破坏，使其易于粉碎（即物料的可磨性得到改善）。

图 1-52 是高压辊磨机工作原理示意图。装在机架上的两个辊子，其中一个是固定辊，固定于机架上，另一个是可沿导轨移动的活动辊。活动辊借液压系统的推力，推向两辊子之间的物料及固定辊。破碎至 30mm 左右的物料，经溜槽给入辊子之间的楔形空间，被旋转的辊子咬住而随辊子向下运动。在向下运动过程中，受到辊子强大压力作用而被压实和粉碎，最后从下部排出。高压辊磨机与普通对辊机不同，普通对辊机的颗粒破碎基本上呈单颗粒方式破碎，因此产品粒度粗。高压辊磨机是以料层粉碎方式进行，产生大量细粒，破碎产品单个颗粒里面有众多的裂纹，随后更容易进行单体分离。

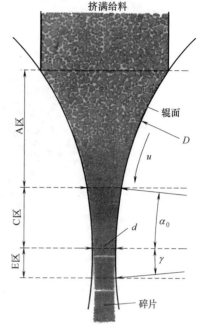

为了高压辊磨机有效工作，必须满足下列要求。

① 为了将所需粉碎能量和作用力施加给物料，采用料柱充满方式给料，使物料密集而均匀地给入两个辊子的楔形区。通常在两个辊子中间偏上位置设置一缓冲料仓。该料仓由压力传感器支承。通过压力传感器使电子秤调节给料量，保证缓冲仓至楔形区溜槽内形成具有固定高度的料柱，料柱的压力使物料强制给入楔形区，使给料均匀，机器工作平稳，不产生振动。

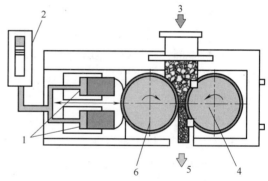

图 1-52　高压辊磨机工作原理示意图
1—液压缸；2—氮气缸；3—给料；
4—固定辊；5—产品；6—可动辊

② 由于辊面和物料之间在巨大压力下产生的研磨和磨损，辊面材质要有良好的耐磨性，且辊面维修和更换方便。高压辊磨机除了用于粉碎石灰石等水泥原料及水泥熟料外，还用于粉碎磨蚀性强的金属矿石等物料。对于后者，辊面的耐磨性尤为重要。

③ 机器结构和各机件必须坚固、可靠，以承受巨大的作用力并传递粉碎功率。特别是支承辊子的四个滚动轴承，技术要求极高。

④ 设有完善的控制和自动化装置。

1.8.2　高压辊磨机的主要结构

高压辊磨机的主要结构包括压辊轴承、传动装置、主机架、液压系统和喂料装置等。高压辊磨机的结构如图 1-53 所示。

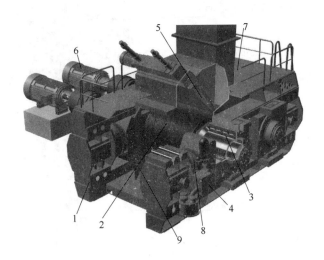

图 1-53 高压辊磨机

1—机架；2—磨辊；3—轴承系统；4—液压装置；5—液压缸；6—检修门；7—驱动；8—喂料装置；9—操作平台

1.8.2.1 辊面结构

目前辊面结构有光滑辊面和沟槽辊面两大类，其中沟槽辊面应用最广。沟槽辊面又分为堆焊沟槽辊面、柱钉辊面和辊面加工槽、坑辊面。辊面的寿命及其维修是否方便是高压辊磨机性能的关键。

(1) 堆焊辊面

在耐磨辊面方面，最早采用将耐磨合金堆焊于整体辊子上。整体辊子由高强度钢制成。鉴于整体辊子的材质难以兼顾需要的高强度和辊面堆焊时需要的良好焊接性的要求，改为将辊子制成由辊胎和轴组合而成，各选用合适的材质，将辊胎热装于轴上。在辊胎上堆焊耐磨合金。耐磨合金焊层既要求耐磨损，硬度又不能太大（约 60HRC），防止受力时掉皮（龟裂）。

(2) 硬质合金柱钉辊面

自生式硬质合金辊面：将短圆柱状硬质合金块以矩阵分布形式镶在辊面上（图 1-54），物料受压时卡在各短圆柱块之间，形成由物料构成的自生式衬板而保护辊面，即使物料的磨蚀性强，这种辊面的寿命也在 2000h 以上。它还能承受偶然给入硬质杂物而引起的压力峰值，且善于咬住物料，防止物料在辊面上打滑，从而提高处理能力。这对于潮湿和细粒给料尤为有利[19]。

由于其耐磨特性得到改善，柱钉辊面 [图 1-55（a）] 在新设计尤其是在处理硬岩的应用中已成为标准配置。大多数辊面都使用自生耐磨层，即粉碎的物料被捕获在辊面上并保留在柱钉之间的间隙中，形成耐磨保护层，并带柱钉侧端保护，如图 1-55（b）所示。

Hexadur 辊面通常应用于水泥，如图 1-55（c）所示。这种辊面采用具有专利的耐磨材料，辊面结构由许多正六边形耐磨块组成，每个正六边形耐磨块之间是较软的结合

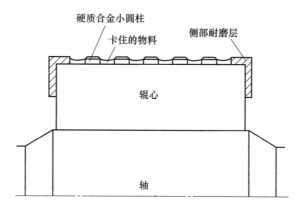

图 1-54　自生式硬质合金辊面

料。正六边形耐磨块是粉末冶金硬质合金，强度高，具有很好的耐磨性、延展性和断裂
韧性，但它的使用寿命较短[20]。

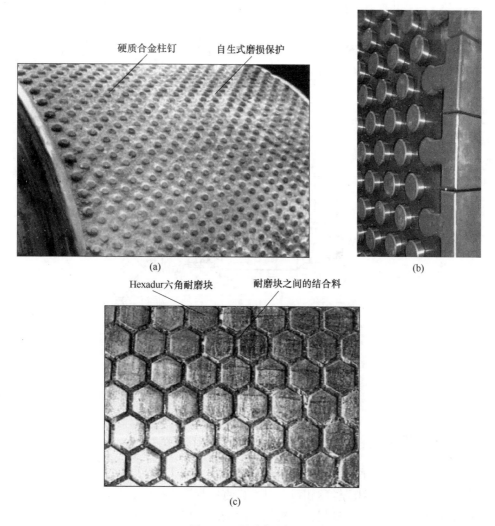

图 1-55　硬质合金辊面

1.8.2.2 主轴承

鉴于高压辊磨机辊子的巨大作用力由主轴承支承，所以对轴承的要求很高，轴承的设计和润滑等必须完善，并具有较长的使用寿命。KHD 洪堡威达克公司对于规格小于 RP10 者，采用常规自调心滚柱轴承，而大于 RP10 者，采用新型有四排圆柱形滚柱的径向轴承（图 1-56）来承受巨大的径向力，另设一个小止推轴承承受轴向力。四排圆柱形滚柱轴承采用新型稀油循环润滑代替常规干油（润滑脂）润滑（图 1-57）。

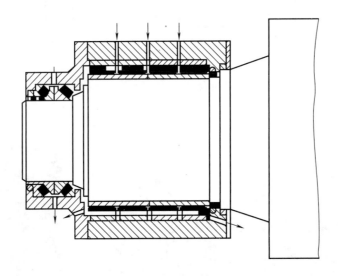

图 1-56　有四排圆柱形滚柱的径向轴承

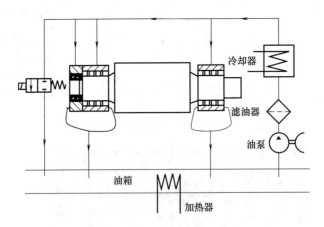

图 1-57　干油润滑系统示意图

1.8.2.3 传动装置

为了满足活动辊水平移动，又要保持双辊平行，辊压机的传动装置大致可分为以下几种方式。一种是辊轴用联轴器和行星减速机直接相连在一起，电动机悬挂在减速机上通过三角皮带传动，整个传动机构和辊轴同时运动。另一种是电动机置于地上通过万向联轴器、减速机与辊轴相接，由万向联轴器来适应双辊之间的摆动。以上两种均为双传动，但是亦有单传动的，一个电动机、一个减速机通过两个联轴器与两个辊轴相接。

1.8.2.4 主机架

主机架采用焊接结构，由上、下横梁及立柱组成，相互之间通过螺栓连接。辊子之间的作用力由钢结构上的剪切销钉承受，使螺栓不受剪力。固定辊的轴承座与底架端部之间有橡皮起缓冲作用，活动辊的轴承底部衬以聚四氟乙烯，支承活动辊的轴承座处铆有光滑镍板，主机架亦有铰接连接的。

1.8.2.5 液压系统

液压系统是为压辊提供压力而设的，主要由油泵、蓄能器和液压缸、控制阀件等组成。蓄能器预先充压至小于正常操作压力，当系统压力达一定值时喂料，辊子后退，继续供压至操作设定值时，油泵停止。正常工作情况下，油泵不工作。系统中如压力过大，液压油排至蓄能器，使压力降低，保护设备。如压力继续超过上限值，自动卸压。在操作中系统压力低于下限值，自动启泵增压。

1.8.2.6 喂料装置

喂料装置是满足辊压机满料操作的重要装置。它由弹性支承的侧挡板和调整喂料量的调节插板组成，通过调节喂料量以与料饼厚度相适应。

1.8.3 高压辊磨机的技术特点和产品粒度

高压辊磨机的特点主要表现在：当产品粒级相同时，安装开路作业的高压辊磨机作预磨，可使原有球磨机回路的生产能力增加 30%～55%；采用高压辊磨机与球磨机在局部闭路中工作，使原有磨矿回路的生产能力增加 100%；采用高压辊磨机可大量节约比功耗；在磨碎介质和衬板的磨损方面，高压辊磨机同干式多室球磨机第一室（同样作预磨）相比减少到小于 1%；与同作粗磨用的湿式球磨机或半自磨机相比，减少到小于 0.1%；采用高压辊磨机，使许多的矿石加工过程可以取消中破碎，并增大生产能力；降低了操作费用；在生产能力一定时，高压辊磨机的尺寸远远小于相应的球磨机或半自磨机的尺寸，设备尺寸的减小使所需建筑物尺寸减小了 25%～30%，即相对地降低了基建费用。

表 1-28 列出了主要厂家的设备规格和处理能力[21]。德国 KHD 洪堡·威达克公司在高压辊磨机技术方面发展较早，表 1-29 是该公司按辊子间作用力的大小进行分类的 12 个系列。

表 1-28 主要厂家的设备规格和处理能力

项目	KHD	艾法史密斯	魁佩恩	伯力鸠斯	美卓	FCB
辊径/m	1～2.6	0.58～2.7	0.8～2.8	0.95～2.6	0.8～3.0	1.6～4.6
辊宽/m	0.5～2.3	0.26～1.85	0.2～1.6	0.65～1.75	0.5～2	0.54～1.67

项目	KHD	艾法史密斯	魁佩恩	伯力鸠斯	美卓	FCB
功率/kW	280～6000	100～5800	150～4000	440～6800	220～11500	200～3800
处理量/(t/h)	30～4200	1003000	35～2000	≫3000	70～4800	70～1200

表 1-29 KHD 高压辊磨机规格

规格	挤压辊直径 D/mm	挤压辊宽度 W/mm	通过量 G/(t/h)	质量/t
RPS 7-140/110	1400	1100	400～900	94
RPS 7-170/110	1700	1100	600～1300	109
RPS 10-170/110	1700	1100	600～1300	122
RPS 10-170/140	1700	1400	800～1600	134
RPS 13-170/140	1700	1400	800～1600	160
RPS 13-170/180	1700	1800	1000～2100	171
RPS 16-170/180	1700	1800	1000～2100	210
RPS 18-200/180	2000	1800	1400～2900	238
RPS 20-220/200	2200	2000	1900～3900	314
RPS 20-260/200	2600	2000	2600～5400	321
RPS 24-300/200	3000	2000	3500～7200	397
RPS 27-300/220	3000	2200	3900～8000	424

高压辊磨机的给料粒度与圆锥破碎机的给料粒度相似，但由于不同的破碎机理，它们的产品粒度分布曲线是不同的，高压辊磨机产生了更多的细颗粒。图 1-58 是分别采用高压辊磨机和圆锥破碎机对铁矿石进行破碎后的产品粒度曲线。对于相同的 P_{80}，圆锥破碎机的产品小于 $800\mu m$ 的累积含量是 20%，而高压辊磨机是 44%，两者相差 24 个百分点[22]。

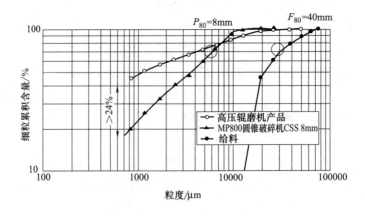

图 1-58　高压辊磨机与圆锥破碎机产品粒度的比较（图片来源：伟尔矿业）

目前，已经在生产中使用的最大规格的高压辊磨机为伯力鸠斯（Polysius）生产的 24/16 型高压辊磨机，辊径 2.46m，辊宽 1.6m，每台功率 $2\times2800kW$，共有 4 台用于澳大利亚的 Boddington 金矿。

1.8.4 高压辊磨机的主要参数

1.8.4.1 结构参数

辊压机的主要结构参数有：啮角、辊子尺寸、两辊间隙宽度和最大给料粒度等。

(1) 啮角

从球形物料与辊子接触点分别引两条切线，它们的夹角称为辊压机的啮角。啮角又可分为料层粉碎啮角和单颗粒粉碎啮角。它们与排料间隙的关系为：

$$\alpha_{ip} = \arccos\left[1 - \left(\frac{\delta_c}{\gamma_f} - 1\right) \times \frac{s}{1000 \times D}\right] \qquad (1\text{-}48)$$

$$\alpha_{sp} = \arccos\left[1 - \left(\frac{X_{max}}{s} - 1\right) \times \frac{s}{1000 \times D}\right] \qquad (1\text{-}49)$$

式中　　α_{ip}——料层粉碎啮角；

$\quad\quad \alpha_{sp}$——单颗粒粉碎啮角；

$\quad\quad s$——料饼厚度，基本同间隙，mm；

$\quad\quad \delta_c$——料饼密度，t/m^3；

$\quad X_{max}$——最大颗粒尺寸，mm；

$\quad\quad D$——辊子直径，mm；

$\quad\quad \gamma_f$——物料松散密度，t/m^3。

(2) 辊子尺寸

辊子宽径比（L/D）称为辊压机的几何参数，对于同一种物料，尺寸越大，生产能力越大。对于几何参数相似或相同的磨机（宽径比不变），同样的拉入条件和线速度，磨机产量与辊子直径的平方成正比。辊子宽径比较小，根据资料统计，辊子宽径比一般为：

$$\frac{L}{D} = \frac{1}{3} \sim 1 \qquad (1\text{-}50)$$

(3) 两辊间隙宽度

两辊间隙宽度 e 与辊子直径 D 的比值（e/D）称为相对间隙宽度，比值为 0.01～0.02，即两辊间隙宽度约为辊子直径的 1%～2%。辊子间隙宽度与磨机的物料通过量密切相关，间隙越大，通过量也就越大，因此，辊子间隙设计为可调，视物料性质（硬度、形状、结构特点等）、温度、粒度组成、最大给料粒度、物料与辊间的摩擦力等因素而定。两辊间的间隙宽度一般为 6～12mm。

(4) 最大给料粒度

最大给料粒度与辊子直径有以下关系：

$$d_{max} \approx 0.05D \qquad (1\text{-}51)$$

一般认为小于 3%D 的基本粒度应占总量的 95% 以上，个别的最大粒度也不应大于

$5\%D$。

1.8.4.2 主要工艺参数

(1) 辊压力

平均辊压力：

$$P_{cp} = \frac{2F}{BD\sin\alpha} \qquad (1-52)$$

式中　F——高压辊磨机的总力，kN；

　　　B——高压辊磨机辊宽，m；

　　　D——高压辊磨机直径，m；

　　　α——料层粉碎啮角，(°)；

　　　P_{cp}——平均辊压力，kN/m²。

实际上真正对辊压效果起作用的是最大压力，可按下式计算：

$$P_{max} = \frac{F}{1000kDL\alpha} \qquad (1-53)$$

式中　P_{max}——最大辊压，kN/m²；

　　　F——高压辊磨机的总力，kN；

　　　L——压辊宽度，m；

　　　D——压辊直径，m；

　　　k——物料压缩特性系数，取值为 0.18~0.23；

　　　α——料层粉碎啮角，(°)。

(2) 辊速

高压辊磨机的辊速有两种表示方法：一种是以辊子圆周线速度表示；另一种是以辊子转速表示。

辊子的线速度与生产能力有关，转速快，能力大，但超过一定速度，能力就不再增加。但同时，线速度快，机器所消耗的功率也会增大，超过一定数值时还会增大辊子与物料之间的相对滑动，使辊子咬合不良，加剧辊面的磨损。高压辊磨机的实际速度过去一般为 1~1.2m/s，现在一般达 1.5~1.6m/s，有的还略高。

对于不同直径的辊子圆周线速度，Klymowsky（克鲁莫斯基）建议采用如下公式计算[23]：

a. 对于压辊直径< 2m，圆周速度取 $v_p \leq 1.35\sqrt{D}$；

b. 对于压辊直径>2m，圆周速度取 $v_p \leq D$。

式中，D 为辊子外径。

(3) 比能耗

高压辊磨机粉碎物料过程的比能耗可以通过下式计算。它用于计算高压辊磨机的能耗，即确定高压辊磨机的功率。

$$E_{cs} = \frac{P}{G} \qquad (1-54)$$

式中　E_{cs}——比功耗；

P——总功率；

G——生产率。

（4）生产能力

高压辊磨机的生产能力可按下式计算。

$$Q = 3600 \frac{\gamma_1 \gamma_2}{\gamma_2 - \gamma_1} (1 - \cos\beta) DBv \qquad (1\text{-}55)$$

式中　Q——高压辊磨机的通过量，t/h；

D——压辊的公称直径，m；

B——压辊的公称宽度，m；

β——粒间挤压的啮入角，（°）；

v——高压辊磨机线速度，m/s；

γ_1——挤压前松散物料的密度，t/m³；

γ_2——挤压后料饼的密度，t/m³。

（5）驱动功率

辊压机的装机功率可以通过式（1-56）进行计算。

$$P_{\text{装}} = \eta E_{cs} G \qquad (1\text{-}56)$$

式中　$P_{\text{装}}$——高压辊磨机装机功率；

η——电动机容量系数；

E_{cs}——比功耗；

G——生产率。

1.8.5　高压辊磨机的应用

1990 年以前，其应用领域仅限于建材行业，主要用于水泥生料和熟料的粉磨。在处理高磨损性矿石时存在辊面磨损严重、维修量大和售价昂贵等问题，但随着粉碎工艺和机械零部件的改进以及耐磨辊面技术的出现，高压辊磨机已逐渐扩大应用于其他工业部门，包括金刚石矿的解离粉碎、铁矿石粉碎、铁矿球团原料准备前的细磨、有色和贵金属矿石的粉碎等。据不完全统计，全世界已有数百台高压辊磨机投入使用。

高压辊磨机具有如下的优势，在不远的将来，高压辊磨机的应用会得到更大的发展。

① 它可替代中、细碎和粗磨，或直接获得最终粉磨的产品，因此可以简化粉碎流程；

② 在碎磨流程中采用高压辊磨机，可使全流程节能 20% 以上，产量提高 30%～40%；

③ 高压辊磨机粉碎产品为布满微裂纹的扁平料片，有利于提高下游作业的金属回收率。

参考文献

［1］　Hoffl K．Zerkleinerungs-und Klassiermaschinen．Leipzig：Springer，1986.

［2］　Stieβ M．Mechanische Verfahrenstechnik 2．Berlin：Springer，1994.

［3］　申柯连科 C Φ，等．黑色金属矿选矿手册．殷俊良，等译．北京：冶金工业出版社，1985.

［4］　第三届全国选矿设备学术会议筹委会．第三届全国选矿设备学术会议论文集．北京：冶金工业出版社，1995.

［5］　Rose H E，English J E．Theoretical analysis of the performance of jaw crushers．Trans IMM，1967，76：C32.

［6］　Hersam E A．Factors controlling the capacity of rock crushers．Trans AIME，1923，68：463.

［7］　Broman J．Optimizing capacity and economy in jaw and gyratory crushers．Engineering and Mining Journal．1984，185（6）：69-71.

［8］　Taggart A J．Handbook of mineral dressing．New York：John Wiley，1945.

［9］　Plaksin I N，Rudenko K G，Smirnov A N，et al．Technologische Ausrustung von Aufbereitungsanlagen．Moskau：Ugletechizdat，1955.

［10］　Gieskeing D H．Jaw crusher capacities（Blake type）．Trans Amer Inst Mining Metallurgy，& Petrol Engr，1949，184：239-246.

［11］　Razumov K A．Projektierung von Aufbereitungsanlagen．Moskau：Staatlicher Wissenscha ftlich-technischer Verlag，1952.

［12］　广东省国际经济技术合作公司．粉碎与制成．北京：中国建筑工业出版社，1985.

［13］　Gupta A Yan D. S．Mineral Processing Design and Operations：An Introduction，2nd Edition．Amsterdam：Elsevier，2016.

［14］　Lewis F M，Coburn J L，Bhappu R B．Comminution：a guide to size reduction system design．Mining Engineering，1976，28（9），29-34.

［15］　Ревнивпев В И，Денисов Г А．粉碎任何强度物料的振动惯性选择性粉碎的工艺和设备．国外金属矿选矿，1992（8）：1.

［16］　罗秀建．惯性圆锥破碎机及其应用．有色金属（选矿部分），1999（3）：20.

［17］　徐秉权．粉碎新工艺、新设备与节能技术．长沙：中南工业大学出版社，1992.

［18］　Sandvik Rock Processing Guide 2016．Standard Edition 2016-02-01.

［19］　任德树．从颚式破碎机到辊压机——对粉碎机械的历史回顾．金属矿山（增刊）2009（11）：79.

［20］　Kawatra S K．Advances in Comminution．Littleton：SME，2006.

［21］　Lynch A．Comminution Handbook．Carlton：AusIMM，2015.

［22］　任德树．粒群粉碎原理及辊压机的应用．金属矿山，2002（12）：10.

［23］　Klymowsky R，Patzelt N，Knecht J，et al．Proceedings of Mineral Processing Plant Design Practice and Control．SME Conference，Vancouver，2002.

2 磨碎

2.1 概述

　　磨碎是粉碎过程的最后一段，是以挤压、冲击和研磨等方式将物料粉碎到细粉状态的过程。磨碎一般是湿磨，但也可以干磨。磨碎作业中使用最广的是圆筒型磨机。其磨碎过程是将物料给入连续转动的钢制圆筒，圆筒内装有松散的粉碎体——研磨介质，它们在磨机内自由地运动，从而磨碎物料。磨碎介质可以是钢棒、钢球或坚硬的岩石，在某些情况下可以是物料本身[1, 2]。在磨机的不同转速下，研磨介质可以通过上述任何一种方式磨碎物料。根据为研磨介质传递运动的方式的不同，磨机可分为容器驱动式磨机和介质搅拌磨机两大类，容器驱动式磨机又分为滚筒式磨机、振动磨机和行星磨机。根据研磨介质的不同，滚筒式磨机又分为棒磨机、球磨机、砾磨机和自磨机等。根据产品粒径，磨碎操作分为粗磨（将物料磨碎到约 0.1mm）、细磨（将物料磨碎到约 60μm）和超细磨（将物料磨碎到 5μm 以下）。磨机的详细分类见表 2-1[3]。

　　磨碎是能耗和钢耗（磨机工作件的磨损）很高的作业。对于同一物料（如石灰石或水泥熟料），如磨碎 1t 物料至相同细度时的能耗（kW·h）越低，则该流程磨碎系统的效率或经济效益就越高。

　　磨碎可以用闭路流程或开路流程。闭路流程中磨机排料或/和给料混合送分级机。分级机将物料分为已达到合格粒度和较粗两部分。达到合格粒度的部分是最终产品，未达到合格粒度的较粗部分被送回磨机再度磨碎。后者由于返回磨机循环，也称作"返砂"或"循环料"。返砂或循环料同给料之比，称作循环系数。循环系数常用百分数表示，如循环系数为 200%，意味着返砂为给料量的两倍。

　　在湿法闭路磨碎流程中，分级要选用机械分级机或水力旋流器。在干法闭路磨碎流程中，分级机采用各种类型的风力分级机（在水泥行业称作选粉机）。

　　除管磨机和棒磨机采用开路磨碎流程外，其余类型磨机常采用闭路磨碎流程。

　　闭路的优点是节能和减少过粉碎。在该流程中，已达到合格粒度的产品及时从分级机作为产品排出，能耗和过粉碎较少。缺点是流程和设备系统较复杂。

　　在开路流程中，必须将全部物料一次磨碎至合格粒度然后从磨机排出。磨机中先达到合格粒度的那部分物料，也要等到全部物料磨至合格粒度后才能排出，就是所谓"过粉碎"，它消耗无益的能量，使磨碎能耗增加。开路磨碎系统的优点是设备简单，控制容易。

表 2-1 磨机的分类

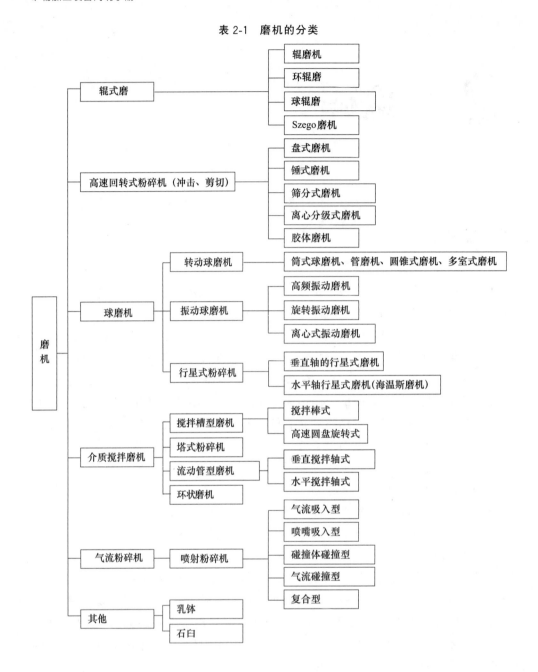

2.2 球磨机

世界上首台滚筒式磨机是球磨机，发明于 19 世纪 70 年代，用于水泥熟料的磨碎[4]。随后球磨机得到了最为广泛的应用。球磨机在水泥行业也被称为管磨机。

2.2.1 类型

球磨机是应用最广泛的磨碎机，类型较多。按磨机的排料方式可分为溢流型球磨机和格子型球磨机，分别如图 2-1（a）和图 2-1（b）；按磨机筒体形状可分为筒形、锥形和管形。一般将长径比小于 2∶1 的称为球磨机，长径比大于 2∶1 的称为管磨机。图 2-1（c）为锥形球磨机，图 2-1（d）为管磨机。

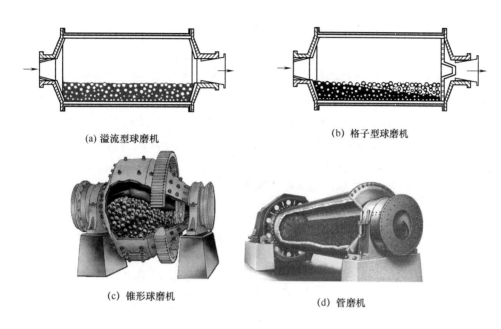

(a) 溢流型球磨机　　　　　　　　　　　　(b) 格子型球磨机

(c) 锥形球磨机　　　　　　　　　　　　(d) 管磨机

图 2-1　球磨机类型（图片来自美卓矿机）

2.2.2　球磨机的工作原理

球磨机由圆柱形筒体、端盖、传动大齿圈和轴承（图 2-2）等部件组成。筒体内装入直径为 25～150mm 的钢球，称为研磨介质，其装入量为整个筒体有效容积的 25%～

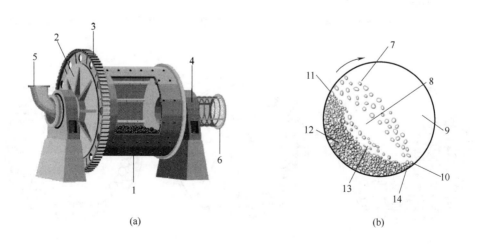

(a)　　　　　　　　　　　　　　　　(b)

图 2-2　球磨机的工作原理示意图

1—筒体；2—端盖；3—传动大齿圈；4—轴承；5—给料；6—圆筒筛；7—抛落的研磨介质；
8—死区；9—空区；10—冲击区；11—肩部；12—研磨区；13—泻落的研磨介质；14—趾

45%，筒体两端有端盖，端盖的法兰圈用螺钉同筒体的法兰圈连接。端盖中部有中空轴颈，它支承于轴承上。筒体上装有大齿圈，由电动机通过小齿轮带动大齿圈和筒体低速转动。当筒体转动时，研磨介质随筒体上升至一定高度后，呈抛物线轨迹抛落或呈泻落下滑，如图2-2（b）所示。

物料从左端的中空轴颈给入筒体，逐渐向右端扩散移动。在此过程中物料遭到钢球的冲击和研磨作用而粉碎，最后从右端的中空轴颈排出磨机外，如图2-2（a）所示。这种磨碎后的料浆，在磨机排料端经中空轴颈溢流排出，称为溢流型球磨机。磨碎后的物料经排料端附近的格子板排出的，称为格子型球磨机，如图2-3所示。格子板由若干扇形板组成，扇型板上有宽度为8～20mm的长孔。物料通过孔隙进入格子板与端盖之间的空间，该空间被若干块辐射状的提升板分开。筒体转动时，提升板将物料向上提举，提至一定高度后物料下滑经过锥形块　［图2-3（a）］　向中空轴颈折转并排出。图2-1（b）和图2-1（d）是格子排料型，图2-1（a）是溢流排料型。

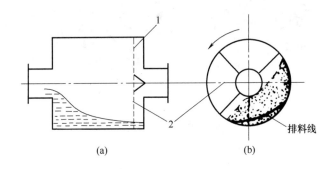

图 2-3　格子型球磨机
1—格子板；2—提升板

当筒体旋转时，在衬板与研磨介质之间以及研磨介质相互之间的摩擦力、压力和研磨介质由于旋转产生的离心力等作用下，在筒体下部的研磨介质将随筒体内壁向上运动一段距离然后下落。视磨机直径、转速、衬板类型、研磨介质重量等因素，研磨介质可呈泻落式或抛落式下落，或呈离心状态随筒体一起旋转（图2-4）。

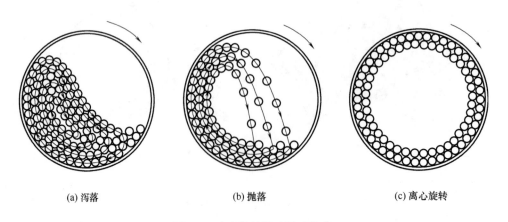

(a) 泻落　　　　　　(b) 抛落　　　　　　(c) 离心旋转

图 2-4　球磨机里钢球运动状态

当钢球的充填率（全部钢球表观容积占筒体内部有效容积的百分数或分数）较高，达 40%～50%，且磨机转速较低时，断面呈月牙状的研磨介质随筒体升至大约与垂线成 40°～50°角后（在此期间各层研磨介质之间有相对滑动，称为滑落），研磨介质一层层地往下滑滚，如图 2-4（a）所示，这种运动状态称为泻落状态。在这种运动状态下，钢球间隙里的物料主要因钢球互相滑滚时产生的压碎和研磨作用而粉碎。

当磨机转速较高，下部研磨介质随筒体提升至一定高度后，将脱离筒体沿抛物线轨迹呈自由落体下落，称为抛落状态［图 2-4（b）］。抛落的钢球对处于下部位置的物料产生冲击和研磨的粉碎作用。

当磨机转速进一步提高，离心力使研磨介质形成随筒壁一起旋转的环状体，即离心旋转状态，对物料的粉碎作用也停止，如图 2-4（c）所示。因此，实践中筒体转速应控制在能使研磨介质产生泻落和抛落状态。

当圆周速度为 v 的筒体推举钢球至 A（图 2-5）时，设钢球重力的法向分力和离心力相等，则钢球将离开筒壁以抛物线轨迹抛落，A 点称为脱离点。磨机转速越高，离心力越大，钢球开始抛落的 A 点的位置就越高。若转速继续增加，离心力 C 增加至与钢球重力 G 相等，钢球将随筒体上升至顶点 Z 而不抛落，出现离心旋转状态。

令钢球质量为 m，筒体转速、半径、直径、线速度分别为 n、R、D 和 v，θ 为钢球开始抛射的点 A 与圆心的连线 OA 同垂直轴的夹角，如图 2-5。处于 A 点的钢球，其重力的法向分力和离心力相等，即存在如下关系式[5,6]：

$$F_c = F_g \cos\theta$$

$$\frac{mv^2}{R} = G\cos\theta$$

$G = mg$ 和 $v = \dfrac{2\pi Rn}{60}$ 代入上式并化简

得到：

$$n = \frac{30\sqrt{2g}}{\pi}\frac{\sqrt{\cos\theta}}{\sqrt{D}} \approx \frac{42.3\sqrt{\cos\theta}}{\sqrt{D}} \quad (2\text{-}1)$$

式中　R——磨机的有效半径，m；

D——磨机的有效内径，m。

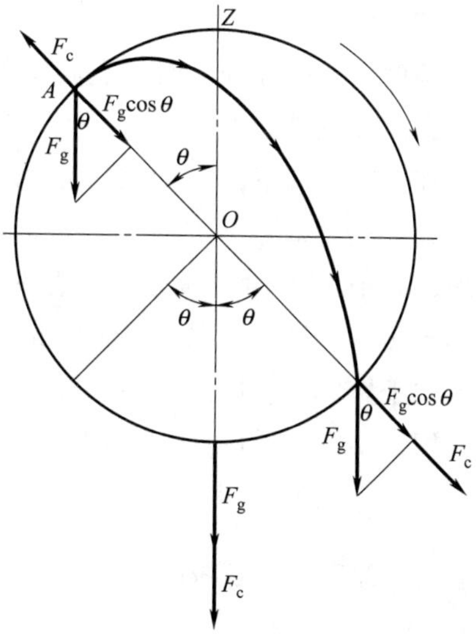

图 2-5　球磨机中单个钢球的受力分析

设 $\theta = 0°$，则出现离心旋转状态，钢球停止抛射，由式（2-1）得到：

$$n_c = \frac{42.3}{\sqrt{D}} \qquad\qquad (2\text{-}2)$$

式中，n_c 为研磨介质产生离心旋转时磨机转速，称为临界转速，r/min。

筒体内各层钢球的回转半径不同。内层钢球的回转半径 R_b 小，其相应的 n_c 大。如磨机转速等于式（2-2）算出的 n_c，靠近筒体的外层钢球紧贴筒体不抛落，里面各层钢球还未达到其相应的临界转速而继续呈抛射状态。在生产实践中，选用磨机转速应低于式（2-2）的临界转速，使各层钢球都不发生离心旋转状态，通常将式（2-2）乘以一个小于 1 的系数，称转速率，以 Ψ 表示，算出磨机的工作转速。球磨机转速率通常在 0.65～0.78 之间。

视衬板的光滑程度，当筒体旋转时，钢球有时同筒体内壁之间发生滑动，使钢球层的实际转速低于筒体的转速。即使筒体的转速达到式（2-2）给出临界转速 n_c，外层钢球也不致发生离心旋转状态。实际的研磨介质运动状态描述如下：

（1）滑落

在下部的研磨介质随筒体上升，研磨介质一方面随筒壁或相邻外层研磨介质上升，另一方面内外各层研磨介质的上升圆周速度并非与回转半径成比例：内层研磨介质上升较慢，相对于外层（回转半径较大处）研磨介质有向下的相对滑动，最外面一层研磨介质则有相对于筒壁的下滑运动。这种在上升区各层研磨介质之间的相对运动，称为滑落。转速率或充填率越高，滑落现象越少；反之，滑落现象显著。

（2）泻落

研磨介质从最高点下落时不产生抛射运动，而是外层研磨介质沿着相邻内层研磨介质往下滑落，有如瀑布下泻，称为泻落。转速率由低开始增加时，泻落现象随之增加，当转速率超过 80％后又将减少。研磨介质充填率增加，泻落现象将略减。

（3）抛落

研磨介质被提升至脱离点后呈抛物线下落，称为抛落。转速率和研磨介质充填率越高，抛落现象越显著。

在一般情况下，上述三种运动现象都存在，但各占比率不同。在正常转速率下，当研磨介质充填率小于 45％时，滑落占的比率较小，抛落中等，泻落最大；当研磨介质充填率大于 45％时，滑落占的比率仍最小，泻落中等，抛落最大。

当转速率较高，抛落态占的比率最大时，小钢球趋向于聚集在研磨介质外层，大钢球趋向于聚集在内层。当泻落态占的比率较大时，将出现相反情况；大钢球趋向于聚集在外层，小钢球在内层。

2.2.3　球磨机的结构

2.2.3.1　溢流型球磨机

球磨机的筒体（图 2-6）由厚度约 5～36mm 的钢板焊成，两端有铸钢端盖，通过法兰盘同筒体连接。端盖上的中空轴颈支承于主轴承上。筒体和端盖内壁敷以衬板。大齿圈固定于筒体上。电动机通过小齿轮驱动大齿圈和筒体旋转。物料经给料器通过左方中空轴颈给入筒体。筒体内装有按一定直径配比的钢球作为研磨介质。物料在筒体内经钢球磨碎后经端盖和中空轴颈溢流排出机外。筒体上开有 1～2 个人孔，供安装及更换衬板之用。端盖和中空轴颈通常是一个整体铸钢件。球磨机最常用的是滑动轴承，其直径很大，但长度小。轴瓦用巴氏合金浇铸或采用加工的青铜轴瓦。球磨机用的滑动轴承仅在下部有半圆形轴瓦。

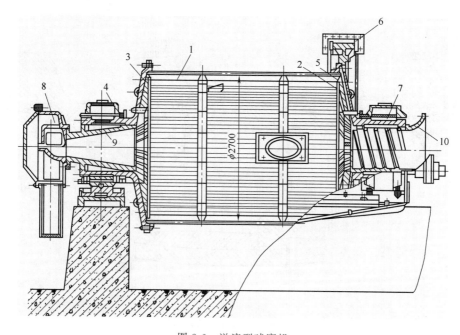

图 2-6　溢流型球磨机

1—筒体；2,3—端盖；4,7—主轴承；5—衬板；6—大齿圈；8—给料器；9,10—中空轴颈

筒体内的衬板不仅能防止筒体遭受磨损，而且衬板的形状和尺寸还会影响钢球的运动规律及磨碎效率。衬板的材质有高锰钢、高铬铸铁、硬镍铸铁、中锰球铁和橡胶等。衬板厚度通常为50～130mm。衬板与筒体之间垫有胶合板、石棉垫、橡胶垫等，以缓冲钢球和物料对筒体的冲击。衬板一般用螺钉固定于筒体上，螺母下面有密封用橡胶和金属垫圈。

常用衬板的形状如图 2-7 所示。形状较平滑的衬板使钢球同衬板之间的相对滑动较大，产生较多的研磨作用，钢球提升高度和抛射所耗的能较少，适于细磨。凸起形衬板对钢球的推举作用强，使钢球提升高度大，抛射作用强，对处于下部的球荷的搅动作用强。衬板的形状、凸起或压条高度、间距等数据必须同物料性质、钢球尺寸和生产要求等相适应。

橡胶衬板耐磨损、重量轻、拆装方便、噪声小，可以减少每吨矿石的加工费用，主要用在第二段磨矿和再磨作业，比各种钢衬板有更好的经济效果。常用的橡胶衬板有方形、标准形和 K形，如图 2-8 所示。

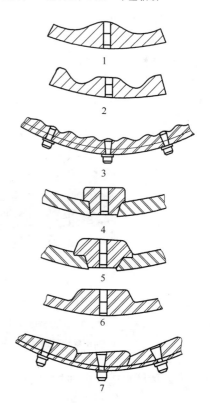

图 2-7　衬板形状

1—单波形；2—双波形；3—阶梯形；
4—楔形；5—洛林凸条和平衬板形；
6—平凸形；7—船舵形

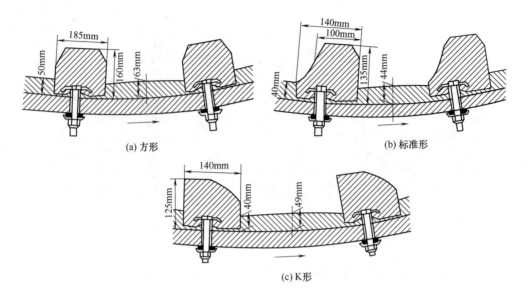

(a) 方形   (b) 标准形

(c) K形

图 2-8　橡胶衬板

磁性衬板是在橡胶衬板内装有陶瓷永磁磁铁，陶瓷磁铁使衬板一侧牢固地附着于筒体，另一侧吸住磁性矿石颗粒，形成耐磨层，耐磨层剥落后又吸住新的磁粒，循环不已，也称作"自生式衬板"，如图 2-9 所示。使用磁性衬板能够降低钢耗和能耗，在一些工业部门使用效果较好。

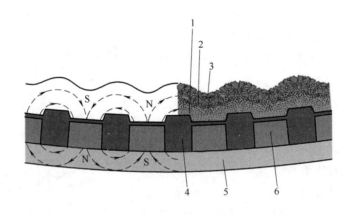

图 2-9　磁性衬板

1—细颗粒磁性材料的均质层；2—粗颗粒的磁性材料层；
3—粗细颗粒磁性材料的流态化层；4—永磁铁；5—磨机筒体；6—橡胶

大型球磨机可采用同步电动机、小齿轮和大齿圈传动，或采用异步电动机、减速器、小齿轮和大齿圈传动（图 2-10）。同步电动机系统的传动效率高，占地少，工作可靠，改善电网的功率因数，但价格较高；异步电动机系统需要多用一台大型减速器。小型球磨机也可用异步电动机、皮带、小齿轮和大齿圈传动，但传动效率低，占地多，维修复杂。超大型球磨机采用环形电动机无齿轮传动。

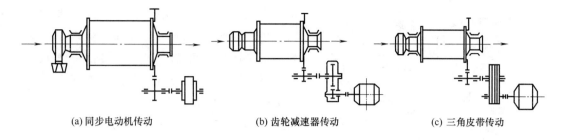

(a)同步电动机传动   (b)齿轮减速器传动   (c)三角皮带传动

图 2-10 球磨机的传动方式

送入球磨机的给料可以是原料、破碎产品或分级机的返砂（粗产品）。给料器将它们送入磨机磨碎。干法磨碎时，给料器可以用简单的溜槽、螺旋给料器、圆盘给料器等。湿法磨碎时常用鼓形、蜗形和联合型给料器等。

鼓形给料器 ［图 2-11（a）］ 装于球磨机中空轴颈头部，并随之转动，用于最大粒度为 70mm 的开路磨碎系统。筒体由铸造钢板焊接而成，其内部有螺旋形隔板。盖子制成截锥形，左方是进料孔。在筒体和盖子之间的隔板开有使物料进入筒体螺旋部的扇形孔。物料通过进料孔和扇形孔进入筒体，由筒体内部的螺旋形提升板将物料举起送入磨机的中空轴颈内。蜗形给料器有螺旋形勺子 ［图 2-11（b）］，在转动时由下面的料槽将物料铲入勺内，物料沿螺旋形勺子内壁移动而被提升并送入中空轴颈。联合给料器（图 2-12）兼有鼓形和蜗形给料器的作用。原料或破碎产品通过盖子的孔由螺旋形提升板提升，直接送入中空轴颈，返砂送入料槽，由勺子和勺头掏起后，经筒体的螺旋形提升板送入中空轴颈。大型球磨机给料普遍采用给料小车。

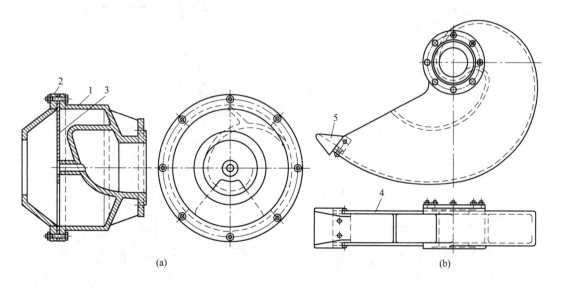

(a)   (b)

图 2-11 鼓形和蜗形给料器

1—筒体；2—盖子；3—隔板；4—勺子；5—勺头

2.2.3.2 格子型球磨机

格子型球磨机利用排料格子板来加速排料。溢流型球磨机的物料或料浆在排料端的

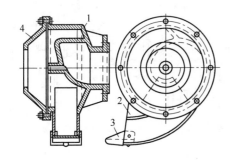

图 2-12 联合给料器

1—筒体；2—勺子；3—勺头；4—盖子

料位大致在中空轴颈下端位置，比格子型球磨机物料在排料端的料位高，这使溢流型球磨机排料不如格子型球磨机通畅，某些已达到磨碎细度的料不能及时排出，导致过粉碎及产量较低。

格子型球磨机的主要结构如图 2-13 所示。除排料格子板外，其结构基本同溢流型球磨机相同。各公司生产的格子板的孔形、尺寸、排列方式各不相同（图 2-14）[7]。孔眼依物料运动方向有 3°～6° 斜度，防止物料或小钢球卡住孔眼而堵塞。孔眼在小端的宽度为 8～20mm。格子板一般用高锰钢制造。

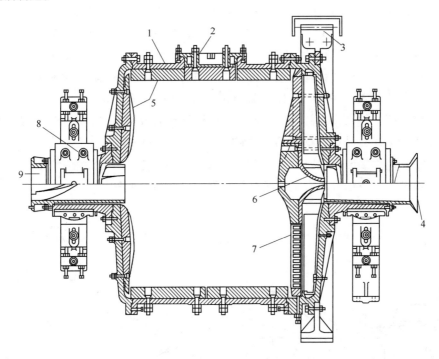

图 2-13 格子型球磨机

1—筒体；2—人孔；3—大齿轮；4—排料口；5—衬板；6—排料锥；7—格子板；8—中空轴颈；9—给料口

(a) 美国Barber-Greene格子板　　　　　(b) 德国克虏伯公司格子板

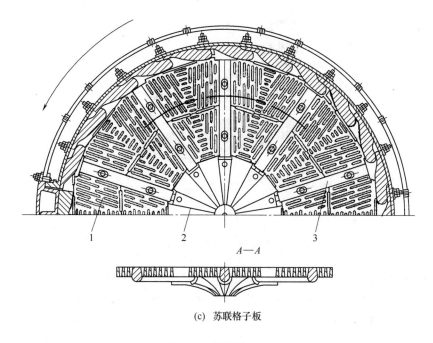

(c) 苏联格子板

图 2-14　排料格子板

1—栅栏；2—锥圈衬板；3—销栓

目前世界上已经投入使用的最大的球磨机规格为 $\phi 8.5\mathrm{m} \times 13.4\mathrm{m}$，功率为 22000kW，见表 2-2。

表 2-2　大型球磨机的规格和电动机功率

项目	美卓	伯力鸠斯	奥图泰	艾法史密斯	中信重机
直径/m	7.9	7.3	8.5	8.2	7.9
长度/m	12.5	12.5	13.4	13.1	13.6
安装功率/MW	15	13.3	22	16.8	17

2.2.3.3　风扫球磨机

风扫球磨机如图 2-15 所示。这种球磨机进行的是干法磨碎，风和物料从左方的给料口和中空轴颈给入磨机内，经过筒体后从右方的排料口排出磨机外。由于筒体直径较大，风速在筒体部分较低，但在排料端的中空轴颈处由于直径突然减小而风速加大，可以将磨至一定细度的粉末夹带排出。这些夹带有粉末的风通常送至风力分级机和除尘器，粉末在该处被分离排出，而风则返回球磨机，继续排送粉末。

通常这种球磨机使用热风进行工作。热风除输送物料以外，还起干燥作用。

2.2.3.4　管磨机

管磨机长度大（长度：直径＝3～6），物料通过筒体的时间长，产品粒度细。它广泛用于水泥工业（将熟料加石膏磨成水泥的水泥磨）和硅酸盐工业部门。

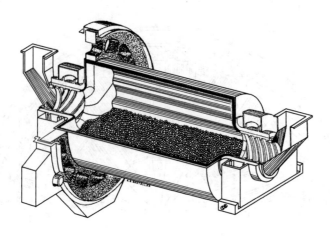

图 2-15　风扫球磨机

用隔仓板将管磨机分为两个或三个仓室，称为多仓管磨机或分室磨。图 2-16 是三仓管磨机，在各仓之间的格子板称为隔仓板。隔仓板有单、双层两种结构。双层隔仓板设有提升板，物料通过板一端的孔眼进入隔仓板内部，由径向提升板将物料提升后，从另一端排出。单层隔仓板没有提升板，物料通过其箅板孔眼而钢球被阻留。第 1 仓内由于物料粒度大通常装入大球，充填率低，以冲击破碎为主，第 2、3 仓装入尺寸较小的钢球（$\phi38\sim44$mm）或钢段（$\phi24$mm $\times24$mm）。多仓磨优点之一就是利用隔仓板将大、中、小钢球或钢段分开，以适应各仓内物料的粒度，以便有效地粉碎。第 1、2 仓之间的隔仓板箅缝尺寸约为 $8\sim10$mm，第 2、3 仓之间隔仓板箅缝尺寸约为 $6\sim8$mm，第 3 仓与排料端盖之间的排料箅子板箅缝尺寸为 $4\sim6$mm，各仓的长度按实际情况决定，占筒体总长度的百分数大致为：

第 1 仓：　$20\%\sim30\%$；

第 2 仓：　$25\%\sim30\%$；

第 3 仓：　$40\%\sim55\%$。

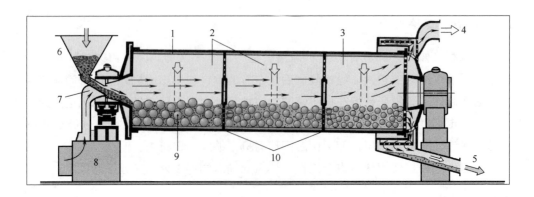

图 2-16　管磨机的结构

1—铺有耐磨衬板的磨机筒体；2—磨矿仓；3—细磨仓；4—分选空气出口；

5—细粒排出口；6—给料；7—分选空气；8—外壳；9—钢球；10—格子板

多仓管磨机的优点是给料端附近的粗物料受到大钢球的粉碎，而随着物料向排料端运动，粒度变细，受到中钢球和小钢球或钢段的粉碎。钢球分级衬板使各衬板突起部在筒体内构成螺旋形或其他特殊排列的凸起，在筒体转动时突起部使较大的和较小的钢球分别向给料端和排料端聚集，也起到大球打粗料、小球打细料的作用。两仓管磨机可以在各仓分别装入尺寸不同的研磨介质，还可以第 1 仓装钢棒，第 2 仓装钢球（也称棒球磨）。

多仓磨各仓的最佳研磨介质尺寸应同该仓的物料粒度保持一定的关系（图 2-17）。如第 3 仓的进料粒度是 $d_{80}=200\mu m$，研磨介质（小圆柱体）直径应为 12mm 左右。对于快硬和超级快硬水泥，细磨仓的进料粒度 $d_{80}=50\sim60\mu m$，研磨介质直径应为 6～7mm。但在惯用的多仓磨中，由于细磨仓用隔仓板排料，而隔仓板的箅缝尺寸不能做得很小，故研磨介质尺寸一般大于 12mm，从而对上述品种水泥采用开路磨碎的效果较差。对比表面（Blaine 透气法比表面）在 3200cm^2/g 以下的普通水泥，则可用多仓管磨机进行开路磨碎。

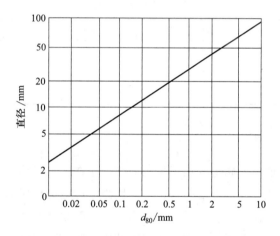

图 2-17　研磨介质尺寸同各仓进料粒度的关系

2.2.4　球磨机的工作参数

2.2.4.1　转速

按式（2-1）和式（2-2）导出球磨机的临界转速 n_c 和工作转速 n。令 Ψ 为转速率（%），则：

$$n=\frac{\Psi}{100}n_c=\frac{\Psi}{100}\times\frac{42.3}{\sqrt{D}} \tag{2-3}$$

式中　D——筒体内径，m；

　　　　n_c——临界转速；

　　　　n——工作转速。

理论上，可以推导出研磨介质的最大抛射功处于转速率 $\Psi = 88\%$，但推导时许多实际因素未考虑在内：如下部研磨介质在随筒壁上升期间的滑落及所做的研磨功，转速率对于比能耗的影响，研磨介质充填率，衬板形状和几何参数，给料和磨碎产品粒度，湿法磨碎时料浆的浓度，等等。

确定磨机转速时要考虑转速对衬板磨损的影响。转速增加时，一方面使研磨介质冲击力及衬板磨损增加，另一方面将减少研磨介质与衬板间的相对滑动，使衬板的磨损减少。装有较光滑衬板的磨机，其转速率比装有较高凸起压条的衬板的球磨机高。磨机的处理量在一定范围内随转速率的增加而增加，但是比能耗往往也增加。转速还要同研磨介质充填率适应，当研磨介质充填率增加时，转速率应减小。例如，当研磨介质充填率为 $40\% \sim 50\%$ 时，相应的转速率取 $80\% \sim 82\%$。通常在综合考虑上述因素后并参考生产经验，将球磨机和管磨机的转速率选在 $65\% \sim 78\%$ 之间较多；在细磨段、选矿厂的中矿再磨段及筒体直径较大时取下限。

不同规格的球磨机的转速率的选取，可参考表 2-3 给出的推荐值。

表 2-3　球磨机的转速率

磨机内径/m	推荐的转速率/%	磨机内径/m	推荐的转速率/%
$0 \sim 1.8$	$80 \sim 78$	$3.7 \sim 4.6$	$72 \sim 69$
$1.8 \sim 2.7$	$78 \sim 75$	>4.6	$69 \sim 66$
$2.7 \sim 3.7$	$75 \sim 72$		

2.2.4.2　研磨介质充填率

提高研磨介质充填率，研磨介质重量相应增加，在一定条件下可提高处理能力。但研磨介质充填率也不能过高，原因有三：一是用溢流型球磨机研磨介质可能会从中空轴颈排出；二是会使粉碎作用相对较弱的内层研磨介质的数量增加；三是在抛射钢球的落点处（脚趾区）钢球堆积较多，减缓了钢球的冲击，影响粉碎效率。

在选矿工业中，当研磨介质充填率约为 55% 时，磨机处理量和功率消耗达最大值，但比能耗增加。在生产实践中，湿法溢流型球磨机的研磨介质充填率取 40%，格子型球磨机取 $40\% \sim 50\%$，以 45% 左右居多。干法磨碎时，在研磨介质层之间的物料使研磨介质层膨胀，物料受到研磨介质的阻碍而轴向流动性较差，故研磨介质充填率选得较低，通常在 $28\% \sim 35\%$ 之间。棒磨机的钢棒充填率，在湿法磨碎时取 $35\% \sim 40\%$，干法磨碎时取 35%。

前已述及，研磨介质充填率同磨机转速率要适应，但各厂矿生产情况变动幅度较大。如苏联一些矿山采用高转速率和低充填率（分别为 78% 和 40%），美国有的矿山采用低转速率和高充填率（分别为 66% 和 44%），墨西哥 Sicarta 矿山采用低转速率和低充填率（分别为 68% 和 38%）的工作制度，而水泥工业采用的开路磨碎，磨机充填率还要低 10% 左右。

根据研磨介质充填率计算筒体内研磨介质重量时，研磨介质的表观密度 γ 可近似地选取下列数据：锻钢球 $\gamma = 4.5 \sim 4.8 t/m^3$，铸钢球 $\gamma = 4.35 \sim 4.65 t/m^3$，钢棒 $\gamma = 6 \sim$

$6.5 t/m^3$。

2.2.4.3　钢球的配比

钢球层（或称球荷）是由各种直径钢球按一定比例组成（称配比或称级配）。为了提高磨碎效率，钢球层的配比应合理。例如，给料粒度大时，需装入较多直径较大的钢球，其粉碎作用和冲击力较强；但在同样研磨介质重量下，大钢球的数目、彼此间接触点和对物料的粉碎次数均比小钢球少，研磨作用也较弱。

除给料粒度外，钢球层配比还要考虑磨碎细度、磨机筒体直径和转速率、衬板寿命和不同规格钢球的价格等。通常磨碎产品的粒度越细、筒体直径越大，小钢球占的比率应越大。小钢球对筒体产生的磨损较少，但使用寿命较短，单位重量的价格较高[8]。

（1）最初装球时钢球的配比

确定最初装球时钢球的配比有如下三种方法[8]。

① 根据给料（闭路磨碎时还包括返砂）的粒度分布将给料（包括返砂）的粒级（其中小于磨碎细度的粒级除外）适当地合并为若干组，求出各粒级粉碎时的相应钢球直径，使各种直径的钢球占钢球总量的比率大致等于相应粒级占给料的比率。计算举例列于表 2-4。举例中用了 7 种规格的钢球，但一般情况下，选用 3～4 种规格的钢球即可，以简化管理和操作。

② 根据给料粒度和生产经验选定若干种钢球直径，使每种直径的钢球的总面积相等，据此算出每种钢球占的比率。

各种直径的锻造钢球的质量、表面积和每吨钢球的数目列于表 2-5。设某球磨机需装入钢球 8150kg，钢球直径为 63.5mm、76mm、89mm 和 101mm 四种。从表 2-5 上查出每个钢球的表面积 Y 及质量 X，则单位表面积的钢球质量为 X/Y。将各直径钢球的 X/Y 值化为占总的 $\Sigma(X/Y)$ 的比率，即该直径钢球占总钢球的比率，并满足各种直径钢球总的表面积相等这一条件。将该比率乘以钢球总质量，即该直径钢球的质量。计算结果列于表 2-6。

③ 各种直径钢球占全部钢球的比率与其直径成正比。设球磨机规格为 $\phi 2900 mm \times 3200 mm$，给料粒度 $D=75mm$，磨碎产品粒度 $d_{80}=0.1mm$，按生产经验选定直径为 60mm、50mm、40mm、30mm，钢球共 35t。令各直径钢球的比率正比于其直径，算出的结果列于表 2-7。

（2）在生产过程中补加钢球的配比

钢球在磨碎过程中不断磨损：抛落状态下钢球的磨损与其冲击力有关，即与钢球重量（或直径的三次方）有关；研磨状态下与钢球的表面积（或直径的二次方）有关。球磨机中钢球兼有冲击和研磨作用，令其磨损与钢球直径的 n 次方（n 在 2～3 之间）成正比，则：

$$\frac{dW}{dt}=KD_B^n \tag{2-4}$$

式中　W——直径为 D_B 的钢球的质量；

$\quad\quad\quad t$——时间。

表 2-4　最初装球时钢球配比计算

粒度 /mm	给料粒级 含量/%	返砂粒级 含量/%	给料+返砂粒级 含量/%	扣除<0.147mm 后的 给料加返砂		钢球配比		
				粒级含量 /%	累积含量/ %	钢球直径 /mm	含量/%	累积含量 /%
12	49.5	—	49.5/4＝12.38①	17.9②	17.9	100③	15	15
10	26.5	—	26.5/4＝6.62	9.5	27.4	80	15	30
8.6	4.0	—	4.0/4＝1.0	1.44	28.84			
6.4	15.0	—	15.0/4＝3.75	5.42	34.26	70	10	40
4.0	5.0	—	5.0/4＝1.25	1.80	36.06			
0.991	—	20.0	20×3/4＝15.00	21.7	57.76	60	15	55
0.47	—	11.0	11×3/4＝8.25	11.9	69.66	50	15	70
0.295	—	16.7	16.7×3/4＝12.53	17.98	87.64	40	15	85
0.208	—	9.3	9.3×3/4＝6.97	10.16	97.80	30	15	100
0.147	—	2.0	2.0×3/4＝1.50	2.20	100.00			
<0.147	—	41.0	41.0×3/4＝30.75	—				
合计	100	100	100	100				

① 设循环负荷系数为300%，新给料占球磨机给料的1/4，返砂占3/4。

② 本数据的算法是：12.38/(100-30.75)＝17.90%。

③ 东北历年经验，最大球径是100mm，最小球径是30～40mm。某铜矿选厂的经验是100mm适于磨碎10mm 的矿石，30mm适于磨碎0.2mm的矿石。

表 2-5　锻造钢球的数据

钢球直径/mm	12.7	19	22	25.4	31.8	38	44.5	50.8	63.5	76	89	101	127
每个钢球质量/kg	0.0087	0.0287	0.045	0.068	0.132	0.227	0.362	0.495	1.05	1.82	2.9	4.31	8.45
每个钢球表面积/cm²	5.1	11.4	15.6	20.3	31.7	45.6	62.1	81.1	127	181	249	320	507
每吨钢球数目	122433	36289	22832	15331	7843	4534	2835	1920	979	565	347	233	120

表 2-6　钢球配比计算（一）

钢球直径 /mm	每个钢球重量 (X)/kg	每个钢球的表面积 (Y)/cm²	(X/Y)/(kg/cm²)	$[(X/Y)/\sum(X/Y)]$/%	钢球总重 /kg
63.5	1.06	127	0.08346	19.2	1565
76	1.82	181	0.01005	23.1	1883
89	2.9	249	0.01165	26.7	2176
101	4.32	320	0.01350	31.0	2526
总计			0.043546	100.0	8150

表 2-7　钢球配比计算（二）

钢球直径 D_B/mm	60	50	40	30
$D_B/\sum D_B \times 100\%$	33.3	27.8	22.2	16.7
各种直径的钢球质量/t	11.7	9.7	7.8	5.8

表 2-8　补加钢球的最大直径

给料粒度/mm	12～20	10～12	8～10	5～8
补加钢球的最大直径/mm	120	100	90	80
给料粒度/mm	2.5～6	1.2～4	0.6～2	0.3～1
补加钢球的最大直径/mm	70	60	50	40

随着钢球的磨损而需定期补加直径 D_{B1} 钢球，以保证磨机内钢球总质量不变。经过一段时间后，达到由各种直径钢球组成和稳定的钢球层，可按式（2-5）导出在稳定状态下钢球层的钢球直径分布（用直径大于 D_B 的累积含量表示）：

$$x = \frac{D_{B1}^{6-n} - D_{B}^{6-n}}{D_{B1}^{6-n}} \times 100 = \left[1 - \left(\frac{D_B}{D_{B1}} \right)^{6-N} \right] \times 100 \tag{2-5}$$

式中　x——钢球层中直径大于 D_B 的钢球的累计百分率，%；

　　　D_{B1}——补加钢球的直径，mm。

实践中补加的是若干种（通常为 4 种）直径的钢球，以减少钢球直径分布的波动。补加钢球的最小直径约为 20mm，最大直径视物料可磨性及粒度在 40～125mm 之间，表 2-8 是生产实践中常采用的补加钢球的最大直径。

下面三个经验公式可用于计算装入钢球的最大直径：

① 拉苏莫夫（К.А.Разумов）公式：

$$D_B = iD^n \tag{2-6}$$

② 奥列夫斯基（В.А.Олевский）公式：

$$D_B = 6 \lg d \sqrt{D} \tag{2-7}$$

③ 邦德（F. C. Bond）公式：

$$D_B = 21.9 \left[\frac{D_{80} W_i}{K \Psi} \left(\frac{\delta}{\sqrt{D}} \right)^{1/2} \right]^{1/2} \tag{2-8}$$

式中　D_B——钢球最大直径，mm；

　　　D——最大给料粒度，mm；

　　i，n——系数，取决于物料性质，通常分别取 28 和 1/3；

　　　d——磨碎产品粒度，μm；

　　D_{80}——按细粒累积含量为 80% 的给料粒度，μm；

　　　W_i——功指数，kW·h/t（短吨），软物料为 7～11，中硬物料为 11～17，硬物料＞17；

　　　Ψ——球磨机转速率，%

　　　K——磨机类型系数，溢流型＝350，格子型湿法＝330，格子型干法＝335；

　　　δ——物料密度。

设球磨机在稳定工作状态下钢球的直径分布已知，或选定某一种最佳的钢球直径分布，则可据此算出补加钢球直径的配比如下。

已知球磨机稳定工作时的钢球直径分布见表 2-9。

表 2-9　球磨机稳定工作时的钢球直径分布

钢球直径/mm	80～100	70～80	60～70	50～60
钢球累积含量/%	15	30	40	54

钢球直径/mm	40～50	30～40	20～30	
钢球累积含量/%	68	82	95	

设补加钢球的直径分别是为 100mm、80mm、70mm、60mm、50mm、40mm 和 30mm。按式（2-4）算出磨损后达稳定状态时的钢球直径分布，列于表 2-10。令 β_{100}、β_{80}、β_{70}、β_{60}、β_{50}、β_{40}、β_{30} 分别为各种直径钢球占补加钢球总重的百分率。由于在稳定状态下 >80mm 钢球占钢球总重的 15%，而表 2-10 中，补加的直径为 100mm 的钢球磨损后，>80mm 者占 56.2%，故补加的直径为 100mm 的钢球的 β_{100} 为：

$$\beta_{100}=\frac{15}{56.2}\times100\%=26.7\% \tag{2-9}$$

在稳定状态下的钢球直径分布中，>70mm 者应占钢球总量的 30%。由于直径 >70mm 钢球是由直径为 100mm 和 80mm 钢球磨损而成，故：

$$\beta_{100}\times\frac{73.2\%}{100\%}+\beta_{80}\times\frac{39\%}{100\%}=30\% \tag{2-10a}$$

$$\beta_{80}=26.8\%$$

同理：

$$\beta_{100}\times\frac{84.9\%}{100\%}+\beta_{80}\times\frac{65.5\%}{100\%}+\beta_{70}\times\frac{43.4\%}{100\%}=40\% \tag{2-10b}$$

$$\beta_{70}\approx0\%$$

依次算出 $\beta_{60}=14.5\%$，$\beta_{50}=11\%$，$\beta_{40}=10.5\%$，$\beta_{30}=9.3\%$。将各 β 值圆整后列于表 2-11。

根据圆整后的各 β 值及钢球磨损后的直径分布，求出实际的、稳定状态下钢球直径分布（表 2-12），与要求的钢球直径分布较接近。

图 2-18 所示的三条曲线分别为最初装入的、稳定状态下的及补加钢球后的直径分布。曲线表明，三种情况下的钢球直径分布变化不大。稳定状态前的钢球直径分布在左边两条曲线之间波动。由于波动幅度不大，磨机的效率较高且较稳定。

表 2-10　补加钢球磨损后的直径分布　　　　%

钢球直径/mm	补加钢球直径/mm						
	100	80	70	60	50	40	30
80～100	56.2[①]						
70～80	73.2	39					
60～70	84.9	65.5	43.4				
50～60	92.3	82.4	71.3	50			
40～50	96.2	92.3	80.0	77.7	56.2		

钢球直径/mm	补加钢球直径/mm						
	100	80	70	60	50	40	30
30～40	98.1	97.3	89.2	92.3	84.9	55	
20～30	99.7	99.1	99.0	98.5	96.7	92.3	77.7

① $x_{80}=1-\left(\dfrac{D_{80}}{D_{100}}\right)^{6-2.3}=1-\left(\dfrac{80}{100}\right)^{3.7}=0.562$。

表 2-11　补加钢球的直径分布

钢球直径/mm	100	80	70	60	50	40	30
计算的各尺寸钢球产率/%	26.7	26.8	0	14.5	11	10.5	9.3
圆整后的各尺寸钢球产率/%	25	25	10	15	10	15	0

表 2-12　要求的和实际的钢球直径分布

钢球直径/mm	要求的尺寸组成/%	补加钢球直径/mm						实际的钢球尺寸组成/%
		100	80	70	60	50	40	
		补加钢球的尺寸组成/%						
		25	25	10	15	10	15	
80～100	15	14.05						14.05
70～80	30	18.30	9.75					28.05
60～70	40	21.23	16.38	4.34				41.95
50～60	54	23.08	17.6	7.13	7.5			55.31
40～50	68	24.05	23.75	8.00	11.66	5.62		83.08
30～40	82	24.06	24.3	9.57	12.35	8.49	9.83	89.18
20～30	95	24.7	24.78	9.70	14.77	9.66	13.85	97.76

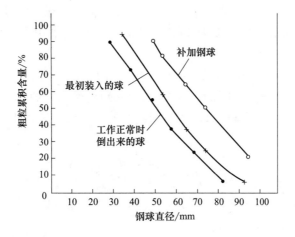

图 2-18　钢球的直径分布

2.2.4.4　球磨机的功率消耗

球磨机将研磨介质和物料向上提升到脱离点，并以一定的速度抛射出去，因而要消耗功率。还有一部分功率消耗于球磨机的轴承和传动装置中。关于磨机功率的计算大多数计算出有用功率 N，然后乘一系列修正系数得到磨机的拖动电机安装功率。球磨机的有用功率，可以用理论公式或经验公式来计算。

(1) 理论公式

球磨机通过筒体内壁和载荷之间的摩擦向载荷提供动能。在球磨机稳定运转的情况下，研磨介质在球磨机中有固定的、不对称的分布，球荷重心偏离球磨机轴线，于是产生一个转矩 T，反抗这个转矩需要做功。如果研磨介质和物料的总重量为 G，则转矩 T 大约为 G 和重心至轴心距离 d_c 的乘积，见图 2-19。则有：

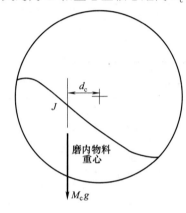

图 2-19 球磨机钢球和磨料的转矩示意图

$$T = G d_c = M_c g d_c \qquad (2\text{-}11)$$

角速度为 ω 的磨机，在没有机械损失时其理论功率 P 等于转矩和角速度的乘积，即：

$$P = T\omega = G d_c \omega \qquad (2\text{-}12)$$

因此，

$$P = 2\pi n M_c g d_c \qquad (2\text{-}13)$$

球的密度为 ρ，堆体积和空隙率分别为 V 和 ε，则：

$$G = G_K + G_G = (1-\varepsilon_K)\rho_K V_K + (1-\varepsilon_G)\rho_G V_G \qquad (2\text{-}14)$$

被磨物料充填率为 ϕ，其堆体积 V_G 与介质孔隙率 ε_K 的关系为：

$$V_G = \phi_G \varepsilon_K V_K \qquad (2\text{-}15)$$

故上式变为：

$$G = G_K \{ 1 + \phi_G \varepsilon_K (1-\varepsilon_G)\rho_G / [(1-\varepsilon_K)\rho_K] \} \qquad (2\text{-}16)$$

通常取 $\varepsilon_K = \varepsilon_G = 0.4$，则：

$$G = G_K (1 + 0.4\phi_G \rho_G / \rho_K) \qquad (2\text{-}17)$$

在一般操作中取 $\phi_G \approx 1$，钢球密度 $\rho_K = 7.8\text{g/cm}^3$，矿物平均密度 $\rho_G = 3\text{g/cm}^3$，则上式最后一项为 0.15。因此物料装载量的波动对总重量和传动功率没有重要的影响。由此得到传动功率为：

$$P = G_k d_c \omega [1 + 0.4\phi_G (\rho_G / \rho_K)] \qquad (2\text{-}18)$$

重心至轴线的距离 d_c 是未知数，它与被磨物料的性质、筒体直径、钢球与衬板及球层间的摩擦、球径、充填率和转速率有关。此外，衬板的形状和数量对 d_c 值也有影响。因此：

$$\frac{d_c}{D} = f\left(\phi_K, \frac{n}{n_c}, \frac{d}{D}, 衬板\right) \qquad (2\text{-}19)$$

因为

$$\omega = (\omega/\omega_c)\omega_c = (n/n_c)\sqrt{2g/D} \qquad (2\text{-}20)$$

代入公式（2-12），最后得到：

$$P = G_k D (n/n_c)\sqrt{2g/D}\,\omega [1 + 0.4\phi_G (\rho_G / \rho_K)] f\left(\phi_K, \frac{n}{n_c}, \frac{d}{D}, 衬板\right)$$

$$P = G_k (n/n_c)\sqrt{2gD}\, [1 + 0.4\phi_G (\rho_G / \rho_K)] f\left(\phi_K, \frac{n}{n_c}, \frac{d}{D}, 衬板\right)$$

$$(2\text{-}21)$$

理论上，功率消耗正比于长度、负荷重量、转矩臂的长度以及角速度，因此得到：

$$P \propto LD^{2.5} \tag{2-22}$$

计算磨机净功率的一个简单的公式如下[9]：

$$P = 2\phi_c D_m^{2.5} L_e K \tag{2-23}$$

式中　　P——净功率，kW；

　　　　D_m——磨机有效直径，m；

　　　　L_e——有效研磨长度，m；

　　　　ϕ_c——转速率；

　　　　K——校正系数，它的取值可从图 2-20 中获得。

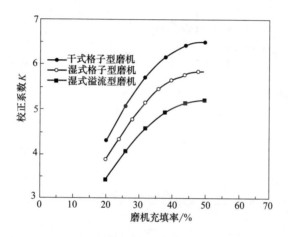

图 2-20　球磨机充填率对磨机功率的影响

(2) 经验公式

① 布兰克（Blanc）经验式。

不同直径的磨机，在相同并有相似衬板的情况下，运动状态相似，因此式（2-21）可简化为：

$$P = CM_B \sqrt{D} \tag{2-24}$$

式中　　C——系数，由实测确定；

　　　　M_B——钢球装载量；

　　　　D——磨机有效直径，m。

这就是布兰克（Blanc）经验式[10-12]。

$$P = \frac{KM_B \sqrt{D}}{1.3596} \tag{2-25}$$

式中，K 为与磨机负荷有关的系数，由表 2-13 确定。

这就是布兰克（Blanc）经验式的又一个表达式[13]。

表 2-13 K 系数的取值

研磨介质	钢球充填率				
	0.1	0.2	0.3	0.4	0.5
钢球＞60mm	11.9	11.0	9.9	8.5	7.0
钢球＜60mm	11.5	10.6	9.5	8.2	6.8
短圆锥形介质	11.1	10.2	9.2	8.0	6.0
铁/钢质磨矿介质（平均）	11.5	10.6	9.53	8.23	6.8

② 邦德经验公式。

采用邦德经验公式进行球磨机功率的计算，公式如下[14]：

$$P = 15.6 \times D^{0.3} \times \phi_c \left(1 - 0.937 J_B\right) \left(1 - \frac{0.1}{2^{9-10 \times \phi_c}}\right) \tag{2-26}$$

式中　P——磨机中每吨球所需的磨矿功率，kW/t；

　　　D——磨机有效内径，m；

　　　ϕ_c——比转速；

　　　J_B——钢球充填率，％。

钢球装载量 M 的计算：

$$M = \frac{\pi D^2}{4} J_B L \rho_b \left(1 - 0.4\right) \tag{2-27}$$

③ 罗兰德（Rowland）公式。

采用罗兰德修正的邦德经验公式进行球磨机功率的计算，公式如下[15]：

$$P = 4.879 D^{0.3} \left(3.2 - 3V_p\right) C_s \left(1 - \frac{0.1}{2^{9-10C_s}}\right) + S_s \tag{2-28}$$

$$S_s = 1.102 \left(\frac{B - 12.5D}{50.8}\right) \tag{2-29}$$

式中　P——磨机中每吨球所需的磨矿功率，kW/t；

　　　D——磨机有效内径，m；

　　　C_s——转速率，％；

　　　V_p——钢球充填率，％。

　　　B——球径，mm；

　　　D——磨机衬板内侧直径，m；

　　　S_s——球径系数。

下面通过一个例子来说明球磨机功率的计算。

【**实例 2-1**】 一台直径 3.5m（有效研磨长度为 3.5m）的溢流型球磨机装有厚度为 75mm 的衬板和直径为 70mm 的钢球。球磨机的综合充填率为 40％，磨机转速为 17.6r/min。计算这台球磨机的所需功率。

解：

步骤 1：

球磨机的衬板内侧直径

$$D_i = 3.5 - 2 \times 0.075 = 3.35 \ (\text{m})$$

根据式（2-2）求得临界转速：

$$n_c = \frac{42.3}{(3.35 - 0.07)^{0.5}} = 23.4 \ (\text{r/min}) \tag{2-30}$$

因为磨机的转速为 17.6r/min，所以磨机的比转速为：

$$\frac{17.6}{23.4} \times 100\% = 75\%$$

步骤 2：采用邦德公式

由邦德公式（2-26）得到如下：

$$P = 15.6 \times 3.35^{0.3} \times 0.75 \times (1 - 0.937 \times 0.4) \times \left(1 - \frac{0.1}{2^{9-10 \times 0.75}}\right) \tag{2-31}$$

$$= 10.14 \ (\text{kW/t})$$

由公式（2-27）得到：

$$M = \frac{3.14159 \times 3.35^2}{4} \times 0.4 \times 3.5 \times 7.8 \times (1 - 0.4) = 57.75 \ (\text{t})$$

因此，功率 P 为：

$$P = 10.14 \times 57.75 = 586 \ (\text{kW})$$

步骤 3：采用罗兰德公式

由罗兰德公式（2-28）得到如下：

$$P = 4.879 \times 3.35^{0.3} \times (3.2 - 3 \times 0.4) \times 0.75 \times \left(1 - \frac{0.1}{2^{9-10 \times 0.75}}\right) + S_s$$

$$= 10.15 \ (\text{kW/t})$$

因为磨机直径大于 3.3m，应考虑球径系数加以修正。由公式（2-29）得到如下：

$$S_s = 1.102 \times \frac{70 - (12.5 \times 3.35)}{50.8} = 0.61 \ (\text{kW/t})$$

因此，功率 P 为：

$$P = (10.14 + 0.61) \times 57.75 = 621 \ (\text{kW})$$

步骤 4：图表法

根据 AC 公司（美卓）磨机选型计算图表（图 2-21）进行计算，从此图中查得，3.35m 对应 160kW/m，从而计算得到功率 = 160kW/m × 3.5m = 560kW。

步骤 5：软件计算方法

根据美卓公司磨机功率分析软件得到如表 2-14 所示的计算结果。

表 2-14　计算结果

钢球充填率/%	小齿轮轴功率/kW	钢球充填率/%	小齿轮轴功率/kW
45	618	30	523
40	598	25	464
35	567		

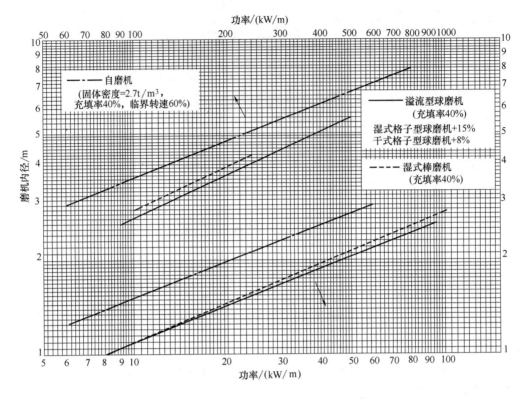

图 2-21　美卓磨机选型计算图表

在钢球充填率为 40% 时，小齿轮轴功率为 598kW。

步骤 6：采用布兰克公式

已知钢球尺寸大于 60mm，且 $J_B=0.4$，　$K=8.5$。

依据公式（2-25）得到：

$$P=\frac{8.5\times57.75\times\sqrt{3.35}}{1.3596}=661（kW）$$

2.2.4.5　按比能耗和生产量求球磨机的功率

按给定磨碎条件下磨碎 1t 物料的能耗（比能耗），可用实验室磨机测得的实际数据或用功指数和邦德公式计算。求出比能耗之后，乘以所要求的生产量，即得出磨机功率。然后从磨机的技术特性表上，查出所需要的球磨机的规格。

磨机配用的电动机功率，可以用经验公式，或查生产厂家样本上的数据，或用理论推导并乘以校正系数来确定。

【实例 2-2】　一台球磨机磨碎铁矿石，给料粒度为 80%－2mm，产品粒度为 80%－115μm，湿法闭路作业，要求处理量为 527t/h。试验测得该铁矿石的邦德功指数为 12.9kW·h/t。试计算溢流型球磨机的功率。

解： 采用邦德公式（1-26），得到如下：

$$W = 10 \times 12.9 \left(\frac{1}{\sqrt[2]{115}} - \frac{1}{\sqrt[2]{2000}} \right) = 9.14 \ (\text{kW} \cdot \text{h/t})$$

因此功率：

$$P = 527 \times 9.14 = 4816.8 \ (\text{kW})$$

2.2.4.6　处理能力

球磨机处理量的精确计算较困难，常用的有根据比能耗和参阅磨机生产厂家样本数据并结合生产经验修正的方法。

用比能耗计算磨机处理量时，磨机的功率通常为已知数，用实验室小型或半工业型球磨机进行可磨性试验，有条件时最好在现场利用生产中闲置的磨机做工业试验，求出比能耗（kW·h/t）数据，并按要求的给料和产品粒度以及生产经验对测出的比能耗进行修正。磨机功率除以比能耗即得出磨机的处理量（t/h）。

2.2.4.7　水分含量、料浆浓度、给料和产品粒度

干法磨碎时，为防止磨碎的粉末粘连，给料的表面水分含量一般应控制在5%以下。湿法磨碎时，料浆浓度是个重要参数。料浆浓度过高，研磨介质表面会粘上一层较厚的料浆，减弱研磨介质的冲击力和研磨力；如过稀，料浆中作用于研磨介质表面的物料颗粒太少，导致处理量和磨碎效率下降。料浆浓度可用料浆中固体含量 S 和水分含量 W 表示。球磨机湿法磨碎时，料浆的固体含量 S 在 $60\% \sim 82\%$（多数在 $65\% \sim 78\%$）之间，粗磨时（产品粒度 $\alpha > 0.15\text{mm}$）取上限，细磨时取下限。物料的密度较大和转速率较高时可取较大的 S 值。棒磨机的固体含量 S 值约为 70%，最高达 $78\% \sim 80\%$。

球磨机的给料粒度在6~25mm之间。新型破碎机可将坚硬物料粒度破碎至10mm以下，然后给入磨机。由于磨机的购置费用和生产费用都很高，故降低磨机的给料粒度，即所谓"多碎少磨"，显然是有利的。球磨机磨碎产品的粒度一般在0.42mm（40网目）以下。

2.3　棒磨机

2.3.1　棒磨机的构造

棒磨机虽然在结构上和球磨机相似，但两者有以下区别：

① 棒磨机用直径50~100mm、长度略短于筒体长度的钢棒作研磨介质。

② 棒磨机筒体长度与直径之比一般为1.5~2，而最常用的球磨机是短筒式，其比值≤1.5；

按排料方式的不同，棒磨机分为溢流型、端部周边排料型、中部周边排料型和开口型等四种，分别如图2-22~图2-25所示，但以溢流型为主。

　　图 2-22 为溢流型棒磨机，其筒体、轴承、传动等同溢流型球磨机相似，但转速率选得较低，研磨介质（钢棒）的运动形式主要是泻落式。棒磨机常用的衬板是波形或阶梯形的。由于钢棒之间是线接触，首先受到钢棒冲击和研磨作用的是粗颗粒，而细颗粒夹杂在粗颗粒之间，受不到钢棒的作用，从而棒磨机的磨碎产品粒度较均匀，过粉碎较少。

　　开口型棒磨机（图 2-25）的给料端的端盖和中空轴颈同一般棒磨机或球磨机相似，但排料端无中空轴颈，端盖只有一个直径较大的孔，筒体在排料端附近有轮圈，轮圈由两个托轮支承，棒磨机仍由小齿轮和大齿圈驱动。在排料端有一个锥形盖，通过一对铰链装在独立的机架上，磨碎产品通过锥形盖同筒体之间的圆周缝隙排出。

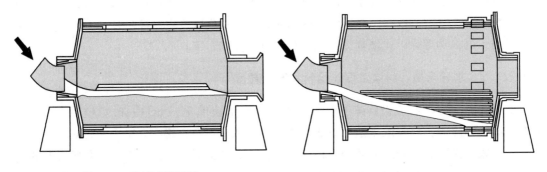

图 2-22　溢流型棒磨机　　　　　　　图 2-23　端部周边排料型棒磨机

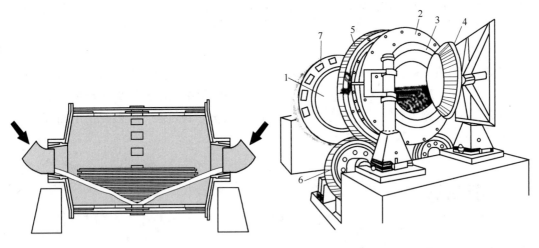

图 2-24　中部周边排料型棒磨机　　　　图 2-25　开口型棒磨机

1—筒体；2—端盖；3—排料环；4—锥形盖；

5—轮圈；6—托轮；7—大齿圈

　　中部周边排料型棒磨机从筒体两端的中空轴颈给料，而排料在筒体中部（图 2-24），两端给入的物料在钢棒之间使钢棒张开（但棒与棒间保持平行），物料轴向运动快，排料通畅，过粉碎少，产品中立方体颗粒较多。

　　棒磨机筒体由厚度为 9.5～64mm 的钢板制成，中空轴颈和端盖或是一整体铸钢件，利用法兰盘同筒体连接，或是钢板压制成型的端盖同筒体焊接，而用铸钢或米汉纳（Meehanite）变形铸铁制成的中空轴颈是单独的部件，用螺钉同焊在端盖上的环形体相连。

锥形端盖同钢棒层之间有一个月牙形空间，该处可堆积一些物料，便于给料端物料进入钢棒层或排料端物料排出机外。中空轴颈直径较大，人员可从中空轴颈进入机内进行维修，无需另设人孔。

棒磨机的给料粒度在 5～50mm 之间，通常小于 20mm。棒磨机磨碎产品的粒度一般在 0.4～5mm 以下。

2.3.2　钢棒的配比

棒磨机常用的钢棒直径为 50～100mm，个别情况下可达 150mm，长度为筒体有效长度（筒体长度减去端盖衬板厚度的净长度）减去 150mm，或从筒体名义长度减去 300～400mm。

钢棒的废弃直径约为 25～40mm，因磨损至该尺寸后钢棒即易于折断或弯曲。当最大钢棒直径为 100～115mm 时，钢棒磨损至直径约 38mm 后，往往被折断，折断的碎钢棒可在机器运转时排出机外；当最大钢棒直径为 50～60mm 时，磨损至一定程度的钢棒易于弯曲，操作时需定期清理出已达废弃直径的钢棒。

按各种直径的总的表面积相等这一条件，算出各种直径钢棒占钢棒总重的比率。设某棒磨机的钢棒总重 22660kg，采用长度为 3050mm，直径分别为 63.5mm、 76mm、 89mm、 101mm 的钢棒。计算钢棒直径分布时，先求出长度为 3050mm 的各种直径钢棒质量和表面积（表 2-15）。以钢棒的表面积（以 Y 表示）除以质量（以 X 表示），得出单位表面积的钢棒质量（X/Y）。各直径钢棒的 X/Y 值被 Σ（X/Y）除，按各种直径钢棒总的表面积相等这一条件，得出各直径钢棒重占总的钢棒重的比率。计算结果列于表 2-16。

表 2-15　长度为 3050mm 钢棒的质量和表面积

钢棒直径/mm	25.4	31.8	38	50.8	63.8	76	89	101	127
每个钢棒质量/kg	12.7	19.1	27.2	48.5	75.8	109	149	192	304
每个钢棒表面积/cm²	2434	3047	3641	4868	6084	7282	8528	9678	12200

表 2-16　钢棒配比计算

钢棒直径/mm	每个钢棒质量(X)/kg	每个钢棒的表面积(Y)/cm²	(X/Y)/(kg/cm²)	(X/Y)/Σ(X/Y)/%	钢棒质量/kg
63.5	75.8	6084	0.01246	19.2	4351
76	109	7282	0.01497	23.1	5234
89	149	8528	0.01747	26.9	6096
101	192	9678	0.01990	30.8	6979
总计			0.06490	100.0	22660

2.4　自磨机

自磨是指在没有任何其他研磨介质的情况下物料依靠本身的作用而被磨碎的过程[16]。自磨机不是用钢球或钢棒作研磨介质进行粉碎，而是利用物料之间的相互粉碎作用进行粉碎，即大块物料对小块物料及大块物料之间施加冲击和研磨，大块物料本身也遭到粉碎和磨损成为中块物料或小块物料的一种磨碎机。一般来说自磨分为以下三种[17-19]：

（1）矿块自磨（或称第一段自磨）

一般从采矿场采出的矿石经一段破碎后碎至约 350mm，送入自磨机进行自磨。

（2）半自磨

第一段自磨机中加入占磨机有效容积 3%～10% 的大钢球以提高自磨机效率；钢球的作用是破碎自磨机中的"临界颗粒"（即难磨颗粒）。

（3）砾磨

磨机中供给砾石作为磨碎介质。

对于第一段自磨和半自磨有干式和湿式作业两种。前者靠风力运输，又称气落式，磨机长径比（L/D）一般为 0.3～0.1；湿式自磨靠水力运输，又称瀑落式（或哈丁式），磨机长径比有两种，一种为 0.3～0.5，另一种为 1.0～1.5。砾磨均为湿式作业。

常规磨碎作业的生产费用主要是能耗与钢耗，钢耗又主要是研磨介质（钢球或钢棒）的消耗。由于自磨机不用钢球，半自磨机仅用少量钢球，则钢耗费用大为减少。另一优点是简化粉碎流程：在粉碎系统中可以省中碎机和细碎机，在一些情况下可以完全不用破碎机。自磨机同常规粉碎系统相比，缺点是比能耗约高 20%～35%，以及处理量受原料性质影响而波动较大。

2.4.1　一段自磨机

一段自磨机可将矿山开采的 300～400mm 的原料，直接粉碎至 14 目（1.17mm）以下，只有一个粉碎段，由此得名，其直径很大，长度一般较小，图 2-26 是 ϕ4000mm×1400mm 干法一段自磨机。筒体由钢板焊成，两端有法兰。带中空轴颈的端盖用螺钉同筒体法兰连接。筒体交替装有平衬板和提升板（图 2-27）。提升板的凸起高度 H 同间距 L 的关系必须合理。物料经中空轴颈给入机内，在物料自身的冲击和研磨下而粉碎，粉碎产品自排料端中空轴颈溢流排出。自磨机粉磨过程有如下特征：

① 筒体内大块趋向集中于内层，中块在中间，细粒趋向集中于外层（径向偏析）。在外层的物料，抛射运动状态较明显，在内层的物料，泻落运动状态较显著。这种径向偏析现象在转速高时较为明显。

② 为了避免物料轴向偏析，除筒体长度较小外，在端盖衬板上设置波峰板

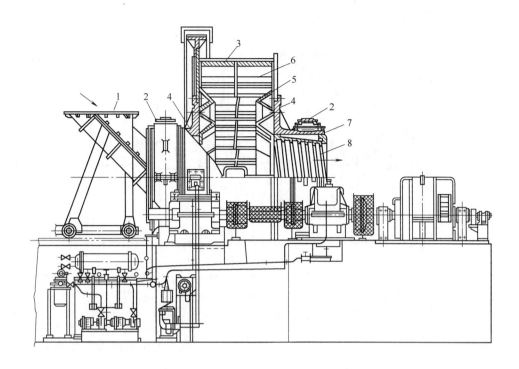

图 2-26 干法一段自磨机

1—给矿漏斗；2—轴承；3—磨机筒体；4—端板；5—波峰衬板；6—T形衬板；
7—排矿端轴承；8—排矿衬套及自返装置

（图 2-26 中三角形凸起部分），使端盖附近物料被抛向中部，不仅减少轴向偏析，且有助于加强物料之间的冲击和研磨。

③ 研磨工作占重要的比重，约占总粉碎工作一半以上。

④ 由于筒体长度小，物料在筒体内停留时间较短，过粉碎较少，磨碎产品有较窄的粒度分布。

⑤ 波峰板对筒体底部物料产生楔住物料的作用，有助于提升物料。

湿法自磨机（图 2-28）的筒体、端盖、中空轴颈、传动装置等配置同干法一段自磨机，或与球磨机相似。端盖衬板上有辐射状凸起，使物料

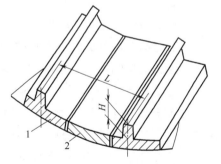

图 2-27 自磨机筒体衬板

1—提升板；2—平衬板

随筒体旋转而向上提升，减少物料沿端盖衬板滑动造成的磨损。在排料端端盖附近有格子板，其筛孔位置与形状由生产经验确定，格子板靠近中心部位有波峰板，使物料向中部折射并减少磨损，筒体衬板用交替安装的平衬板和提升衬板。排料端中空轴颈内有自返装置。自返装置由圆筒筛、筛上粗粒级提升板（在圆筒筛排料端）和螺旋输送叶片组成。自磨机排料经中空轴颈送至圆筒筛上，筛下的细粒级是最终产品，筛上的粗粒级经

提升板提升送螺旋输送叶片并返回自磨机内。

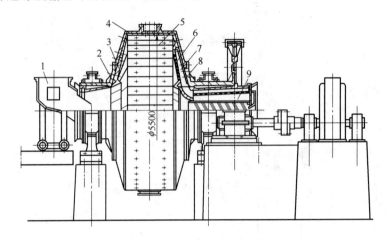

图 2-28　湿法自磨机

1—给料小车；2—给矿端盖；3—给矿端盖衬板；4—筒体；5—筒体衬板；

6—格子板；7—提升板；8—排矿端盖；9—自返装置

自磨机的转速率同物料性质及工作条件等有关，多数自磨机的转速率在 0.7～0.75 之间，也有一些取 0.8～0.85。较先进的采用能调速的电气传动装置，例如用变频交流传动，直流变速传动，可控硅串级调速等。

美洲一些国家的一段自磨机的筒体长度小于其直径，而欧洲和南非的一段自磨机的筒体长度略大于直径。

一段自磨机由于规格大、负荷重，轴承常采用最先进的静压油膜轴承，在这种轴承中，高压油泵将压力约 7MPa 的高压油注入轴瓦的高压油入口，迫使轴颈与轴瓦略为分开，形成厚度约 0.2mm 的油膜。即使停机时轴颈停止转动，油膜仍可存在，故称为静压油膜润滑轴承，可以有效地避免金属摩擦，减少能耗。

鉴于物料在自磨机内靠本身的相互作用而粉碎，粉碎裂缝常发生于晶粒或集合体界面，因此物料的性质、结构等的影响较大，在晶粒粒度或集合体粒度附近的粒级较多，过粉碎和泥化较少，物料中各成分单体解离较好。但物料要有较大的密度（通常大于 $2.6kg/m^3$），才能有效地用于自磨机，因此，国外自磨机 60% 用于磨碎铁矿石，30% 用于磨碎铜矿石。

在干法和湿法自磨机对比方面，干法自磨机的比能耗较高（干法自磨机常用风扫排料，即令大量空气从给料中空轴颈送入机内，这股风夹带细物料从排料端中空轴颈排出），投资费用高，但钢耗（仅限于衬板的钢耗）费用较低，可以得出干的产品，但湿法自磨机比能耗较干法低，在自磨机应用方面占据主导地位。

同球磨机和棒磨机的研磨介质配比相似，自磨机给料的粒度分布对磨碎效果影响较大。给料粒度分布视物料性质和生产情况而定。例如，有的矿山使给料中＞100～150mm 粒级占一定比率，有的使给料中＞25mm 粒级占一定比率，还有的使给料中＞300mm 和＜300mm 粒级各占 50%。由于原料中粒度分布波动较大，需将原料过筛，然后按一定比例取出相应粒级入自磨机，如果原料中大块过多，可将大块破碎来弥补，如果大块不足，则自磨机不适用，而需要采用下面讨论的半自磨机或常规磨碎系统。

目前世界上装机功率最大的自磨机规格为 $\phi12.19m \times 10.97m$，应用于中信泰富的澳大利亚铁矿，共有 6 台，每台自磨机的装机功率为 28000kW，采用环形电动机驱动。

2.4.2　砾磨机

当物料已由常规粉磨系统或一段自磨机粉碎至粒度<13mm 而最终磨碎产品粒度要求在 200 目（0.074mm）以下时，可用砾磨机进行细磨。砾磨机实质上也是自磨机，但研磨介质不是钢球，而是从原料中取出的中等粒度（约 38～200mm）的料块，作为研磨介质。

如图 2-29 所示，砾磨机在结构上同球磨机相似：筒体直径一般小于其长度（长度与直径之比值在 1～2 之间），其给料、排料、传动方式等也同球磨机相似。但由于料块的密度低于钢球的密度，同样规格和充填率，砾磨机重量较轻，功率消耗较低，而且湿法磨碎时给料中料浆浓度应较低，其固体含量在 53％～73％之间。

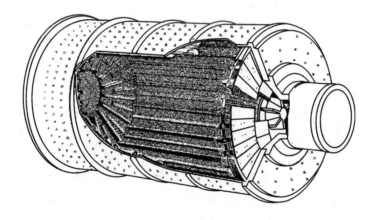

图 2-29　砾磨机

砾磨机常使用橡胶衬板，理由是：①衬板受到研磨介质的压力较小；②砾磨机以研磨工作为主，冲击相对较少，这种工作状态对于使用橡胶衬板最为适用。

除利用中等块度的物料作为研磨介质外，砾磨机还可以用燧石、陶瓷球等不含铁的物料作研磨介质，配用硅石砌制衬板或橡胶衬板，使砾磨机磨碎产品中不含铁，即避免铁污染。但这种砾磨机已不是自磨机而是为了防止铁污染的细磨机了。

砾磨机可用于铀矿、金矿、有色金属矿、铁矿及其他物料的磨碎。

2.4.3　半自磨机

自磨机是以被粉碎物料本身作为研磨介质的磨矿设备。半自磨机是指除了以被粉碎物料本身作为磨碎介质外还添加少量的钢球作为磨碎介质。一般半自磨机的装球率为 4％～15％。但在南非的生产实践中，半自磨机的装球率高达 35％[2]。大量的试验研究和生产实践表明，采用半自磨是提高自磨处理能力的主要和较好的措施，是自磨的发展方向。

半自磨机的应用范围，已从处理非金属矿石扩展到黑色金属，有色金属铜矿、钼矿、铅锌矿和稀有金属矿石等方面。随着半自磨技术的不断完善，应用范围将会进一步扩大。目前生产上应用的最大规格的半自磨机的驱动功率达 28000kW，见表 2-17。

表 2-17　最大规格的半自磨机

直径/m	长度/m	功率/kW	矿石名称	选厂名称	国家	投产年份
12.19	7.92	28000	铜矿	Toromocho	秘鲁	2013
12.8	7.62	28000	金铜矿	Conga	秘鲁	2015

2.4.3.1　半自磨机的主要结构和磨碎原理

半自磨机包括磨机筒体、端盖、可拆卸的中空轴颈、给矿溜槽、给料端中空轴颈衬板、卸料端中空轴颈衬板、两套球窝式轴承、外部的静油压润滑系统、环形斜齿轮、合金钢铸造的小齿轮、小齿轮球形滚珠轴承（带 RTD 和底板）、齿轮和小齿轮保护罩、喷油润滑系统、空气离合器、排矿圆筒筛、金属衬板、一套轻便式的微拖系统、一套千斤顶系统和同步电动机。

半自磨机是一个直径较大、长度较小的扁圆鼓状筒体。湿式半自磨机端盖本身为锥体。从给矿端由给矿小车给入矿石和水，矿浆自排矿端流出。磨机在电动机的驱动下，以一定的转速旋转，研磨介质和矿石被带到一定的高度，然后落下。介质下落到底部时产生冲击破碎力，同时在底部下落区改变方向又随筒体旋转，这样周而复始地进行。在介质相互碰撞、换向，以及随筒体旋转时，由于滚动和剪切作用又产生强烈的磨碎力和磨蚀力。在上述冲击破碎力、磨碎力和磨蚀力的作用下物料被磨碎。湿式半自磨机均采用格子板排矿，用以加大排矿速度和减少物料过磨，同时阻止大块物料的排出。

自磨/半自磨磨矿技术作为降低选矿厂基建投资和生产费用的一种途径已得到公认。发展的总趋势是利用自磨或半自磨机与球磨机构成磨矿流程，为下一步分选作业提供原料。

（1）筒体

① 筒体形式的选择。

半自磨机筒体形式有圆筒形和圆锥形两种，如图 2-30 所示。早期美国哈丁

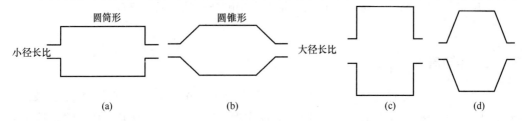

图 2-30　半自磨机筒体形式

（Hardinge）自磨机外形的突出特点是直径大、长度短的圆锥形筒体结构，如图 2-30（d）所示，主要为了提高自磨机的侧壁效应和防止粒度的偏析。美国阿里斯查默（Allis Chalmers）自磨机外形的突出特点是直径大、长度短的圆筒形筒体结构，如图 2-30（c）所示。

从径长比的观点来看，世界上主要有两种倾向，澳洲和北美洲采用高的径长比，径长比为 1.5～3，而欧洲和南非则采用低的径长比，长度为直径的 1.5～3 倍。通常半自磨机的生产能力 Q 随磨机规格的增大而增加，即 $Q = K_1 K_2 D^{2.5} L^{0.85-0.95}$。因此直径对生产能力的影响比长度更显著。但径长比有一适宜值，世界上各国都在研究和试验以便确定合适的半自磨机径长比。目前各国仍遵循原有的习惯做法，如表 2-18 所示。

表 2-18　直径 9.75m 半自磨机的发展情况

年份	选厂名称	矿石	直径/m	长度/m	台数	功率/kW	径长比 D/L	国家
1968	怒江	磁铁矿	9.75	3.66	2	2×2250	2.66	澳大利亚
1971	艾兰	铜矿	9.75	4.27	6	2×2610	2.28	加拿大
1972	希米尔卡敏	铜矿	9.75	4.27	2	2×2984	2.28	加拿大
1971	洛奈克斯	铜钼矿	9.75	4.65	2	2×2985	2.10	加拿大
1982	欧克特蒂	铜金矿	9.75	4.88	2	2×3495	2.00	巴布亚新几内亚
1989	克拉拉贝尔	镍矿	9.75	4.72	1	2×4100	2.07	加拿大
1989	芒特艾萨	铜矿	9.75	4.40	2	2×3730	2.22	澳大利亚
1996	哈克贝利	铜钼矿	9.75	4.42	2	2×4100	2.21	加拿大
1997	萨尔切斯曼	铜矿	9.75	4.88	1	2×4100	2.00	伊朗
1998	松贡	铜矿	9.75	4.88	2	2×4100	2.00	伊朗
2005	福朗田	铜矿	9.75	6.10	1	12000	1.60	民主刚果
2006	堪桑斯	铜矿	9.75	6.10	1	12000	1.60	赞比亚
2006	亚纳科查	金矿	9.75	10.40	1	16490	0.94	秘鲁
2007	普朗	铜矿	9.75	4.72	1	2×4100	2.07	中国

② 筒体结构的设计。

磨机筒体的应力计算也是一个相当复杂的弹性力学问题。采用有限元分析法在电子计算机上可以完成这一计算。图 2-31 是典型的磨机筒体有限元计算得到的应力分布图。端盖与筒体的连接处、端盖与中空轴颈的连接处，历来是人们最感兴趣的区域。图 2-32 是采用有限元分析法计算得到的一台 9.75m×6.1m 半自磨机端盖和中空轴颈关键部位的应力分布云图。

在 20 世纪 80 年代以前，人们对过渡板缺乏足够的认识，不少磨机筒体设计成通长等厚、没有过渡板的结构，并认为这样的结构和强度没有问题。然而该处出现裂纹的情况时有发生。美卓公司在磨机筒体设计中采用了过渡板的结构形式，如图 2-33，即是在圆柱形筒体的两端和法兰之间焊一圈过渡板。过渡板的尺寸是根据筒体应力大小进行的计算结果来确定，从而使筒体尺寸得到最佳化。筒体法兰与筒体的连接形式在设计大型磨机时也是非常重要的。

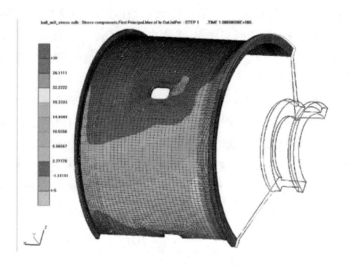

图 2-31　典型的磨机筒体应力分布图

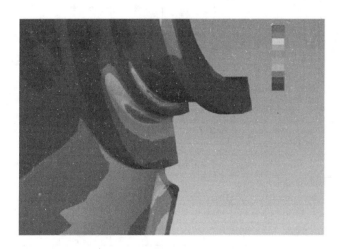

图 2-32　半自磨机关键部位的应力分布图

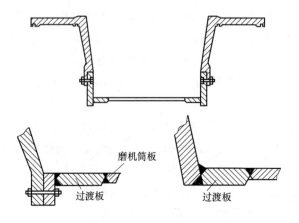

图 2-33　筒体过渡板结构

（2）端盖

磨机的端盖是个关键性的结构部件。它必须承受筒体、衬板、介质和处理物料的重量以及周期性的负荷力的作用。复杂的筒体形状、筒体法兰的连接松紧程度、锥体部位到中空轴颈的形状变化、加在中空轴的荷重和轴颈椭圆度等因素，使磨机端盖的应力分析较为困难。目前大多采用有限元法用计算机来执行这种复杂的应力分析和计算。

（3）中空轴承

磨机的中空轴承是磨机运转的关键部件。轴承的压力要根据转动的磨机重量，加上总的设计负荷量以及这些力对于每个中空轴轴承所产生的力矩，精确计算而确定。如果磨机要设计成可逆转的，那么中空轴承完全实现自调是非常重要的，因为只有这样才可以消除由于轴承和轴之间定位不正而引起的发热现象。中空轴承的轴瓦呈 120° 弧形，并且可以更换，通常采用巴氏合金。在巴氏合金下部嵌有冷却用蛇形管，用循环水进行冷却。磨机在启动和停车时要采用高压油浮起磨机，正常运转时采用高压或低压油润滑。轴承可自动调心，已适应磨机运转时可能产生的微小偏离轴线的需要。图 2-34 为动压轴承。

（4）格子板

半自磨机的排矿格子板（Discharge Grate）开孔形状及开孔面积是决定磨机处理能力的关键因素。磨机的处理能力与格子板开孔面积成正比，开孔面积越大，处理能力越大。格子板的开孔形状、位置及孔的大小与所处理矿石的性质和碎磨回路的性质有关，如果排出的砾石不能通过循环在磨机中积累，则处理此类矿石，磨机的格子板开孔宜大，循环负荷也大，磨机的处理能力也大；如果矿石硬度大，排出的砾石会通过循环在

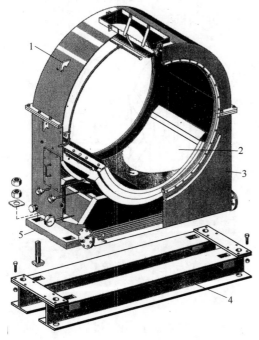

图 2-34　动压轴承（图片来自伯力鸠斯）　　　图 2-35　半自磨机排矿端的结构示
1—吊耳；2—轴套；3—轴承座；4—钢支撑框架；5—底座　　　意图（图片来自美卓矿机）

磨机中积累，则此类矿石需在回路中采用破碎机来处理排出的砾石（顽石），而格子板的开孔大小则取决于顽石破碎机的给料矿粒度上限，要综合考虑整个磨矿回路（SABC或ABC）的处理能力。同时，上述情况也都要考虑通过格子板排出的物料中磨损后的钢球的粒度。排矿端的结构布置示意如图 2-35 所示。

格子板的形状、规格、开孔的形状和位置、开孔面积等与矿石的性质（如硬度）、磨机的运行参数（转速率、充填率、充球率、磨矿浓度等）及其处理能力等密切相关，不同的矿山不尽相同。

格子板均安装于紧靠磨机筒体的一排，其开孔面积的大小和规格取决于顽石量和矿浆流量。根据 Dominion 工程公司的经验数据（曲线形矿浆提升器）[20]，不管是大径长比还是小径长比的磨机，其开孔面积为：按顽石计算， $0.17742m^2/(t/h)$；按矿浆流量计算， $366.12m^3/(h \cdot m^2)$；

(5) 矿浆提升器

在磨矿过程中，除了排矿格子板之外，矿浆提升器（Pulp Lifter）的性能也决定着磨机的通过能力，起着极其重要的作用。湿法磨碎之后，矿浆透过格子板，透过的矿浆通过提升器将其提升至中空轴排出。矿浆提升器排出矿浆速度的快慢，直接影响着自磨机或半自磨机的处理能力和磨矿效率。

常用的矿浆提升器为放射状矿浆提升器（见图 2-36），使用中发现，放射状矿浆提升器在矿浆提升的过程中存在返流和滞留现象，且其量的多少与格子板的开孔面积、磨机的充填率也密切相关，同时也与磨机的转速率有关。当转速过高时，会有部分矿浆由于离心力的作用而滞留在矿浆提升器上，并进入下一个循环。转速率不高时，部分矿浆会由于散逸作用而回流，并通过格子板返回到磨机内，使得在磨机筒体内易形成"浆池"，影响磨机的处理能力和磨碎效率，同时也影响磨机的功率输出。

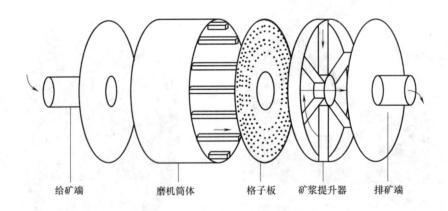

给矿端　　　　磨机筒体　　　　格子板　　　矿浆提升器　　排矿端

图 2-36　自磨/半自磨机各组成部分示意图

(6) 排矿锥

排矿锥（Discharge Cone）是自磨机或半自磨机内的物料排出的最后通道，通过格子板的矿浆及物料由矿浆提升器提升后自流给入排矿锥，在排矿锥的作用下经磨机的排矿端中空轴排出。因而，排矿锥是半自磨机或自磨机中磨损最强烈、最集中的区域。在大型自磨机或半自磨机（如 9.75m 以上）的结构上，排矿锥已经是常规配置。

排矿锥由于结构上、质量上、安装过程等多方面的原因，通常分成多瓣，安装好后即为一个锥形，如图 2-37 所示。

2.4.3.2 半自磨机工作参数的选择和计算

(1) 半自磨机磨矿功耗的计算

半自磨机磨矿功耗的计算基本上有三种方法：第一，相似计算；第二，半经验公式计算；第三，应用理论公式计算。

① Austin 公式。Austin 公式如下[21]：

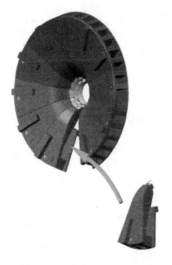

图 2-37 半自磨机的排矿锥

$$P = KD^{2.5}L(1-AJ_{total})\left[(1-\varepsilon_B)\left(\frac{\rho_{solids}}{w_c}\right)J_{total}\right.$$
$$\left.+0.6J_{balls}\left(\rho_{balls}-\frac{\rho_{solids}}{w_c}\right)\right]\phi_c\left(1-\frac{0.1}{2^{9-10\phi_c}}\right) \tag{2-32a}$$

$$P = 10.6D^{2.5}L(1-1.03J)$$
$$\left[(1-\varepsilon_B)\left(\frac{\rho_s}{w_c}\right)J+0.6J_B\left(\rho_b-\frac{\rho_s}{w_c}\right)\right]\phi_c\left(1-\frac{0.1}{2^{9-10\phi_c}}\right) \tag{2-32b}$$

② Morrell 模型。 Morrell 采用如下一组数学模型或数学公式来计算磨机的功率[22, 23]。

a. 描述趾角和肩角变化的数学模型。趾角和肩角变化的数学模型如图 2-38 所示。

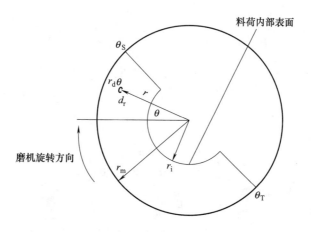

图 2-38 料荷运动示意图[23]

$$\theta_T = 2.5307(1.2796-J_t)(1-e^{-19.42(\phi_c-\phi)})+\pi/2 \tag{2-33}$$

$$\phi_c = \phi; \quad \phi > 0.35(3.364-J_t) \tag{2-34a}$$

$$\phi_c = 0.35(3.364-J_t); \quad \phi \leq 0.35(3.364-J_t) \tag{2-34b}$$

$$\phi_{S} = \pi/2 - \left(\theta_{T} - \frac{\pi}{2}\right) \left[\ (0.3386 + 0.1041\phi) + (1.54 - 2.5673\phi)\ J_{t}\right]$$

$$(2-35)$$

b. 速度的数学模型。

$$z = (1 - J_{t})^{0.4532}$$

$$(2-36)$$

c. 功率模型。

滚筒式磨机的直径为 D，长度为 L，其他的几何尺寸和参数见图 2-39。

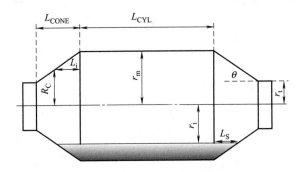

图 2-39　滚筒式磨机几何尺寸示意图

磨机圆柱体部分的功率模型如下：

$$P_{net} = \frac{\pi g L N_{m} r_{m}}{3\ (r_{m} - z r_{i})} \left[2r_{m}^{3} - 3z r_{m}^{2} r_{i} + r_{i}^{3}\ (3z - 2)\right]$$
$$\left[\rho_{c}\ (\sin\theta_{s} - \sin\theta_{T}) + \rho_{P}\ (\sin\theta_{T} - \sin\theta_{TO})\right]$$
$$+ L_{\rho c}\left(\frac{N_{m} r_{m} \pi}{r_{m} - z r_{i}}\right)^{3} \left[(r_{m} - z r_{i})^{4} - r_{i}^{4}\ (z - 1)^{4}\right] \qquad (2-37)$$

锥体部分的功率模型为：

$$P_{C} = \frac{\pi L_{dg} N_{m}}{3\ (r_{m} - r_{t})}(r_{m}^{4} - 4r_{m} r_{i}^{3} + 3r_{i}^{4})$$
$$\{\rho_{c}\ (\sin\theta_{s} - \sin\theta_{T}) + \rho_{P}\ (\sin\theta_{T} - \sin\theta_{TO})\}$$
$$+ \frac{2\pi^{3} N_{m}^{3} L_{d} \rho_{c}}{5\ (r_{m} - r_{t})}(r_{m}^{5} - 5r_{m} r_{i}^{4} + 4r_{i}^{5}) \qquad (2-38)$$

d. 料荷内表面。

$$r_{i} = r_{m}\left(1 - \frac{2\pi\beta J_{t}}{2\pi + \theta_{s} - \theta_{T}}\right)^{0.5} \qquad (2-39a)$$

$$\beta = \frac{t_{c}}{t_{f} + t_{c}} \qquad (2-39b)$$

$$t_{c} = \frac{2\pi - \theta_{T} + \theta_{s}}{2\pi \overline{N}} \qquad (2-40)$$

$$\overline{N} \approx \frac{N_{m}}{2} \qquad (2-41)$$

$$t_{f} \approx \left[\frac{2\overline{r}\ (\sin\theta_{s} - \sin\theta_{T})}{g}\right]^{0.5} \qquad (2-42)$$

$$\bar{r} \approx \frac{r_\mathrm{m}}{2}\left[1+\left(1-\frac{2\pi J_\mathrm{t}}{2\pi+\theta_\mathrm{s}-\theta_\mathrm{T}}\right)^{0.5}\right] \tag{2-43}$$

e. 料荷和矿浆密度。

$$\rho_\mathrm{c}=\frac{J_\mathrm{t}\rho_\mathrm{o}(1-E+EUS)+J_\mathrm{B}(\rho_\mathrm{B}-\rho_\mathrm{o})(1-E)+J_\mathrm{t}EU(1-S)}{J_\mathrm{t}} \tag{2-44}$$

f. 空载时功率模型。

$$空载功率=1.68\left[D^{2.5}\phi(0.667L_\mathrm{d}+L)\right]^{0.82} \tag{2-45}$$

g. 总功率。

$$总功率=空载功率+(k\times料荷运动所需功率) \tag{2-46}$$

上述的一组数学模型，也被采用在 JKMRC 模型中。采用上述的一组数学模型得到的净功率为料荷运动所需的功率，因此它不同于小齿轮轴功率。

【实例 2-3】　一台规格为 8m×4m 的半自磨机，其设计和操作数据如表 2-19 所示，试计算此半自磨机的功率。

表 2-19　磨机设计和操作数据

参数	数值	参数	数值
衬板内侧直径/m	8	矿石密度/(t/m³)	2.75
圆筒体衬板内侧长度/m	4	钢球密度/(t/m³)	7.8
给料圆锥角度/(°)	15	料浆排放浓度(体积)/%	45.9
排料圆锥角度/(°)	15	综合充填率	0.35
中空轴颈直径/m	2	钢球充填率	0.10
磨机转速率	0.72	排矿型式	格子型
磨机转速/(r/min)	10.77	衬板内侧中心线长度/m	6

解：

计算方法 1

采用奥斯汀（Austin）公式计算，按公式（2-32b），有用功率为：

$$P=10.6\times8^{2.5}\times4\times(1-1.03\times0.35)\times$$

$$\left[(1-0.3)\times\frac{2.75}{0.7}\times0.35+0.6\times0.1\times\left(7.8-\frac{2.75}{0.7}\right)\right]\times0.72\times\left(1-\frac{0.1}{2^{9-10\times0.75}}\right)=4101\,(\mathrm{kW})$$

圆锥部分的功率为 5%[21]，这样总的轴功率为 4306kW。

计算方法 2

采用美卓公司的计算公式得到半自磨机功率如表 2-20 所示。

表 2-20　半自磨机功率　　　　　　　　　　　kW

综合充填率/%	钢球充填率							
	0%	2%	4%	6%	8%	10%	12%	15%
20%	2286	2594	2901	3209	3517	3824	4131	4580
24%	2578	2867	3156	3445	3734	4023	4312	4733
30%	2940	3203	3466	3730	3994	4257	4521	4903
35%	3177	3421	3665	3909	4153	4397	4628	4990

从上述计算结果得到半自磨机功率为 4397kW。

计算方法 3

采用 Morrell 的功率模型 C 计算功率，计算步骤如下：

步骤 1：计算料荷密度

从磨机设计和操作数据中已知：

$\rho_o = 2.75 \text{t/m}^3$

$\rho_b = 7.8 \text{t/m}^3$

$J_t = 0.35$

$J_B = 0.1$

$S = 0.459$

假设 $U = 1$，$E = 0.4$。根据公式（2-44）计算得到：

$$\rho_c = 3.237 \text{t/m}^3$$

步骤 2：计算脚趾角、矿浆脚趾角和肩角

从磨机设计和操作数据中已知：

$J_t = 0.35$

$\phi = 0.72$

根据公式（2-34b）计算得到：

$$\phi_c = 1.0549$$

根据公式（2-33）计算得到：

$$\theta_T = 3.9198$$

由于磨机是格子型，所以：

$$\theta_{TO} = \theta_T$$

根据公式（2-35）计算得到：

$$\theta_s = 0.853$$

步骤 3：计算料荷内部表面半径（r_i）

从磨机设计和操作数据中已知：

$J_t = 0.35$

$r_m = 直径/2 = 4 \text{m}$

$N_m = 磨机转速/60 = 0.179 \text{ r/s}$

从上述计算已得到：

$\theta_T = 3.9198$

$\theta_s = 0.853$

根据公式（2-39）和（2-40）计算得到：

$$t_c = 5.7 \text{s}$$

根据公式（2-41）和（2-42）计算得到：　$t_f = 0.962 \text{s}$

根据公式（2-39b）计算得到：

$$\beta = 0.855$$

根据公式（2-39a）计算得到：

$$r_i = 2.58 \text{m}$$

步骤 4：计算参数 z

从磨机设计和操作数据中已知：

$$J_t = 0.35$$

根据公式（2-36）计算得到：

$$z = 0.8226$$

步骤 5：计算圆柱体部分的理论功率

从磨机设计和操作数据中已知：

$J_t = 0.35$

$r_m = $ 直径$/2 = 4 \text{m}$

$N_m = $ 磨机转速$/60 = 0.179 \text{r/s}$

$L = 4 \text{m}$

从以前的计算结果：

$\theta_T = 3.9198$

$\theta_{TO} = \theta_T$

$\theta_s = 0.853$

$z = 0.8226$

$r_i = 2.58 \text{m}$

$\rho_c = 3.237 \text{t} \cdot \text{m}^{-3}$

$g = 9.814 \text{m/s}^2$

根据公式（2-37）计算得到：　$P_{net} = 2809 \text{kW}$

步骤 6：计算圆锥端部分的理论功率

$r_t = 1 \text{m}$

$L_d = $（中心线长度－圆筒体长度）$/2 = 1 \text{m}$

根据式（2-38）计算得到：

$$P_c = 304 \text{kW}$$

步骤 7：计算空载时的功率

$D = 8 \text{m}$

$\phi = 0.72$

$L = 4 \text{m}$

根据公式（2-45）计算得到：

空载功率$= 315 \text{kW}$

步骤 8：计算总功率

圆柱和圆锥部分的总功率$= P_{net} + P_c = 3113 \text{kW}$

空载功率$= 315 \text{kW}$

校正系数 $k = 1.26$

根据公式（2-46）计算得到：

总功率$=$空载功率$+$（$k \times$料荷运动所需功率）$= 4237 \text{kW}$

计算方法 4

采用 JKsim 软件计算得到的功率计算结果如表 2-21 所示。

表 2-21　计算结果

磨机数据			总功率
直径/m	8		4237kW
筒体长度(衬板内侧)/m	4		
给料圆锥角度/(°)	15		
排料圆锥角度/(°)	15		空载功率
中空轴直径/m	2		315kW
临界转速率	0.72		
装球率/%	10		
综合充填率/%	35		
物料充填率/%	1		半自磨 F_{80} 估算
矿石密度/(t/m³)	2.75	ta[①]	0.435
液体密度/(t/m³)	1		
排料浓度/%	70	css[②]	152.4
排料方式	格子型		半自磨 F_{80}(根据 Morrell 公式)
			97mm

① 表示常数
② 表示粗碎机紧边排矿口尺寸

(2) 半自磨机适宜的转速和介质充填率

世界上大多数半自磨机的转速率在 70%～85% 范围内。在瑞典 60%～75% 的转速率较为普遍。 一般来说，半自磨机应采用变速驱动，变速范围为临界转速的 60%～80%，当矿石性质变化或提升棒磨损后，根据具体情况改变半自磨机的转速率以保证磨机处理能力的稳定。

部分铜矿选矿厂的半自磨机转速率和介质充填率见表 2-22[24]。

表 2-22　部分铜选矿厂的半自磨机转速率和介质充填率

项目	皮马	洛奈克斯	希米尔卡敏	艾兰
半自磨机规格/m×m	8.53×3.66	9.75×4.72	9.75×4.26	9.75×4.26
数量	2	2	2	2
安装功率/kW	4474	5966	5966	4474
小齿轮数量	2	2	2	2
循环负荷/%	30	6～10	375～500	250
功指数/(kW·h/t)	11.9～26.2	12～27	21～35	11～22
磨机转速/(r/min)	10.95	10.04	10.4	—
磨机转速率/%	75	73.2	76	72
加球率/%	6～8	6～8	7～8	7.5～8
钢球尺寸	100	127mm20%,100mm80%	100	75

2.5 振动磨、行星磨和离心磨

2.5.1 振动磨

振动磨最早出现在德国，1936 年德国 Siebtechnik 公司研制出第一台振动磨[25]，1940 年巴赫曼（Bachmann）系统地提出了振动磨矿理论。1950 年，由 KHD 设计的 Palla U 系列双筒振动磨机获得了振动磨机最重要的突破[26]。20 世纪 50 年代由间歇式向连续式发展，60 年代形成系列化产品，70 年代广泛应用于矿物粉碎的许多领域。振动磨与一般常规球磨机的磨矿原理的区别在于，前者利用机械使磨机筒体产生强烈转动和振动，从而将物料粉碎。一般磨机的振动加速度约为 $1g$（重力加速度），振动磨的振动加速度可达（$3\sim10$）g；其振动频率可达 $20\sim25\text{Hz}$，故它有很强的粉碎作用。振动磨机中研磨介质的高频冲击，还可阻止被磨物料表面裂缝的重新聚合，其产品粒度可达几微米，故可用作超细磨。

2.5.1.1 振动磨构造和工作原理

（1）构造

振动磨的基本构造是由磨机筒体、激振器、支承弹簧及驱动电动机等主要部件组成，图 2-40 为回转式振动磨的示意图。回转式振动磨的筒体支撑在弹簧上，主轴的两端有偏心配重，主轴的轴承装在筒体上，并通过挠性联轴器与电动机连接。当电动机带动主轴快速旋转时，偏心配重产生的离心力使筒体产生近似椭圆轨迹的运动，这种高速回转的运动使磨机筒体中的研磨介质和物料呈悬浮状态，研磨介质的抛射冲击和研磨作用可有效地粉碎物料。

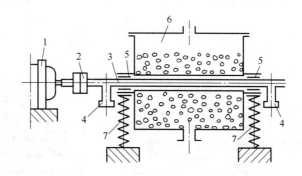

图 2-40　回转式振动磨

1—电动机；2—挠性联轴器；3—主轴；4—偏心配重；5—轴承；6—筒体；7—弹簧

（2）工作原理

工作原理如图 2-41 所示。物料和研磨介质装入弹簧支承的磨筒内，磨机主轴旋转时，由偏心块激振器驱动磨体做圆周运动，通过研磨介质的高频振动对物料做冲击、摩

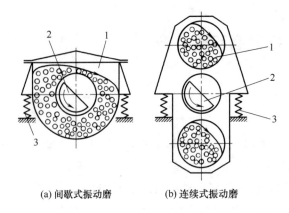

(a) 间歇式振动磨　　　(b) 连续式振动磨

图 2-41　振动磨工作原理图

1—研磨筒；2—偏心块激振器；3—弹簧

擦、剪切等作用而将其粉碎。

2.5.1.2　振动磨的类型

振动磨机按照振动机构特点分为惯性式和回转式（图 2-40）；按筒体数目可分为单筒式和多筒式；按装入的研磨介质类型又可分为振动球磨机和振动棒磨机。按操作方式可分为间歇式和连续式等。

(1) 间歇式振动磨

图 2-42 为一单筒间歇式振动磨，它属于惯性式振动磨。各制造商制造的间歇式振动磨机的容积为 0.6～1000L。该振动磨包括一个安装在板簧上的研磨筒。板簧仍然由螺旋弹簧支承。驱动器通过可调节的平衡重块来激振研磨筒，激振频率约在 1000～1500min^{-1} 之间，振动圆直径为 6～12mm[27]。

电动机带动主轴旋转时，由于轴上偏重飞轮产生离心力使筒体振动，强制筒体内研磨介质和物料高频振动。因而使研磨介质之间产生强烈的冲击、摩擦、剪切作用，使物料粉碎成微细颗粒。

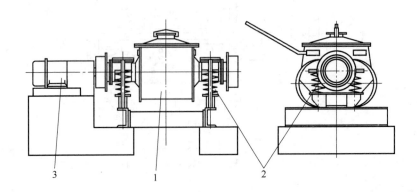

图 2-42　单筒间歇式振动磨

1—研磨筒；2—弹簧；3—驱动器

（2）连续式振动磨

图2-43为双筒连续式振动磨。该振动磨由带冷却或加热套的上筒体和下筒体组成。这上下两个圆筒依靠支承板安置在主轴上，并坐落在支座上，而支座又通过弹簧安置在机座上；主轴通过万向联轴器、联轴器与电动机连接；上筒体出口与下筒体入口由上、下筒体连接管相连，上、下两个筒体出口端均有带孔隔板。

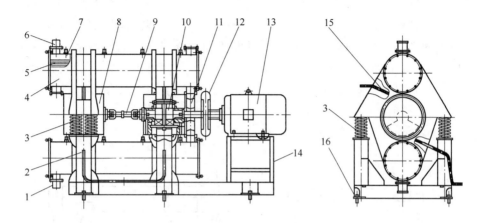

图 2-43　双筒连续式振动磨

1—出料口；2—机座；3—弹性支撑；4—磨筒；5—研磨介质；6—进料口；7—衬筒；8—防护罩；9—万向联轴器；
10—激振器；11—连接管；12—挠性联轴器；13—电动机；14—电动机支架；15—冷却水管；16—机座

物料由加料口加入上筒体内进行粗研磨，被磨碎的物料通过带孔隔板，经上下筒体连接管被吸入下筒体，在下筒体内被磨成细粉。产品通过带孔隔板，经出料口排出。

（3）几种典型的振动磨

德国 KHD 研制的帕拉（Palla）型振动磨是垂直式上下布置的双筒振动

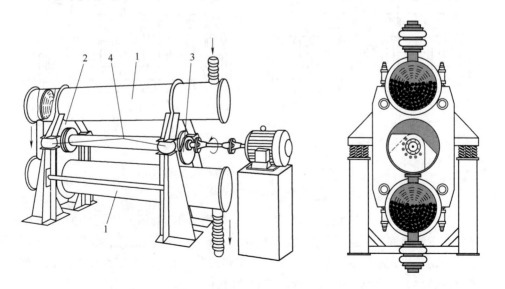

图 2-44　帕拉型振动磨

1—筒体；2—支撑板；3—橡胶弹簧；4—主轴

磨[27, 28]，如图 2-44 所示。该机有上、下两个筒体，筒体由 2～4 个支撑板连接；支撑板由橡胶弹簧支承在机架上。主轴上安装有偏心配重，前者通过万向联轴器与电动机相连。每个偏心配重又各由两小块偏重组成，调节二者的角度可改变离心力的大小，从而可调节筒体的振幅。帕拉型振动磨的筒体直径一般为 200～650mm，长度为 1300～4300mm，长径比较大。筒体一端连接给料部，另一端连接排料部，也可根据需要在中部连接给料和排料端，组成不同型式的联合振动磨机组。如图 2-45 所示，图 2-45（a）为串联机组，物料流经筒体时间最长，可达 1h，适用于物料较硬、给料粒度较大及产品粒度较细的场合。图 2-45（d）为 1/4 并联机组，物料流经时间最短，仅有 0.5min 左右。图 2-45（b）为并联机组，图 2-45（c）为半并联机组，它们的磨碎时间约为 1min。帕拉型振动磨由于可根据工作需要组合成不同的机组型，非常灵活、方便，故应用较广。

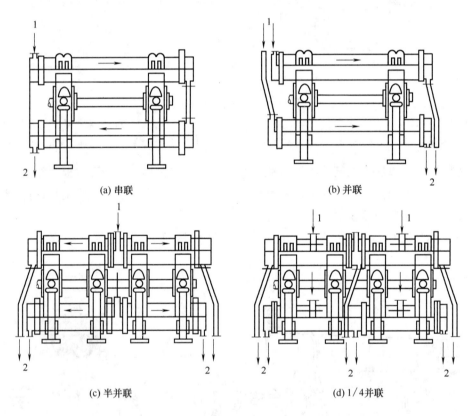

(a) 串联　　　　　　　　　　(b) 并联

(c) 半并联　　　　　　　　　(d) 1/4 并联

图 2-45　帕拉型振动磨连接方式

1—给料；2—产品

AUBEMA 振动磨是斜立式双筒振动磨，如图 2-46 所示。该振动磨有两个研磨筒，连接上下研磨筒的机架倾斜布置，与垂线倾斜 30°。磨机的这种特殊设计可以保证被磨物料沿切线进入较低的研磨筒，并且立即落入磨球层以避免不合要求的过大颗粒。上面的研磨筒装有一个给料的输入管。下面的研磨筒装有一个排料的输出管。

在两个研磨筒之间有一个偏心重块，后者通过柔性万向节与一台 1000～1500r/min 的电动机相连。偏心装置的转动使研磨筒产生振动，振动圆圈达数毫米。调整偏心重块能获得理想的研磨效果，振幅和加速度也可以调整。一般以 $8g$ 的重力加速度运转。研磨介质充填率约为 $60\%\sim70\%$，钢球直径通常为 $10\sim50mm^{[29]}$。

待磨物料像流体一样呈一种复杂旋转的螺旋线纵向通过研磨筒，研磨介质通过摩擦作用磨碎物料。

与其他类型的磨机相比较，振动磨机的突出特点是能耗低、占地面积小、研磨介质和铠装内衬磨损较小。

高能振动磨可将物料磨碎至大约 $500m^2/g$ 的表面积，这是常规磨机所达不到的细度[30]。目前最大的振动磨机的安装功率达 160kW。

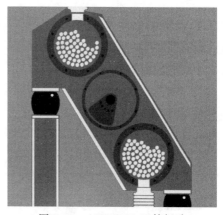

图 2-46　AUBEMA 双筒振动磨示意图（图片来自 AUBEMA）

美卓矿机在 20 世纪 50 年代中期研制的单筒振动磨，其结构如图 2-47 所示。筒体直径突破了通常的 $\phi0.65m$，达到 $\phi0.762m$。该振动磨采用双电动机驱动，最大容积为 880L，振动强度达 $100m/s^2$。定型产品只有两个型号，性能参数见表 2-23[31]。对于所有粒度小于 4 目或更细的物料的粉碎，该振动磨几乎都适用。

表 2-23　美卓矿机单筒振动磨性能参数

型号	粉磨腔		电动机	净重/t
	直径/mm	长度/mm	1500r/min	
1518	381	457	2×5.5kW	1.22
3034	762	863	2×37kW	6.3

图 2-47　单筒振动磨（图片来自美卓矿机）

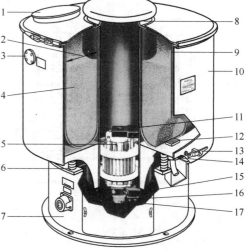

图 2-48　Vibro-Energy 振动磨机（图片来自美国 Sweco 公司）

1—给料口；2—磨矿室；3—串联研磨入口；4—研磨介质；5—电动机；6—弹簧；7—基座；8—中心柱；9—耐磨内衬；10—外机壳；11—上部重块；12—介质支承座；13—排料阀柄；14—排料阀；15—下部重块；16—下部重块板；17—超前角刻度调节

图 2-48 所示为美国 Sweco 公司制造的 Vibro-Energy 振动磨机。它通过安装于研磨室下部的电动机驱动可调节的偏心重块产生振动，它的振幅一般为 1~2mm；振动频率 17~24.33Hz；介质充填率 60%~80%；研磨产品细度可在 5μm 以下。这种振动磨采用环筒形磨腔。其激振轴和环式磨腔采用垂直布置方式，机体在空间用三维高频振动。介质在整个空间内的能量分布均匀，从而改善了能量利用，提高了粉磨效率[32]。Vibro-Energy 振动磨机操作数据见表 2-24。

表 2-24 Vibro-Energy 振动磨机操作数据

物料	给料粒度/目	产品粒度/μm	给料固含/%	输入功/(kW·h/t)
熔融氧化铝	−60	90%−6	50	444
硫化硒	12%+100	1	50	240

德国 Siebtechnik 公司和克劳斯塔尔技术大学在 20 世纪 90 年代合作开发了一种单筒偏心振动磨，该振动磨机如图 2-49 所示[33]。它有一带磨介的圆柱形研磨室，在研磨室侧边有一个经横梁连接的激振器，它在重力轴和质量中心之外被牢固地固定着。紧靠横梁的是驱动装置，和对面放的配重轴平行，同样也是牢固地固定，研磨室安装在低架上通过弹簧支承用以产生振动。物料的给入是通过位于研磨室最高处的进料口进行的，研磨好的颗粒则是通过最下端位置即出料口实现的，出料口配备了一个带孔的金属片，以拦住研磨体。振动磨的驱动装置是通过一个交流电动机且借助于一个万向轴来实现的，如图 2-49 所示，这种磨机振动借助于一个不平衡重量锤以偏心轮的形式靠激励器来产生。

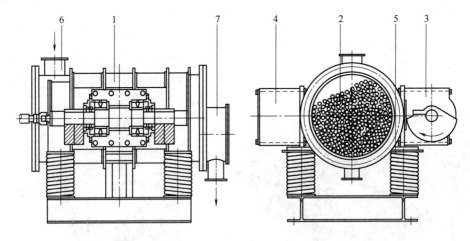

图 2-49 单筒偏心振动磨（图片来自 Siebtechnik）
1—圆柱形研磨室；2—磨介；3—激振器；4—配重；5—螺栓；6—进料口；7—出料口

纵观各国振动磨的发展，表现为品类繁多，结构不断出新，然而，其振动强度参数始终未突破 100m/s² ，振幅也仅限于 3~9mm（8~15mm）之间。因此，单机的粉磨能力偏低，能耗过大，多适用于一定规模的细磨或超细粉磨生产，对具有相当生产规模的粉磨工程却缺乏广义上的配套能力。各国主要振动磨的设备参数与生产能力对比如表 2-25[34]。

表 2-25　各国振动磨的性能和技术参数

生产国	规模型号	筒体数/个	有效容积/m³	装机功率/kW	振动强度/(m/g²)	振动频率/(次/min)	振幅/mm	研磨体量/t	生产能力/(t/h)
德国	Palla50U	2	1.30	55	60~90	1000~1500	3~6	4.0	1.5~3.0
	AUBEMA3160/350	2	1.98	75	约70	1000~1500	3~6	6.0	
	VAR10-U25/5	5	1.77	2×110	90	1000	8.5		
	GSM2504	4	1.90	110	约70	1000~1500	3~7	7.0	
美国	Allis CHALMERS	1	0.88	2×55	约100	1140	7		
日本	CH-50	2	1.18	75	40~80	1000~1200	3~8	4.4	0.8~1.7
	C-60	2	0.98	2×37	50~80	1200	3~5	4.0	
	VAMT-8000	2	0.8	55	约70	1000~1200	5~7		
	RSM-50	2	1.18	75	60~100	1000~1200	5~7		
苏联	M1000-1.0	1	1.0	70	75	1500	3	3.7	约3.0
	M1000-1.5	2	1.0	160	60~80	1000	6~8	3.8	
中国	SM1000	3	1.0	75	100	1200	7	3.0	1.5~2.0

2.5.1.3　技术参数

(1) 振动强度

振动强度为振幅和激振角速度的平方之积与重力加速度的比值。振动磨以高于重力加速度近 10 倍的振动强度运行，振动强度这一参数是影响粉磨效率的最重要的因素之一，一直是各国讨论的焦点。

1940 年德国学者 D. Bachmann 率先指出了振动强度对磨碎效率的影响，并提出研磨介质"统计共振"学说，认为：只有当介质做抛掷运动的周期是磨机振动周期的整数倍时，粉磨效率是最佳的。他在简化和假设的基础上推导出产生研磨介质统计共振的条件为[35, 36]：

$$K = r\omega^2/g = \sqrt{1 + (\pi k)^2} \tag{2-47}$$

式中　r——振幅，mm；

　　　　ω——振动圆频率，s^{-1}；

　　　　k——频率化（正整数）；

　　　　g——重力加速度。

若 $k=1, 2, 3, \cdots$，则 $K=3.3, 6.36, 9.47, \cdots$。

但是后人大量的试验和实践证明，Bachmann 的统计共振效应是很微弱的。20 世纪 60 年代初，英国学者 H. E. Rose 提出：由于磨机存在水平方向的振动，干扰了铅锤方向运动，使得研磨介质的运动过程极为复杂。因此，D. Bachmann 的理论缺乏实际意义。

Rose 和 Sullivan 利用因次分析方法导出在断续工作下比表面和磨碎时间的关系如下[37]：

$$\frac{\mathrm{d}S}{\mathrm{d}t}=\frac{k\omega^3 A^3 \delta_B}{H}\left(\frac{D_B}{d}\right)^{\frac{1}{2}} f_1\left(\frac{\omega^2 A}{g}\right) f_2(\mu_B) f_3(\mu_m) \tag{2-48}$$

式中　S——物料比表面积，$\mathrm{cm}^2/\mathrm{cm}^3$；

　　　k——系数；

　　　ω——振动频率，$\mathrm{rad/s}$；

　　　A——振幅，mm；

　　　δ_B——钢球密度，$\mathrm{g/cm}^3$；

　　　D_B——钢球直径，mm；

　　　μ_B——钢球充填率，%；

　　　d——给料粒度，mm；

　　　H——物料可磨度，$H \approx 0.058 W_i$，W_i 为邦德球磨功指数，$\mathrm{kW \cdot h/t}$；

　　　μ_m——物料充填率，%。

Rose 还得出加速度无因次项$\left(\dfrac{\omega^2 \alpha}{g}\right)$与粉磨效率的关系如图 2-50[38]。

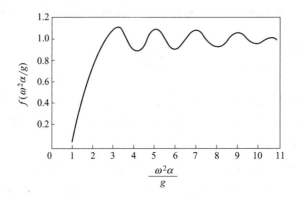

图 2-50　加速度无因次项与粉磨效率的关系

试验表明，当 $\omega^2 A > 3g$ 时，函数 $f_1(\omega^2 A/g) \approx 1$，函数 $f_2(\mu_B)$ 和 $f_3(\mu_m)$ 的值分别列于表 2-26 和表 2-27 中。由此得出磨碎产物比表面和磨碎时间 t 的关系为：

$$S_B=\frac{k\omega^3 A^3 \delta_B}{H}\left(\frac{D_B}{d}\right)^{\frac{1}{2}} f_2(\mu_B) f_3(\mu_m) t \tag{2-49}$$

(2) 振动磨功率

振动磨电动机功率 N（kW）可用下述经验公式计算[36, 39]：

$$N=0.6\omega^3 A^2 M_c \tag{2-50}$$

式中，M_c 为研磨介质加物料总质量，kg；其他符号意义同上。

表 2-26　函数 $f_2(\mu_B)$ 值

μ_B	0	20	40	60	80	100
$f_2(\mu_B)$	1	1	1.2	1.6	1.9	1.6

表 2-27　函数 $f_3(\mu_m)$ 值

μ_m	10	25	50	75	100	125	150
$f_3(\mu_m)$	5	2	1.2	1	1	1	1

（3）振动频率

振动磨振动频率通常为 $1000\sim1500$ 次/min（相当于 $\omega\approx100\sim150rad/s$）。振幅约为 $3\sim20mm$。振幅 A 与给料粒度 D 之间的关系一般为 $A=(1\sim2)D$。最大给料粒度一般小于 $10mm$，产品粒度可达 $10\mu m$。

（4）介质直径

振动磨的介质直径较小，一般为给料的 $5\sim10$ 倍，给料粒度较小时介质直径为 $10\sim15mm$。图 2-51 示出了不同形状研磨介质尺寸与给料粒度和产品粒度之间的大致关系[28]。

（5）介质充填率

振动磨的研磨介质充填率较一般球磨机高，约为 $60\%\sim80\%$，物料充填率（筒体内物料体积占研磨介质之间空隙的百分率）一般为 $100\%\sim130\%$。如图 2-52 所示[25]，当研磨介质充填率为 $80\%\sim90\%$ 时到达了最大的磨碎速率。

振动球磨机的研磨介质除球体外，也可采用钢段、小圆柱等。

振动磨在工作过程中除产生强烈振动外，筒体也产生反向转动，但其频率很小，约为振动频率的 1% 左右。

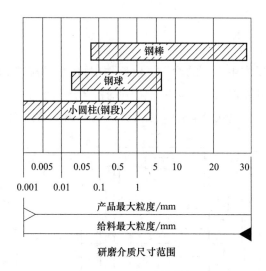

图 2-51　不同形状研磨介质尺寸与给
料粒度和产品粒度之间的关系

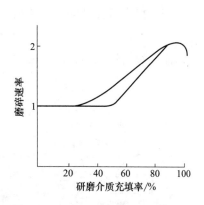

图 2-52　振动磨研磨介质充
填率与磨碎速率的关系

振动磨可用于干法或湿法两种作业。干磨时物料中水分增加，磨机处理能力迅速下降；物料中所含水分最多不应超过 5%。

振动磨的优点是单位磨机容积产量大、磨碎效率高、占地面积小、流程简单，可用于物料的细磨或超细磨。改进磨机筒体使之密封，或充以惰性气体可用于易燃、易爆及易于氧化的固体物料。利用液氮等可进行超低温磨碎，用以磨碎塑性材料或铁合金等极硬材料。

振动磨的缺点是机械部件强度及加工要求高，特别是规格较大的振动磨，其弹簧和轴承易损坏，振动噪声较大。这种设备规格不能很大，故不能满足大规模生产量的要求。

2.5.1.4 振动磨的应用

振动磨用于间歇或连续的干法或湿法作业，可用于粉碎水泥、氧化铁、锆英石、钨砂、硬质合金、颜料、木屑、腊石、石墨、滑石、氧化铝等物料。产品粒度可达 $10\mu m$ 以下，超细磨时可达 $1\mu m$，但产量急剧降低。当被粉碎物料要求不含铁时，可用瓷球和胶衬。表 2-28 是振动磨超细粉碎的部分实例。

表 2-28 振动磨的超细粉碎实例

物料名称	给料粒度	产品粒度	粉碎时间/h	粉碎方式	介质种类
滑石	$-100\mu m$	$d_{50}=0.91\mu m$	8	干式连续	瓷球
高岭土	$-2\mu m\ 42\%$	$-2\mu m\ 90\%$	3	湿式连续	瓷球
钼矿	$-210\mu m$	$-3\mu m\ 77.8\%$	7	丙酮湿式连续	不锈钢球
鳞片石墨	$-20\mu m$	$d_{50}=0.22\mu m$	24	湿式连续	钢球
硅藻土	$2\sim50\mu m$	$-20\mu m\ 96.2\%$	6	干式连续	瓷球

2.5.2 行星磨

行星磨是靠本身强烈的自转和公转使介质产生巨大的冲击、研磨作用将物料粉碎的磨矿设备。图 2-53 示出了这种磨机的结构与工作原理。当主轴由电动机带动旋转时，连杆和筒体将绕公轴旋转；同时固定齿轮带动传动齿轮转动，由此使装有研磨介质的筒

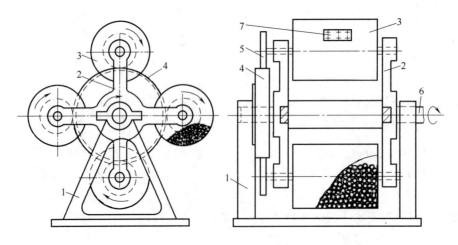

图 2-53 行星磨示意图

1—机架；2—连接杆；3—筒体；4—固定齿轮；5—传动齿轮；6—传动轴；7—料孔

体绕各自的轴心自转。这种公转加自转的运动使介质产生冲击、摩擦力而粉碎物料，特别是后者在行星磨中占主导地位。

为了提高行星磨的粉碎效能，华南理工大学研制出了一种行星振动磨（图 2-54）。它由动力系统、传动系统、振动系统和行星系统四部分组成。动力系统的电动机经挠性联轴器与Ⅰ号轴联系；传动系统包括Ⅰ～Ⅳ号胶带轮和Ⅱ号轴；Ⅰ、Ⅱ号胶带轮构成第一级减速系统，Ⅲ、Ⅳ号胶带轮构成第二级减速系统。Ⅰ号轴、偏心配道、Ⅰ、Ⅱ号支架、振动架和弹簧构成振动系统。振动架把Ⅰ、Ⅱ号支架固定起来置于弹簧上构成振动框架。偏心配重旋转时产生的离心力使框架发生振动。Ⅴ、Ⅵ号胶带轮、主转轮、连接管、磨筒及其轴组成行星系统，Ⅱ号胶带轮和主转轮同步运转；前者的转动形成磨筒绕Ⅰ号轴公转，Ⅱ号轮带动Ⅵ号轮形成筒体绕自身轴的自转。这种磨机兼有行星磨和振动磨二者的特点，具有较高的冲击、研磨作用，故粉碎作用强，是一种有效的超细磨设备。图 2-55 示出了行星磨、振动磨和行星振动磨三种类型磨机粉碎原理的区别。表 2-29 示出了行星振动磨粉碎锆英石、工业氧化铝的产品粒度分布。

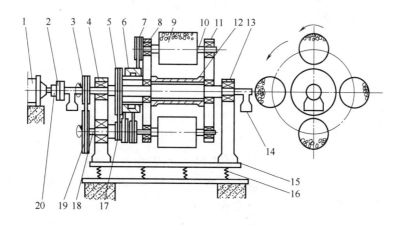

图 2-54　行星振动磨结构示意图

1—电动机；2—挠性联轴器；3—Ⅰ号胶带轮；4—Ⅰ号支架；5—Ⅳ号胶带轮；6—Ⅴ号胶带轮；
7—Ⅳ号胶带轮；8—主转轴；9—磨筒；10—磨筒轴；11—从转轮；12—连接管；13—Ⅱ号支架；
14—偏心配重；15—振动架；16—弹簧；17—Ⅲ号胶带轮；18—Ⅱ号轴；19—Ⅱ号胶带轮；20—Ⅰ号轴

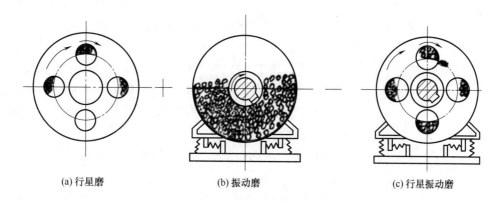

(a) 行星磨　　　　　　(b) 振动磨　　　　　　(c) 行星振动磨

图 2-55　三种类型磨机粉碎工作原理的区别

表 2-29　行星振动磨产品粒度分布　　　　　　单位：%

原料	粒度/μm						算术平均粒度/μm
	$-10+8$	$-8+5$	$-5+3$	$-3+1$	$-1+0.5$	-0.5	
锆英石	1.0	5.8	6.9	22.2	24.0	43.1	1.45
工业氧化铝	1.3	4.0	4.2	19.3	47.7	47.7	1.23

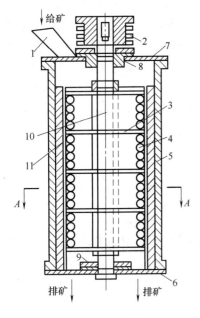

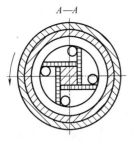

图 2-56　立式多室离心磨

1—给料器；2—皮带轮；3—圆盘；

4—钢球；5—筒体；6—下端盖；

7—上端盖；8，9—主轴承；

10—主轴；11—衬板

2.5.3　离心磨

离心磨基本原理是使研磨介质产生离心力从而加强研磨介质对物料的研磨作用。由于加大介质研磨作用的方式和结构各种各样，因此离心机的结构形式也有很多种。总的来看，按照筒体安装的特点可分为立式和卧式两大类；二者均可进行干式或湿式作业。

图 2-56 为多室离心磨机的结构：筒体内装立轴，其上有几层叶片将筒体分成多个磨矿区间，每个磨矿区间内装研磨介质（钢球或钢段）及物料，当主轴旋转时，由叶片带动使研磨介质旋转，从而产生离心研磨力将物料粉碎。

图 2-57 为苏联研制的卧式离心磨。固定筒体内敷有形如两个截圆锥组成的衬板（为带轮翅的转子），它经轮壳固定在转轴上。轮壳上设有循环孔，以便研磨介质和矿浆的循环流通。给料量由转子和衬板之间的间隙来调节。转子带动轮翅旋转产生离心力，在此离心力作用下使矿浆受到较大的压力；物料在介质的冲击、研磨作用下被粉碎。该离心磨机在苏联的巴拉哈什选矿厂进行过工业试验。该磨机技术参数如下：筒体内径 750mm，长 1000mm，有效容积 $0.35m^3$；转子内径 700mm，长 800mm，圆周速度 12m/s；电动机功率 75kW；研磨介质直径 6mm，装入量 150～250kg。该磨机与一台普通球磨机平行工作，用于处理重砂精矿经水力旋流器分级的沉砂。试验结果如下：当给料浓度为 55%～60% 时，离心磨机按原矿计最大处理量为 71.4t/($m^3 \cdot h$)，平均为

32.3t/($m^3 \cdot h$)，较一般球磨机大得多。按 0.074mm 计的磨矿产品电耗与磨矿条件有关，约为 11～26kW·h/t。试验表明，该离心磨机的磨矿效率较一般球磨机高很多，且噪声小。

图 2-58 为立式高强度离心磨机。磨料室为直立空心圆锥，内装研磨介质，下部带排料格筛。磨料锥呈旋转加振动的运动型式；在这种运动型式下研磨介质产生很强的粉

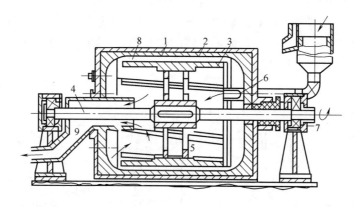

图 2-57 卧式离心磨机

1—筒体；2—衬板；3—转子；4—转轴；5—轮毂；

6—循环孔；7—轴承；8—间隙；9—排料管

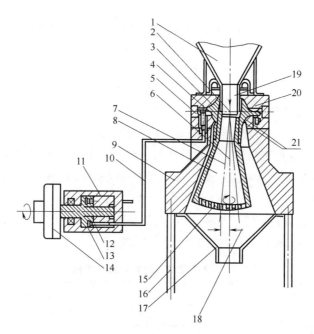

图 2-58 立式高强度离心磨

1—给料槽；2—章动点；3—章动毂；4—轴承凸缘；5—液压马达活塞；6—章动轴；

7—章动磨机轴；8—磨矿室；9—配重物；10—液压管；11—液压泵；12—液压泵活塞；

13—旋转凸轮板；14—气动离合器；15—排料格筛；16—活动支架；17—排料管；

18—最大章动偏心距；19—给料管；20—章动轴承表面；21—球形密封圈

碎作用。这种离心磨机的粉碎效率为常规筒形磨机的 50～100 倍。其特点是：①在磨料腔中介质尺寸从上而下由大变小，这有利于适应物料粒度的变化，故粉碎效率可提高；②振动大大简化物料进入磨料腔，不需另外特殊给料装置；③磨料锥仅绕自心轴缓慢旋转，无临界转速。表 2-30 示出了高强度立式离心磨的技术特性[40]。

图 2-59 为德国鲁奇公司离心磨机结构示意图[41]。装有衬板的可更换磨矿筒，借助于加紧螺栓固定在转臂上；穿过横臂的两根偏心轴同步旋转时，固定在横臂 V 形槽中的磨机筒体也围绕一个平行于筒体轴心线的轴做圆周运动。筒体高速回转时，筒体内的物料和介质达到离心磨矿的目的。

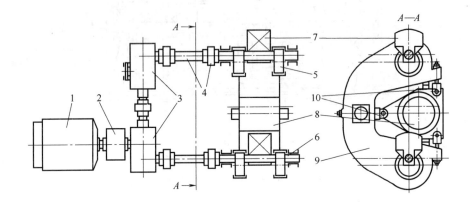

图 2-59　鲁奇公司离心磨机的结构示意图

1—电动机；2—离合器；3—变速箱；4—离合器连同离合器轴；5—偏心驱动装置；
6—偏心轴轴承；7—平衡铁；8—研磨管；9—U 形振动器；10—研磨管支撑

南非某铁矿要求的磨矿产品粒度为比面积 $1700 \sim 1800 \mathrm{cm}^2 / \mathrm{g}$，给料粒度为 6mm，年处理量 $2000 \times 10^4 \mathrm{t}$，与水力旋流器构成闭路作业。采用一台 $\phi 1.0 \mathrm{m} \times 1.2 \mathrm{m}$ 离心磨机和一台 $\phi 4.2 \mathrm{m} \times 8.5 \mathrm{m}$ 球磨机进行了试验比较。结果表明，采用离心磨机代替球磨机对选别作业的工艺制度并无影响，但离心磨机组的总成本为球磨机组的 74%[42]。

南非矿山局和德国鲁奇公司合作开发了 $\phi 1.0 \mathrm{m} \times 1.2 \mathrm{m}$、功率 1000kW 的离心磨机，在南非西部深层金矿运行了 1000 多小时。结果表明，在各个性能方面，该离心磨机与常规的 $\phi 4 \mathrm{m} \times 6 \mathrm{m}$ 球磨机是相当的[43]。

表 2-30　高强度立式离心磨的技术特性

技术参数	规格/mm		
	200	500	1000
磨矿室容积/L	4.2	66	530
球荷质量(充填率 50%)/kg	10	155	1250
章动速度/(r/min)	1160	735	500
最大径向摆幅(偏心距)/mm	33	83	170
净功率/kW	11	170	1400
总高度/mm	550	1400	2800
固定壳体直径/mm	600	1500	3000
相当于常规球磨机的尺寸(近似值)$D \times L$/m	0.9×1.2	2.4×2.4	4.7×4.6

2.6 辊磨机

辊磨机的定义是："该机具有圆的磨盘，磨矿介质（磨辊或球）在其上滚动。磨矿介质由重力或离心力、弹簧、液力、气力系统压在磨盘上。磨盘和磨矿介质均可被驱动[44]。"辊磨机的主轴通常是垂直安置的，又称立式磨机或立磨。它是由若干转动的辊子施力于物料进行粉碎的设备。根据磨机的结构型式可分为圆盘固定式和转动式两类；根据工作圆辊的施力方式可分为悬辊式、弹簧辊式或液压辊式。表 2-31 列出了一些主要辊磨机的技术特征[4, 25]。这类设备主要用于磨碎脆性或中等硬度的物料，同球磨机或锤式磨机对比，其优点是能耗低，例如将 HGI 为 60、粒度为 99%－19mm 的煤磨碎至粒度为 80%－200 目，辊磨机的比能耗为 6.8kW·h/t，锤式磨的比能耗为 16.4kW·h/t，球磨机的比能耗为 14.9kW·h/t[45]。辊磨机的缺点是辊子和底盘磨损较快，维修费用较高。

表 2-31　主要辊磨机技术特征

名称	功率/kW	处理能力/(t/h)	数量	辊或球	磨盘	型号
艾法史密斯			3～4	圆柱磨辊	平盘	Atox
水泥	800～11000	35～685				
炉渣	900～13200	25～500				
伯力鸠斯			3～6	轮胎分半直辊	沟槽形盘	RM
水泥生料	580～4800	90～740	3			
水泥熟料（布莱恩比表面积为 3000cm²/g）	502～3188	33～209	3			
粒状炉渣（布莱恩比表面积为 4500cm²/g）	700～4450	22～139				
硬煤（哈德格罗夫指数为 50）	30～1250	22～96				
莱歇磨			2～4	圆锥辊	平盘	LM
煤	400～2400	40～300	1			
水泥	2500～7800	60～340				
矿	7800	>2000				
普费佛磨				轮胎斜辊	沟槽形盘	MPS
水泥生料	1600～12000	250～1400				
粒状炉渣（布莱恩比表面积为 2000～6000cm²/g）	2500～12000	70～390				
水泥（布莱恩比表面积为 2000～6000cm²/g）	2200～12000	80～550				

2.6.1 悬辊式圆盘固定型盘磨机

雷蒙磨（Raymond Mill）属悬辊式圆盘固定型盘磨机，系中等转速细磨设备。它广泛用于磨碎煤炭、非金属矿、玻璃、陶瓷、水泥、石膏、农药和化肥等物料,其产品细度在120~325目范围内;但与空气分级设备结合可分出很细的产品。根据辊子的数目又有三辊(通称: 3R)、四辊(4R)和五辊(5R)几种。

如图2-60所示,雷蒙磨辊子的轴安装在快速转动的梅花架上,磨环是固定不动的;梅花架上可悬挂3~5个转辊,每个辊子绕机体中心公转的同时又绕本身轴心自转,由此将由给料部流入落到磨环上的物料粉碎。铲刀可将物料铲到研磨区去进行研磨。雷蒙磨通常与风力分级构成闭路工作,物料随风流从排料口排出后进入风力分级,粗大颗粒可返回再粉碎。

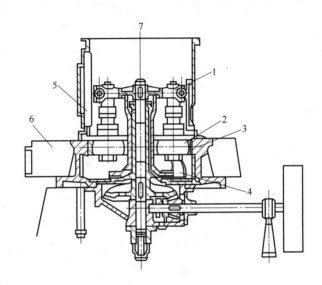

图 2-60 雷蒙磨结构示意图

1—梅花架;2—辊子;3—磨环;4—铲刀;5—给料部;6—返风箱;7—排料口

影响雷蒙磨的参数有辊子转速、个数、主风机风量、风压、 给料硬度及粒度、水分、 风力分机性能等。

雷蒙磨与管磨机对比,其主要优点是送入热风能同时进行磨碎和烘干两种行业,将含水15%~20%的原料进行烘干;单位比电耗低20%~30%,其不同磨碎产品细度的比能耗如图2-61所示;占地面积小,只有管磨机的50%左右;整个系统投资也较低。

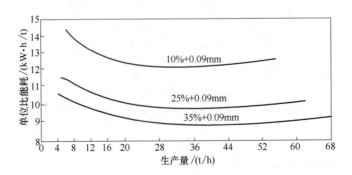

图 2-61 盘磨机的比能耗

雷蒙磨的缺点是辊套磨损严重，一般为 4500～8000h；故需采用硬度高、耐磨性能好的材质。表 2-32 列出了国外某发电厂雷蒙磨的部件磨损数据。

表 2-32　雷蒙磨的部件磨损数据

磨损部件	材质	寿命/h	磨煤总量/t	总磨损量/(g/t)	附注
磨环	高锰钢,12％～14％Mn	17000	135000	24	煤的灰分 30％、水分 5％～8％、Hardgrove 硬度 70～85、磨碎细度 15％＞0.09mm
辊套	金属模白口铁	7500	70000		
盘磨机机壳的衬壳	高锰钢,12％～14％Mn	6000	53000		
磨环 a	Vautid 100	18000	245000	18.5(磨环 a) 20.5(磨环 b)	煤的灰分 30％、水分 7％、Hardgrove 硬度 80～100、磨碎细度 25％～30％＞0.09mm
磨环 b	高锰钢,12％～14％Mn	10700	145000		
辊套	CA 4	6400	87000		
盘磨机机壳的衬板	CA 4	5700	7700		

2.6.2　弹簧辊磨机

弹簧辊磨机（MPS 磨）（图 2-62）的特点是磨盘是转动的， 2～4 个磨辊借油压而被紧压在磨盘上。物料经密封装置加到磨盘上，在此受挤压、研磨而被粉碎。气流自下方给入，夹带磨碎的物料向上流入风力分级机，经分级后细颗粒经过分级机进入细粒分级和除尘装置而回收，粗粉返回磨盘再磨碎。磨辊由液压装置调控压力，磨盘由立式减速机带动回转。

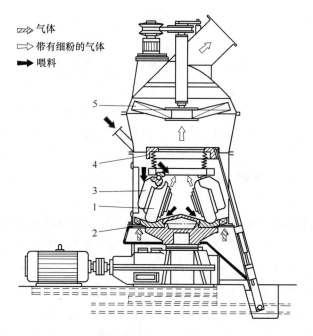

图 2-62　弹簧辊磨机（MPS 磨）（图片来自 Gebr. Pfeiffer）

1—磨辊；2—磨盘；3—液压拉杆；4—压紧环；5—选粉机

MPS 磨在工作原理和结构上同莱歇磨相似。主要区别在于 MPS 磨的磨辊为鼓形，采用多辊统一施压，而莱歇磨的磨辊为锥形，采用单辊施压，其他装置基本相同。在相同的粉磨能力时，莱歇磨的磨盘直径比 MPS 磨的要小，磨盘周围通气孔的数量也较少，在一定的风速下有较小的空气量，因此莱歇磨内空气压力比 MPS 磨高20%左右。

通过施压使磨辊压在磨盘上的压紧装置如图 2-63 所示[46]。在启动时，液压换向器使磨辊升起，脱离磨盘，其间隙为 4～10mm，如图 2-63（b）所示。该间隙由安装在摆动杆上的调整螺钉进行调整，从而实现空载启动。目的是减少噪声，降低启动力矩，减少磨损。在操作中断料时亦能自动抬辊。喂料后，磨辊下落，压力开关打开，提升压力，进行操作，如图 2-63（a）所示。这种单辊施压方式由于磨辊上部没有止推架，所以可以翻出机外，方便检修，如图 2-63（c）所示。

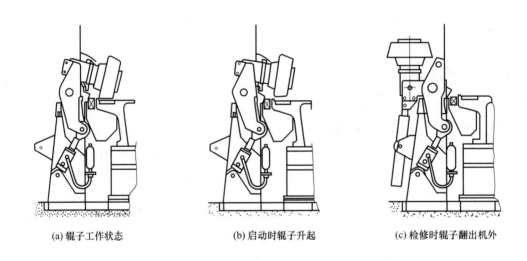

(a) 辊子工作状态   (b) 启动时辊子升起   (c) 检修时辊子翻出机外

图 2-63　莱歇磨辊子压紧装置

由于这种辊磨机内的物料量较少，启动后很快就达到操作稳定状态；由于操作反应快，故磨碎产品的粒度较均匀。送入热风，该机器可对潮湿物料进行磨碎和干燥，例如，给入含水 20% 左右的物料时，经磨碎后产品含水可降至 1% 以下。这种辊磨机占地面积小、产量大，适于磨碎中硬以下物料；给料粒度可达 150mm，产品粒度可达90μm 以下。

莱歇磨主要用于水泥、固体燃料和冶炼炉渣的磨碎。目前工业应用的最大的莱歇磨型号为 LM70.4＋4 CS，功率达 8.8MW，采用紧凑型行星电动机驱动技术（COPE drive），2017年在尼日利亚联合水泥公司（UNICEM）年产 250 万吨 Mfamosing 水泥厂二期扩建工程中投入使用，用于磨碎 370t/h 水泥熟料，磨矿细度达 $4700cm^2/g$（Blaine 值）[47]。

与湿式球磨机相比较，干式辊磨机不仅能量效率高、磨损低，而且处理量大，这种优势促进了辊磨机更广泛的使用，例如，2017 年 Santral 矿业公司在土耳其的一家金矿采用了一台莱歇磨干磨金矿，虽然它在矿业上的应用还是一项比较新的举措。

2.6.3 钢球盘磨机

钢球盘磨机（图 2-64）与辊式盘磨机的最大区别在于，前者以大钢球代替辊子作为磨碎工具。根据钢球排数分为单排球和多排球。这种盘磨机可装 10～14 个单排钢球。钢球处于两个座圈之间，上座圈不转动，借弹簧或液压装置施力于钢球上。下座圈（即磨盘）在机架上，由传动轴带动旋转，从而使钢球转动产生粉碎作用。钢球直径为235～1070mm，产量很高。

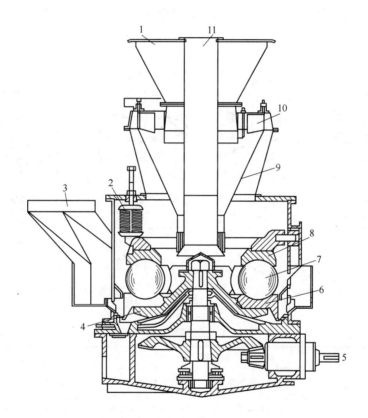

图 2-64　钢球盘磨机（图片来自 Babcock and Wilcox）
1—磨碎产品出口；2—弹簧；3—热风入口；4—机架；5—传动轴；
6—磨盘；7—钢球；8—上座圈；9—分级机；10—叶片；11—给料入口

2.7 搅拌磨

搅拌磨机是由一个静置的内填小直径研磨介质的筒体和一个搅拌装置组成，通过搅拌装置搅动研磨介质产生摩擦、剪切和冲击粉碎物料的一种超细粉碎设备。在搅拌磨机中，研磨介质不像球磨机那样有规则地整体运动，而是做无规则运动。

搅拌磨机种类较多，从安放方式分为立式搅拌磨机和卧式搅拌磨机；从工艺方式分为间歇式搅拌磨机、循环式搅拌磨机、连续式搅拌磨机；从工作环境分为干式搅拌磨机和湿式搅拌磨机。从搅拌器结构形式分为盘式搅拌磨机、环式搅拌磨机、棒式搅拌磨机、螺旋式搅拌磨机。

搅拌磨机筒体内装有搅拌装置和球介质（陶瓷球、玻璃球或钢球等），借搅拌装置的转动使研磨介质运动，从而产生粉碎作用将物料磨碎。

根据结构将这类磨机可分为螺旋式、搅拌槽式、流通管式和环式等（图 2-65 和表 2-33）[48]。搅拌磨可用作超细磨机、搅拌混合机或分散机。这类磨机可用于干、湿两种作业。干式磨矿时，对物料的压力强度增加、颗粒间表面能增大，颗粒易于产生凝聚。湿式磨矿时颗粒间分散好，其表面能降低。可阻止颗粒间产生凝聚，所以，超细磨时湿式作业较好。

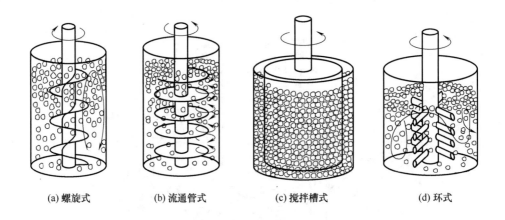

(a) 螺旋式	(b) 流通管式	(c) 搅拌槽式	(d) 环式

图 2-65　搅拌磨机的类型

表 2-33　搅拌磨机的分类表

分类	构造与操作特点	应用范围
塔式磨机(螺旋搅拌磨机)	筒径比大，螺旋搅拌器，干式、湿式两用	矿物加工（金矿、铅锌矿再磨）、非金属深加工、化工原料
槽式搅拌磨机	搅拌装置可采用棒、盘、环循环，连续、间歇式，干式、湿式两用	精细陶瓷、粉末冶金、非金属深加工、磨料和磁性材料
流通管式搅拌磨机	砂磨机，主要是湿式、少量干式	油墨、涂料、染料、工业填料
环式搅拌磨机	二圆筒，内筒回转，介质小，湿式	涂料、染料、高新材料

搅拌磨机具有如下优点：

① 产品可以磨至 $1\mu m$ 以内，搅拌磨机采用高转速和高介质充填料及小介质尺寸球，利用摩擦力研磨物料，所以能有效地磨细物料。

② 能量利用率高，由于高磨机转速、高介质充填料，使搅拌磨机获得了极高的功率密度，从而使细颗粒物料的研磨时间大大缩短。由于采用小介质尺寸球，提高了研磨机会，提高了物料的研磨效率。例如塔式磨机与常规卧式球磨机相比节能 50% 以上。

③ 产品粒度容易调节。

④ 振动小、噪声低。

⑤ 结构简单、操作容易。

搅拌型磨机广泛应用在矿物加工、化工、非金属深加工、粉末冶金、硬质合金、磁性材料、磨料、精细陶瓷、涂料、染料等行业进行物料细磨或超细磨作业。

2.7.1　塔式磨

塔式磨机（图 2-66）实际上为一垂直的圆筒球磨机。它由筒体、螺旋搅拌叶片、驱动装置和分级设备等部分组成。塔式磨的规格以筒体内径 D 和高 H 表示，即 $D \times H$。

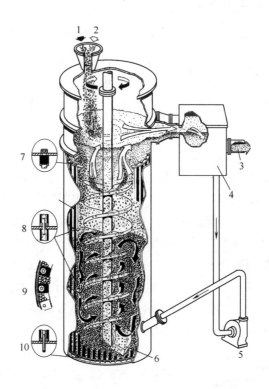

图 2-66　湿式塔式磨工作原理示意图（图片来自美卓矿机）

1—给料；2—给水；3—磨碎产品；4—分级机；5—循环泵；6—螺旋衬板；

7—顶条连接件；8—中间条连接件；9—保护条平面视图；10—底条连接件

塔式磨机分湿法和干法两种。图 2-66 示出了湿式塔式磨的工作原理。电动机带动立式螺旋搅拌器转动，从而使研磨介质运动，研磨介质沿螺旋立轴上升至一定高度后再沿筒体和螺旋之间的间隙下降，如此周而复始，将物料磨碎。要磨的物料和水从筒体上部给入，细颗粒从磨机上部溢出。经过分级后较粗颗粒由泵给入磨机粉碎，较细颗粒即为磨矿产品。

图 2-67 和图 2-68 分别示出了湿、干两种作业塔式磨机的闭路工作系统。

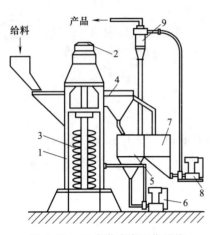

图 2-67　湿式塔式磨工作系统

1—垂直圆形筒体；2—电动机驱动部分；
3—螺旋搅拌器；4—分级箱；5,7—砂泵池；
6,8—砂泵；9—水力旋流器

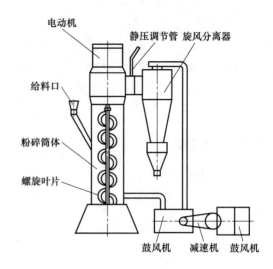

图 2-68　干式塔式磨工作系统

　　塔式磨机的磨碎作用主要是研磨，因此其给料粒度不能太大，一般小于 3mm；球径一般不大于 25mm，作为超细磨时，介质尺寸更小。塔式磨机最早于 1953 年由日本的河端重胜研制，后来逐渐为其他国家采用。它主要用于中硬矿石的磨碎（如石灰石、磷灰石、岩盐、碳酸钙等）或金属矿石选矿中矿的再磨（如铁矿石）、浸出（如金、钼）。

　　塔式磨机的优点是：研磨介质在水平方向旋转，不像卧式磨机那样在垂直方向做抛物线运动，这样研磨介质就不需克服重力做功从而可节省运动能量；塔式磨机筒体直径小、高度大，因而增加研磨介质对物料的压力和研磨力，这在一定程度上也节省能量，故塔式磨特别适用于细磨和超细磨。根据国内外经验，当塔式磨产品粒度小于 75μm 且给料粒度不大于 3mm 时，其磨损能耗较一般磨机节省很多。当产品粒度较粗时，例如大于 75μm，通常塔式磨不比一般球磨机节省能量。

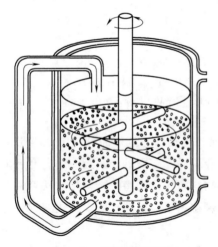

图 2-69　间歇式搅拌磨

　　塔式磨的缺点是：搅拌部件及筒体衬板磨损严重；磨机的 H/D 值有一定限制，高度 H 太大则对下部介质压力太大，物料研磨并不一定需要如此大的压力，反而增加了磨损和搅拌部件结构设计的困难。

2.7.2　间歇式搅拌磨

　　如图 2-69 所示，这类间歇式搅拌磨机的结构是在立式圆筒体内的主轴上安装不同形状的搅拌器件（如螺旋形、盘形、棒形等），当主轴由电动机带动旋转时，将使磨机内研磨介质和物料产生强烈剪切、磨剥作用，从而将物料粉碎[49]。

　　磨机的筒体外壁给入冷却水，以冷却由于研磨而产生的热量；因是间歇式作业，产品可根据要求磨得很细。这种磨机可用于碳化钨、陶瓷材料、钴粉、炭黑、油墨等难于细磨物料的超细磨碎。

2.7.3　环形搅拌磨

　　这种磨机外形像 W 形（图 2-70），其特点是筒体由内外层的环形部分、类似 W 形的筒体组成。磨矿之前，将物料（加水）和研磨介质（玻璃球等）同时给入环形筒体内，由于内外层筒体的旋转运动，使处在窄缝中的物料受到均匀的剪切力而被磨碎。磨机外层为带窄缝的双层环形体，内注冷却水。

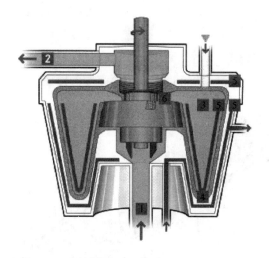

图 2-70　环形搅拌磨（图片来自 FrymaKoruma）

1—原料；2—产品出口管；3—转子；4—研磨缝隙；

5—加热/冷却；6—研磨介质循环通道

　　这种磨机加入的玻璃球为 0.5～3mm，例如粉碎氧化锆可得小于 0.5μm 的产品。

2.7.4　氮化硅高能搅拌球磨机

　　图 2-71 示出了专用于磨碎氮化硅的高能搅拌球磨机[50]，其特点是所有与被磨物料氮化硅接触的部件都用氮化硅制成，如研磨介质、筒体衬里、搅拌器等。这样能改善氮化硅的表面反应活性，调节粒度分布，提高其成型性。磨机筒体内研磨介质充填率达 90%～95%，搅排轴转速达 1000～3000r/min，其他输入能量密度达 1000kW/m³，大大超过一般磨机，故称高强度搅拌磨。研磨介质直径 2mm，产品粒度可达 0.2～1.0μm。

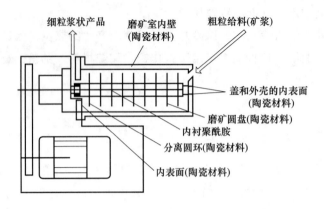

图 2-71　用于氮化硅细磨的高能搅拌球磨机

2.7.5　卧式搅拌磨

除了立式连续搅拌磨外，还有各种类型的卧式连续搅拌磨，如超达公司的艾萨磨机（图 2-72）和 Union Process 制造的 DM 型卧式连续搅拌磨等。

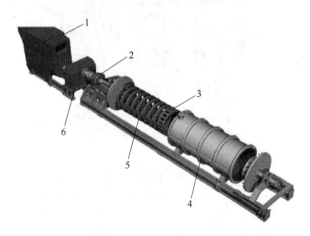

图 2-72　艾萨磨机

1—电动机；2—轴承；3—产品分离器；4—磨机筒体；5—磨盘；6—减速机

2.8　胶体磨

胶体磨属于高速旋转类型细磨设备，其工作原理是使液流及颗粒以高速进入磨机内狭窄空隙内，利用高速旋转的转齿及液流相对运动产生的剪切力而将物料粉碎和分散（图 2-73）。这种磨机除可以细磨中等硬度以下的固体物料外，还可用于将轻度黏结颗粒集合体分散于液相中。例如，磨细颜料，分散于液体中成为涂料；或用于制备糖浆、油膏、牙膏、化妆品，或用于制备豆浆等食品工业。

根据其主轴位置，胶体磨可分为立式和卧式两种。根据胶体磨的结构可分为齿式（图 2-74）、透平式（图 2-75）、轮盘式（如砂轮磨）等。图 2-76 为应用较广泛的盘式胶体磨结构示意图，其粉碎部件由定齿 7 和转齿 8 组成；两齿的间隙为 0.03～1.0mm，可用调节套调节。物料由给料漏斗给入，被磨碎的产品由排料槽排出。

胶体磨适用于化工原料、医药、食品等工业。

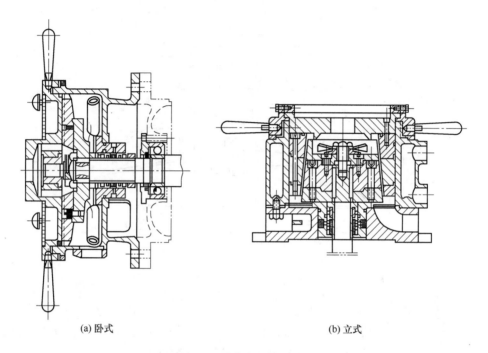

(a) 卧式　　　　　　　　　　　　　　(b) 立式

图 2-73　胶体磨结构示意图

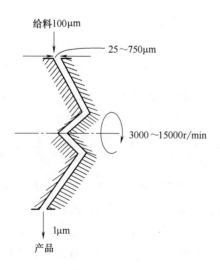

图 2-74　齿式胶体磨工作原理图

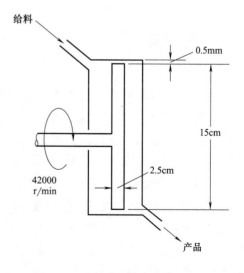

图 2-75　透平式胶体磨工作原理图

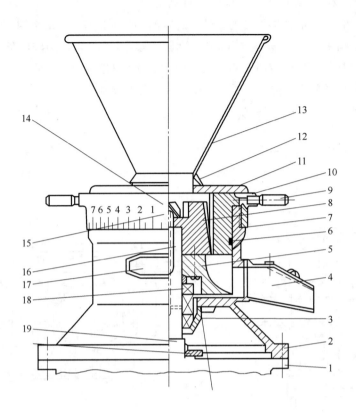

图 2-76　盘式胶体磨结构示意图

1—电动机；2—机座；3—密封盖；4—排料槽；5—圆盘；6,11—O 形丁腈橡胶密封圈；
7—定齿；8—转齿；9—手柄；10—间隙调节套；12—垫圈；13—给料斗；14—盖形螺母；
15—注油孔；16—主轴；17—铭牌；18—机械密封；19—甩油盘

2.9　气流磨

　　气流磨又叫喷射磨或能流磨，其工作特点是物料利用气体（压缩空气或加热蒸气）为载体，通过喷嘴或其他方式射入磨机，从而产生高速运动使物料相互碰撞或与靶子碰撞而粉碎。这种粉碎方式不仅能产生极细的颗粒，而且可避免被磨物料受污染。

　　气流磨根据其粉碎方式特点可分为三类。一是旋流喷嘴式（图 2-77），这是早期的气流磨喷嘴安装型式，由其粉碎效果较差且喷嘴、衬里磨损较严重，故已逐步被对喷式或靶式所取代。二是对喷式（图 2-78），物料在对喷气流中碰撞而粉碎，从而增加粉碎效果。三是靶式（图 2-79），高速气流携带的物料冲击在靶上使物料粉碎。根据上述基本气流粉碎原理，目前已研制出多种类型的气流磨机。

图 2-77　旋流喷嘴式气流磨示意图

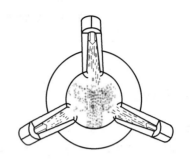

图 2-78　对喷式气流磨

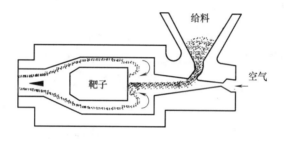

图 2-79　靶式气流磨

2.9.1　扁平式气流磨

扁平式气流磨也称圆盘式气流磨（Micronizer）。这种气流磨（图 2-80）沿粉磨室的圆周安装多个（6～12 个）喷嘴，各喷嘴都倾斜成一定角度。气流携带物料以高压

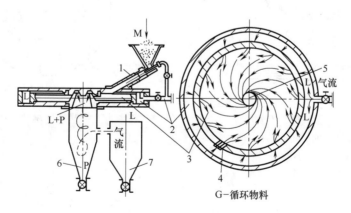

图 2-80　扁平式气流磨

1—给料喷嘴；2—压缩空气；3—粉碎室；4—喷嘴；5—旋流区；
6—气力旋流器；7—滤尘器；L—气流；M—原料；P—最终产品

（0.2～0.9MPa）喷入磨机，在磨机内形成高速旋流，使颗粒彼此间产生冲击、剪切作用而粉碎。被粉碎颗粒随气流从圆盘中部排出进入空气分级机分出。扁平式气流磨粉碎能力较低。物料与气流在同一喷嘴给入，气流在粉磨中高速旋转，故喷嘴与衬里磨损较快，不适于处理较硬物料。

2.9.2　椭圆管式气流磨

图 2-81 为椭圆管式气流磨工作示意图。在椭圆管的下方弯曲处安装气流喷嘴，物料由侧面给入后在射流区受到加速和粉碎作用，而后被气流带向上方，细颗粒在分级区经导向阀由上料孔排出，粗颗粒下落再粉碎。这种气流磨的优点是喷入气流和物料给入分开，减轻了喷嘴的磨损。此外，椭圆管内物料有自行分级作用，形成闭路循环，故产品粒度较均匀，粉磨效果较好。

2.9.3　对喷式气流磨

对喷式气流磨的基本特点是气流喷嘴相对安装，这样携带物料的气流进入磨机后直接相对碰撞（图 2-82），加强了粉碎效果。图 2-83 示出一种特罗斯特型气流磨工作示意图。这种气流磨的气流和物料为对喷式，上部类似扁平气流磨的旋流分级。在旋流分级区细粒产品进入空气分级机，粗颗粒下落再粉碎。

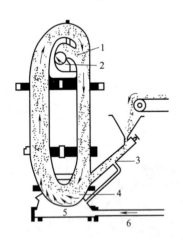

图 2-81　椭圆管式气流磨
1—导向阀；2—出料孔；3—气流管；
4—粉碎管；5—喷嘴；6—空气

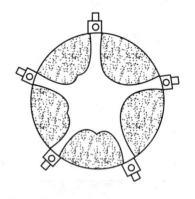

图 2-82　对喷式气流磨工作区示意图

2.9.4　复合式气流磨

复合式气流磨是在上述几种气流磨基础上改进而研制的新型气流磨，其主要特点

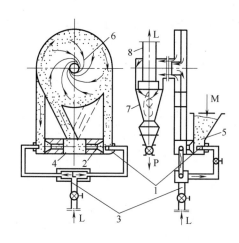

图 2-83　特罗斯特型气流磨

1—喷嘴；2—喷射泵；3—压缩空气；4—粉磨室；

5—料仓；6—旋流分级区；7—旋流器；8—滤尘器；

L—气流；M—物料；P—产品

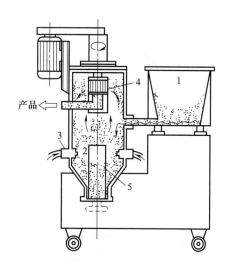

图 2-84　对喷-靶式气流磨

1—给料机；2—粉碎区；3—喷嘴；

4—分级转子；5—中心冲击板

是：采用复合力场粉碎，如对喷-靶式（图 2-84）、流化床对喷式（图 2-85）；另外，磨机上部装有转轮分级机对物料进行机内分级，粗颗粒下落再粉碎，细颗粒排出机外回收。复合气流磨的特点是：物料给入与气流喷入分开，喷嘴磨损降低；对喷-冲击联合作用提高粉碎效果；机内分级使产品粒度均匀。表 2-34 列出了国外流化床对喷式气流磨应用实例。

　　流化床对喷式气流磨是将逆向喷射原理与流化床中的膨胀气体喷射流相结合的产物。德国 Alpine 公司生产的 AFG 流化床对喷式气流磨的工作原理见图 2-85。物料经原料入口送入研磨室；空气通过 3～7 个喷嘴逆向喷入研磨室，使被磨物料颗粒在各喷嘴交汇点流态化，互相冲击碰撞而粉碎。在负压气流的带动下，粉碎后的物料随上升气流进入顶部设置的 ATP 涡轮分级机，合格的

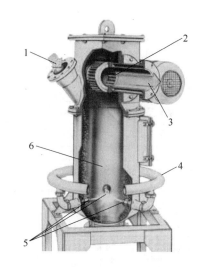

图 2-85　流化床对喷式气流磨

1—原料入口；2—分级转子；3—粉碎产品；

4—空气环形管；5—喷嘴；6—粉碎区

细粒产品经分级机排出，粗颗粒受重力沉降的作用返回粉碎区再次粉磨。其主要特点是：由于物料不通过喷嘴，也很少碰撞内壁，因而磨损很轻微，可粉碎高硬度物料。其能耗与其他类型气流磨相比低 30％～40％。给料莫氏硬度最大为 10，产品粒度为 95％通过 2～200 μm。噪声小于 82dB（A 声级）[51]。

　　气流磨为目前很重要的超细粉磨设备，它广泛用于化工、医药、建材、电器等物料的超细磨碎，气流磨产品粒度可达 5 ～ 10 μm 以下，且纯净不被污染。气流磨的缺点

是给料粒度不应太大，附属设备多，如空气压缩机、气水（油）分离器、气力分级设备等；处理量小、电耗高、生产成本高，例如处理 1t 物料电耗为 70～1000kW·h，有的甚至高到 2000kW·h 以上。

表 2-34　流化床对喷式气流磨的应用

物料	AFG-型	给料粒度 /μm	产品粒度 /μm	压力 /MPa	气体流量 （标准状态） /(m³/h)	处理量 /(kg/h)	比能耗 /(kW· h/kg)	备注
青霉素	200-R	11/36	5/15	0.4	199	66	0.30	充 N₂
牙科玻璃	100	42/150	4/8	0.5	38	0.9	4.5	陶瓷转轮
Al₂O₃	400	15/45	4/9	0.6	712	65	1.20	陶瓷转轮
珐琅	200	630/1600	9/24	0.3	252	19	1.14	陶瓷转轮
长石	200	30/130	6/15	0.5	238	25	0.99	陶瓷转轮
牙瓷	100	150/1000	12/32	0.5	39	2.1	2.03	陶瓷转轮
石英	200	240/315	10/24	0.6	278	48	0.06	陶瓷转轮
高岭土	400	6/47	3/10	0.7	814	140	0.68	陶瓷转轮
荧光粉	400-R	50/4000	13/20	0.08	1120	351	0.11	陶瓷转轮,松散
调色剂 1	400	2000	11/23	0.6	712	51	1.52	
粉末涂料	200	23/80	6/11	0.6	178	34	0.65	
PE-酯	400	12/30	7/11	0.8	916	60	1.90	
PE-金属球	400	−6000	8/16	0.95	662	27	3.15	
硅(99.8%)	200	125/630	4/10	0.6	178	11	1.98	充 N₂,陶瓷转轮
钕铁硼	200-R	17/150	13/—	0.45	219	11	1.90	充 N₂,陶瓷转轮
Mo-Fe	200	500/1200	10/20	0.6	178	4.2	4.95	陶瓷转轮
Fe(90%)+Al	200	24/50	20/35	0.6	178	52	10.70	陶瓷转轮
Ni-Co 金属	200-R	43/85	28/47	1.0	437	2.3	24.70	陶瓷转轮
硅	200-R	31/57	6/12	0.6	178	25	0.87	N₂
Ti	200-R	—		0.6	260	90	0.33	110℃,松散
氧化铁(红)	400	17/50	3/10	0.6	712	94	0.82	
氧化铁(黑)	400	500/1500	6/13	0.6	712	62	1.23	
母炼胶	400-R	80/350	38/190	0.45	851	625	0.12	
氧化镁	200	11/49	4/8	0.6	178	30	0.73	
色素(黄)	200-R	—		0.5	180	75	0.26	松散
金属粉	400-S	120/240	110/230	0.34	1100	250	2.30	选择磨碎
调色剂 2	400-S	14/23	—	0.03	335	50	0.21	循环温度 78℃
滑石	400	14/64	4/12	0.6	675	70	1.04	180℃
硅胶	200	47/109	6/18	0.6	178	90	0.24	150℃
班脱土	400	23/100	4/12	0.6	712	92	0.81	150℃

① d_{50}/d_{57}。

2.10　新的磨碎技术的应用

2.10.1　助磨技术

2.10.1.1　微波助磨

加热固体时，热在其中传播，固体体积膨胀，不同的组分具有不同的膨胀系数，有些固体还会发生相变，以及受约束的固体内存在热应力。加热固体表现出的这些性质可以应用于粉碎作业，使粉碎效率提高。近年来微波加热作为一种新兴的助磨技术受到了越来越多的关注。

所谓微波，就是频率在 $0.3\sim300$GHz、波长在 $1000\sim1$mm 范围内的电磁波。微波是一种高频电磁波，能够渗透到矿物内部，使物质分子产生取向极化和变形极化，随着电极的不断变化，极化方向也在不断变化，从而出现矿物体的自加热效应，温度升高。但是，由于矿石中的各种矿物性质不同，吸波特性也有差异，从而导致矿石中的各个矿物产生温度差，加之各矿物的热膨胀系数也不同，结果就会产生热裂等现象，使矿物体系中产生微裂纹并使原有的微裂纹扩展，从而有利于后续的粉碎作业[52]。

2.10.1.2　超声波粉碎

超声波是指频率在 20000Hz 以上，不能引起正常人听觉反应的机械振动波，其特征是频率高、波长短、绕射现象小，具有聚束、定向及反射、透射等特性。超声波粉碎利用了超声波能量的两个优点：高能量密度（每平方厘米接触面有数千千瓦能量）和高频应力（20kHz）。使用的高密度表面能量可能转换成一个小的粉碎活性区域，允许被处理的物料有较短的滞留时间。采用频率很高的应力直接使得破碎率提高。这两点是互为补充的。早在 20 世纪 80 年代末、90 年代初，美国犹他粉碎中心对超声波粉碎技术进行了开发，组装并研究了 1 台超声波粉碎设备[53,54]。通过采用一种特殊的压电陶瓷并对其预加 $>10^4$kPa 的负荷以获得最大强度，使超声波转换器取得了重大改进。这种改进的系统使用稳定，而快速的振动促进矿石疲劳破裂，从而产生更有效的粉碎效果；对不同的物料用超声波啮辊磨机使矿粒成功地得到了粉碎；石灰石的超声波粗碎和干式球磨结果比较表明，超声波设备的产品比球磨机的产品粒度分布更窄，特别是在产品的粗粒级范围内很少残存大颗粒，在超细粒级范围内避免了物料过粉碎。这种特点使该设备除了在选矿领域应用外，可能在别的领域会获得更为有意义的应用，例如粉末冶金或材料科学。

2.10.1.3　高压电脉冲粉碎技术

高压电脉冲粉碎是基于水中高压放电实现的一项世界先进的粉碎技术。瑞士 SelFrag 公司利用这项技术制造出了商用高压电脉冲粉碎机[55]，其有实验室间歇型和半工业连续生产型两种类型，处理量分别为 1.5t/h、10t/h。它的粉碎机理是：设备能产生 90～200kV 的高压，然后在几微秒的极短时间里通过高压工作电极放电，瞬间产生强烈的高压电脉冲波传播到固体样品上，使固体颗粒主要沿着天然的边缘（如颗粒边界、包裹体、不同物相之间）破裂，这种粉碎效果有点类似于 TNT 等的化学爆炸过程，正是这种选择性粉碎机理，使得固体样品中的矿物能被完全解离出来，而保持完整的晶形而不被破坏（图 2-86）。

图 2-86　高压电脉冲粉碎机理示意图

目前高压电脉冲粉碎技术已在地球科学中得到了应用，它可以把岩石样品中各种矿物完全解离出来，比如锆石、独居石、磷灰石、石英、云母等，为从岩石中挑选单矿物提供了一个新的途径。此外，该技术还可以应用在电子设备的废物回收利用，以及金红石、铜矿等金属矿的磨碎作业方面[56]。

高压电脉冲粉碎机已用于单晶硅和多晶硅的生产。该高压电脉冲粉碎机与锤碎机和颚式破碎机的粉碎性能对比列于表 2-35。

表 2-35　高压电脉冲粉碎机与锤碎机和颚式破碎机的粉碎性能对比

颗粒粒度目标值： ＞80％ 2～40mm	锤碎机	颚式破碎机	高压电脉冲粉碎机
自动化程度	没有	局部	全自动化
2mm 损失率	5％	5％	3％
污染深度	10～50μm	10～50μm	1～3μm
金属污染	W	W，WC，Co	Fe
为了达到＜1×10^{-9}需要蚀刻	重	重	轻
颗粒形状	针形，带尖锋	针形，带尖锋	圆形，没有尖锋

采用高压电脉冲粉碎机对矿料进行预处理，可以弱化矿料，产生许多裂缝，使矿料变得易磨。

对比传统的粉碎方法（破碎＋碎磨），这种高选择性的粉碎方法有很多优点：容易清洗，没有交叉污染；破碎在水中进行，没有粉尘；没有噪声污染；选择性破碎，不破坏矿物晶形。

2.10.2　磨机的优化

2.10.2.1　离散元分析（DEM）

自从 1990 年 Mishra 和 Rajamani 首次应用二维离散元方法模拟球磨机内研磨

介质运动以来[57]，离散元方法已被广泛地用来模拟不同类型的磨碎设备。在磨机上的应用得到了长足的发展。

(1) 磨机功率

在 20 世纪 70 年代，粉碎领域盛行的研究课题是用于磨机功率计算的邦德公式的改进和发展。其中转矩-力臂公式占主导地位。

然而所有这些模型都不能对提升板几何或钢球大小分布的变化做出反应。这使得离散元模拟技术崭露头角，因为它能够对泻落料荷的行为和泻落料荷层，以及抛落料荷层中的钢球的行为作出解释。钢球与钢球、衬板和提升板等之间的成千上万次碰撞所消耗的能量总和即获得磨机功率。

不同物料的颗粒粒度分布和物料参数（如恢复系数、摩擦系数、刚度、密度等）是不同的。离散元仿真可以很容易地分析这些物料参数的变化对功率的影响。Cleary 的研究结果表明，在磨机转速率 $N \leqslant 75\%$ 时，恢复系数对功率的影响较小，而摩擦系数的变化对功率的影响较为明显[58]。

离散元法在模拟磨机中物料运动时能够考虑不同操作条件和设计参数的影响，因而可以比较准确地预测磨机的功率。Rajamani 等人采用 2D 离散元模拟软件 Millsoft 模拟得到了直径在 $0.25 \sim 10.2\mathrm{m}$ 之间的球磨机的功率值，与实际值进行了对比，两者十分接近。证明了 2D 离散元方法能够比较精确地预测球磨机的功率[59]。

(2) 衬板的设计

通过离散元法可以研究衬板的倾角、高度和数量等参数对磨机的功耗和冲击能量等工作性能的影响，为磨机衬板的设计和优化提供解决方案。在经过许多实践验证之后，离散元法已经成为磨机筒体衬板和提升板设计的一个可靠的工具。

Makokha 等人对原有的衬板和对磨损衬板用装有可拆卸提升条进行改装的衬板进行了 DEM 仿真研究，并将仿真得到的球磨机的运动形态和功率与试验结果进行对比，验证了 DEM 的可靠性，说明 DEM 可以用于衬板的选择和已有衬板的改进设计，从而优化衬板性能，延长使用寿命。

(3) 衬板磨损模拟

通过离散元法可以获得颗粒与磨机内表面之间的碰撞力的详细估算，从而根据不同摩擦作用的磨损率可以估算出关键部件如半自磨机提升器的相对磨损和磨损变化。

Cleary 采用了两种方法来预测衬板的冲击破坏。第一种为测量颗粒与衬板之间的正向碰撞带来的能量损失，第二种为测量碰撞的过量动能。低速碰撞（小于 $0.1\mathrm{m/s}$）数量较多但对衬板破坏作用小，高速碰撞对衬板破坏大。图 2-87 所示为滚筒磨机的冲击破坏。整个提升棒顶部的磨损都很大，峰值出现在顶角处。前后面由于受陡峭面角和封闭提升空间引起抛落流的保护而破坏很小。当提升棒打击底脚区的介质时，在提升棒引导面的上部产生较强的磨损。衬板的磨损很高，中间部位最高。这种破坏由抛落流穿透提升棒间重击衬板引起。衬板的中间部分是最受冲击的，因此磨损程度最高[60]。

Powell 等人应用离散元软件对球磨机的工作过程进行了仿真，成功地预测了不同形状的提升条的磨损速率，为优化衬板提升条的几何形状提供了依据。

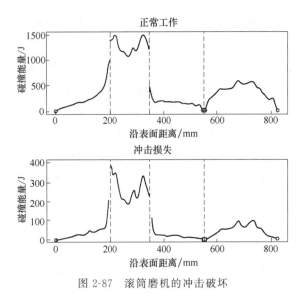

图 2-87 滚筒磨机的冲击破坏

（4）在磨碎设备中的应用

应用离散元法预测了自磨机和半自磨机中不同尺寸和形状的矿石颗粒对粉磨过程的影响，图 2-88 为半自磨机中矿石颗粒为非球形，研磨介质为球形时的仿真结果[61]。

研究发现，自磨机、半自磨机中大多数的物料进行的是低能碰撞，其中只有 0.1% 的碰撞能导致物料颗粒经一次碰撞就产生破损；有 2.0% 的碰撞能够引起物料颗粒的累计破损；其他的碰撞只能引起物料颗粒的表层磨损。研究结果可为今后更合理地设计自磨机和半自磨机提供了重要的参考。

在矿物的细磨和超细磨领域，普通的卧式球磨机的能量利用率低、能耗高，而采用以摩擦研磨施力方式为主的塔式磨机能量利用率高，磨矿效果好。

Cleary 等首次应用离散元法研究了一个工业规模的塔磨机（大约有 1000 万个颗粒）中研磨介质的流动情况，如图 2-89 所示。仿真结果中颗粒的颜色代表其轴向速度的大小，这清楚地表明了塔磨机内螺旋搅拌器中研磨介质的上行流，以及螺旋搅拌器之外的环形区域里研磨介质的下行流[62, 63]。Sinnott 等人应用三维 DEM 仿真从介质运动、能耗和碰撞环境、联合模拟模型等方面研究了塔磨机中研磨对磨机工作过程的影响，并应用离散元法探究了非球形的研磨介质对塔式磨机工作性能的影响[64]。

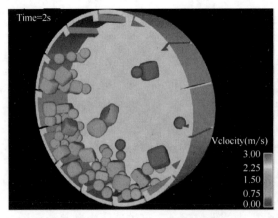

图 2-88 半自磨机仿真结果

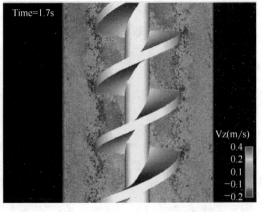

图 2-89 塔磨机内研磨介质的流动过程

Sinnott 等应用 DEM-SPH 联合模拟模型研究了塔磨机中研磨对磨机工作过程的影响，并应用离散元法探究了非球形的研磨介质对塔式磨机工作性能的影响[65]。

西安理工大学闫民和郭天德等采用离散元法对振动磨机进行了建模和分析，尽管计算机技术的发展促进了 DEM 模拟仿真技术的进步，但是由于无法对大量的颗粒状态进行实际试验，从而验证 DEM 仿真的准确性，所以限制了 DEM 技术在实际工业中的应用。如何将模拟仿真结果与实际的试验数据进行对比验证仍有大量的工作要做。但是可以肯定，使用 DEM 进行模拟仿真所预测的结果要远远比使用半经验模型预测的结果准确。

（5）磨机介质的运动学和动力学的模拟

采用 DEM 技术还可以对磨机内矿浆中的颗粒状态以及磨碎情况进行模拟仿真。

三维离散元仿真的一个特点是能够跟踪磨机矿浆流中的每一个颗粒的运动，模拟颗粒与颗粒之间的碰撞以及颗粒与衬板、格子板和矿浆提升器等周边环境的碰撞。图 2-90（a）所示为 1.8m×0.6m 半自磨机中的钢球的模拟仿真实例。图 2-90（b）所示为 1.8m×0.6m 半自磨机中的颗粒的模拟仿真实例[65]。

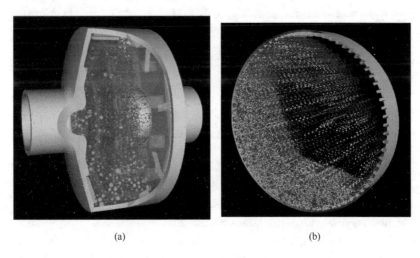

(a)　　　　　　　　　　　　　(b)

图 2-90　半自磨机中的钢球和颗粒运动的三维离散元模拟

利用离散元法对半自磨机进行建模可以帮助理解磨机负载的动力学，并提供优化磨机的设计、控制以及降低磨损的方案。这有助于减少停工时间，提高磨机效率，增大处理量，降低能耗和易损件消耗等。

（6）离散元的计算

目前离散元模拟技术已经达到了采用三维离散元方法来模拟生产规模的磨机的水平。对于不断增加的更加复杂的过程，三维离散元仿真技术对筒体内拥有千万个颗粒的大型磨机的模拟仿真是一项非常耗时的工作，需要大量的计算资源。对于拥有超过 100000 个颗粒的大规模离散元仿真计算，即便采用多节点处理器、克雷（CARY）计算机和并行计算算法仍需要数周的计算时间。

模拟计算和计算时间。在这方面最新的进展是 GPU 计算。基于 GPU 的计算机图形学加速算法为解决离散元法应用中大量颗粒的高效运算问题提供了一个新的方法。采用 GPU 计算技术后，计算时间大大缩短，例如采用 250000 个球形颗粒的半自磨机的模拟需要 8h，采用 1000000 个球形颗粒的球磨机的模拟需要 27h。

预计在人们能够承受的计算时间和计算成本的范围内，离散元工业仿真的颗粒数将达 10 亿个。10 亿个颗粒不仅意味着离散元应用范围和仿真规模的增加，更意味着离散元仿真将得出更多有趣和有价值的结论。

在工业应用中离散元法通常还需与其他 CAE 工具联合使用，比如 CFD（计算流体动力学）、FEA（有限元分析）、RBD（刚体动力学）等连续体分析方法，DEM 模型还可以与 PBM 模型联合使用，进而解决更加复杂的工业应用问题。

2.10.2.2　提高磨机效率

通过一台专门校正过的 Terrestrial 激光扫描仪，MillMapper 技术能够在 15min 内扫描和记录下磨机内全部衬板表面，提供衬板厚度测量数据多达 1000 万个，在所有磨损处的衬板厚度的测量准确度为 ±3mm。在完成扫描之后，这些原始数据被上传和处理来建立高清晰度的 3D 模型，软件能够自动分辨出高磨损区和不对称的磨损样式，对裂开的衬板、松动的衬板和破损的格子板也能够容易地分辨出来，最终绘制出衬板磨损跟踪曲线并提供智能化的预测报告[66]。

MillMapper 技术的采用能够延长衬板使用寿命，优化衬板的设计，探明出衬板的早期故障并增加磨机的运转率。

参考文献

[1]　Taggart A F. Handbook of Mineral Dressing. New York：Wiley，1945.

[2]　Wills B A，Finch J A. Mineral Processing Technology. 8th edition. Amsterdam：Elsevier，2016.

[3]　神保元二. 最近における微粉砕機の開発動向. 粉体工学会誌，1985，22（6）：380.

[4]　Lynch A. Comminution Handbook. Carlton Victoria：AusIMM，2015.

[5]　Davis E W. Fine crushing in ball mills. Bulletin AIME，1919，146：111-156.

[6]　Kelly E G，Spottiswood D J. Introduction to Mineral Processing. New York：Wiley-Interscience，1982.

[7]　БЕРЕНОв. Д И. ДРОБИЛЬНОЕ ОБОРУДОВАНИЕ ОБОГАТИТЕЛЬНЫХ И ДРОБИЛЬНЫХ ФАБРИК. СВЕРДЛОВСК，1958.

[8]　任德树. 粉碎筛分原理与设备. 北京：冶金工业出版社，1984.

[9]　King R P. Modeling and Simulation of Mineral Processing Systems. Littleton，Colorado：SME，2012.

[10]　Blanc E C，Eckardt H. Technologies der Brecher，Muhlen und Siebvorrichtungen. Deutsche Bearbeitung：Springer，1928.

[11]　Blanc E C. Entwicklung Konstruktion und Einsatzmoglichkeiten von Stabrohrmuhlen. Aufbereitungs Technik，1962，3（3）：101.

[12]　Mittag C. Die Hartzerkleinerung. Berlin：Springer-Verlag，1953.

[13]　Hoffl K. Zerkleinerungs - und Klassier-maschinen. Berlin：Springer-Verlag，1986.

[14]　Bond F C. Crushing and Grinding Calculations Part Ⅰ and Ⅱ. British Chemical Engineering，1961，6（6）：378-385.

[15]　Rowland C A，Kjos D M. Mineral Processing Plant Design（edited by Mular A L，Bhappu R B），Chapter 12. New York：SME of AIME，1978.

[16]　Digre M. Wet Autogenous grinding in tumbling mills. AIME Annual Meeting，Denver，Colorado，1970.

[17]　陈炳辰. 磨矿原理. 北京：冶金工业出版社，1989.

[18]　Bond F C. An expert reviews the design and evolution of early autogenous grinding systems. Engineering &

Mining Journal，1964，165（8）：105-111.

[19] Lynch A J，Rowland C A. The History of Grinding. Littleton，Colorado：SME，2005.

[20] Mular A L，Halbe D N，Barratt D J. Mineral Processing Plant Design，Practice，and Control. Littleton，Colorado：SME，2002.

[21] Austin L G，Shoji K，Bell D. PowderTechnology. 1982，21（1）：127-133.

[22] Morrell S. Prediction of grinding mill power. Trans IMM，1992，101：C25-32.

[23] Morrell S. Prediction of Power draw in tumbling mills，dissertation，JKMRC，The University of Queensland，1993.

[24] Weiss N L. SME Mineral Processing Handbook. Vol. 1. Littleton：SME，1985.

[25] Lowrison G C. Curshing and Grinding：The Size Reduction of Solid Materials. Cleveland：CRC Press，Inc. ，1974.

[26] Gock E，Corell J. Schwingmühlen. BHM Berg-und Hüttenmännische Monatshefte，2006，151（6）：237-242.

[27] Schubert H. Aufbereitung fester mineralischer Rohstoffe，Band I，VEB Deutscher Verlag fur Grundstoffind-ustrie，Leipzig，1989.

[28] Andres K，Haude F. The Journal of the Southern African Institute of Mining and Metallurgy. 2010，110（3）.

[29] Russell A. Fine grinding-a review. Ind. Miner，1989（4）：57-70.

[30] Wills B A，Napier-Munn T J. Mineral Processing Technolgy. Amsterdam：Elsevire，2006.

[31] Vibration Ball Mills brochure. Metso Minerals，2000.

[32] Weiss N L. SME Mineral Processing Handbook. Volume 1. New York：AIME，1985.

[33] Gock E，Kurrer K-E. Eccentric Vibratory Mill——Innovation of finest grinding，in：Özbayoglu G. et al（eds.），Mineral Processing on the verge of the 21st Century. Rotterdam：Balkema，2000：23-25.

[34] 王怠，罗帆. 振动磨理论及其装备技术进展. 中国建材装备，1998（5）：14-17.

[35] Bachmann D. Z VDI. Beiheft Verfahrenstechnik，1940（2）：43.

[36] Tarjan G. Mineral Processing Vol. 1. Fundamentals，Comminution，Sizing and Classification. Budapest：Akamemiai Kiado，1981.

[37] Rose H E，Sullivan R M E. Vibration Mills and Vibration Milling. London：Constable，1961.

[38] Rose H. A report to Chemical Engineers. London，1967.

[39] Marshall V C. Comminution. London：Institute of Chemical Engineers，1980.

[40] Boyes J M. High-intensity centrifugal milling——A practical solution. International Journal of Mineral Processing，1988，22（1-4）：413.

[41] Hoffl，K. Zerkleinerungs-und Klassiermaschinen. Leipzig：Springer，1981.

[42] Grizina K，Meiler H，Rosenstock F. Die Zentrifugalmühle-eine neue Zerkleinerungsmaschine für Erze und mineralische Rohstoffe. Aufbereitungs Technik，1981，22（6）：303.

[43] Lloyd P J D，et al. A full-scale centrifugal mill. Journal of the South African Institute of Mining and Metallurgy，1982（6）：149.

[44] DIN241000 Teil 2. Mechanische Zerkleinerung. 1983：8.

[45] Luckie P T，Austin L G. Coal Grinding Technology：A Manual for Process Engineers. Danville：KVS，1990.

[46] Brundiek H. The roller grinding mill——its history and current situation. Aufbereitungs-Technik，1989，30（10）：610.

[47] Jimmy Swira. LOESCHE drives a cement plant in Nigeria. African Mining Brief，2017（2）：8.

[48] 伊藤光弘. 粉粒体装置. 東京：東京電機大学出版局，2011.

[49] Klimpel R R. Introduction to the Principles of Size Reduction of Particles by Mechanical Means，Gainesville：Engineering Research Center at the University of Florida，1997：1-41.

[50] 郑水林，译. 氮化硅在高能搅拌球磨中的磨矿动力学. 粉碎工程，1992（4）：13-18.

[51] Liu G. How to select and start up a fluidized-bed jet mill system. Powder and Bulk Engineering，2016（6）：5.

［52］　魏延涛，刘亮. 微波在碎矿磨矿中的应用. 矿业快报，2008，24（10）：69-71.

［53］　Yerkovic C，Menacho J，Gaete L. Exploring the ultrasonic comminution of copper ores. Minerals Engineering，1993，6（6）：607-617.

［54］　Lo Y C. Proceedings of the XIII International Mineral Processing Congress. 1993，Vol. 1：145-153.

［55］　Wang E，Shi F，Manlapig E. Mineral liberation by high voltage pulses and conventional comminution with same specific energy levels. Minerals Engineering，2012，27-28：28-36.

［56］　刘建辉，刘敦一，等. 岩石样品破碎新方法——SelFrag 高压脉冲破碎仪. 岩石矿物学杂志，2012，31（5）：767.

［57］　Mishra B K，Rajamani R K. KONA Powder and Particle. 1990：92.

［58］　Cleary P W. Minerals Engineering，1998，11（11）：1061-1080.

［59］　Rajamani R K，Mishra B K，Venugopal R，Datta A. Discrete element analysis of tumbling mills. Powder Technology，2000，109：105-112.

［60］　Cleary P W. Recent Advance in DEM Modeling of Tumbling Mills. Minerals Engineering，2001，14（10）：1295.

［61］　Cleary P W. Industrial Particle flow modelling using discrete element method. Fngineering Computations，2009，26（6）：698-743.

［62］　Powell M S，Weerasekara N. S，Cole S，et al. DEM modelling of liner evolution and its influence on gidrinding in bal mill. Minerals Engineering，2011，24（3）：341-351.

［63］　Delaney G W，Cleary P W，Morrison R D，et al. Predictiong breakage and the evolution of rock size and shape disctribution in AG and SAG mills using DEM. Minerals Engineering，2013，50-51（5）：132-139.

［64］　Sinnott M D，Cleary P W，Morrison R D. Slurry flow in a tower mill. Minerals Engineering，2011，24（2）：152-159.

［65］　Morrison R D，Cleary P W. Using DEM to model ore breakage within a pilot scale SAG mill. Minerals Eningeering，2004，17：1117-1124.

［66］　Franke，J，Lichti D D. MillMapper-A Tool for Mill Liner Condition Monitoring and Mill Performance Optimization. Proceedings of the 40th Annual Canadian Mineral Processors Conference，2005：391.

3 筛分

3.1 概述

筛分是将松散的固体混合物料通过单层或多层筛面的筛孔，按照粒度分成若干个粒级的物理过程。迄今为止，筛分仍然是最精确的颗粒分级过程。在生产中，根据筛分作业的目的和用途，采用各种不同的筛分机。

筛分时，小于筛孔的较细颗粒（如图 3-1 中的 m_F）通过筛孔成为筛下产品；大于筛孔的较粗颗粒（如图 3-1 中的 m_G）留在筛面上成为筛上产品[1]。例如，筛孔尺寸为 12mm，筛上产品用+12mm 表示；筛下产品用−12mm 表示。若用 n 层筛面来筛分物料，可得到 $n+1$ 种产品。

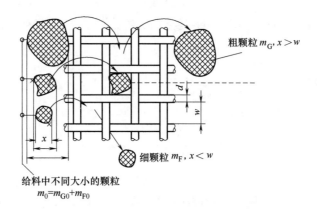

图 3-1　筛分：按照给料中颗粒大小 x 和筛孔大小 w
的比较，分离成粗颗粒和细颗粒

3.2 筛分作业的应用

筛分作业广泛应用于各个部门，可以用作干式和湿式筛分。在工业中，筛分作业可以分为如下七种[2-4]。

3.2.1　准备筛分

即物料在进入下一作业之前所进行准备工作的筛分作业。例如，在选矿或选煤之前将物料筛分成若干个粒级，送至下一个选别作业分别处理，以提高选矿或选煤指标。

3.2.2　预先筛分和检查筛分

这两种筛分作业常与破碎作业配合使用。预先筛分是在物料给入破碎机之前进行的筛分，主要是将给料中小于破碎产品粒度的细粒级预先筛分出去的作业，以减轻破碎机的负荷及物料的过粉碎。多数破碎作业都设置预先筛分。

检查筛分（即控制筛分）通常是用于闭路破碎作业将破碎产品进行筛分的作业。目的是控制破碎产品，以符合粒度要求，并把经过筛分后的大于筛孔尺寸的粗颗粒，返回原破碎机继续进行破碎。

3.2.3　最终筛分

这种筛分的目的是将物料分为用户所需要的各种粒级产品，便于用户使用。例如，在煤炭工业，在动力煤发送之前常用筛分方法将其分为各种粒级。在建筑工业，对石块和砂子的粒度也按用户的要求用筛分方法分成不同的粒级。其他如冶金、炼焦炭、化工等部门，都对物料粒度有一定要求，均要采用最终筛分工艺。最终筛分也叫独立筛分。

3.2.4　脱水筛分

使湿的物料脱除其中自由的水。

3.2.5　脱泥筛分

从湿的或干的物料中脱除一般粒度小于 0.5mm 的细泥。

3.2.6　介质回收筛分

在重介质选矿中，采用筛分方法分离矿粒上附有的极细的磁铁矿等重介质，即脱除介质。或者在磨矿回路中，回收磨机中的磨矿介质。

3.2.7　选择筛分

当物料中有用成分在各粒级中的分布有显著差别时，可以通过筛分将有用成分富集的粒级同有用成分含量较少的粒级分开，前者成为粗精矿，后者送选别工序，或者当作尾矿丢弃。这种对有用成分起选择作用的筛分工序，实质上也是一种选别工序，因而也称为"筛选"。

3.3 筛面

筛面是筛分机进行筛分的主要工作部件。筛面上有各种形状的筛孔（如正方形、长方形、圆形和条缝形等），筛孔形状一方面由筛面制造方法所决定（例如，编织筛网的筛孔不可能做成圆形），另一方面由筛分工艺、颗粒形状、筛孔尺寸及筛面有效面积所决定。

筛面有效面积（即筛面开孔率）是指筛面上筛孔所占面积与整个筛面面积之比值。筛面的有效面积越大，意味着细粒级通过筛孔的概率越高，即筛子的处理能力越大，筛分效率越高。在筛孔尺寸、网丝直径或筛孔间距相等时，筛面的有效面积，以长方形最大，方形次之，圆形最小。

3.3.1 筛面的种类

物料筛分可采用棒条筛、冲孔筛板、金属丝编织筛网和条缝筛面、橡胶筛面作为筛分的工作面。

3.3.1.1 棒条筛

棒条筛由一组平行安置的具有一定断面形状的钢棒条组成。棒条断面形状如图 3-2 所示。筛面中两个棒条之间的缝隙即为筛孔，筛孔的形状为长方形，长方形的短边为筛孔尺寸。这种筛面用于固定筛或重型振动筛上，适用于对大块（粒度大于 50mm）物料进行预先筛分。

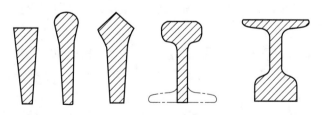

图 3-2　棒条的断面形状

3.3.1.2 冲孔筛板

冲孔筛板一般是在厚度为 5~12mm 的钢板上冲孔（筛孔）制成的。筛孔的形状有圆形、方形和长方形等。筛孔尺寸通常为 12~50mm，主要用于中等粒级物料的筛分。

冲孔筛板的筛孔排列方式如图 3-3 所示[5,6]。图 3-3（a）、图 3-3（c）、图 3-3

（d）的筛孔是交错排列，图 3-3（b）的筛孔为平行排列。筛孔的间距应考虑筛面的强度和筛子的有效面积两个因素。

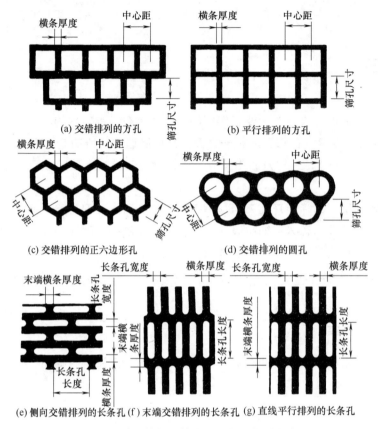

（a）交错排列的方孔   （b）平行排列的方孔

（c）交错排列的正六边形孔   （d）交错排列的圆孔

（e）侧向交错排列的长条孔 （f）末端交错排列的长条孔 （g）直线平行排列的长条孔

图 3-3　冲孔筛板上筛孔的形状和排列方式

3.3.1.3　金属丝筛网

筛网由金属丝（钢丝或铜丝等）的经线和纬线垂直编织而成（图 3-4）。编织筛网可用作工业筛和试验筛的筛网。工业筛筛网的筛孔形状有方形和长方形两种，方形的较常用。而长方形筛孔的筛网，其长边通常平行于物料运动的方向。长方形筛孔的优点是筛网的有效面积大，筛分效率高。但它不适用于筛分含片状颗粒的物料。试验筛筛网的筛孔都是方形的。工业筛的筛孔尺寸通常为 3～100mm。试验筛的筛孔尺寸可小到 37μm，有的甚至更小。

目前，工业用的筛网和试验用的筛网的筛孔尺寸与网丝直径等，各国都已形成自己的标准。

编织筛网的网丝直径必须兼顾筛面负荷、筛网寿命和筛面有效面积等要求。

由于这种筛网有一定的弹性，安装在振动筛上除了随筛箱振动外，网丝还产生一些颤动，称为高阶振动。这种振动有助于黏附在网丝上的微细粒同网丝分离，从而避免了筛孔堵塞，提高了筛分效率和处理能力。编织筛网与冲孔筛板相比，优点是质量轻、筛面开孔率大和筛分效率高。但筛网的使用寿命较短。

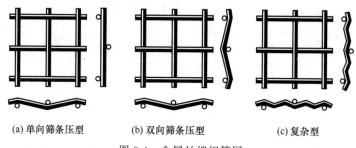

(a) 单向筛条压型　　　　(b) 双向筛条压型　　　　(c) 复杂型

图 3-4　金属丝编织筛网

3.3.1.4　条缝筛面

条缝筛由一组平行排列的宽度相等的具有一定断面形状的筛条组成。筛条的断面形状如图 3-5 所示。每根筛条上弯成几个圆环，圆环处的宽度比筛条本身宽度大，其差值构成条缝筛的筛孔尺寸，一般为 0.25mm、0.5mm、0.75mm、1mm 和 2mm 等。

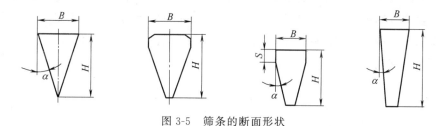

图 3-5　筛条的断面形状

条缝筛面的结构形式有穿环式、焊接式和编织式三种。穿环式条缝筛面如图 3-6（a）所示，它具有结构可靠、制造复杂、耗材较多、开孔率较低等特点；焊接式条缝筛面如图 3-6（b）所示，它与穿环式条缝筛面相比，可节约材料 30%，且制造简单；编织式条缝筛面如图 3-6（c）所示，它具有开孔率较高、质量小、拆装方便等优点，但使用寿命较低。

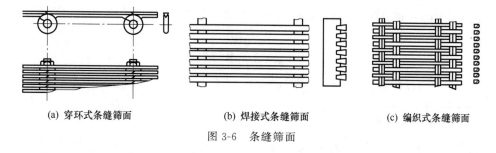

(a) 穿环式条缝筛面　　　　(b) 焊接式条缝筛面　　　　(c) 编织式条缝筛面

图 3-6　条缝筛面

在煤矿煤的脱水和脱介作业普遍采用穿孔式条缝筛。条缝筛可用作细筛的分级作业。条缝筛板的技术规格见表 3-1[7,8]。近年来，焊接式条缝筛已开始推广应用。

筛面固定的可靠性对筛条（网）的使用寿命和筛分效率的影响很大。筛面安装在筛分机的筛箱上，固定于筛箱上的方法有：拉钩张紧法、木楔压紧法和压条固定法等。通常冲孔筛板和条缝筛面的两侧用木楔条压紧，筛面的中间用方头螺钉压紧。编织筛面（网）的两侧用拉钩装置勾紧固定，筛面的中间部分再用 U 形螺钉压紧。

表 3-1　条缝筛板技术规格

代号	L 条背高/mm	圆孔直径/mm	圈中心至条背距离/mm	筛缝/mm		条背宽/mm		倾角
尺寸	70	8.2	10.5	1.75	±0.03	1.5	±0.03	8°,12°,15°
				2.25	±0.05	2		
				2.4		2.1	±0.05	
				2.7		2.2		
				3.1		2.6		
				3.15		2.65		
				3.5		3		

3.3.1.5　橡胶筛面

橡胶筛面多用于黑色和有色金属矿山的矿石筛分。筛面的厚度一般为 12~20mm，筛孔应比要筛分的物料粒度大 10%~25%。橡胶筛面具有耐磨、寿命长、筛孔不易堵塞、噪声小、维护方便和筛分效率较高等特点。平均工作寿命约为 2000h。

对于圆形筛孔平行排列，筛面有效面积为：

$$A = 0.7854 \frac{a^2}{(a+S)^2} \times 100\%$$

圆形筛孔三角形排列的筛面有效面积为：

$$A = 0.905 \frac{a^2}{(a+S)^2} \times 100\%$$

方形筛孔筛面的筛面有效面积为：

$$A = \frac{a^2}{(a+S)^2} \times 100\%$$

长×宽为 $a \times W$ 的长方形筛孔的筛面有效面积为：

$$A = \frac{aW}{(a+S)(W+S)}$$

式中　a——筛孔尺寸；

　　　S——最小壁厚。

3.3.2　筛面的材料

筛分机的筛面（网）过去一直采用耐磨的低碳钢、高碳钢、不锈钢和弹簧钢等金属材料制作。生产中，这类合金钢的筛面（网）普遍存在着使用寿命短、筛分效率低和噪声大等问题。据调查，我国金属矿山、煤矿、水泥厂等常用的筛分机的金属筛板（网）的使用寿命为：编织筛网一般在 20d 以下，冲孔筛板为 10~15d，条缝筛 1~2 个月，脱水筛板 2~3 个月。表 3-2 为我国某铁矿各种金属筛板（网）的使用情况。

表 3-2　某铁矿金属筛板（网）的使用情况

筛板种类	钢板冲孔(冲孔筛板)	钢条编织	钢条焊制		
筛孔尺寸/mm	$\phi 20$	20×90	20×45	16×75	12×23
有效面积/%	29.70	59.50	39.00	54.50	41.00
筛分效率/%	15.00	89.00	86.00	89.6	49.50
筛条直径/mm	—	6	16	6	12
使用期限/d	10～15	3～4	7～8	3～4	6～7
生产流程状况	开路	开路	开路	开路	闭路

为了解决金属筛面（网）的使用寿命短和筛分效率低等问题，近几年来，我国成功地研制了各类筛分机使用的尼龙筛条（网）、橡胶和聚氨酯筛板（网），效果很显著。聚氨酯筛板（网）与金属筛板（网）比较，具有如下的独特优点。

a. 耐磨性能好，使用寿命长。

b. 筛分效率高，处理能力大。聚氨酯筛板具有很高的弹性和韧性，筛分过程中，筛孔基本不堵塞，明显地提高了筛分效率和处理能力。

c. 噪声强度明显降低。噪声是环境污染的公害之一，不仅直接危害工人的身心健康，而且降低工人的劳动生产率，甚至造成工伤事故。聚氨酯筛板为弹性体，具有很强的减振和阻尼作用，生产噪声明显降低。据测定，聚氨酯筛分机的噪声强度可降低 8～10dB（A）。

d. 筛子质量小。同样规格的筛板（网）（如 1500mm×3000mm 振动筛），铁织筛网质量为 40kg，而聚氨酯筛板的质量不到 10kg，这样，就明显地减轻了设备负荷，延长了筛子弹簧的使用寿命。同时还节省能源和降低电耗，一般电耗降低约 12%。

e. 减少更换筛网的次数和工时。聚氨酯筛更换筛板的周期可达近 3 年，在此期间内，只要每隔 2 个月去加固或更换一次固定筛面的木楔条即可。这样就节省了更换筛板的劳动工时和停机时间，提高了设备运转率和处理能力。

f. 适应性很强。在含有油、酸、碱性介质中均能适应。同时具有抗腐蚀性能，在各种矿浆条件下使用，几乎不产生腐蚀磨损。还具有良好的耐低温性能，一般在 -30～ -70℃低温情况下，仍能保持弹性性能，能适应室内或露天作业。

聚氨酯的属性介于橡胶和塑料之间，它既具有橡胶的弹性和韧性，又具有塑料的高强度，是一种综合性能优良的新型的高分子聚合材料，也是制作各类筛分机的筛板（网）较理想的耐磨材料，目前，聚氨酯筛板（网）在国外得到了广泛的应用。

橡胶筛面（板）可以直接由耐磨橡胶制成，也可以在有钢板、钢缆、编织物等的芯子外面包裹耐磨橡胶制成。筛孔形状有方形、长方形、圆形和条缝形等，筛孔尺寸一般为 1～150mm，筛面的厚度通常为 12～20mm。瑞典制造的 Trellslot 脱水筛的橡胶筛面，筛孔尺寸最小只有 0.1～3mm。瑞典斯克加（Skega）公司生产的橡胶棒条筛的筛孔尺寸达 175mm。表 3-3 为美国 Flexdex 橡胶筛面的筛孔尺寸和筛面厚度。橡胶筛面的有效面积（开孔率）比规格相同的金属筛板（网）小些，详见表 3-4。

国产橡胶筛板的技术规格如表 3-5 所示。橡胶筛板的使用寿命比金属冲孔筛板提高很多，还具有筛孔不堵塞、筛分效率高、噪声低、质量小和拆装方便等优点。

表 3-3　Flexdex 橡胶筛面的筛孔尺寸和筛面厚度

筛孔形状	圆孔				方孔			条缝孔				
筛孔尺寸 /mm	4.8	12.5	25.4	40.5	9.5	25.4	42	1×25	2×25	3×25	6.3×25	25×44.3
筛面厚度 /mm	3~4.8	7~8.7	22.4	37.5	5.5	22.4	37.5	3	3		5.5~7	11.9~15

表 3-4　橡胶筛面的筛孔尺寸和筛面有效面积

方形筛孔尺寸/mm	20	25	30	35	40	50	60	70	75	80	90	100	120	140	150
筛面有效面积/%	42.2	43.0	43.5	42.5	42.2	43.0	42.3	42.8	43.0	43.2	43.5	37.8	39.0	43.7	43.8
长方形筛孔尺寸/mm	4×20		6×20		8×20		10×20		12×20		15×20			18×20	
筛面有效面积/%	30.8		32.3		34.8		32.8		39.4		33.0			39.6	

表 3-5　国产橡胶筛板的技术规格

橡胶筛板的规格/mm	筛孔尺寸/mm	筛板厚度/mm	橡胶筛板的规格/mm	筛孔尺寸/mm	筛板厚度/mm
900×900	22×65	15	860×920	13×15	15
600×1800	14×45	20	750×860	13×15	15
800×978	26×56	20			

3.3.3　筛分效率及其影响因素

在理想的筛分情况下，给料中小于筛孔尺寸的细粒级应该全部通过筛孔，成为筛下产品；粗粒级全部留在筛面上，成为筛上产品。在实际情况下，给料中大部分细粒级可通过筛孔排出，另有一部分细粒级则夹杂在粗粒级中成为筛上产品排出。筛上产品中夹杂的细粒级越少，说明筛分效果越好，筛分过程越完全。为了评定筛分的完全程度，引用筛分效率这个指标。

3.3.3.1　筛分效率计算

筛分效率，是指实际得到的筛下产品质量与给入筛子的物料中所含粒度小于筛孔尺寸的物料的质量之比。

以 Q_1、Q_2、Q_3 分别代表筛子的给料、筛下产品和筛上产品的物料质量。

以 β_1、β_2、β_3 代表相应的各产品中小于筛孔级别的含量（％）。显然

$\beta_2 = 100\%$。

则筛分效率 E 为：

$$E = \frac{Q_2}{Q_1 \beta_1} \times 100\% \qquad (3\text{-}1)$$

工业生产中，筛分作业是连续进行的，Q_1 和 Q_2 的质量很难测得。实际上，只要测出各产品中小于筛孔级别的含量百分比，就可以计算出筛分效率，其计算公式可按下述推导得到。

按质量平衡关系得：

$$Q_1 = Q_2 + Q_3 \qquad (3\text{-}2)$$

按小于筛孔粒级质量的平衡关系得到：

$$Q_1 \beta_1 = Q_2 \beta_2 + Q_3 \beta_3 \qquad (3\text{-}3)$$

求解上述的三个方程式，并消去 Q_1 值，即可得到：

$$E = \frac{\beta_2 (\beta_1 - \beta_3)}{\beta_1 (\beta_2 - \beta_3)} \times 100\% \qquad (3\text{-}4)$$

由于 $\beta_2 = 100\%$，故：

$$E = \frac{100\% (\beta_1 - \beta_3)}{\beta_1 (100\% - \beta_3)} \times 100\% \qquad (3\text{-}5)$$

实际生产中，测定筛分机的筛分效率，首先要取有代表性的试样，然后对试样进行筛析，求出筛子给料中和筛上产品中小于筛孔级别的含量，即可按式（3-5）计算出筛分效率。

3.3.3.2　影响筛分效率的因素

评价筛分作业主要有两个技术指标：筛分机的筛分效率和处理能力。前者是质指标，后者是量指标。影响筛分效率的因素很多，大致可以归纳为物料性质和筛分机两个方面（表 3-6）。

表 3-6　影响筛分效率的因素

物料性质方面	筛分机方面			
	筛面	筛面的振动	颗粒的运动	操作条件
粒度分布	筛机类型	振动形式	料层厚度	给料方法
颗粒形状	筛面宽度	振动方向	运动速度	给料速度
含泥量	筛面长度	振幅	堵塞筛孔作用	筛子安装状况
含水量	筛孔（网）形状	频率	分散性、成层性	防止筛孔堵塞的方法
颗粒密度	筛孔尺寸			
颗粒硬度	筛面倾角			
抗压强度	筛面（网）层数			
附着聚凝性	筛面（网）材料			
带电性	筛面张紧方向			
	筛面弹性			

(1) 给料的粒度分布

给料的粒度分布是影响筛分效率和处理能力的关键因素。由于小于 1/2 筛孔的颗粒通过筛孔的阻力小，筛分时很容易通过筛孔，给料中此种粒度的颗粒比例越大，透筛率越高，则筛分效率越高。一般情况下，给料中接近筛孔尺寸的颗粒越多，筛孔越容易堵塞，筛分就越困难。如果筛孔发生堵塞，颗粒透筛率和筛分效率明显降低。在接近筛孔尺寸的颗粒中，特别是那些颗粒直径约为筛孔尺寸 0.7～1.0 倍的所谓 "难筛颗粒"，它们通过筛孔（网）的阻力大且难于透筛，给料中这种粒度的颗粒越多，筛子的处理能力和筛分效率均明显降低。另外，颗粒直径约为筛孔尺寸的 1.0～1.5 倍时，如果成为筛孔堵塞的原因，则阻碍小颗粒和筛下物通过，而使筛子的处理能力和筛分效率下降。

(2) 给料的水分和泥质含量

颗粒的表面水分和颗粒之间的水分含量，特别是当筛孔尺寸较小而物料中含泥量较多的情况下，对于筛分效率的影响就较大。生产实践表明，当给料中不含或含很少的泥质且筛孔尺寸大于 25mm 时，颗粒水分对筛分过程的影响不大；当筛孔尺寸较小时，由于细粒的团聚，容易使筛孔发生堵塞，因而水分和矿泥的大小对筛分过程的影响较大；当给料中的含泥量较高而筛孔尺寸较小时，即使物料中含有少量水分，也会使颗粒具有黏附性和凝聚性。一方面细泥黏着筛面堵塞筛孔，另一方面黏附在较大颗粒上而不能透过筛孔，这样就对筛分过程产生重大影响，筛分效率和处理能力显著降低。此时，就要采取加水冲洗的方法以除去泥质。我国南方很多选矿厂在矿石破碎的筛分作业中常常附设加水洗矿作业。根据经验，在筛分碎石时，给料的水分达到 2%，通常是可以筛分的；水分超过 5%，属于潮湿物料的筛分，则筛分过程很困难。图 3-7 为对粉煤进行筛分的实例。粉煤的水分含量低于 5%，可作为干粉煤处理（干式筛分），筛分效率较高；水分达到 5%～50%，为不可能筛分的黏结范围，筛分效率几乎为零；水分超过此范围，物料流动性变好，则属于混式筛分范围，筛分效率又将增高。

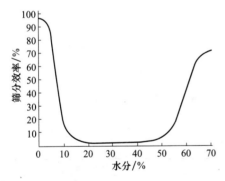

图 3-7　水分对粉煤筛分的影响

(3) 筛孔的尺寸和形状

筛孔尺寸较大时，筛面的有效面积较大，筛分效率较高，此时物料的含水量对筛分效率的影响较小，一般情况下可使用方形筛孔。当筛孔较小且给料的水分含量较高时，由于方形孔的四个角附近容易发生粘连而堵塞筛孔，可用圆形筛孔。长方形筛孔适用于筛孔尺寸较小、给料中片状或条状颗粒较少的物料，其筛面有效面积和筛分效率较高，而长孔方向应与物料在筛面上的运动方向一致。

(4) 筛面的长度和宽度

筛面宽度和长度分别对处理能力和筛分效率产生决定性的影响。在筛子处理能力和物料在筛面上的运动速度恒定的情况下，筛面宽度越大，料层厚度越薄；长度越大，物料在筛面上的筛分时间就越长。这些都有助于筛分指标的提高。因此，筛面的长度与宽度的比值通常为 2.5～3。

(5) 振动的幅度与频率

振动的目的在于使筛面上物料不断跳动前进，促进物料的松散和分层，防止筛孔堵塞，细粒很容易通过筛孔。一般来讲，筛分粒度小的物料采用小振幅、高频率的振动筛分机。

(6) 筛面的倾角

筛分机通常都是倾斜安装的，这就需要正确地选择合适的筛面倾角。生产实践表明，倾角太大，物料在筛面上的运动速度太快，料层不易松散、分层，细粒通过筛孔网难，筛分效率明显降低；倾角过小，处理能力随之减小。所以当产品质量要求一定时，就应有一个合适的筛面倾角。筛面倾角对筛分效率的影响见表 3-7。

表 3-7　筛面的倾角与筛分效率的关系[①]

筛面的倾角/(°)	筛分效率/%	筛面的倾角/(°)	筛分效率/%
10	87.9	20	93.80
13	93.47	25	88.10
15	94.51		

① 1800mm×3600mm 振动筛。

(7) 筛面的给料量

给料量过大，不仅使筛子的负荷过重而影响筛分机的寿命，更重要的是筛面上的料层过厚，影响了物料的分层和透筛过程，筛分效率则明显降低，如图 3-8 所示。

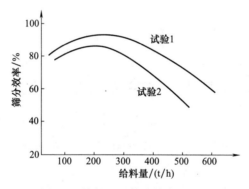

图 3-8　给料量对筛分效率的影响

3.4　筛分设备

工业上使用的筛分机种类很多，大致分为物料运动方向与筛（面网）垂直的振动筛和进行旋回运动的旋转筛两大类。图 3-9 为主要筛分机的分类情况[1, 9, 10]。

在选择筛分设备之前，首先应当充分了解各种筛分机的机械特性，例如：

① 筛面宽度；

② 筛面长度：宽度和长度之比；

③ 振动形式：圆形、椭圆形、直线振动及其他；

④ 振动方向；

⑤ 振幅（旋转半径）；

⑥ 振动次数（频率）：例如，旋转筛的振动次数一般为 $200\sim300\text{r/min}$，而振幅约为 $20\sim50\text{mm}$，振动筛的振动次数通常为 $800\sim1500\text{r/min}$，而振幅约为 $2\sim8\text{mm}$；

⑦ 筛板（网）层数；

⑧ 筛网（板）张紧方向；

⑨ 筛孔堵塞的解决方法；

⑩ 振动强度 K：

$$K = A\omega^2/g$$

式中　A——筛子振幅，mm；

ω——振动角速度，rad/s；

g——重力加速度，$g=981\text{cm/s}^2$。

工业用振动筛 $K=3\sim5$，有的甚至达到 7。

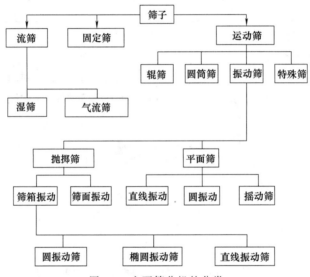

图 3-9　主要筛分机的分类

工业上用的筛子应满足下列基本要求。

a. 筛面要耐磨损、抗腐蚀、可靠性好。筛分机往往都在非常恶劣的工况下工作，因此，要求筛分机能够长时间安全可靠地运行，而筛面的耐磨性是设备运行可靠性的重要决定因素。当前普遍采用耐磨橡胶、聚氨酯等高强度、高弹性的新型材料来制作筛分机的筛面，能够耐磨损、抗腐蚀，使用寿命比钢筛面（网）长，机器的重量减少，噪声降低。

b. 单位处理能力要高。应该采用单位处理能力和生产效率较高的筛分机，既可减小筛子的规格尺寸和占地面积，又可节约钢结构、厂房和能耗等费用。

c. 维修的时间要少。从费用和占地面积上来看，设置备用筛子是不划算的。因此，任何类型的筛分机，都要求更换筛面快，维修时间一般不超过 1h。

d. 能量消耗少。

e. 噪声低。按照设备维护的规定，多数筛分机的噪声不允许超过 85dB（A），因此，在大多数场合，不能再采用高频筛分机。

　　表 3-8 给出了有代表性的筛分机，作为选择筛分机的指南[11]。

表 3-8　筛分机的选择

筛型项目	旋转筛	圆形振动筛	水平振动筛	倾斜振动筛	概率筛
筛分粒度/mm	0.1～3	0.3～3	0.8～50	8～100	0.7～7
处理量（最大）/(m³/h)	15	6	—	100	80
物料最高温度/℃	120	120	300	200	120
最大颗粒直径/mm	30	30	300	200	50
筛分效率	◎	○	○	○	○
附着水分	◎	×	×	×	×
湿式筛分	×	◎	○	○	×
处理物料（粉状）	◎	×	×	×	×
处理物料（粒状）	◎	◎	○	×	○
处理物料（块状）	×	×	○	◎	○
受矿部分的材质	◎	◎	○	○	○
安装高度	○	○	◎	○	○
安装空间	◎	◎	○	○	◎
高处安装	×	◎	○	○	◎

注：◎表示良好；○表示可以；×表示不可以。

3.4.1　振动筛和概率筛

　　振动筛是在激振装置的作用下使筛箱带动筛面产生振动的。根据筛箱的运动轨迹不同，振动筛可以分为圆运动振动筛（单轴惯性振动筛）和直线运动振动筛（双轴惯性振动筛）两类。

3.4.1.1　圆运动惯性振动筛

　　这种振动筛由单轴激振器回转时产生的惯性力迫使筛箱振动。筛箱的运动轨迹为圆形或椭圆形。

　　圆运动惯性振动筛又可分为纯振动筛和自定中心振动筛。纯振动筛 ［图 3-10（a）］ 的轴承中心与皮带轮中心位于同一直线上。筛子工作时，皮带轮就随筛箱一起振动。这样，不仅筛子的振幅受到限制（一般不大于 3mm），而且由于三角皮带的反复伸缩，使得皮带易损坏。在自定中心振动筛 ［图 3-10（b）］ 上，皮带轮的中心不是位于轴承中心的同一中心线上，而是位于轴承中心和偏心块的重心之间，并保持下述的平衡关系：

$$MA = mr \qquad (3-6)$$

式中　M——筛箱和负荷的总质量；

　　　A——筛箱的振幅；

　　　m——偏心块的质量；

r——偏心块的重心至回转中心的距离。

当筛子工作时,筛框绕轴线O—O做振幅为A的圆运动,而皮带轮的轴线只做回转运动,并维持在空间的位置不变。这种筛分机克服了皮带轮随筛箱一起振动的缺点。

目前,自定中心振动筛获得了最广泛的应用。

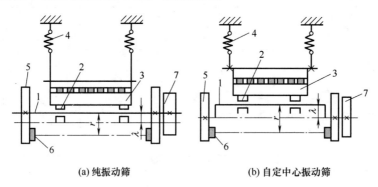

(a) 纯振动筛　　　　　　　　(b) 自定中心振动筛

图 3-10　圆运动惯性振动筛结构示意图

1—主轴;2—轴承;3—筛箱;4—吊杆弹簧;5—圆盘;6—偏心块;7—皮带轮

图 3-11 为国产 1500mm×4000mm 悬挂式自定中心振动筛。筛箱由四根带弹簧的吊杆悬挂在厂房的楼板或支架上。筛箱由筛框、筛面(网)和压紧装置组成。筛面上装有单层或双层筛网。筛箱的倾角为 15°~20°。偏心轴式的激振器通过轴承座安装在筛箱的侧壁钢板上,如图 3-12 所示。激振器的主轴上除配有向一方突起的偏心重外,在轴的两端还装有带偏心块的皮带轮和圆盘。筛箱的振幅可通过增减皮带轮和圆盘上的偏心块调整。当主轴旋转时,由于激振器回转时产生的激振力,使得筛箱产生圆形轨迹的振动。这时,圆盘上的偏心块的重量,应该保证它们所产生的惯性离心力能够平衡筛箱旋转(回转半径等于筛箱工作时的振幅)时所产生的惯性离心力,如公式(3-6)所示。这样筛框就绕轴线O—O做圆运动,而皮带轮的中心在空间的位置保持不动,因此,这种振动方式的筛子称为自定中心振动筛。

国产圆运动振动筛的技术特征列于表 3-9[12]。

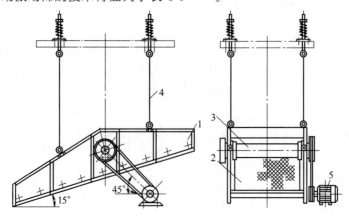

图 3-11　1500mm×4000mm 悬挂式自定中心振动筛

1—筛箱;2—筛网;3—激振器;4—弹簧吊杆;5—轴承座

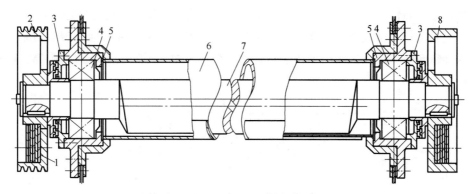

图 3-12 自定中心振动筛的激振器

1—偏心块；2—皮带轮；3—轴承端盖；4—滚动轴承；

5—轴承座；6—圆筒；7—主轴；8—圆盘

表 3-9 国产圆运动振动筛的技术特征

型号	筛面				给料粒度 /mm	处理量 /(t/h)	振次 /(r/min)	双振幅 /mm	功率 /kW
	层数	面积 /m²	倾角 /(°)	筛孔尺寸 /mm					
ZD918	1	1.6	20	1~25	≤60	10~30	1000	6	2.2
2ZD918	2								
ZD1224	1	2.9	20	6~40	≤100	70~210	850	6~7	4
2ZD1224	2								
ZD1530	1	4.5	20	6~50	≤100	90~270	920	6~7	5.5
2ZD1530	2						850		
ZD1540	1	6	20	6~50	≤100	90~270	850	7	7.5
2ZD1540	2								
ZD1836	1	6.5	20	6~50	≤150	100~300	850	7	11
ZD1836J	1	6.5	20	43×58 87×104	≤150	100~300	850	7	11
ZD2160	1	12	20	10~50	≤150	240~540	900	8	22

注：处理量为参考值，以松散密度为 1.2kg/m³ 的矿石为计算依据。

对于筛分粗粒度、大密度的物料，通常采用座式的自定中心重型振动筛。这种振动筛也是采用皮带轮偏心式的激振器。

3.4.1.2 直线运动惯性振动筛

直线运动惯性振动筛是一种直线振动筛。筛箱的振动由激振器产生。激振器有两个装有重量相等的偏心块的主轴（图 3-13），以相同速度做相反方向的旋转（通常用两个齿轮啮合，以保证两个轴的同步旋转）。由图 3-13 可知，不论两个偏心轴的位置如何，各个偏心块所产生的离心力 F（$F=mr\omega^2$，式中 m、r 分别为偏心块的质量和回转半径，ω 为角速度）在 X 轴方向的分力都可以互相抵消，在 Y 轴方向的分力互相叠加而成为一个往复的激振力 AB，使筛箱在 Y 轴方向上产生往复的、直线轨迹的振动。

直线运动惯性振动筛有悬挂和座式两种。图 3-14 为悬挂式直线运动振动筛。这种筛分机采用箱式激振器。该激振器的结构紧凑，四个偏心块成对地布置在箱体之外，箱体内装有两个齿轮，其作用除传递运动外还保证两对偏心块的旋转速度相等、转向相反，使筛做直线振动。

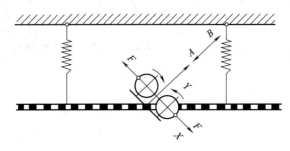

图 3-13　直线运动惯性振动筛示意图

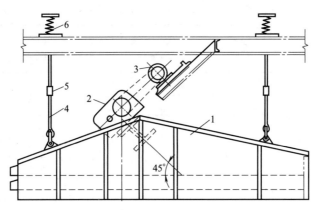

图 3-14　悬挂式直线运动惯性振动筛

1—筛箱；2—箱式激振器；3—电动机；4—钢丝绳；
5—防摆配重；6—隔振弹簧

3.4.1.3　振动筛的参数

(1) 筛面倾角 β

筛面的倾角直接影响筛子处理能力和筛分效率。当筛子的其他参数一定时，筛面倾角越大，筛子处理能力也越大，筛分效率则越低。

圆或椭圆运动振动筛的筛面倾角为 15°～25° 之间，装在破碎车间的振动筛常用 20°，筛分潮湿物料时倾角应选取较大值，偏心轴式圆振筛的倾角多选用 20°。直线运动振动筛的筛面倾角为 0°～8°，在特殊情况下，还可选取负值的筛面倾角，即物料顺着筛面向上运动（或跳动），而筛面略向上倾斜，上倾角度为 -2°～-5°。

(2) 振动方向角 α

振动方向角一般在 30°～60° 范围内选取。振动方向角大，物料抛掷高度较高，筛分效率高，适用于筛分难筛物料（如碎石、焦炭和烧结矿等），振动方向角可达 60°。直线运动振动筛通常选用 45° 的振动方向角。

（3）振幅 A 和主轴转速 n

振动筛的振幅 A 通常为 2～8mm，筛孔较小或用于脱水筛分时取小值；筛孔较大或易于被难筛颗粒卡住时取大值，以促使难筛颗粒跳出。

表 3-10 为振动筛常用的振幅和主轴转速，计算 An^2 的经验公式为：

$$An^2 = （4～6）\times 10^5 \tag{3-7}$$

式中　A——振幅，　mm；

　　　n——主轴转速，　r/min。

可将式（3-7）计算结果同表 3-10 的数据进行比较。

表 3-10　振动筛常用的振幅和主轴转速

筛孔尺寸/mm	1	2	6	12	25	50	75	100
振幅/mm	1	1.5	2	3	3.5	4.5	5.5	6.5
主轴转速度/(r/min)	1600	1500	1400	1000	950	900	850	800

（4）物料在筛面上的运动速度和料层厚度

物料在筛面上的运动速度直接影响筛子的处理能力。运动速度通常为 0.12～0.4m/s，最大速度可达 1.2m/s。圆振动筛的运动速度与筛面倾角有关，如表 3-11 所示。

表 3-11　圆振动筛的运动速度与筛面倾角的关系

筛面倾角/(°)	18°	20°	22°	25°
物料在筛面上的运动速度/(m/s)	0.31	0.41	0.51	0.61

料层厚度可按以下经验公式计算，即：

料层厚度与筛孔尺寸 a 的关系式为：

$$料层厚度 \leqslant （3～4）a \tag{3-8}$$

料层厚度与筛上产品的平均粒径 $\overline{d}$ 的关系式为：

$$料层厚度 = （2～2.5）\overline{d} \tag{3-9}$$

（5）颗粒抛射系数 K_v

颗粒抛射系数 $K_v = \dfrac{A\omega^2}{g\cos\beta}$（$\omega$ 为筛轴转速，单位 rad/s）或近似为 $K_v = \dfrac{An^2}{91g\cos\beta}$。

该值表明物料在筛面上跳动的急剧程度。为了防止筛孔堵塞并提高筛分效率和处理能力，必须合理选择 K_v 值。图 3-15 为不同 K_v 值时的颗粒抛射轨迹和筛面的位移曲线关系[1]。

在实用中，抛射系数 K_v 值为：

① $K_v < 1.5$。此时颗粒基本上不能从筛面上抛起，筛孔易堵塞，筛分效率低，筛

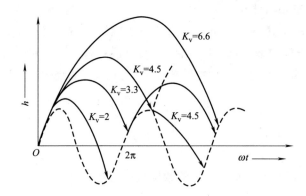

图 3-15 颗粒抛射轨迹和筛面的位移曲线

分过程很难进行。

② $K_v = 1.5 \sim 2.0$。此值适用于易筛物料，如煤炭的最终筛分等。

③ $K_v = 2.0 \sim 2.5$。该值适用于难筛物料，但希望物料在筛分过程中产生的过粉碎现象较少的场合。

④ $K_v = 2.5 \sim 3.5$。适用于难筛颗粒，其筛分效果较好，但会产生较多的过粉碎情况。

⑤ $K_v > 4.0$。这时物料颗粒除在筛面上发生抛射外，还可能在筛面上发生滑动。一般情况下不采用此值。

对于各种振动筛，其抛射系数依据所处理物料的性质而定。对于单轴振动筛取 $D = 3 \sim 3.5$；对于双轴振动筛取 $D = 2.2 \sim 3$；对于共振筛取 $D = 2 \sim 3.3$[13]。

(6) 振动筛选型计算

这里仅介绍根据入筛给料量和根据筛下产品量的两种计算筛子处理能力（生产量）的方法。

① 根据给料量计算。振动筛处理能力的计算公式为[14,15]：

$$Q = qF\gamma KLMNOP \qquad (3-10)$$

式中 Q——筛分机的处理能力（按入筛给料量），t/h；

         q——单位筛面面积的处理能力（生产量），m³/(m² · h)，其值如表 3-12 所示；

         F——筛面的有效面积，m²；

         γ——物料的表观密度，t/m³；

K，L，M，N，O，P——校正系数，详见表 3-13。

表 3-12 单位筛面面积的处理能力（生产量）

筛孔尺寸/mm	0.16	0.2	0.3	0.4	0.6	0.8	1.17	2.0	3.15	5
单位生产量/[m³/(m²·h)]	1.9	2.2	2.5	2.8	3.2	3.7	4.4	5.5	7.0	11
筛孔尺寸/mm	8	10	16	20	25	31.5	40	50	80	100
单位生产量/[m³/(m²·h)]	17	19	25.5	28	31	34	38	42	56	63

表 3-13 系数 K、L、M、N、O、P 值

系数	影响因素	影响因素的数据及系数值									
K	细粒含量	给料中粒度小于筛孔一半的累积含量/%	0	10	20	30	40	50	60	70	80	90
		K 值	0.2	0.4	0.6	0.8	1.0	1.2	1.4	1.6	1.8	2.0
L	粗粒含量	给料中大于筛孔的粗粒累积含量/%	10	20	25	30	40	50	60	70	80	90
		L 值	0.94	0.97	1.0	1.03	1.09	1.18	1.32	1.55	2.0	3.36
M	筛分效率	筛分效率/%	40	50	60	70	80	90	92	94	96	98
		M 值	2.3	2.1	1.9	1.6	1.3	1.0	0.9	0.8	0.6	0.4

系数	影响因素					
N	颗粒形状	颗粒形状	各种破碎产品		圆形(如海中砾石)	煤
		N 值	1.0		1.25	1.5

系数	影响因素					
O	表面水分	物料水分	筛孔小于25mm			筛孔大于25mm
		O 值	干的	湿的	成团的	0.9~1.0(视湿度而定)
			1.0	0.75~0.85	0.2~0.6	

系数	影响因素				
P	筛分方法	筛分方法	筛孔小于25mm		筛孔大于25mm
			干法	湿法	其他
		P 值	1.0	1.25~1.40	1.0

② 根据筛下产品量计算。这种方法是根据筛下产品量求出需要的筛面面积，然后按所需要的筛面面积来选择筛子[16,17]：

$$A = \frac{Q}{C\gamma FESDOW} \qquad (3-11)$$

式中　　Q——筛下产品量，t/h；

C——单位筛面面积的筛下产品量，t/($m^2 \cdot h$)，见图 3-16；

γ——物料的松散密度，t/m^3；

F——细粒影响系数（表 3-14）；

E——筛分效率影响系数（表 3-14）；

S——筛孔形状系数（表 3-14）；

D——多层筛面的筛面位置系数（表 3-14）；

O——筛面有效面积校正系数（表 3-14）；

W——湿法筛分系数（表 3-14）。

按上述公式算出所需要的筛面面积后，即可选定筛子的规格（长度和宽度）。然后，按选定的筛子的宽度，并按筛面倾斜角来选定物料沿筛面运动的速度，验算料层厚度。如前所述，料层厚度不得大于筛孔尺寸的 4 倍。

3.4.1.4　概率筛

概率筛是瑞典人摩根森（Fredrik Mogensen）博士于 1952 年首先研制成功的，所以又称为摩根森筛[18,19]。

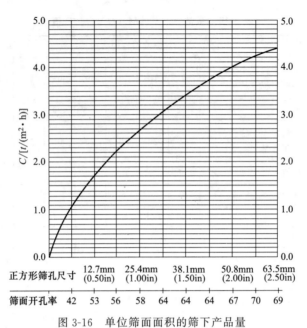

图 3-16　单位筛面面积的筛下产品量

（根据物料松散密度为 $1.6t/m^3$ 计算得到的）

表 3-14　振动筛处理能力计算的校正系数 F、E、S、D、O、W

细粒影响系数 F											
给料中粒度小于筛孔尺寸一半的细粒级含量/%	0	10	20	30	40	50	60	70	80	85	90	95
F	0.44	0.55	0.7	0.8	1	1.2	1.4	1.8	2.2	2.5	3	3.75

筛分效率影响系数 E					
筛分效率/%	70	80	85	90	95
系数 E	2.25	1.75	1.5	1.25	1

筛孔形状系数 S		
筛孔形状	长边与短边的比值	S
方孔或长孔	<2	1
长孔	2～4	1.15
	4～25	1.2
	>25,长边平行于物料运动方向	1.4
	>25,长边垂直于物料运动方向	1.3

多层筛面的筛面位置系数 D	
上层	$D=1$
中间层	$D=0.9$
下层	$D=0.8$

筛面有效面积的修正系数 O

$$O = \frac{A_{有效}}{A_{有效}^*}$$

$A_{有效}$：各种筛孔尺寸下的标准筛面有效面积，查图 3-16

$A_{有效}^*$：选用的筛面的有效面积

湿法筛分系数 W									
筛孔尺寸/mm	≤0.8	<1.6	<3.2	<5	<8	<9.5	<13	<20	<25	>50
W	1.25	3	3.5	3.5	3	2.5	1.75	1.35	1.25	1

概率筛由惯性激振器（类似直线振动筛的激振器）产生往复方向的激振力，使筛分机振动并进行筛分，所以它也是一种振动筛。但是它的工作原理与传统的振动筛不同。概率筛是利用大筛孔、大倾角的多层筛面进行粒度分离的筛分作业，筛分过程中，各层筛孔尺寸都比分离粒度大得多，而且往往是用几层倾斜的筛板多次筛分一种产物，物料的透筛率很高，颗粒尺寸比筛孔尺寸越小，就越容易通过筛孔。而颗粒大小和筛孔尺寸越接近，通过筛孔就越困难，从而解决了难筛颗粒堵塞筛孔而影响细粒透筛的难题。因此，概率筛是利用物料通过筛孔的透筛概率来完成整个筛分作业的。

概率筛的主要特点：

(1) 采用大筛孔

每层筛面的筛孔尺寸都远远大于该层筛面的实际分离粒度，通常筛孔尺寸比分离粒度大 2～10 倍。而且筛面从上到下的各层筛孔大小是逐层递减，这样即使筛分潮湿物料，物料也会迅速透过筛孔。筛孔亦不易堵塞，筛分效率明显提高。

(2) 采用大倾角筛面

概率筛筛面倾角为 30°～60°，筛面各层自上而下的倾角是逐层递增的（图 3-17），故物料运动速度比传统振动筛快 3～4 倍，实现了快速筛分，物料在筛面上的停留时间短，筛子的单位面积的处理能力比传统的振动筛提高 5～20 倍（图 3-18）。

(3) 采用多层筛面

一般采用 3～6 层重叠装置的筛板（面），各层筛面的倾角从上到下逐层递增，而筛孔尺寸则从上到下逐层递减，一次就可筛分出多种合格产品。不仅加快了物料的分层过程，实现了薄层筛分，而且提高筛分机处理能力和筛分效率。

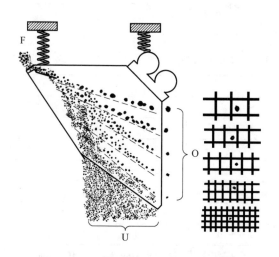

图 3-17　概率筛的工作原理示意图[20]

F—给料；O—筛上产品；U—筛下产品

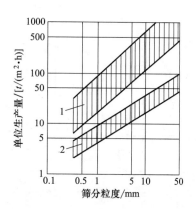

图 3-18　概率筛和传统振动筛的单位
面积处理能力

1—概率筛；2—传统振动筛（圆运动和直线运动）

(4) 采用高频率、低振幅

在筛分机中，通常以物料颗粒在筛面上不发生堵塞为出发点来选择振幅。由于概率筛筛孔堵塞的可能性极小，故振幅可选得小些（如 0.6～1mm），而振动频率可适当地增大（如 3000Hz），这样对提高筛分效率和实现快速筛分是有利的。

(5) 采用全封闭的筛箱

在筛分机中，机器噪声和灰尘污染问题越来越为人们所重视。概率筛的噪声，主要来自两台带偏心块的马达，这种传动装置的特点是运转很平稳，即使转速高达 2900r/min，噪声也不大，对操作人员的健康没有什么危害。正如噪声问题一样，灰尘造成环境污染的问题也必须解决。概率筛已经较好地实现了防尘的筛分。

目前，概率筛已成功地应用于各个部门中。这种筛分机大都用于细、中粒级物料的检查筛分。筛分粒度一般为 0.2~15mm。作为概率棒条筛，可对粗粒或很粗物料（通常为 25~300mm，甚至更大的粒度）进行预先筛分。

概率筛的筛面可以用筛网，也可以用筛条制作。采用筛条时，筛条的方向同物料在筛面上运动方向平行，各筛条之间的间距（筛孔尺寸）越靠近排料端越大，目的是防止颗粒卡住。关于筛网尺寸的选择问题，如要求将给料分为两个粒级（大于和小于分级粒度 d_T），最下层的筛网尺寸选为（1.4~4）d_T，最上层筛网的筛孔尺寸选为（5~50）d_T，中间各层筛网的筛孔尺寸在此之间。如要求把给料分为若干个粒级，各层筛面的筛孔尺寸分别为该层筛面筛分粒度的 2~4 倍。如某生产单位使用 5 层筛面的概率筛，要求将给料分为大于和小于 2.5mm 的两个粒级。自上到下各层筛面的筛孔尺寸分别选为 10mm、10mm、8mm、6mm、4mm，各层筛面的倾角分别选为 10°、17°、24°、31°、38°，激振器的转速为 3000r/min，振幅为 0.6mm，筛子的处理能力为 2.68t/h。实际筛分结果是筛分粒度为 2.497mm，最下层筛面的筛孔尺寸与筛分粒度的比值为 4/2.497＝1.6。

目前，国产概率筛的主要技术规格如表 3-15 所示。

表 3-15 国产概率筛的主要技术规格

名称		单位	型号			
			CS500×2000	GS1000×2000	GS1500×2000	GS2000×2000
最大入料粒度		mm	50	50	50	50
筛网层数		层	2~3	2~3	2~3	2~3
筛面面积		m²	0.75~1	1.5~2	2.25~3	3~4
筛面倾角		(°)	30~60	30~60	30~60	30~60
振动频率		次/min	940	940	940	940
双振幅		mm	7~10	7~10	7~10	7~10
生产能力		t/h	40~60	80~120	100~160	160~200
筛分效率		%	60~70	60~70	60~70	60~70
电动机	型号	—	ZDS32-6	ZDS41-6	ZDS51-6	ZDS52-6
	转速	r/min	940	940	940	940
	功率	kW	1.1×2	1.5×2	3×2	4×2
外形尺寸		mm×mm×mm	2040×761×2510	2040×1216×2510	2040×1716×2510	2040×2256×2510
质量		kg	625	1250	1875	2500

3.4.2　弧形筛和细筛

3.4.2.1　弧形筛

1950 年荷兰矿山局（Dutch States Mines）首先使用了弧形筛，所以弧形筛又称为 DSM 弧形筛[21]。

(1) 弧形筛的工作原理和特点

弧形筛是一种湿式细粒筛分设备，结构很简单，主要包括圆弧形筛面和给料嘴（或喷嘴）两个部分。筛面由一组平行排列的并弯成一定弧度的筛条构成（图 3-19），而筛条的排列方向与矿浆在筛面上的运动方向垂直。筛条之间的缝隙大小，即筛孔尺寸。给料嘴（或喷嘴）为一个扁平的矩形，以使矿浆在筛面整个宽度上形成均匀的薄层料流，而且给料嘴和筛面的接触必须保证料浆成切线方向给入筛子工作面。

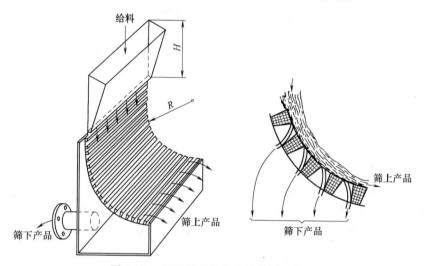

图 3-19　弧形筛的结构和筛分原理简图

当矿浆经过给料嘴（或喷嘴）时，以一定的速度沿圆弧切线方向给入筛面，并且垂直地流过横向排列的筛条（图 3-19），在料浆层由一根筛条流到另一根筛条的过程中，由于筛条边棱的切割作用，使得筛面上的料浆分离为被切割的和未被切割的两个部分。被切割的这部分矿浆，在离心力作用下，通过筛孔，成为筛下产品；未被切割的另一部分矿浆，在惯性力作用下，越过筛面，成为筛上产品。

弧形筛的分离粒径和筛孔尺寸之间的关系与振动筛有原则性的区别。设弧形筛的筛孔尺寸为 s，由于矿浆在筛面上受到重力、离心力及筛条边棱对矿浆产生的切割作用，通过筛孔流到筛下的矿浆层厚度约为 s 的 1/4。这样的料层厚度中，能被筛条边棱切割的粒度是小于 $1/2s$ 和更细的矿浆颗粒，大于 $1/2s$ 的颗粒几乎全部留在筛上粗粒矿浆中，而通过筛孔的筛下产品粒度绝大部分相当于筛孔尺寸 s 的 1/2，弧形筛的规格用曲率半径 R、筛面宽度 B 和弧度 α 来表示，通常写成 $R \times B \times \alpha$，给料可以是自流给料式或压力喷嘴给料。同常规筛分机相比，弧形筛有它的特点。

① 单位面积处理能力高。

筛下产品粒度相同时，弧形筛的单位面积处理能力通常是振动筛的 10 倍，甚至有的高达 40 倍。弧形筛分级小麦、玉米淀粉料浆时，其单位面积处理能力比振动筛提高 100 倍。

② 单位电耗低。

对于自流给料（无压力）的弧形筛，没有运动部分，筛子本身不消耗动力，筛面磨损较小。

③ 筛孔基本不堵塞。

分级粒度小但筛孔不堵塞，即使在料浆的流动性小（含泥量高）和矿浆浓度大等不利的情况下分级时，筛孔也基本未发生明显的堵塞现象。这是由于筛子的分级粒度大致为筛孔尺寸的一半，即筛孔尺寸比筛下产品中的分级粒径约大一倍的缘故。

④ 产品分级的精度高。

筛子分级的细粒矿浆，产品粒度均匀，消除了产品中的粗颗粒，而且筛条磨损后分级粒度减小。而在传统的筛分机中，随着筛面的磨损分级粒度却在增大。

⑤ 筛子无噪声。

筛分机生产中产生噪声的高低，在今天已引起人们极大的关注。弧形筛是固定式筛分机，无运动件，是无噪声的筛分作业。

⑥ 占地面积小。

筛子结构简单，占地面积极小，如一台处理能力为 50t/h 的弧形筛，占地面积不超过 $3m^2$。

(2) 筛条

筛条是构成弧形筛筛面的基本件，又是筛子的主要磨损件。它的断面形状和尺寸不仅直接影响筛面的使用寿命，而且还对筛分效果产生影响。筛条的断面形状主要有梯形、矩形、三角形和矩-梯形复合断面形状等。表 3-16 列出了弧形筛的筛条型号及技术特征。

表 3-16　弧形筛的筛条型号及技术特征

型号	宽度/mm	高度/mm	角度/(°)	最小筛孔尺寸	最小分级粒度网目
1	1.17	3.2	8	$75\mu m$	400
2	1.55	2.54	13	$75\mu m$	400
3	1.75	4.32	8	0.75mm	48
4	2.3	3.68	13	0.33mm	80
5	2.3	3.55	5	0.75mm	48
6	2.67	8.25	5	1.25mm	28
7	3.00	4.7	13	0.33mm	80
8	3.04	3.81	16	0.5mm	65
9	3.3	6.35	8	1mm	32

筛条边棱是否锋利，对于弧形筛的筛分过程和筛下产品的通过量具有重要作用。在给料压力基本不变的情况下，筛下产品的通过量，很大程度上取决于筛条边棱对矿浆层的切割作用。而且筛条边棱越锋利，对矿浆层的切割作用和筛分过程越有利。随着筛条

边棱的逐渐磨损，筛下产品通过量和筛分作用明显减弱。

筛面的使用寿命与筛条材料、给料速度、物料硬度和筛条断面形状等因素有关。目前，筛条的材料可以用各种耐腐蚀、耐磨损的不锈钢以及橡胶、尼龙和聚氨酯等制作。不锈钢筛条的使用寿命随给料方式不同而异。压力给料的弧形筛，不锈钢筛条寿命仅有一个月。现将我国 270° 压力给料弧形筛使用的尼龙筛条和包胶筛条的应用情况简介如下。

① 尼龙（1010）筛条。

耐磨性能好，抗腐蚀性很强；给料压力为 $2kgf/cm^2$ 时，使用寿命一般为 $2\sim2.5$ 个月，筛条边棱很锋利；价格低于同规格的不锈钢筛条；重量很轻；筛孔尺寸能够保证。

② 包胶筛条（即在 Q235 钢的薄片上包裹一层一定厚度的耐磨橡胶）。

耐磨损、抗腐蚀性能强，当给矿压力为 $2kgf/cm^2$ 时，筛条寿命通常为 $3\sim4$ 个月；价格低于同规格的尼龙（1010）筛条；加工方便。但橡胶弹性大，当给料压力达 $3kgf/cm^2$ 时，橡胶筛条易变形，筛孔尺寸不能保证。

(3) 弧形筛的参数

① 筛面弧度。

弧度是构成筛面形状的基本因素，又是区分筛子类型和给料方式的主要标志。筛面弧度主要有 45°、60°、90°、120°、180°、270° 和 300° 等类型。前三种弧度主要用于选矿厂、选煤厂的矿（煤）浆的分级、脱水和脱泥，而且全都采用自流给料，矿浆的给料速度为 $3\sim8m/s$。弧度 $\geqslant180°$ 的弧形筛，通常全用压力给料。压力给料利用一个扁平形喷嘴（喷嘴宽度与筛面宽度相等）将矿浆喷射至筛面上，速度达到 $10\sim16m/s$。弧度为 270° 的弧形筛，主要用于水泥工业中的生料浆的分级。300° 弧形筛主要用于食品、淀粉等料浆的分离。

弧度为 180° 和 270° 的弧形筛分别如图 3-20 和图 3-21 所示[2,22]。

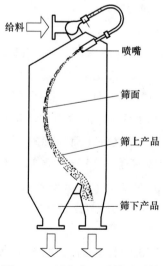

图 3-20　弧度为 180° 的弧形筛

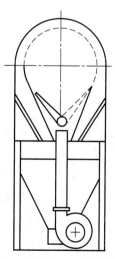

图 3-21　弧度为 270° 的弧形筛

② 筛面的曲率半径和宽度。

在相同条件下，筛面曲率半径同弧形筛处理能力成正比。目前，压力给料的弧形筛的曲率半径通常为 500～600mm；自流给料弧形筛的曲率半径多用 1500～2000mm。

筛面宽度也是决定筛子处理能力的主要因素。在料浆流通相同时，筛面越宽，处理能力越大，当前弧度为 270° 弧形筛的筛面宽度通常用 450～500mm。我国煤用的弧度为 45° 的弧形筛的筛面宽度和曲率半径如表 3-17 所示[23]。

表 3-17　固定式弧形筛① 的规格

筛面宽度/mm	1000	1000	1250	1250	1500
曲率半径/mm	1000	1500	1000	1500	1500
筛面宽度/mm	1500	1750	1750	2250	
曲率半径/mm	2000	1500	2000	2000	

① 筛孔尺寸为 0.75～1mm。

③ 筛孔尺寸与分级粒度。

弧形筛的分级粒度一般为筛孔尺寸的一半。粗分级时筛孔尺寸选为 0.5～1.0mm。细分级时筛孔尺寸取决于筛面弧度和产品细度。水泥生料浆分级用的 270° 弧形筛采用 0.3～0.4mm 的筛孔尺寸（表 3-18）。分离淀粉的 300° 弧形筛用的筛孔尺寸只有 0.05～0.075mm。对于带有敲打装置的自流给料弧形筛（图 3-22），其分级粒度可小到 325 目（0.044mm）。

表 3-18　筛孔尺寸与筛下产品的粒度之间的关系

筛孔尺寸/mm		0.30	0.35	0.40	0.45	0.50
粗粒累积产率/%	900 孔/m²	0.9	1.5	2.7	3.7	5.3
	4900 孔/cm²	11	14	17	21	25

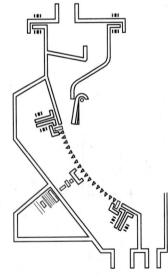

图 3-22　带有敲打装置的弧形筛

图 3-23 是筛孔尺寸与筛下产品的最大粒度（矩形区的横坐标的上限）或分配曲线中 50% 的粒度 d_T 或 d_{50}（矩形区的横坐标的下限）之间的关系。

④ 给料压力。

图 3-24 是料浆压力与筛分效率的关系。料浆压力越大，筛分效率越高。闭路磨矿中筛分效率高意味着筛上产品中的细粒级含量较少，循环负荷和生产费用降低。

给料压力还与筛条材质和料浆浓度有关。实践表明，采用尼龙（1010）筛条的 270° 弧形筛，给料压力一般为 150～200kPa；而使用包胶筛条的 270° 弧形筛，在同样的筛分情况下，给料压力通常为 200～250kPa，这是包胶筛条工作面不光滑、黏滞力较大的缘故。

⑤ 处理能力。

弧形筛处理能力可按下面经验公式近似地计算[2, 24]：

$$Q = CFV \tag{3-12}$$

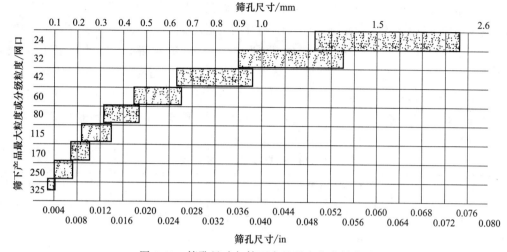

图 3-23 筛孔尺寸与筛下产品最大粒度的关系

式中 Q——料浆的流量，m^3/h；

F——筛面的有效面积，m^2；

V——料浆在给料端的速度，m/s；

C——常数，在 160～200 之间。

（4）弧形筛的应用

目前，弧形筛用于选煤、选矿、化工、粮食淀粉（小麦、玉米、土豆等）、食品（蔗糖）、医药、纸浆和蔬菜等工业部门的分级、脱水和脱泥等作业。

3.4.2.2 细筛

细筛的筛孔尺寸较小（一般≤0.3mm），这里介绍一种具有击振装置的平面细筛（图 3-25），由给料器、筛面、筛箱、机体和敲打装置等组成。

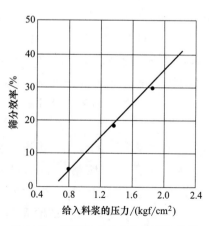

图 3-24 料浆压力与筛分效率的关系

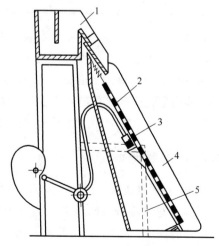

图 3-25 具有击振装置的平面细筛的示意图

1—给料器；2—筛面；3—敲打装置；

4—筛箱；5—机体

给料器由缓冲箱和匀分器构成。缓冲箱采用阀门控制，以保持箱内的矿浆呈恒压状况，并均匀而平稳地给到筛面上。给料量通过阀门进行调节控制。筛面由安装在筛箱上平行排列的筛条组成。这些筛条布置在倾角为 55°～60° 的平面上。筛箱利用弹簧悬挂在机体上面。在筛箱的背面有一个敲打装置，周期性地以打击锤敲打筛箱，使筛面产生瞬时振动，防止筛孔堵塞。敲打装置是平面细筛唯一的运动部件。此敲打装置也有利用气动活塞装置或装在机体上带偏心重的电动机等形式。击振细筛的技术性能列于表 3-19。

表 3-19　击振细筛的性能比较

项目\条件	筛孔尺寸 /mm	有效筛孔面积 /m²	处理能力 /(t/h)	筛下产率[①] /%	筛下−200 目含量/%	品位提高幅度[②]/%	敲打高度 /mm	频率 /(r/min)
不锈钢筛条	0.15～0.2 不等	0.029	3～5	50～55	90	2.2～3.5	225	30～35
尼龙筛条	0.2 不等	0.029	3～5	55～60	90	2.5 左右	225	10～16
尼龙筛算	0.2 均匀	0.041	5～8	65～70	95	2.5～3.5	225	6～8

① 筛下产率为一、二段筛下。
② 品位提高幅度为整个流程提高的幅度。

击振细筛采用湿式作业，工作原理与自流给料的弧形筛比较近似。料浆在筛面上运动过程中，由于重力作用使料浆每经过一根筛条，都要受到筛条边棱的切割作用，被切割的一层细粒料浆，通过筛孔为筛下产品；未被切割的粗粒料浆，仍在筛条上继续流动，即为筛上产品。在击振细筛中，料浆运动的方向及料浆在筛面上的运动速度是基本保持不变的。

击振细筛的筛分粒度与筛孔尺寸的关系，如表 3-20 所示。

表 3-20　击振细筛的筛分粒度与筛孔尺寸的关系

筛孔尺寸/mm	0.10	0.15	0.20	0.25	0.30
筛分粒度/mm	0.044	0.063	0.074	0.10	0.15

击振细筛是 20 世纪 60 年代发展起来的细筛设备，最先应用在美国、加拿大等国的磁铁矿选厂，主要用于分级物料粒度小于 200 目或 325 目的筛分作业。20 世纪 70 年代，尼龙算击振细筛在我国 20 多家磁铁矿选矿厂得到了推广应用，使用台数超过 1000 台。这种用尼龙筛条制作的击振细筛的主要缺点是筛面的有效面积（开孔率）低（例如筛孔为 0.1mm 的细筛，其有效面积仅有 4%～8%），致使筛分效率和处理能力低。

3.4.2.3　高频细筛

德瑞克叠层高频细筛于 2001 年首次投入使用，现已广泛应用于湿式筛分作业[25,26]。这种高频细筛包括多达五个单独的筛板，是一个筛板位于另一个上方叠放布置，并行操作，如图 3-26 所示。"堆叠"设计使得设备的处理能力大而占地面积小。矿浆从分矿器上部或下部给入，经分矿器均匀分成多路，再经给矿软管分别进入多个给矿器。给矿器将矿浆沿筛面宽度（最大 6m）方向均匀地分布在筛面上。筛面上的物料由于连续受到高频率小振幅的振动，在倾斜的筛面上做连续的跳跃，使物料分散，细粒物料在调匀的过程中透过筛孔称为筛下产品，而大于筛孔的物料在倾斜的筛面上做连续的向前跳跃，最后跳出筛网成为筛上产品。

配置的聚酯筛网开孔率高达 35% ～ 45%，最小孔径 45μm，独有的耐磨防堵特性，使得过去认为难筛分或不可筛分的细粒物料筛分成为可能。它具有寿命长、开孔率高、处理量大的优点，这些是传统金属筛网所无法比拟的。双振动电动机为所有筛板提供均匀的线性运动。直线振动配合 15°～ 25° 的筛面倾角，筛分物料流动区域延长，传递速度更快。变频设计，可以有效地控制筛分粒度。

仅仅从按颗粒尺寸进行分级来说，与水力旋流器相比较，筛分可以实现粒级更窄的分离，并减少致密矿物的过磨。有几个贱金属、磷酸盐和铁矿的选矿厂，他们在闭式球磨回路中用德瑞克叠层高频细筛取代水力旋流器获得了较好的效果。一个例子是秘鲁的 Minera Cerro Lingo 选厂，该选厂生产铜、铅、锌精矿。用四台德瑞克叠层高频细筛代替球磨回路中的直径 66cm 的水力旋流器，结果是循环负荷从 260% 减少到 108%，且处理量增加了 14%[26]。

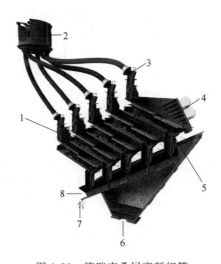

图 3-26　德瑞克叠层高频细筛

1—两个筛板之间易于维护的通道；2— 5 路料浆分配器；3—给矿箱；4—双振动器；
5—在筛板下面的筛下受料盘；6—筛上产品；7—筛下产品；8—筛下受料溜槽

参考文献

[1]　Ullmann′s Encyclopedia of Industrial Chemistry. Weinheim：Wiley-VCH Verlag，2005.

[2]　任德树. 粉碎筛分原理与设备. 北京：冶金工业出版社，1984.

[3]　选矿手册编辑委员会. 选矿手册. 第二卷. 北京：冶金工业出版社，1993.

[4]　Wills B A，Finch J A. Mineral Processing Technology. Amsterdam：Elsevier，2016.

[5]　Taggart AF. Handbook of mineral dressing. New York：Wiley，1953.

[6]　Matthews CW. In：Weiss NL，editor. SME Mineral processing handbook. New York：SME/AIME，1985，3E：1-13.

[7]　JB/T 2446—1992 煤用脱水筛条.

[8]　JB/T 2447—1992 煤用条缝筛板.

[9]　Kelly E G，Spotiswood D J. Introduction to Mineral Processing. New York：Wiley，1982.

[10] Schmidt P，Korber R，Coopers M. Sieben und Siebmaschinen：Grundlagen und Anwendung. Weinheim：Wiley-VCH，2003.

[11] 谷本友秀. 最佳筛分机的选择. 化学工場，1981，25（4）：31-35.

[12] JB/T 1086—2010 矿用单轴振动筛

[13] 闻邦椿，刘树英. 现代振动筛分技术及设备设计. 北京：冶金工业出版社，2015.

[14] ОлевскийВ А. Консгрукдии и расчетъ грохотов. Москва：Металлургизцат，1955.

[15] Шинкоренко С Ф，Маргулис В С. Справочник по обогащению и агломерации рудчерных металлов. Москва：Недра，1964.

[16] Colman K G，Tyler W S. Selection guidelines for size and type of vibrating screens in ore crushing plants. In：Mular，A. L.，Bhappu，R. B.（Eds.），Mineral Processing Plant Design，second ed. New York：SME of AIME，1980：341-361.

[17] Schubert H. Aufbereitung fester mineralischer Rohstoffe. Band I，Leipzig：VEB Deutscher Verlag fur Grundstoffindustrie，1989.

[18] Mogensen F. A new method of screening granular materials. The Quarry Managers'Journal，1965（10）：409-414.

[19] 张国旺. 现代选矿技术手册. 第1册. 破碎筛分与磨矿分级. 北京：冶金工业出版社，2016.

[20] Hansen H. Grundlagen und Weiterentwicklung der Sizer-Technologie. Aufbereitungs Technik，2000，41（7）：325-329.

[21] Kellerwessal H. Aufbereitung disperser Feststoffe. Dusseldorf：VDI-Verlag，1991.

[22] Wills B A. Mineral Processing Technology. Oxford：Pergamon Press，1992.

[23] JB/T 2445—2015 固定式弧形筛

[24] Fontein F J. Wirkung des Hydrozyklons und des Bogensiebs sowie deren Anwendungen. Aufbereitungs Technik，1961，2（2）：85-98.

[25] 周洪林. 德瑞克高频细筛在降硅提铁中的应用. 金属矿山，2002（10）：35.

[26] Valine S B，et al. In：Malhotra D，et al（Eds.）. Recent Advances in Mineral Processing Plant Design. Littleton：SME，2009：433-443.

4 分级

4.1 概述

分级是根据固体颗粒在流体介质中沉降速度的不同，把混合物分离成两种或两种以上产品的一种方法[1,2]。分级最常用的流体介质为水，其次为空气。前者称为湿式分级或水力分级，后者称为干式分级或风力分级。这两种分级过程的基本原理是一样的。在流体中将松散物料按粒度大小分离成两种或两种以上粒度级别较窄的产品所用的设备称为分级机。沉降的粗粒部分称为沉砂，悬浮的细粒部分称为溢流。由于筛分机也可用于分级作业，广义而言，分级设备也包括部分筛分机械，但它指专用于细颗粒物料的粒度分离。

分级设备的分离方法很多，但按分级过程所用介质的不同可分为两大类，即湿式分级设备和干式分级设备。这两大类分级设备又各有很多类型。

概括而言，湿式分级机又分为以下几类：

① 机械分级机。其特点是利用机械机构将沉砂排出，如螺旋分级机、耙式分级机、浮槽分级机等。

② 非机械分级机。其特点是根据颗粒在水中沉降速度的不同进行物料分级，分级后的粗粒产品（沉砂）借重力或离心力排出，如圆锥水力分级机、水力旋流器、多室水力分级箱等。

③ 湿式筛分分级机。其特点是利用筛面对液、固两相流（矿浆）进行粒度分离，如旋流筛、立式圆筒筛、高频细筛、弧形筛、固定细筛等。这种分级设备已在第3章中叙述。

干式分级机（或风力分级机）也有很多类型：单纯靠颗粒在气流中沉降速度差来进行粒度分离的设备，其特点是分级机不带运动部件，如沉降箱、旋风集尘器、文丘里管除尘器等；带运动部件的风力分级，其特点是分级机中附加转轮、转盘等机械以增加分级效果，如旋流分散空气分级机、高速转盘空气分级机、涡轮空气分级机，这些空气分级机效率高，可用于微细或超细物料的分级。

在处理各种不同类型的固体颗粒物料的工业领域，分级是最重要的单元操作之一，它可应用于如下情形：

① 分离成较粗和较细的粒级，典型地用于分离那些因太细而采用筛分方法不经济

的颗粒；

② 富集较细但较重的颗粒，使它们与较粗但较轻的颗粒分离；

③ 将宽粒级分布的物料分离成几个窄粒级的级别；

④ 将磨矿产物中粒级合格的部分及时分离出来，避免不必要的磨碎，达到控制闭路磨矿的目的。

4.2　湿式分级设备

4.2.1　机械分级机

机械分级机是一种连续地把物料分成较细粒级和较粗粒级的分级设备。在机械分级机中，颗粒的分离过程基本上是在料浆从给料处流至溢流处的流动过程中进行的。较粗的颗粒在中途沉降，而细小的颗粒随溢流经溢流堰排出。分级机的机械机构必须完成两个任务：①促使溢流加速排出；②保证连续不断地把经脱水的沉降粗砂排出去。

影响机械分级机工作性能的因素较多，主要是给料粒度、固体密度、料浆浓度、搅拌强度、溢流面面积、溢流区体积、溢流堰高度以及水槽倾斜度等因素。

机械分级机在槽下部形成沉降区，按颗粒的运动情况可分为五个部分（图 4-1）：1 区表面与溢流堰一样高，允许很轻很细的颗粒溢流进入溢流槽。2 区料浆的浓度较低，颗粒按自由沉降的规律下沉。3 区料浆的浓度较高，颗粒受到干涉沉降的作用。 4 区中的物料是受到螺旋叶片往上推动的粗砂，粗砂在此区受到一些搅拌作用及冲洗水的作用，使混入粗砂中的细颗粒得以分出。露出料浆液面的粗砂运动的距离越长，粗砂的脱水效果越好。5 区中的物料是沉在槽底的粗砂，基本固定不动，但可保护槽底免受磨损。

较之水力旋流器，机械分级机的特点是生产能力高，并且脱水后的沉砂排出的位置高于料浆溢流面，这样使得机械分级机适宜与磨矿机组成闭路操作。根据排矿机构和分级槽子的形状的不同，机械分级机可分为耙式分级机、螺旋分级机和浮槽式分级机等三种类型[3]。

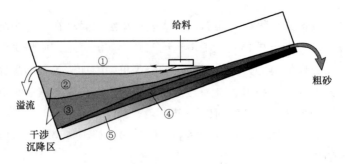

图 4-1　颗粒在机械分级机中的运动

4.2.1.1 螺旋分级机

螺旋分级机的构造如图 4-2 所示，在倾斜半圆形金属槽内安装有双头螺旋，后者装在空心轴上。螺旋轴的上端用轴承支承在支座上，下端支承在特制密封的止推轴承内。提升机构可使螺旋上下升降。图 4-3 示出螺旋分级机的工作原理。矿浆从槽子下端一侧给入，粗粒沉在槽底，由连续转动的螺旋将其运至槽的上端排出。细颗粒从下端溢流堰溢出。螺旋的作用一是运输沉砂，二是搅动矿浆阻止细颗粒或密度较大的颗粒沉淀，以提高分级效率。

螺旋分级机的规格以螺旋直径表示。根据螺旋的数目分为单螺旋和双螺旋分级机。按溢流堰的高矮又分为低堰式、高堰式和沉没式三种。低堰式的溢流堰低于螺旋下端轴承中心 [图 4-4（a）]，其沉降区面积相对较小，且螺旋搅动较激烈，故用于粗分级或洗矿作业。高堰式的溢流堰在螺旋下端轴承之上，分级区面积增大，下端螺旋叶片局部露在液面之上 [图 4-4（b）]。这种分级机适用于中粒物料，其分级粒度大于0.2mm。沉没式的溢流堰更高，如图 4-4（c）所示，分级区面积大，下端螺旋叶片全部浸入矿浆中。这种型式的螺旋分级机分离粒度可很细，适用于细粒物料的分级，分级粒度范围为 0.21～0.075mm [4]。

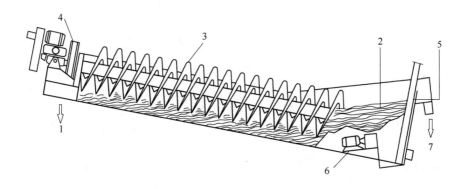

图 4-2　螺旋分级机构造示意图

1—沉砂；2—沉降池顶部；3—输送螺旋；4—驱动装置；

5—溢流堰；6—提升装置；7—溢流

螺旋分级机是一种老式分级设备，其缺点是笨重、占地面积大、检修工作量大、分级效率低，且不易实现自动化。目前生产的最大规格螺旋分级机为双螺旋 3m 直径，其最大处理量不能与大规格球磨机（例如 $D \geqslant 5.0$m）匹配。因此已逐步为其他分级设备所取代。但螺旋分级机具有工作稳定、易于操作、

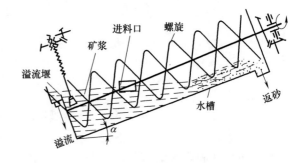

图 4-3　螺旋分级机工作原理图

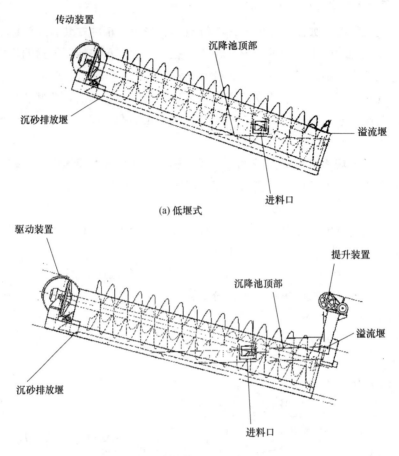

(a) 低堰式

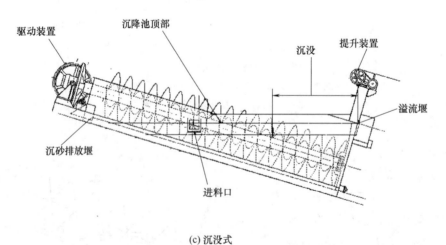

(b) 高堰式

(c) 沉没式

图 4-4   三种类型螺旋分级机示意图

返砂浓度较高（固体含量 $65\%\sim80\%$）、对磨矿作业有利等优点，故国内选矿生产中仍大量使用。表 4-1 示出螺旋分级机螺旋直径的修正系数。

表 4-1　螺旋分级机螺旋直径修正系数

D/m	1.5	2	2.4	3
高堰式	1	1.05	1.1	1.15
沉没式	1	0.93	0.86	0.86

螺旋分级机主要根据经验公式计算处理量、溢流和沉砂处理量，后两者都必须同时满足要求。

(1) 按溢流量计的处理量[5,6]

高堰式和沉没式螺旋分级机按溢流量（指固体质量）计的生产能力：

$$Q = 4.55mD^{1.765}k_1k_2k_3k_4 \tag{4-1}$$

式中　m——螺旋个数；

　　　k_1——物料密度修正系数，按表 4-2 计算；

　　　k_2——溢流粒度修正系数，按表 4-2 计算；

　　　k_3——分级槽坡度修正系数，按表 4-2 计算；

　　　k_4——溢流浓度修正系数，按表 4-2 计算；

表 4-2　螺旋分级机溢流处理量的修正系数 k_1、k_2、k_3、k_4

物料密度修正系数 k_1

$k_1 = \gamma/2.7$（密度的范围 $2\sim5\text{t/m}^3$）

溢流粒度修正系数 k_2

项目	标明的溢流粒度 d_{95}/mm								
	1.17	0.83	0.59	0.42	0.3	0.21	0.15	0.1	0.074
溢流中<0.074mm/%	17	23	31	41	53	65	78	88	95
溢流中<0.045mm/%	11	15	20	27	36	45	50	72	83
基准的溢流液固比 D_m^*($\gamma=2.7\text{t/m}^3$)	1.3	1.5	1.6	1.8	2	2.33	4	4.5	5.7
固体浓度/%	43	40	38	36	33	30	20	18	16.5
k_2	2.5	2.37	2.19	1.96	1.7	1.41	1	0.67	0.46

分级槽坡度修正系数 k_3

坡度/(°)	14	15	16	17	18	19	20
k_3	1.12	1.1	1.06	1.03	1	0.97	0.94

溢流浓度修正系数 k_4（考虑实际所要求的溢流液固比 $D_m = m_1/m_s$）

矿浆密度/(kg/m³)	D_m/D_m^* 比值						
	0.4	0.6	0.8	1	1.2	1.5	2
2700	0.6	0.73	0.86	1	1.13	1.33	1.67
3000	0.63	0.77	0.93	1.07	1.23	1.44	1.82
3300	0.66	0.82	0.98	1.15	1.31	1.55	1.97
3500	0.68	0.85	1.02	1.2	1.37	1.63	2.07
4000	0.73	0.92	1.12	1.32	1.52	1.81	2.32
4500	0.78	1	1.22	1.45	1.66	1.99	2.56
5000	0.83	1.07	1.32	1.57	1.81	2.18	2.81

(2) 按返砂量计的处理量[5,6]

高堰式和沉没式螺旋分级机按返砂量（指固体重量）计的生产能力 $Q_返$（t/h）按式（4-2）计算：

$$Q_返 = 5.45mD^3n(\delta/2.7)k_3 \qquad (4-2)$$

式中　n——螺旋转速，　r/min；

　　　　δ——矿石密度，　t/m³，其他符号意义同前。

已知处理量 Q 和 $Q_返$，可按式（4-1）或式（4-2）求出所需螺旋分级机规格及台数。

4.2.1.2　耙式分级机

耙式分级机与螺旋分级机总体结构相似，但用耙子作为运输沉砂的机构，故称耙式分级机。图 4-5 为耙式分级机的结构图[7]。

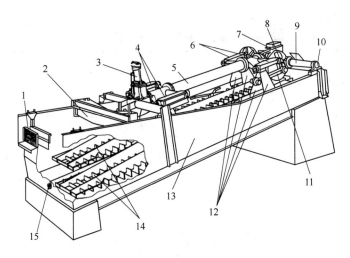

图 4-5　耙式分级机结构示意图（图片来自艾法史密斯）

1—溢流堰；2—给料溜槽；3—提升装置；4—后十字头导杆；5—传动管；
6—前十字头导杆；7—齿轮箱；8—曲轴；9—支撑管；10—支承轴承；
11—连杆；12—前支板；13—槽体；14—耙子；15—排水塞

耙式分级机为老式设备，有单耙、双耙、四耙等。由于其构造复杂，生产能力较低、返砂含水较高，除极少数老选矿厂仍使用外，已不多见。

4.2.1.3　浮槽式分级机

浮槽式分级机类似耙式分级机，其下端上部安装一带搅拌器的圆筒，该带搅拌器的圆筒称为浮槽，故称浮槽式分级机[8]。图 4-6 示出这种分级机的结构。矿浆给入浮槽中，细粒物料从溢流堰排出，粗大颗粒下沉于底部，然后由运动的耙子将沉砂运至分级槽上部排出。这种分级机由于分级区面积大且较平稳，故适用于细粒分级。此设备去掉浮槽即可改为耙式分级机。

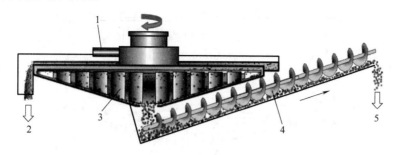

图 4-6　浮槽式分级机
1—给料；2—溢流；3—刮板；4—螺旋输送机；5—沉砂

　　浮槽式分级机由于占地面积大、构造复杂、维修麻烦，且处理量最低，故除特殊需要外，已很少采用。

4.2.1.4　立式耙式分级机（水力分离机）

　　立式耙式分级机的结构如图 4-7 所示[9]。与前三种机械分级机的最大区别为立式圆筒，内装缓慢旋转的耙子；矿浆从上部给入，细颗粒从周边溢流堰排出，粗大颗粒构成底流（沉砂）从下部排出。这种分级设备常用作细分级、脱泥或浓缩用。这种分级机直径为 5~15m，占地面积大，沉砂用泵才能使之返回磨机。其最大优点为分级粒度细，适用于细分级，如 −74μm 物料分级。

4.2.2　非机械分级机

4.2.2.1　圆锥分级机

　　圆锥分级机的特点是矿浆给入立式圆锥筒体内，颗粒在筒体的流体介质中按沉降速度的差异而分离；细小颗粒从圆锥上部溢流堰排出，粗大颗粒沉降在锥体下部借重力排出。圆锥分级机主要有四种，即脱泥斗、自动排料圆锥分级机、胡基（Hukki）圆锥分级机、虹吸排料圆锥分级机。

　　(1) 脱泥斗

　　脱泥斗是一种最简单的圆锥分级机，其结构见图 4-8[10]。压水水管主要为了防止沉砂管堵塞，同时可造成上升水流以提高分离效果。脱泥斗的锥角一般为 55°~60°，端部圆锥内径 1.5~3.0m。脱泥斗主要用于重选厂的分级和分选前物料的浓缩或脱泥；给料粒度一般不大于 2~3mm，溢流粒度一般为 74μm。

　　(2) 自动排料圆锥分级机

　　这种圆锥分级机是在脱泥斗的基础上改进而来，又分砂锥〔图 4-9（a）〕和泥锥〔图 4-9（b）〕两种。它们都是利用浮漂杠杆原理来使沉砂口阀门打开增大或关闭缩

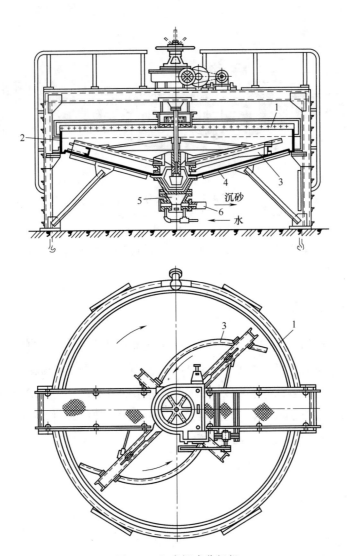

图 4-7　立式耙式分级机

1—环形溢流槽；2—分级槽；3—耙子；4—槽底；5—排砂孔；6—沉砂导管

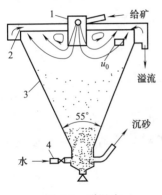

图 4-8　脱泥斗

1—给矿筒；2—环形溢流槽；3—圆
锥体；4—压力水管

小，达到控制沉砂浓度和排出量的目的。两者的主要区别在于控制沉砂的装置略有区别。这种分级机的给料应安装除渣筛，以预先清除木屑、过大颗粒等杂质，以免堵塞沉砂口。

(3) 胡基圆锥分级机

这种分级机是芬兰的赫尔辛基大学胡基（Hukki）教授首先研制的。它的主要特点是锥体下部装有搅拌器和沉砂自动排放装置，并可给入清水。借用这些装置可提高分级效果和阻止沉砂口堵塞。图 4-10 示出了这种分级机的结构[11]。

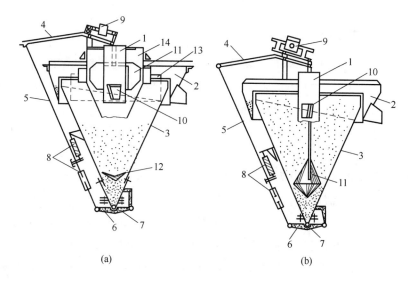

图 4-9　自动排料圆锥分级机

1—给矿筒；2—溢流槽；3—圆锥体；4，6—杠杆；5—连杆；7—活阀；8—弹簧；
9—平衡锤；10—缓冲器；11—浮漂；12—隔板；13—减缩环；14—内圆锥

(4) 虹吸排料圆锥分级机

图 4-11 示出了这种分级机的结构及工作原理[10]。其最大特点是采用虹吸原理排出底部沉砂，沉砂吸程的高低用自动控制装置调节，借以保持沉砂的排出速度和浓度稳定。

这种分级机的直径有 0.9m、2.4m、3.6m、4.2m、4.8m 和 5.4m 多种规格，用于细分级和脱泥非常有效。

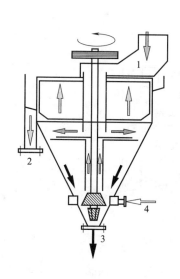

图 4-10　胡基圆锥分级机

1—给矿；2—溢流；3—沉砂；4—水

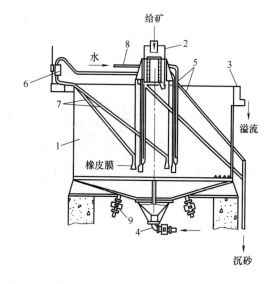

图 4-11　虹吸排料圆锥分级机

1—分级槽；2—给矿筒；3—溢流槽；4—压力水管；5—虹吸管；
6—检测器，7—测压管；8—水管；9—清洗管

4.2.2.2　多室水力分级机

这种水力分级机的特点是利用不同粒度颗粒在水中沉降速度的不同而分离出多个窄粒级产品。这类分级机主要用于处理摇床、跳汰机和螺旋选矿机等重选设备的给料，这些重选设备的给料粒度较窄时，选别指标可以改善。

多室水力分级机最常用者有机械搅拌式水力分级机、筛板式水力分级机和多室水冲箱。

(1)　机械搅拌式水力分级机

图 4-12 示出了机械搅拌式水力分级机的结构示意图[10]。这种分级机的特点是：整个分级机由 4~8 个分级室联结而成，各室的宽度和高度由给料端至溢流端逐次增加；各分级室下部收缩成圆筒状；各分级室下部有搅拌叶片，并经过给水管补加压力水，这样可以提高分级效率和防止各分级室沉砂口的堵塞。从给料端至排料端各分级室排出的产品粒度依次变细，最后分级室排出的溢流产品粒度最细。

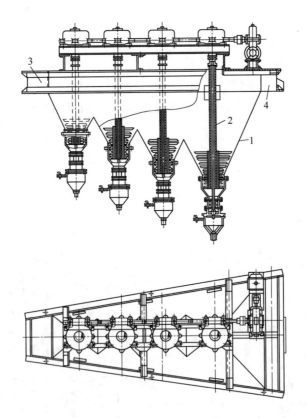

图 4-12　机械搅拌式水力分级机

1—分级室；2—搅拌轴；3—装载滑槽；4—排矿通道

这种分级机的优点是可得粒度较窄的多个产品，且沉砂浓度较高，可达 40%~50%；分级效率较高，耗水量较少，一般处理 1t 物料约耗水 2~3m³；处理量较大，四室分级机每小时处理量约 10~25t。

（2）筛板式水力分级机

筛板式水力分级机又名法连瓦尔德（Fahrenwald）式水力分级机，其结构如图 4-13 所示[10, 12]。其结构特点是分级机由 3～8 个断面近似正方形的分级室组合而成，各分级室底部安装有孔径为 3～6mm 的筛板。压力水由下部供给，流经筛孔构成上升水流，这样形成颗粒悬浮。粗颗粒下沉形成沉砂，经筛板中间的排砂孔排出。排砂孔的锥形塞与启动连杆相连，当筛板上沉砂增多时，下部料浆浓度加大，因压力加大，水将从静压管中进入隔膜室，从而使连杆提升锥形塞将沉砂排出。

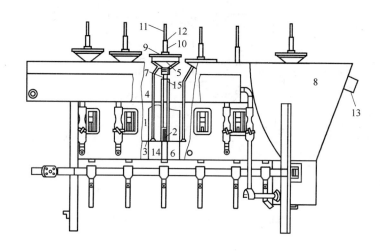

图 4-13　筛板式水力分级机

1—分级室；2—锥形塞；3—筛板；4—静压管；5—隔膜室；6—压力管；7—小管；8—溢流槽；
9—隔膜；10—连接管；11—连杆；12—调整销；13—溢流口；14—沉砂管；15—套管

（3）多室水冲箱

多室水冲箱的工作原理示于图 4-14。其特点是：各串联的分级室从上至下有一落差，产品粒度从上而下依次变粗；各分级室均安装筛板，筛孔 1～2mm；筛板上铺有粒度 5～8mm、厚 30～50mm 的床层。床层物料为密度较大的物料，如硅铁、磁铁矿等。压力水由各分级室下部给入，穿过床层形成均匀上升水流。

水冲箱可单台使用，也可多台串联使用，其优点是分级效率高、耗水量少、沉砂浓度高，可在 50％～80％范围内调节。

4.2.2.3　水力旋流器

（1）水力旋流器的分级原理

水力旋流器是一种连续作业的分级设备，它是利用离心力来加速颗粒的沉降速度，其作用原理如图 4-15（a）所示[13, 14]，其基本结构如图 4-15（b）所示。料浆以一定压力从给料管进入，在旋流器给料室形成环流，这样造成不同尺寸及不同密度的固体颗粒与流体产生不同的相对离心力，粗大颗粒趋向周边，然后沿器壁下落，最后构成沉砂从下端沉砂口排出。细小颗粒从上部溢流口构成溢流排出。

水力旋流器由于处理量大、效率高、体积小且无运动部件，故在工业上广泛应用于

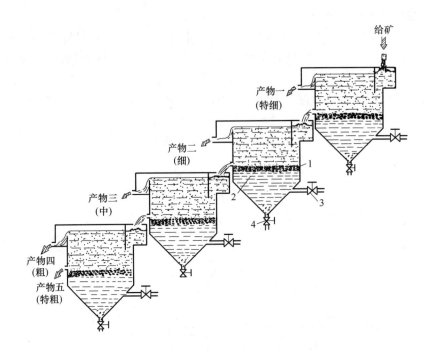

图 4-14　多室水冲箱

1—人工床层；2—筛板；3—给水阀；4—排污阀（清理用）

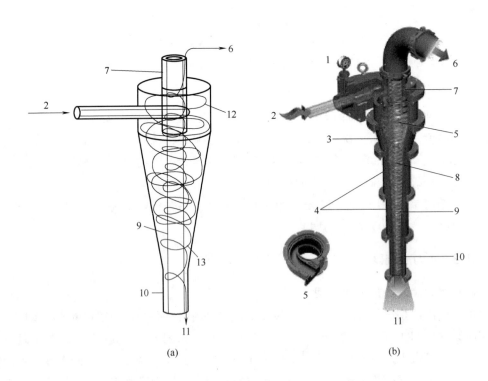

(a)　　　　　　　　　　　(b)

图 4-15　水力旋流器作用原理及基本结构示意图

1—压力表；2—给料口；3—上圆锥体；4—下圆锥体；5—给料室；6—溢流；7—导流管；8—内衬；9—空气柱；

10—沉砂口；11—底流；12—轻、细颗粒的轨迹；13—重、粗颗粒的轨迹

分级、脱泥、脱水以及选别作业等。

旋流器的规格以圆柱体内径 D 的尺寸表示，目前工业上应用的旋流器尺寸最小为10mm，最大可达 2500mm。水力旋流器分两大类，一为分级、脱水、脱泥用旋流器，二为选别用旋流器；它们的主要区别在于锥角和柱体高度与锥体高度比值的大小。选别用旋流器锥角较大，一般 30° 以上，柱、锥高度比较小。这里着重讨论分级水力旋流器。

分级用水力旋流器的主要特点是锥体较高、锥角较小，其给料口呈切线、渐开线等形式。目前多用后者。最有名的渐开线水力旋流器为 Krebs 型。

(2) 水力旋流器中流体流动及模拟

水力旋流器是利用非轴对称流动来实现粒度分离的分离器，也就是说进料不在中心且仅在一个或两个位置进料。为了弄清水力旋流器工作原理，必须考虑在水力旋流器中存在的三个速度分量和它的不对称性质。旋流器内部任何一点的液体或固体的速度都可分解为三个分量：轴向分量、径向分量和切向分量。目前对这三个速度分量尚无十分满意的测量。凯尔萨尔（Kelsall）曾采用不干扰液流的光学仪器对透明旋流器中悬浮到水介质中的微粒铝粉运动的切向速度和轴向速度进行过系统测定。根据其测定结果，运用图解连续性原理由轴向速度分布推算出径向速度，从而得出三个速度分布规律的模型。几十年来，一直被人们广泛引用，实践证明，凯尔萨尔的切向速度和轴向速度分布规律符合生产实际，而径向速度分布规律则同生产实际相矛盾。近年来，庞学诗、舍别列维奇（М.А.Шевлевич）、徐继润和顾方历等采用流体力学理论分析法和激光测速法，对分级旋流器和重介质旋流器的三维速度进行系统的分析和测定，其结果见图 4-16[15]。

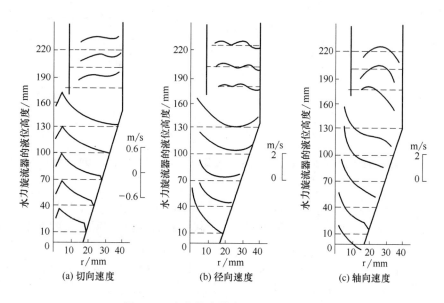

图 4-16　水力旋流器中的三个速度分量

为了真实地描述旋流器内的流体流动状况，水力旋流器分级的模拟需要考虑旋流器内的湍流流动、矿浆流变性对流场的影响和含有不同粒度颗粒的多相流，对这些变量需要很大的计算量。通过先进的湍流模型，在水力旋流器几何空间内进行 CFD 模拟，弄清不同的流动物理特性，正确地预测流体流动。然后，采用欧拉-欧拉或拉格朗日多相流方法，应用合适的颗粒传输模型模拟颗粒的行为。

(3) 水力旋流器的参数

水力旋流器的工作指标主要是处理量、分级效率和分离粒度等，影响这些指标的因素有两大类：

① 结构参数。如旋流器的直径，给料口、溢流口和底流口尺寸，旋流器锥角等。

② 操作参数。如给料压力、浓度，给料的粒度分布、密度和形状等。

上述影响因素是互相关联的，因此在设计和选用水力旋流器时，结构参数尽可能满足工艺要求，在实际生产中则应要求保证一定的给料量、给料压力、给料浓度等，只有这样才能保证较好的工作指标。

一般来说，大规格旋流器处理量大、溢流粒度粗，小规格旋流器处理量小、溢流粒度细，因此当要求处理量大、溢流粒度细时，采用小直径旋流器组来解决。

(4) 分级效率

分级效率有四种表示方法。

① 分级量效率 ε。分级量效率的意义是指某粒级在分级溢流和沉砂中的回收率。如图 4-17 所示，磨矿分级流程中的水力旋流器用作控制分级，按定义，分级溢流 4 的量效率可由式（4-3）求出：

$$\varepsilon_{c-x}=Q_4 a_{c-x}/Q_3 a_{F-x}=r'_4\,(a_{c-x}/a_{F-x}) \tag{4-3}$$

$$r'_4=Q_4/Q_3=1/(1+c) \tag{4-4}$$

式中　Q_3，Q_4——图 4-17 中相应产物固体流率，t/h；

a_{F-x}，a_{c-x}——图 4-17 给料、溢流中粒度小于 x 的产率（小数）；

c——返砂比（小数）。

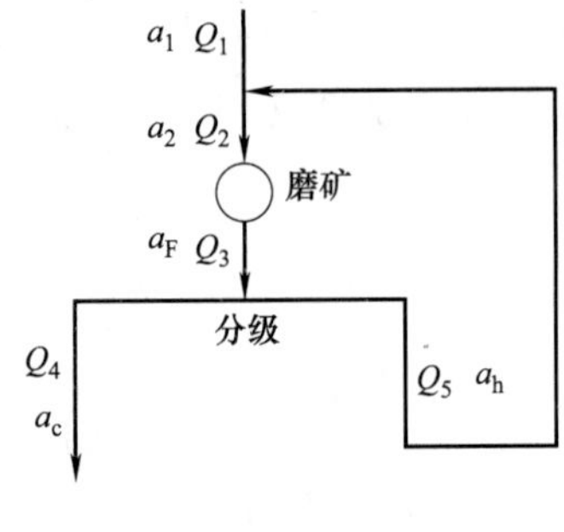

由此可得 ε_{c-x} 的另一计算式：

$$\varepsilon_{c-x}=a_{c-x}\,(a_{F-x}-a_{h-x})/[a_{F-x}\,(a_{c-x}-a_{h-x})] \tag{4-5}$$

图 4-17　闭路磨矿流程

式中，a_{h-x} 为产物 5（沉砂）中粒度小于 x 的产率（小数）；其他符号意义同前。

同理可得沉砂粒度大于 x 量效率等式如下：

$$\varepsilon_{h+x}=a_{h+x}\,(a_{F+x}-a_{c+x})/[a_{F+x}\,(a_{h+x}-a_{c+x})] \tag{4-6}$$

式中，a_{F+x}、a_{c+x}、a_{h+x} 为图 4-17 中给料、溢流、沉砂中所含粒度大于 x 的产率（小数）。

② 分级质效率 E。理想的分级情况是溢流中不含粗颗粒、沉砂中不含细颗粒，因此评价溢流或沉砂产品质量时应考虑其中粗、细颗粒混杂的情况。

溢流质效率：

$$E_{c质}=\varepsilon_{c-x}-\varepsilon_{c+x} \tag{4-7}$$

沉砂质效率：

$$E_{h质} = \varepsilon_{h+x} - \varepsilon_{h-x} \qquad\qquad (4\text{-}8)$$

式中，ε_{h+x}、ε_{h-x} 为溢流中粗颗粒、沉砂中细颗粒回收率（量效率）。

上面两式也通称为牛顿分级效率。

由量效率 ε 和质效率 E 的定义可以证明，按溢流计算的质效率 $E_{c质}$ 等于按沉砂计算的质效率 $E_{h质}$。因此，按分级质效率评价分级过程更能确切反映分级机工作状况。

由以上诸式可以得出通用的计算分级质效率的计算式为：

$$E_{质} = (a_{F-x} - a_{h-x})(a_{c-x} - a_{F-x}) / [a_{F-x}(a_{c-x} - a_{h-x})(1 - a_{F-x})]$$

$$\qquad\qquad (4\text{-}9)$$

式中所有值均为小数。

③ 分级修正效率 E_{cr}。按固体颗粒在流体沉降规律进行分级的设备，无论是螺旋分级机还是水力旋流器，按式（4-6）算出的沉砂量效率值绘制效率曲线时都不交于坐标原点（图 4-18）。这是由沉砂和溢流中混杂有"未经分级"的原给料所致。设沉砂中混入的未经分级的量占分级给料量的百分比为 y_1（即回收率），溢流中混入的未经分级的量占分级给料量的百分比为 y_2，去掉短路量 y_1 及 y_2 后真正由于分级作用而进入沉砂中粗级别的回收率应为：

$$E_{cr} = (q_{h+x} - y_1) / (1 - y_1 - y_2) \qquad\qquad (4\text{-}10)$$

一般来说 $y_2 \approx 1\% \sim 3\%$，可忽略不计。这样一来可得沉砂的真实量效率 E_{cr}，即

$$E_{cr} = (\varepsilon_{h+x} - y_1) / (1 - y_1) \qquad\qquad (4\text{-}11)$$

E_{cr} 称为修正效率；按 E_{cr} 值绘制的效率曲线通过坐标原点（图 4-18）。

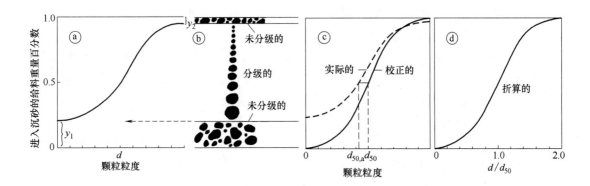

图 4-18　实际效率、修正效率和折算效率曲线形式[14]

④ 分级折算效率 E_{Red} 及分离粒度 d_{50}。分级过程某一粒级进入溢流和沉砂的概率相等，即各为 50%，称此粒度为分离粒度，常以 d_{50} 表示（图 4-18）。实测分离粒度 d_{50}（量效率曲线）通称表观分离粒度，由修正效率曲线上所得分离粒度称"真实分离粒度"，常以 $d_{50(c)}$ 表示。$d_{50} < d_{50(c)}$。

修正效率曲线横坐标以无因次量 $d/d_{50(c)}$ 表示由此形成的曲线称为折算效率曲线，其中 d 为任意粒度值。大量试验表明，折算效率曲线都呈 S 形。与修正效率 0.25 和 0.75（图 4-19）相应的粒度值 d_{25}（或 $d_{0.25}$）和 d_{75}（或 $d_{0.75}$）的比值 SI 称为效

率曲线陡度；陡度值 SI 愈大，效率曲线愈陡，表明分级愈精确；反之分级效率不高。

描述 S 形曲线有很多公式，最常用的折算效率曲线公式有林奇（Lynch）、罗杰斯（Rogers）、奥斯汀（Austin）等算式。

林奇算式：

$$E_{Red} = \frac{\exp\left[\alpha\,\dfrac{d}{d_{50(c)}}\right] - 1}{\exp\left[\alpha\,\dfrac{d}{d_{50(c)}}\right] + \exp[\alpha] - 2} \tag{4-12}$$

式中，α 为常数，与物料性质、操作参数、旋流器结构参数有关。

奥斯汀算式：

$$E_{Red} = \frac{1}{1 + \left[\dfrac{d}{d_{50(c)}}\right]\dfrac{2.196}{\ln(SI)}} \tag{4-13}$$

式中，SI 为陡度，$SI = \dfrac{d_{25}}{d_{75}}\left(\text{或}\dfrac{d_{0.25}}{d_{0.75}}\right)$。

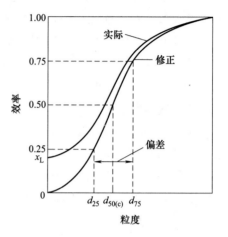

图 4-19　典型的效率曲线

由图 4-18、图 4-19 可以看出分级实际效率曲线不经过曲线坐标原点而与纵坐标相交，其截距 y_1 称为短路系数。大多数研究者认为沉砂中细颗粒是随进入沉砂中的水带入的。因此，短路系数与水力旋流器沉砂中水量分布有关，即短路系数 R_f 等于：

$$R_f = y_1 = W_h / W_f \tag{4-14}$$

式中，W_h、W_f 分别为水力旋流器沉砂、给料中水量，t/h。

(5) 水力旋流器的生产能力

水力旋流器的生产能力常用单位时间内通过给料管的矿浆体积流量表示。水力旋流器的生产能力计算式，按其来由可分为半经验模型和经验模型两大类。本书仅选择一些适应性较强又比较准确的模型加以介绍，供读者使用。

① 半经验模型。

波瓦洛夫的半经验公式。波瓦洛夫（Поваров）根据伯努利方程，导出了水力旋流器生产能力的半经验模型[16, 17]。

$$Q = 3K_D K_\alpha D_i D_o \sqrt{\Delta p} \tag{4-15}$$

$$k_D = 0.8 + \frac{1.2}{1 + 0.1D} \tag{4-16}$$

$$k_\alpha = 0.79 + \frac{0.044}{0.0379 + \tan\dfrac{\alpha}{2}} \tag{4-17}$$

式中　Q——按给料体积计算的处理量，m³/h；

D_i，D_o——入料口和溢流口直径，cm；

K_α——旋流器锥角修正系数；

K_D——旋流器直径修正系数；

Δp——旋流器入料口压力， MPa；

α ——旋流器锥角，（°）。

关于溢流口尺寸 D_o、旋流器直径 D_c、入料口尺寸 D_i 和沉砂口直径 D_u 之间的关系，波瓦洛夫建议如下[17, 18]：

$$D_o \approx （0.2 \sim 0.4）D_c$$

$$D_i \approx （0.15 \sim 0.25）D_c$$

$$D_u \approx （0.15 \sim 0.8）D_o \tag{4-18}$$

波瓦洛夫的旋流器生产能力计算公式在我国有广泛的影响。我国以往选矿设计中旋流器的选择计算，基本上是采用波瓦洛夫计算法。

② 经验模型。

a. 达尔斯特罗姆模型。

达尔斯特罗姆（Dahlstrom）是对旋流器性能进行详细试验研究的先驱者。他于1949 年最早提出如下模型[19]：

$$Q = k（D_i D_o）^{0.9} \sqrt{\Delta p} \tag{4-19}$$

式中 Q——给料量， L/min；

D_i——入料口直径， cm；

D_o——溢流口直径， cm；

Δp——给料压力， Pa；

k——系数。

b. 特拉文斯基模型。

特拉文斯基（Trawinski）模型为[20]：

$$Q = k（D_i D_o）^{0.9} \sqrt{\frac{\Delta p}{\rho}} \tag{4-20}$$

式中 ρ——料浆密度， g/cm³；

k——系数，当旋流器的锥角为 15° $\sim$ 30° 时， $k = 0.5$。

其他符号同上。

c. 切斯顿模型。

切斯顿（Chaston）模型为[21]：

$$Q = kA \sqrt{\Delta p} \tag{4-21}$$

式中， A 为入料口面积， cm²；其他符号同上。

d. 普利特模型。

普利特（L R Plitt）采用三种不同规格的水力旋流器对硅石进行了大量的试验后，根据其试验结果运用数学分析法得到压力降与生产能力的函数关系式[22]：

$$Q = \frac{F_2 \Delta p^{0.56} D_c^{0.21} D_i^{0.53} h^{0.16} （D_u^2 + D_o^2）^{0.49}}{\exp（0.0031 C_V）} \tag{4-22}$$

式中 Δp——旋流器给料压力， kPa；

D_c——旋流器内部直径， cm；

D_i——旋流器入料口直径，　cm；

D_o——旋流器溢流口直径，　cm；

D_u——旋流器沉砂口直径，　cm；

C_V——给料料浆体积浓度，%；

F_2——与物料有关的常数，通过试验来确定；

h——自由漩涡高度，即漩涡溢流管入口到沉砂口之间的距离，　cm。

e. 林奇和劳模型。

林奇（Lynch）和劳（Rao）采用多种规格的水力旋流器对纯度为 99% 的石灰石进行工业性试验后，根据其试验结果建立了如下的生产能力模型[23, 24]。

当给料粒度不变时：

$$Q = k D_o^{0.73} D_i^{0.86} \Delta p^{0.42} \tag{4-23}$$

当给料粒度变化较大时：

$$Q = k D_o^{0.68} D_i^{0.85} D_u^{0.16} \Delta p^{0.49} \beta_{-0.053}^{-0.35} \tag{4-24}$$

式中，$\beta_{-0.053}$ 为给料中 −0.053mm 粒级含量，%。

f. 阿特本模型。

阿特本（R. A. Arterburn）采用标准的 Krebs 旋流器进行了大量的科学试验后，依据其试验结果建立如下的生产能力模型[25]：

$$Q = 0.009 D^2 \sqrt{\Delta p} \tag{4-25}$$

g. 苗拉和朱尔模型。

苗拉和朱尔（J. L. Mular and N . A . Jull）也采用标准的 Krebs 旋流器的试验结果，建立如下的生产能力模型[26]：

$$Q = 0.0094 D^2 \sqrt{\Delta p} \tag{4-26}$$

生产能力的一般模型为：

$$Q \approx 0.0095 D_c^2 \sqrt{\Delta p} \tag{4-27}$$

(6) 分离粒度 d_{50c} 模型

① 半经验模型。

a. 波瓦洛夫的半经验模型[4, 16]：

$$d_{50} = 0.83 \sqrt{\frac{D_c D_o C_{iw}}{D_u K_D \Delta p^{0.5} (\rho_s - \rho_l)}} \tag{4-28}$$

式中　C_{iw}——入料料浆质量浓度，%；

K_D——旋流器直径修正系数。

其他符号同前。

式（4-28）考虑了水力旋流器工作中的各主要影响因素，故计算结果较符合实际。缺点是需经实测并利用回归分析方法求出相应系数。

b. 布列德里（Bradley）模型[27]：

$$d_{50} = k \left(\frac{D_c^3 \eta}{Q (\rho_s - \rho_l)} \right)^n \tag{4-29}$$

式中　D_c——旋流器直径;

　　　η——液体黏度;

　　　Q——给料体积流量;

　　　ρ_s——给料中固体密度,　t/m^3;

　　　ρ_1——液体密度,　t/m^3;

　　　k——修正系数;

② 经验模型。

分离粒度的经验模型是根据水力旋流器的生产实践和科学试验测得的大量数据,通过数学处理得到的分离粒度模型。这类模型很多,现择其主要模型介绍如下:

a. 达尔斯特罗姆模型。

达尔斯特罗姆于 1949 年最早提出分离粒度的经验模型[17]。该模型为:

$$d_{50}=\frac{C\,(D_o D_i)^{0.68}}{Q^{0.53}}\left(\frac{1.73}{\rho_s-\rho}\right)^{0.5}\qquad(4\text{-}30)$$

b. 林奇和劳经验模型。

1977 年,林奇和劳(Lynch and Rao)根据他们的研究资料建立的旋流器分离粒度的校正值 d_{50c} 模型[23, 24]:

$$\lg d_{50c}=K_1 D_o-K_2 D_u+K_3 D_i+K_4 C_{iw}-K_5 Q+K_6\qquad(4\text{-}31)$$

式中　D_o——溢流口直径;

　　　D_u——底流口直径;

　　　D_i——给料口直径;

　$K_1\sim K_6$——待测回归系数;

　　　C_{iw}——给料中固体的质量百分数;

　　　Q——给料体积流量。

c. 普利特模型。

普利特(Plitt)模型如下[21]:

$$d_{50c}=\frac{F_2 D_c^{0.46} D_i^{0.6} D_o^{1.21}\exp\,(0.063 C_V)}{D_u^{0.71} h^{0.38} Q^{0.45}\,(\rho_s-\rho_1)^{0.5}}\qquad(4\text{-}32)$$

式中　D_c——旋流器内部直径,　cm;

　　　D_i——旋流器入料口直径,　cm;

　　　D_o——旋流器溢流口直径,　cm;

　　　D_u——旋流器沉砂口直径,　cm;

　　　C_V——给料中固体的体积浓度,　%;

　　　h——旋流器中自由漩涡高度,即漩涡溢流管入口到沉砂口之间的距离。

　　　F_2——与物料有关的常数,通过试验来确定。

其他符号同前。

d. Nageswararao 模型。

$$d_{50c} = k_{D_o} \left(\frac{d_i}{d_c}\right) \theta^{0.15} \left(\frac{L_c}{D_c}\right) D_c^{0.35} \left(\frac{D_o}{D_c}\right)^{0.52} \left(\frac{D_u}{D_c}\right)^{-0.47} \lambda^{0.93} \left(\frac{P}{\rho_p g D_c}\right)^{-0.22}$$

$$(4\text{-}33)$$

e. JKTech 模型。

$$d_{50c} = k_{D_o} \left(\frac{d_i}{d_c}\right) \theta^{0.15} \left(\frac{L_c}{D_c}\right) D_c^{0.35} \left(\frac{D_o}{D_c}\right)^{0.52} \left(\frac{D_u}{D_c}\right)^{-0.47} \lambda^{0.93} \left(\frac{P}{\rho_p g D_c}\right)^{-0.22}$$

$$(4\text{-}34)$$

这些模型容易被编入电子表格（spreadsheet）中去，在工艺设计和优化方面尤其有用。一些专门的计算机模拟器，如 JKSimMet 模拟软件的旋流器模拟子模块采用了 JK-Tech 模型， MODSIM 的旋流器模拟子模块采用了普利特（Plitt）模型。

图 4-20 给出了 Krebs 典型的水力旋流器性能曲线。适用的条件是：入料固体浓度小于 30%，固体密度为 2.5～3.2t/m³。图中 D 表示旋流器直径，单位为 in， 1psi = 6894.76Pa。

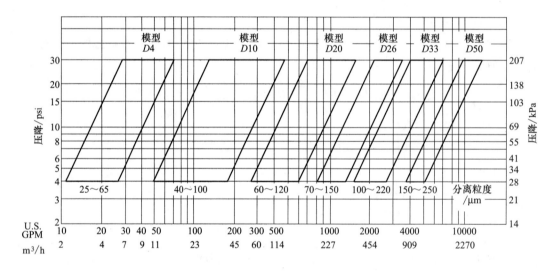

图 4-20 Krebs 典型的水力旋流器性能曲线

（7）水力旋流器选型计算

【实例 4-1】 某铜矿选矿厂采用旋流器同球磨机构成闭路磨矿回路，按如下条件选择和计算水力旋流器的规格和台数：分级溢流细度 −75μm 65%（−115μm 80%）；旋流器给矿压力 = 80kPa；进入旋流器的矿浆量 $Q = 1324.2\text{m}^3/\text{h}$；旋流器给矿中固体的体积浓度为 33.3%（质量浓度为 58.6%），固体真密度为 2.83t/m³。

解：

采用阿提本计算方法。

步骤 1：计算校正分离粒度

水力旋流器分级的目的是获得具有一定粒度组成的溢流产品，通常以固体颗粒通过某一指定粒度的百分含量表示。溢流粒度分布和获得这一指定的粒度分离所需的校正分离粒度 d_{50c} 之间的关系，可以采用如下的经验公式来描述。

$$d_{50c} = Kd_T$$

式中　d_{50c}——校正分离粒度，μm；

　　　d_T——指定粒度，μm；

　　　K——同指定粒度的百分含量有关的系数，见表 4-3。

表 4-3　校正分离粒度 d_{50c} 与溢流中指定粒度的百分含量的关系

溢流中指定粒度的百分含量/%	98.8	95.0	90.0	80.0	70.0	60.0	50.0
系数 K	0.54	0.73	0.91	1.25	1.67	2.08	2.78

由表 4-3 查得 $K = 2.08$，代入上式得到：

$$d_{50c} = 2.08 \times P_{80} = 2.08 \times 75 = 156 \ (\mu m)$$

步骤 2：计算基本校正分离粒度

基本校正分离粒度为：

$$d_{50c(基)} = \frac{d_{50c}}{C_1 C_2 C_3}$$

式中，C_1、C_2、C_3 均为校正系数。

$$C_1 = \left(\frac{53 - V}{53}\right)^{-1.43}$$

式中，V 为给矿中固体的体积百分数。

$$C_1 = \left(\frac{53 - 33.3}{53}\right)^{-1.43} = 4.11$$

$$C_2 = 3.27 \ (\Delta p)^{-0.28}$$

$$C_2 = 3.27 \times 80^{-0.28} = 0.96$$

$$C_3 = \left(\frac{1.65}{\rho_s - 1}\right)^{0.5}$$

$$C_3 = \left(\frac{1.65}{2.83 - 1}\right)^{0.5} = 0.95$$

这样：

$$d_{50c(基)} = \frac{156}{4.11 \times 0.96 \times 0.95} = 41.55$$

步骤 3：计算旋流器的直径

根据基本校正分离粒度计算旋流器直径。

根据阿特本 d_{50c} 分离粒度公式：

$$d_{50c(基)} = 2.84 D_c^{0.66}$$

得到：

$$D_c = \left(\frac{d_{50c(基)}}{2.84}\right)^{1.51}$$

$$D_c = \left(\frac{d_{50c(基)}}{2.84}\right)^{1.51} = 56.4 \ (cm) = 564 mm$$

根据计算结果，应选 $D_c = 610 mm$。

步骤 4：计算旋流器的台数

根据阿特本处理能力公式：

$$q = 0.009 D_c^2 \sqrt{\Delta p}$$

得到：

$$q = 0.009 \times 61^2 \times \sqrt{80} = 299.5 \ (\mathrm{m^3/h})$$

要求的旋流器处理能力为 1324.2m³/h，则旋流器的台数 n 为

$$n = \frac{Q}{q} = \frac{1324.2}{299.5} = 4.4$$

选取 5 台。按 25% 备用，则总台数选取 7 台。

以上计算是按照"标准型旋流器"计算法计算的。计算的标准条件是：给料中水温为 20℃，固体颗粒为球体，其密度为 2.65t/m³；底流中短路量为 y_1，其值等于底流中水量分布率 R_f，旋流器压力降取 69kPa；折算效率 E_{Red} 按式（4-12）计算，其中 $\alpha = 4$。根据上述条件计算所需水力旋流器规格和台数，然后过渡到工业实际条件下所需的水力旋流器。

东北大学利用相似原理和试验验证建立了包括所有水力旋流器参数的优化模拟器，利用此优化模拟器（数学模型组）可求出任意条件下所需的水力旋流器参数。

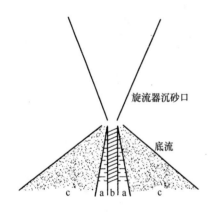

图 4-21　沉砂口大小对底流的影响
a—正确操作；b—绳索状态，沉砂口太小；
c—底流太稀，沉砂口太大

水力旋流器的沉砂口尺寸在很大程度上决定沉砂产品的浓度和粒度。图 4-21 示出了沉砂口大小对水力旋流器底流排出形状的影响。在适宜条件下排料应形成 20°～30° 夹角的"伞状"喷射。这样空气能进入旋流器，被分级的粗颗粒能顺利排出，同时也能增大底流浓度（可大于 50%），可减少底流中细颗粒含量。沉砂口过小会出现"麻花状"排料，在这种情况下，空气柱消失，形成与沉砂口同样非常浓的矿浆流，粗大颗粒从溢流口排出，使分级效率降低。沉砂口过大将形成"伞面状"排料，底流浓度变稀，细颗粒更多地混入底流，致使分级效率下降。因此，生产中保持适宜的沉砂口尺寸非常重要。但是在生产中沉砂口极易磨损，为此，根据生产要求能自动调节沉砂口尺寸使分级指标符合生产要求是非常必要的。图 4-22 示出了沉砂口自动调节的几种方案。

东北大学研究了一种改变水力旋流器安装倾角的办法，以此调节旋流器指标。例如垂直工作的旋流器当沉砂口磨损后，可根据沉砂口磨损的情况改变旋流器倾角，保持其指标不变。

根据理论分析和实际验证可以得出如下结论：旋流器规格不变时处理量 Q_V 与其给料压力 p 的 1/2 次方成比例，分离粒度 d_{50} 与 p 的 1/4 次方成反比例，即：

$$\frac{Q_{V-1}}{Q_{V-2}} = \left[\frac{p_1}{p_2}\right]^{\frac{1}{2}} \quad ; \quad \frac{d_{50-1}}{d_{50-2}} = \left[\frac{p_1}{p_1}\right]^{\frac{1}{4}}$$

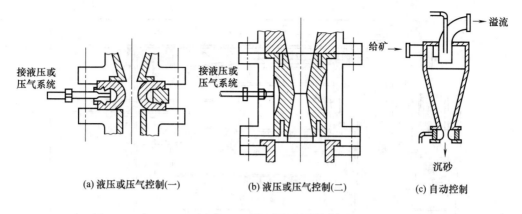

(a) 液压或压气控制(一)　　　　(b) 液压或压气控制(二)　　　　(c) 自动控制

图 4-22　可调节的沉砂口

也就是说，旋流器规格不变，欲使处理量增加 1 倍，给料压力应增大 4 倍；欲使分离粒度减小原来的 50％，则给料压力需增加 16 倍；这样做在生产中是不利的。

反之，旋流器入口压力不变时，处理量与旋流器直径 D 的二次方成比例；分离粒度不变时，处理量与 D 的三次方成比例，即：

$$\frac{Q_{V-1}}{Q_{V-2}}=\left(\frac{D_1}{D_2}\right)^2 \quad ; \quad \frac{Q_{V-1}}{Q_{V-2}}=\left(\frac{D_1}{D_2}\right)^3$$

因此在实际应用中主要不是靠改变操作压力来改变旋流器生产指标，而靠的是改变旋流器结构参数（主要为直径 D 及沉砂口 d_h）。欲使分离粒度细，应采用小直径旋流器；欲使处理量大，则采用大直径旋流器；分离粒度细且要求处理量大时采用小直径旋流器组。

目前湿式超细分级作业，例如分出小于 $10\mu m$ 的颗粒，可采用直径 $D=10mm$ 的旋流器。

水力旋流器与其他分级机相比，其优点是：

a. 没有运动部件，构造简单；

b. 单位容积处理能力大；

c. 矿浆在机器里的停留的量和时间少，停工时容易处理；

d. 分级效率高，有时可高达 80％，其他分级机的分级效率一般为 60％左右；

e. 设备费用低。

其缺点是：

a. 砂泵的动力消耗大；

b. 机件磨损剧烈；

c. 给料浓度及粒度的微小波动对工作指标有很多影响。

4.2.2.4　卧式离心分级机

卧式离心分级机因颗粒在其中受到很大离心力，可达重力的 $100\sim400$ 倍，故分离粒度可很小（可达 $5\sim10\mu m$），沉砂浓度可很大（可达 80％）。这种设备主要用于细粒物料的脱水和脱泥，也可用于分级。图 4-23 示出其工作原理。这种设备可用于化工

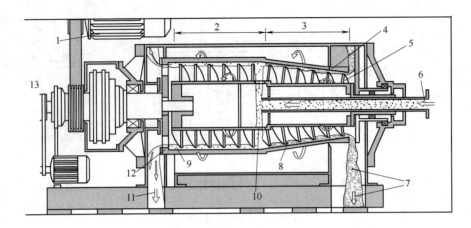

图 4-23　卧式螺旋排料离心分级机工作示意图

1—电动机；2—沉降区；3—脱水区；4—转鼓；5—螺旋推进器；6—进料口；7—沉砂排放；
8—沉砂；9—分离液；10—送入料开口；11—分离液排放；12—溢流环；13—螺杆传动

产品、医药等物料的脱水、分级；进料浓度 2％～50％，进料温度 0～100℃，进料粒度
0.005～5mm。

4.3　干式分级设备

以空气作介质的粒度分级过程称为干式分级或风力分级。干式分级主要用于不能用
湿法处理或湿法处理不经济的物料，如滑石、高岭土、铝矾土、硅灰石等原料利用气流
磨或其他干法加工处理物料的分级，或某些化工、建材、冶金等原料干法加工过程原料
和产品的分级，以及粉尘、烟道尘、废气的除尘作业。风力分级所处理的物料的粒度一
般为 2～0.005mm，所含水分不能超过 4％～5％，否则在分级过程中将发生细粒团聚
和黏着现象。

风力分级的原理与水力分级基本一样，风力分级是利用固体颗粒在气流中沉降速度
差或者利用轨迹不同来进行的。其主要区别在于空气的密度及黏度较水小得多，因此颗
粒基本上是在重力场中（或离心场中）运动，所受阻力较小。但是空气分级易污染环
境，且物料在物流中的分散性不如在水中分散性好，因此分级粒度精确性较差。

风力分级机类型很多，按是否具有运动部件可分为两大类，即不带运动部件和带运
动部件。前者主要有沉降箱、旋风集尘器、布袋除尘器、文丘里管除尘器等，后者有转
盘对流分级机、涡轮分级机等。

4.3.1　不带运动部件的风力分级机

4.3.1.1　沉降箱

常用的有烟道沉降器［图 4-24（a）］、隔板沉降箱［图 4-24（b）］。沉降箱

结构简单，阻力小，使用方便。通常沉降箱用于清除粗大颗粒，其集尘效率约为 40%～50%，阻力损失约 5～20mmH$_2$O（1mmH$_2$O=9.80665Pa，下同）。

4.3.1.2 旋风集尘器

旋风集尘器的工作原理与水力旋流器相似，也属离心力场分级设备，图 4-25 示出该设备操作示意图。旋风集尘器分为左旋（顶视反时针方向旋转） N 形和右旋（顶视顺时针方向旋转） S 形。旋风集尘器为广泛应用的风力分级设备，它可多个串联使用；常用旋风集尘器直径为 0.15～3.6m 之间，进口风速 12～20m/s，分离粒度 5～100μm，分级效率可达 70～90%。表 4-4 列出了旋风集尘器入口风速与分级粒度的关系，表 4-5 列出了 CLP/B 型旋风集尘器技术特性[3]。

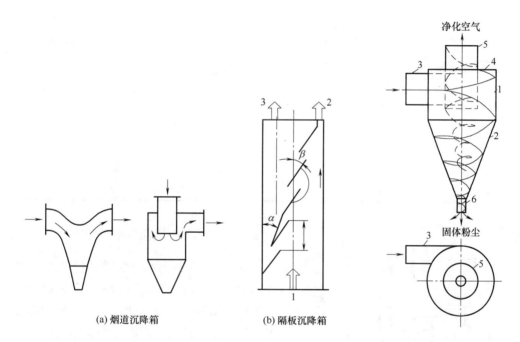

(a) 烟道沉降箱　　　　(b) 隔板沉降箱

图 4-24　沉降箱
1—入料；2—含尘气流；3—净化气流

图 4-25　旋风集尘器操作示意图
1—圆筒部分；2—圆锥体；3—进气管；
4—上盖；5—排气管；6—排尘口

表 4-4　旋风集尘器入口风速与分级粒度的关系

分离粒度 /μm	集尘器直径/m					
	0.15	0.3	0.6	1.2	1.8	3.6
	气流最低速度/(m/s)					
100			0.2	0.5	0.7	1.5
50	0.2	0.5	1	1.8	3	6.1
20	1.5	3	6.1	12.2	18.3	36.6
10	6.1	12.2	24.4	48.8	73.2	146.3
5	24.4	48.8	97.5	195.1	292.6	609.6

表 4-5　CLP/B 型旋风集尘器技术特性

筒体直径/mm	进口风速/(m/s)			进口尺寸/mm×mm
	12	15	18	
	风量/(m³/h)			
1250	9390	11740	14090	315×690
1250	121500	15190	18230	375×750
1500	14150	17690	21230	390×840
1500	17500	21870	26240	450×900
1750	18890	24860	29830	465×990
1750	23820	29770	35720	525×1050
2000	26590	33240	39870	540×1140
2000	31100	38880	46660	600×1200
2250	34290	42840	51410	6150×1290
2250	39370	49210	59050	675×1350
2500	42920	53650	64390	690×1440
2500	48600	60750	72900	750×1500
2750	52500	65690	78820	765×1590
2750	58100	73510	88210	825×1690
3000	63140	78930	94710	840×1740
3000	69980	87480	104980	900×1800

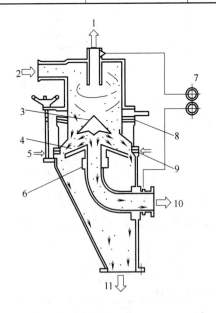

图 4-26　DSX 型旋流分散分级机
1—气流出口；2—物料和空气入口；3—中心锥；
4—分级锥；5—二次气流；6,8—调整环；
7—压力计；9—导向板；10—细粉及气流出口；
11—粗粉出口

4.3.1.3　DSX 型旋流分散分级机

图 4-26 是这种分级机的结构示意图。带固体颗粒的两相气流旋流给入，经分级后可得超细、微细及粗粒三种产品。带超细颗粒的气流从上部排出，在离心力、中心锥和分级锥的作用下得到微细、粗粒两种产品。二次风流经导向叶片（图 4-27）导入分级区用以净化粗粒产品。这种分级机的分离粒度 $d_{50} \approx 1 \sim 300 \mu m$，处理能力 1000kg/h 左右，空气耗量 2~10m³/min。

4.3.1.4　MC-200 型旋流分散分级机

该设备的工作原理示于图 4-28。物料由上部给到涡流区，经导向锥在离心力和风力作用下分为粗、细两种产品，前者沿器壁下流最后由出口排出，后者经导向锥中空区从上部出口排出。二次风流由入口 10 给入，以加强分级作用。调节二次风压、风量及分级锥高度可以控制分离粒度 $d_{50}=5\sim50\mu m$。该设备处理能力为 0.5～1000kg/h。

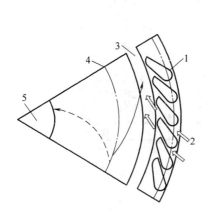

图 4-27　DSX 型分级机分级区

1—导向板；2—二次气流；3—粗粒出口；
4—给料缝；5—细粉和气流出口

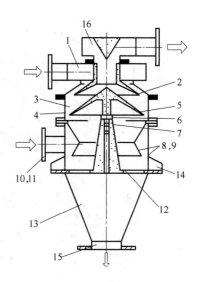

图 4-28　MC-200 型旋流分散分级机

1—上涡流室；2—导向锥；3—分级室；4—机壳；5—分级锥；
6—调整环；7—主架；8,9—二次风调节导向板；10—二次供风口；
11—调整二次供风的蝶型阀；12—支撑架；13—涡流室；
14—托架；15—粗粉出口；16—上出口室

4.3.2　带运动部件的风力分级机

带运动部件的风力分级机的分级效率较高，但阻力较大，消耗电能也高。这种设备常与其他分级设备配合使用。

4.3.2.1　循环气流及旋风器式分级（选粉）机

图 4-29 是循环气流及旋风器式分级机的结构与工作原理。物料经给料部和给料管送至旋转的分散盘上，在离心力作用下甩至分级区。旋转叶轮和分散盘由电动机和减速器带动，转动部件支承于轴承部内。鼓风机将气流送洒落区，使夹杂于粗粒级中的细粒级有机会随气流向上排至分级区。气流夹带细粒级经排风部排至旋风器。若干个（最多8 个）旋风器布置在分级区的圆形机体周围。物料在分级区在离心力和上升旋转气流作用下分为粗粒级和细粒级。粗粒级经下部机体和粗粒级密闭排出口排出，细粒级随气流向上运动，排至旋流器，自旋流器下部的密闭排出口排出，经输送溜槽，最后自细粒级排出口排出。

在旋风器内脱除了细粒级的空气，经风管返回鼓风机。鼓风机的风量可由节流阀或叶片调节器通过传动装置调节。鼓风机和节流装置装在机座上。

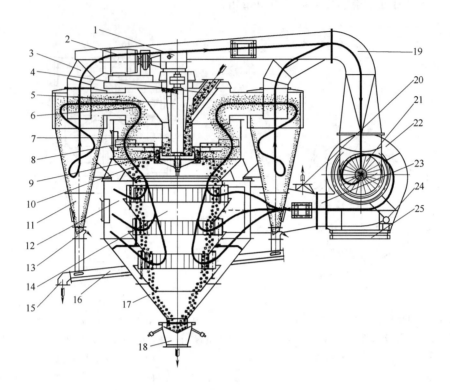

图 4-29　旋风式选粉机

━━━━ 分级气流；∙∙∙∙∙∙∙∙∙∙∙ 粗粒级；▨▨▨▨ 细粒级；

1—减速机；2—电动机；3—总风管；4—给料部；5—轴承部；6—排风部；7—给料管；8—旋转叶轮；

9—物料分散管；10—分级区；11—旋风器；12—中部机体；13—细粒级密闭排出口；14—洒落区；

15—细粒级排出口；16—细粒级输送溜槽；17—下部机体；18—粗粒级密闭排出口；19—风管；

20—送集尘器；21—节流阀或叶片调节器；22—鼓风机；23—补偿器；24—调节器的传动装置；25—机座

　　与惯用的风力分级机不同，循环气流分级机的气流不是由分级机内部的叶轮而是由单独的鼓风机所产生。由于循环气流已经在旋风器内将细粒级分出，所以物料不与鼓风机接触，鼓风机叶片的磨损大为减少。分级粒度可通过气流量与旋转叶轮的转速调节，调节范围相当于比表面为 $2500\sim7000\mathrm{cm}^2/\mathrm{g}$。

　　这种分级机的分级效果较好，生产量大。还可以向机内导入新鲜空气使物料冷却，或导入热气使物料干燥，操作较灵活。旋风器、排风部、下部机体的内壁有熔化玄武岩衬里，叶轮及周围的机体用硬镍铸铁制造，抗磨损性能很好。

　　图 4-30（a）是旋风式选粉机分别对水泥生料（虚线）和熟石灰（实线）分级时的粒度曲线，图 4-30（b）是分别对比表面为 $6000\mathrm{cm}^2/\mathrm{g}$（实线）和 $3000\mathrm{cm}^2/\mathrm{g}$（虚线）分级时的粒度曲线。在各种分级粒度下的细粒级产品（当循环负荷系数为 $200\%\sim300\%$ 时）的生产量示于图 4-31。分级机的技术特征列于表 4-6。

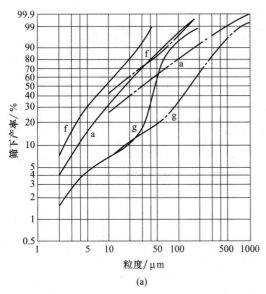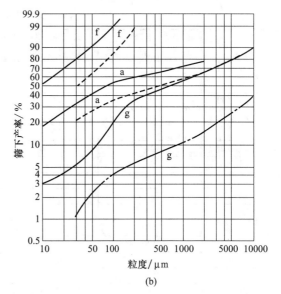

图 4-30 粒度曲线

a—给料；f—细粒级产品；g—粗粒级产品

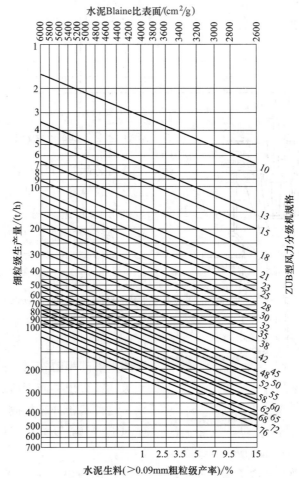

图 4-31 旋风式选粉机的生产量

表 4-6　旋风式选粉机的技术特征

型号	旋转叶轮电动机功率/kW	鼓风机功率/kW	分级区机体直径/mm	机重/kg	宽度×厚度×高度/m×m×m
ZUB 15	13	18.5	1500	5600	2.5×2.9×3.56
ZUB 18	18	30	1800	7950	3.05×3.52×4.22
ZUB 21	26	37	2100	12900	3.5×4.05×4.65
ZUB 23	32	45	2300	14300	3.8×4.4×5.15
ZUB 25	36	55	2506	16200	4.26×4.92×5.7
ZUB 28	48	75	2800	18200	4.77×5.52×5.9
ZUB 30	55	85	3000	22800	5.02×5.8×6.48
ZUB 32	65	100	3200	26000	5.2×6×7.05
ZUB 35	80	110	3500	31500	5.9×6.7×7.05
ZUB 38	90	125	3800	34500	5.9×6.7×7.68
ZUB 42	110	165	4200	48000	6.5×7.4×8.03
ZUB 45	130	175	4500	54000	7.1×8.1×8.44
ZUB 48	150	190	4800	68000	7.5×8.7×9.04
ZUB 50	160	220	5000	72000	8.1×9.3×9.84
ZUB 52	180	250	5200	78000	8.8×9.85×10.24
ZUB 55	200	275	5500	87000	9.2×10.2×10.8
ZUB 58	220	300	5800	98000	10.4×10.6×11.1
ZUB 60	260	320	6000	107000	10.5×10.8×11.3
ZUB 62	300	340	6200	115000	11.2×11×11.5
ZUB 65	340	380	6500	126000	11.58×11.6×11.9
ZUB 68	380	450	6800	141000	12.6×12.3×12.3
ZUB 72	420	480	7200	158000	13.2×12.9×12.8
ZUB 76	460	520	7500	176000	14×13.7×13.3

注：数据来自 KHD 洪堡维达格。

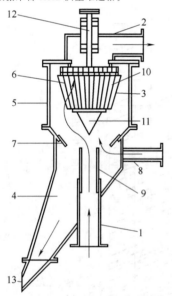

图 4-32　涡轮分级机

1—给料管；2—细粒排出口；3—涡轮；4—下部机体；
5—中部机体；6—叶片之间的间隙；7—环形体；
8—气流入口；9—可调节的管子；10—叶片；
11—锥形体；12—轴；13—粗粒排出口

4.3.2.2　涡轮分级机

待分级物料和气流经涡轮分级机（图 4-32）的给料管、可调管子送入机内，经过锥形体而进入分级区。轴带动涡轮旋转，涡轮的转速是可调的，以改变分级粒度。细粒级物料随气流经过叶片之间的间隙，向上经细粒排出口排出，粗粒级被叶片所阻留，沿中部机体的内壁向下运动，经环形体自下部机体的粗粒排出口排出。冲洗气流经气流入口送入机内，流过沿环形体下落的粗粒物料，并将其中夹杂的细粒级物料分出，向上排送，以提高分级效率。这种涡轮分级机同一台鼓风机相连，鼓风机将气流及细粒级产品自细粒排出口抽走。

涡轮分级机适用的分级粒度范围较广，为 0.005～0.14mm，可以同闭路磨碎配套作检查分级用。

参考文献

[1] Wills B A, Finch J A. Mineral Processing Technology. 8th edition. Amsterdam: Elsevier, 2015.

[2] Austin L G, Klimpel R R, Luckie P T. Process Engineering in Size Reduction: Ball Milling. Littleton, Colorado: SME, 1984.

[3] 周恩浦. 选矿机械. 长沙: 中南大学出版社, 2014.

[4] Mular A L, Bhappu R B. Mineral Processing Plant Design. New York: SME/AIME, 1980.

[5] Перов В А, Роваров А И. Обогащение Руд. 1981, 26 (4): 19.

[6] Schubert H. Aufbereitung fester mineralischer Rohstoffe. Band I, Leipzig: VEB Dt. Verl. fur Grundstoffind, 1989.

[7] Weiss N L. SME Mineral Processing Handbook. Volume 1. New York: AIME, 1985.

[8] ЩИНКОРЕНКО С Ф. СПРАВОЧНИК ПО ОБОГАЩЕНИЮ И АГЛОМЕРАЦИИ РУД ЧЕРНЫХ МЕТАЛЛОВ. МОСКВА: НЕДРА, 1964

[9] Том Первый. СПРАВОЧНИК ПО ОБОГАЩЕНИЮ РУД. Москва: Издатепьство 《НЕДРА》, 1972

[10] 《选矿手册》编辑委员会. 选矿手册: 第2卷, 第2分册. 北京: 冶金工业出版社, 1993.

[11] Heiskanen K. Particle Classification. London: Chapman & Hall, 1993.

[12] Taggart A F. Elements of Ore Dressing. New York: John Wiley & Sons Inc. , 1951.

[13] King R P. Modelling and Simulation of Mineral Processing System. Englewood: SME, 2012.

[14] Kelly E G, Spottiswood D J. Introduction to Mineral Processing. New York: John Wiley & Sons, 1982.

[15] 庞学诗. 水力旋流器理论与应用. 长沙: 中南大学出版社, 2005.

[16] Поваров А И, Щербков А А. Расчет производцительности гидроциклонов. Обогащение руд, 1965, 10 (2): 3-10.

[17] Поваров А И. Гидроциклоны на Обогатительны Фабриках. Москва: Недра, 1978.

[18] Svarovsky L. Hydrocyclones. London: Holt, Rinehart and Winston, 1984.

[19] Dahlstrom D A. Cyclone operating factors and capacities on coal and refuse slurries. Trans Amer Inst Min (Metall) Engrs, 1949, 184: 331.

[20] Trawinski H F. Näherungssätze zur Berechnung wichtiger Betriebsdaten für Hydrozyklone und Zentrifugen. Chem Ing Tech, 1958, 30: 85.

[21] Chaston I R M. A simple formula for calculating the approximate capacity of a hydrocyclone. Trans IMM (Sect. C), 1958, 67: C203-C208.

[22] Plitt L R. A mathematical model of the hydrocyclone classifier. CIM Bull, 1976, 69: 114.

[23] Lynch A J. Mineral Crushing and Grinding Circuits: Their Simulation, Optimization, Design and Control. Amsterdam: Elsevier, 1977.

[24] Lynch A J, Rao T C. Modelling and scale-up of hydrocyclone classifiers. Proc 11th Int Mineral Processing Congress, Gagliari, 1975: 1-25.

[25] Arterburn R A. In: Mular A L, Jorgensen G V, editors. Design and Installation of Comminution Circuits. New York: AIME, 1982: 592-607.

[26] Mular A L, Jull N A. The Selection of Cyclone Classifiers, Pumps and Pump Boxes for Grinding Circuits. In Mineral Processing Plant Design. Edited by A. L. Mular and R. B. Bhappu. New York: AIME, 1982.

[27] Bradley D. The Hydrocyclone. Oxford: Pergamon Press, 1965.

5 浮选设备

5.1 概述

浮选法包括泡沫浮选、油团浮选、表层浮选和沉淀浮选等。泡沫浮选已被广泛用于分选粒度<0.2mm的各种细粒矿石和粒度<0.5mm的细粒煤，所以通常所说的浮选法即指泡沫浮选[1, 2]。

在浮选、重选、磁选和电选四大选矿方法中，浮选是最重要的一种选矿方法。用浮选处理的矿石种类和数量均居这四大选矿方法之首。全球每年采用浮选处理的矿石多达20亿吨[3-5]。细粒矿物在其中进行泡沫浮选的机械称为浮选设备。它是实现浮选过程的最重要的工具和手段。

浮选机必须在一个槽或一排相通的槽子内同时具有如下各种不同的作用[6]。

① 使所有的颗粒，甚至最粗的、最重的颗粒，在矿浆中悬浮。

② 充气——包括细粒气泡在浮选槽内的分散。

③ 促进气泡和颗粒的碰撞。

④ 保持泡沫层下毗邻矿浆的平静条件。

⑤ 提供有效的给矿矿浆进入浮选槽、泡沫精矿和尾矿矿浆排出回路的输送方式。

⑥ 提供矿浆高度、泡沫层厚度、充气量和搅拌程度的控制。

5.2 浮选原理

浮选是一种利用有用矿物和脉石矿物表面特性差异而进行的物理化学分离过程。浮选理论较为复杂，是带有许多副反应和交互作用的气、液和固三相作用过程，至今尚未完全弄清其机理。关于浮选原理的评述，读者可阅读萨赛蓝德[7]、格列姆博茨基[8]、舒伯特[9]、富尔斯登瑙等人的专著[10]。本章只略加以叙述。

通过浮选方法从矿浆中回收物料的过程包括以下三种机理：

① 矿粒在气泡上的选择性黏附；

② 颗粒通过在上升气泡携带的水中夹带进入泡沫；

③ 泡沫中黏附到气泡上的颗粒的物理聚集。

有用矿物在气泡上的黏附是最重要的机理，决定着大部分颗粒是否能回收入精矿中。尽管矿粒在气泡上的黏附是有用矿物回收的主要机理，但有用矿物与脉石矿物的分离效率还取决于颗粒夹带和物理聚集程度。矿粒在气泡上的黏附对矿物表面特性具有化学选择性，但无论是有用矿物还是脉石矿物都能通过夹带和物理聚集得到回收。泡沫层中上浮矿物的排出和泡沫层稳定性的控制对于获得良好的分离效果甚为重要。在工业浮选厂实践中，脉石的夹带现象较为常见，因此采用单段浮选作业并不常见，为了使最终产品中有用矿物达到经济上可以接受的品位通常需要多段浮选，多段浮选称为浮选回路。

浮选利用了不同矿物颗粒物理化学表面特性的差异。当矿物表面用药剂处理以后，浮选矿浆中矿物之间的这种表面特性差异更为明显，为使浮选发生，气泡必须能够黏附矿物颗粒，然后将矿粒浮升至液面。图 5-1 展示了机械搅拌浮选机的浮选原理。搅拌机构使矿浆产生足够的紊流从而促进矿粒与气泡产生碰撞，使有用矿物黏附到气泡上，并将它们带入泡沫层从而实现回收。

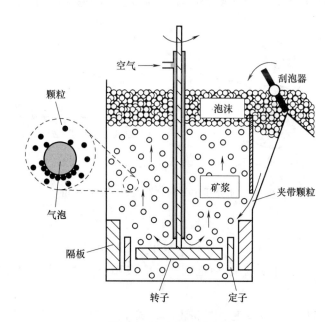

图 5-1 浮选原理示意图

浮选工艺只能应用于相对较细的颗粒，因为如果颗粒太大，颗粒与气泡之间的黏附作用小于颗粒的重量，气泡就会脱掉其负载的颗粒。浮选工艺有其最佳的适用粒度范围。

在浮选工艺中，矿物通常进入泡沫产品，或称可浮部分，脉石留在矿浆中，称为尾矿。这种工艺称之为正浮选，与其相反的是反浮选。反浮选过程中脉石进入泡沫产品。

泡沫的作用是增强浮选过程的整体选择性。通过减少进入精矿中的夹带物料的回收率并优先保留泡沫中黏附的物料来实现这种选择性。这增加了精矿的品位同时又可以尽可能防止有用矿物回收率的减少。可以在最佳的泡沫稳定性条件下进行严格操作来保持回收率和品位的平衡关系。因为浮选槽中最终的分离相，即泡沫相，是浮选工艺中决定精矿品位和金属回收率的最关键的因素。

矿物颗粒如果有一定程度的排水能力或疏水性，它们就能黏附到气泡上。如果能形成稳定的泡沫层，当泡沫到达液面后，气泡能继续支撑住矿物颗粒。否则气泡将破裂，矿粒将掉落。为了创造这些条件，就需要添加许多化学药剂，即浮选药剂。

所有泡沫分离的基本依据是吉布斯方程[11, 12]。若只有一个溶质存在并且选择分界面以使表面多余的溶剂消失，则吉布斯方程可表示如下：

$$\Gamma = -\frac{\alpha}{RT} \times \frac{\mathrm{d}\gamma}{\mathrm{d}\alpha} \qquad (5-1)$$

式中，Γ 为表面溶质剩余量；α 为溶质的活性系数；γ 为表面张力，即单位界面的自由能。

如果 $\frac{\mathrm{d}\gamma}{\mathrm{d}\alpha}$ 为负的，即表面的溶质有超量。如果 $\frac{\mathrm{d}\gamma}{\mathrm{d}\alpha}$ 为正的，则溶质在表面不足。

水中矿物表面及浮选药剂的活性与作用在该表面上的各种力密切相关。倾向于将颗粒保持在气泡上的力在图 5-2（a）中示出，通常对接触角（在液体中测得）的描述如图5-2（b）所示。表面张力导致在矿物表面和气泡表面之间形成接触角。

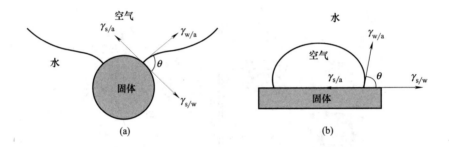

图 5-2　水介质中气泡与颗粒之间的接触角

在达到平衡状态时：

$$\gamma_{s/a} = \gamma_{s/w} + \gamma_{w/a}\cos\theta \qquad (5-2)$$

式中，$\gamma_{s/a}$、$\gamma_{s/w}$ 和 $\gamma_{w/a}$ 分别是固气、固液和液气界面的表面自由能；θ 是矿物表面与气泡之间的接触角。

杨氏在 1805 年对此曾做过定性的描述，此式通常被称为杨氏公式。

破坏颗粒与气泡界面所需的力称黏附功 $W_{s/a}$，黏附功等于分离固气界面并产生独立的气水和固水界面所需的功，即：

$$W_{s/a} = \gamma_{w/a} + \gamma_{s/w} - \gamma_{s/a} \qquad (5-3)$$

结合式（5-2），可得：

$$W_{s/a} = \gamma_{w/a}(1-\cos\theta) \qquad (5-4)$$

从上式可以看出，接触角越大，颗粒与气泡之间的黏附功越大，该体系对于破裂力更具有弹性。因此矿物的疏水性随着接触角的增加而增加，接触角大的矿物称为亲气矿物，即矿物对空气比对水具有更高的亲和力。

大部分矿物有自然亲水性，因此必须在矿浆中添加浮选药剂。浮选药剂主要分为三大类[13]：

① 捕收剂。捕收剂吸附在矿物表面后使矿物疏水（或亲气），并促进其在气泡表

面的黏附。

②起泡剂。有助于保持泡沫的适当稳定性。

③调整剂。通常用于调节浮选过程，调整剂既可以活化又可以抑制矿物在气泡表面的黏附，还经常用于调节浮选体系的 pH 值。

矿物浮选的历史承载了一百多年的创新和发展，尤其是浮选药剂的研发、它们的作用机理和制造以及它们在矿物加工可持续发展中所起的作用等。有关浮选药剂及其浮选行为的评述，请参阅有关的专著，这里不再叙述。

5.3　浮选机的发展历史和大型化进程

5.3.1　浮选机的发展历史

据说早在 15 世纪波斯人已经使用浮选法富集蓝铜矿和青金石来制造蓝群青颜料[14-16]，但是并未确立为一种工业方法。至 19 世纪末，随着市场对矿物原料需求量的急剧增长，浮选法作为加工处理低品位矿石的一种有效新方法而获得蓬勃发展。各类浮选设备也随之产生。下面简要介绍浮选设备的发展历史。

1910～1960 年可视为小型浮选机发展的时代，其间使用最广泛的五种浮选机为：Minerals Separation、Callow、Fahrenwald 或 Denver、Galigher Agitair 和 Fagergren 或 WEMCO 浮选机。自 20 世纪 70 年代以来，浮选机开始向大型化发展。其发展历程简要概述于表 5-1 中[7, 16, 17]。

表 5-1　浮选机的发展历史

年份	大事记
1905	胡佛为选矿有限公司研制的机械搅拌充气浮选机是现代浮选机的雏形
1908～1909	Zinc Corporation 公司对不同浮选机械进行了试验，对自吸气机械搅拌浮选机的发明起到了决定性作用
1911	美国蒙大拿州的 Butte & Superior 公司建成第一座浮选厂(Basin Mill)，处理 92％－150 目的闪锌矿重选尾矿
1913	John Callow 发明了充气式浮选机，Robert Towne 与 Frederick Flinn 共同发明了充气式浮选柱。充气式浮选柱与充气式浮选机有类似的浮选效果，但是因为存在矿物研磨的问题，最终被舍弃不用
1920	兰格缪尔首次提出浮选理论
1932	第一台阿基泰尔浮选机研制出来并获得专利。其容积为 $0.14m^3$
1944	最大的 Denver 浮选机是 No. 30 Sub-A 浮选机，其容积为 $2.83m^3$，号称当时浮选机业界最大的机械式浮选机
1945	虽然 Callow 充气式或者其他充气式浮选机还在使用，但自吸气机械搅拌式浮选机已经成为当时运用最广泛的浮选机类型
1947	Denver、Agitair 和 Fagergren 这三种形式的浮选机占据主要市场

年份	大事记
1959	奥托昆普(Outokumpu)为 Kotalahti 选矿厂制造了两台 2.5m³ 的方形浮选机
1967	丹佛(Denver)公司研制了一台 5.66m³ 的 DR 型浮选机在 Duval Esperanza 矿山安装应用。其中两个主轴之间的挡板能够减少循环流过短的现象。该浮选机命名为 200H
1982	奥托昆普 TankCell 圆筒形浮选机首次应用于 Pyhasalmi 矿，其容积为 60m³。与方形槽体相比，圆筒形槽体被证实效率更高，操作更简单。由于槽底没有死角，混合更均匀，沉砂量极少，并且泡沫层稳定地通过槽体整个表面
1995	奥托昆普公司的第一台 100m³ 浮选机在智利 Escondida 铜矿的 Los Colorados 选矿厂安装使用
1996	WEMCO SmartCell 浮选机在铜矿进行测试，其特征在于有一个容积达 125m³ 的圆柱形槽体。其主轴机构的设计为典型的 1+1 型主轴设计，但是主轴机构底部的进入管道被扩大以增大吸入的矿浆量
1997	奥托昆普公司 160m³ 浮选机首次应用于智利 Chuquicamada 铜矿
2002	奥托昆普公司研发了 200m³ 浮选机——TankCell-200 型浮选机。第一台 TankCell-200 型浮选机在澳大利亚 Century 铅锌矿安装使用
2003	FLSmidth 公司安装了首台 257m³ 的 SmartCell™ 浮选机
2007	奥托昆普公司研制成功了容积为 300m³ 的浮选机，在新西兰的 Macraes 金矿安装使用
2008	北京矿冶研究总院研制成功了最大容积浮选机——320m³ 浮选机
2012	FLSmidth 公司研制成功了首台 660m³ 的 SmartCell™ 浮选机
2012	奥图泰成功研制了首台 630m³ 的 TankCell 浮选机

5.3.2　浮选机大型化进程

从 20 世纪 40 年代开始，浮选机开始朝着大型化方向发展。从 20 世纪 90 年代起，大容积浮选机的使用备受重视。生产实践表明，提高浮选设备的单位生产能力可以降低单位费用，浮选机设计工作应沿着单槽容积大、生产能力强、能耗低、结构简单和自动控制优良的思路进行。近 30 年里浮选机容积至少增大了 10 倍，比 20 世纪 40 年代增大了 100 倍。

浮选机的设计和制造朝设备大型化的方向发展，这将降低投资和运营成本，同时降低单位能耗 30%～40%。自 20 世纪 90 年代初以来，到目前为止，浮选机的容积增加了 10～15 倍，达到 300～660m³，比功率为 0.8～1.0kW/m³，保持选矿指标并简化工艺过程的自动控制。

浮选设备单槽容积大小在一定程度上体现了浮选设备研究水平。目前工业应用最大的浮选机容积已达到 660m³。单槽容积大于 100m³ 的浮选设备已经大量进入工业应用。历年来最大规格浮选机容积的增长如图 5-3 所示[18]。

目前，世界上最大规格的机械搅拌外充气式浮选机是奥图泰 TankCell 630m³ 的浮选机，于 2012 年在 First Quantum Minerals 公司位于芬兰的 Kevitsa 镍铜（铂族金属）选矿厂投入运行。世界上最大规格的自吸式机械搅拌浮选机是 FLSmidth 的 Xcell

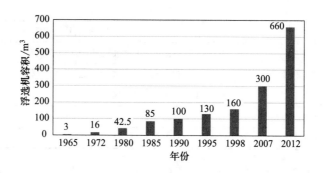

图 5-3　历年来最大规格浮选机容积

660m³ 浮选机，见表 5-2。

表 5-2　最大规格的机械搅拌式浮选机

项目	美卓矿机	奥图泰	艾法史密斯	北京矿冶研究总院
型号	RCS	TankCell	SuperCell	KYF
最大容积/m³	300	630	660	320

5.4　浮选设备的分类

矿物在其中进行泡沫分选的机械称为浮选设备。根据目前生产实际情况，可将浮选设备分为两大类：机械搅拌式浮选机和充气式浮选机。浮选机是浮选工艺的主要设备，由单槽或多槽串联组成。浮选中矿浆的搅拌充气、气泡与矿粒的黏附、气泡上升并形成泡沫层被刮出或溢流出等过程，都在浮选槽内进行。根据充气方式的不同，机械搅拌式浮选机又分为自吸式和充气式两种。前者的搅拌器兼用完成吸入空气及分割空气双重任务；后者的搅拌器仅用于分割空气，空气靠外部压风设备强制供入。

利用专门设备从浮选机外部强制吸入或压入空气，而不具有叶轮-定子系统作为搅拌器的浮选机，统称为充气式浮选机，又称为无搅拌器式浮选机。此种浮选机分割空气的方法有几种，例如，使空气通过微孔而强制弥散，或用喷射、旋流等手段产生强烈涡流以分割空气，或用真空减压法使气泡从矿浆中析出。

浮选设备的详细分类见表 5-3 [19, 20]。

表 5-3　浮选设备的分类表

类别	充气方式	浮选机型号及产地
机械搅拌式	自吸式	威姆科(Wemco1＋1)(美国)、威姆科(Wemco SmartCell)(美国)、Super-Cell、JJF(中国)
	充气式	DR(瑞典)、RCS(瑞典)、OK-R(芬兰)、OK-U(芬兰)、TankCell(芬兰)、Dorr Oliver(美国)、KYF(中国)

类别	充气方式	浮选机型号及产地
充气式	浮选柱	CISA(芬兰)、CPT(加拿大)、Microcell(美国)
	反应器/分离器型	达夫克拉(澳大利亚)、詹姆森浮选槽(澳大利亚)
	气升式	PNEUFLOT 浮选机(德国)
	单纯充气式	泡沫分离器(俄罗斯)
	真空减压式	真空浮选机(芬兰)

机械搅拌式浮选机与充气式浮选机各有所长，各有特点，可以适用于不同的矿石对象及作业条件。目前，机械搅拌式浮选机的采用较为普遍，但是充气式浮选机也在迅速发展。概括起来看，机械搅拌式浮选机有如下优点：

① 选别难选矿石或复杂矿石，或者欲获高品位精矿时，可保证有较好较稳定的技术指标；对优先浮选较为适用。

② 机械搅拌自吸式浮选机靠叶轮或装在同轴上的吸浆轮实现中矿返回，可以省掉大量砂泵，这一点对于选别多金属矿石的复杂流程很有意义。

③ 矿浆搅拌强烈，可以保证比重较大、粒度较粗的矿粒悬浮。

④ 由于搅拌作用较强，可以促使难溶药剂在矿浆中均匀分散及乳化，有利于药剂与矿物表面作用，因此往往可节省用药。

机械搅拌式浮选机的不足之处：

① 结构较复杂，单位处理量的设备费用较高。

② 处理每吨矿石的动力消耗较大。

③ 运转部件（叶轮-定子系统）的磨损严重，维修费用高。

④ 需要较大的厂房安装面积。

充气式浮选机具有结构简单、单位生产面积的处理量大、基建投资较小等优点。但是充气器易堵塞，不易得到均匀充气，且由于搅拌不足，粗粒重粒浮选不好。喷射旋流浮选机在某种程度上克服了上述缺点，但是喷射器和旋流器的磨损和堵塞有时又成为问题。

5.5　机械搅拌式浮选机工作原理

在浮选槽里，叶轮高速旋转时产生的惯性离心力将气液固三相混合物甩出叶轮区。排出矿浆量的多少取决于叶轮旋转时产生的压头。

叶轮旋转时产生的理论压头与旋转速度之间的关系式，可由角动量平衡导出[21]。具体说就是：通过叶轮的流体角动量的时间变化率，应等于叶轮表面给予流体的转矩或等于转动叶轮所需的转矩。假设进入叶轮的流体角动量为零，则：

$$T_f = Q\rho\omega K r^2 / g \tag{5-5}$$

式中　T_f——转矩，N·m；

Q——叶轮的排液量，　m^3；

ρ——流体密度，　kg/m^3；

ω——叶轮角速度；

r——叶轮半径，　m；

K——叶轮周边的流体切向速度与叶轮周速之比，无稳流板时 $K \to 1$，有稳流板时 $K < 1$，最小的 K 值可达 0.1。

式（5-5）两端乘 ω，即得：

$$T_f\omega = Q\rho K\omega^2 r^2 / g \tag{5-6}$$

式中，$T_f\omega$ 为叶轮旋转所需之动能 P。已知，当流体的摩擦损失为零时，P 可用下式表示：

$$P = Q\rho H \tag{5-7}$$

式中，H 为叶轮旋转时所产生的理论压头。

故可得：

$$Q\rho H = Q\rho K\omega^2 r^2 / g \tag{5-8}$$

$$H = K\omega^2 r^2 / g = K\pi^2 d^2 n^2 / g \tag{5-9}$$

由式（5-9）可见，当叶轮直径 d 一定时，H 与 n^2 成正比（$H \propto n^2$）。

按弯叶片涡轮叶轮，可进一步求出曲面叶轮所产生的流体径向分速度 v_r [21]。

$$v_r = \omega r \sqrt{2K(1-K)} \tag{5-10}$$

式中符号意义同前。

求得流体径向速度 v_r，则浮选机叶轮的排液能力 Q_L 可由下式计算：

$$\begin{aligned} Q_L &= 2\pi b r v_r \\ &= 2\pi b\omega r^2 \sqrt{2K(1-K)} \\ &= \pi^2 bnd \sqrt{2K(1-K)} \end{aligned} \tag{5-11}$$

式中，b 为叶轮的轴向厚度，m。

叶轮旋转时矿浆进入叶轮区又被叶轮排出。如图 5-4 所示，进入叶轮区的矿浆量包括从叶轮上部给入的给矿（Q_1）及循环矿浆（Q_2）。据测定，当叶轮直径大于 600mm 时，$Q_1 + Q_2$ 约为 100～200m^3/h；叶轮盖板与叶轮圆盘沿其侧向方向存在间隙 h，由于水静压力而理应流入的矿浆（Q_3）（图中未标出），其流量约为 $Q_1 + Q_2$ 的 9～10 倍。显然，叶轮的浸水深度 H_{im} 支配 Q_3 的大小。叶轮正常工作时，必须克服矿浆阻力而排出 $Q_1 + Q_2 + Q_3$ 的矿浆量。换句话说，只有当 $Q_L > Q_1 + Q_2 + Q_3$ 时，矿浆才可能被完全排出于叶轮区之外，在叶轮区形成空穴。当空穴区扩展到叶片端部时，矿浆仅从叶片末梢掠过而不能进入叶轮区，此时正常的充气作用才成为可能。图 5-5 表示片状叶轮和棒条叶轮

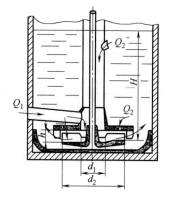

图 5-4　矿浆运动方向

的空穴区的形状。

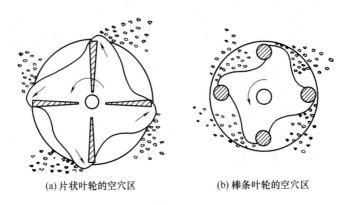

(a) 片状叶轮的空穴区　　　　(b) 棒条叶轮的空穴区

图 5-5　叶轮的空穴区

　　进一步分析浮选机叶轮充气原理。图 5-6 表示叶片端部的速度变化及压力分布曲线。由于稳流板的作用，矿浆与叶片端部的相对速度可以近似地看作叶轮周速 v；在旋转叶片的正面点 A 处，矿浆与叶片的相对速度 $v_A = 0$，在叶片末梢 B 点处，矿浆流速最大，$v_B \approx 2v$。压力分布恰好相反，点 A 处最大，点 B 处最小。根据伯努利方程式，取 1—1、3—3 截面，可列式如下：

$$Z_1 + \frac{p_1}{\rho} + \frac{v_1^2}{2g} = Z_3 + \frac{p_3}{\rho} + \frac{v_3^2}{2g} + h\omega_{1-3} \tag{5-12}$$

式中　Z_1、　Z_3——1—1、3—3 截面的位势头；

　　　　p_1、　p_3——1—1、3—3 截面处的压力；

　　　　v_1、　v_3——1—1、3-3 截面处的流速，其中 v_1 等于 v，v_3 等于 $2v$；

　　　　　　ρ——矿浆密度；

　　　　$h\omega_{1-3}$——压头损失。

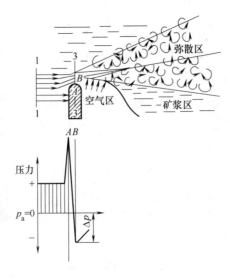

图 5-6　叶轮充气原理图

已知 $Z_1 = Z_3$，$h\omega_{1-3}$ 不计入，得：

$$\frac{p_1}{\rho} + \frac{v_1^2}{2g} = \frac{p_3}{\rho} + \frac{(2v)^2}{2g} \tag{5-13}$$

式中　p_1——浮选机叶轮水平面的绝对水静压力，已知 $p = p_a + \rho H_{im}$，p_a 为大气压，H_{im} 为叶轮浸水深度；

　　　p_3——3—3 截面的绝对水静压力，$p_3 = p_a + \Delta p$。

代入上式，得：

$$\frac{\Delta p}{\rho} = H_{im} - \frac{3v^2}{2g} \tag{5-14}$$

由式（5-14）可见，叶轮周速越大，Δp 越小。当 $H_{im} = \frac{3v^2}{2g}$ 时，Δp 等于零，此时 $p_3 = p_a$；当 $\frac{3v^2}{2g} > H_{im}$ 时，Δp 为负值，$p_3 < p_a$，叶片端部形成负压，浮选机开始吸气。可见，$\Delta p \leqslant 0$ 为浮选机充气的必要条件。代入式（5-14），得：

$$\frac{3v^2}{2g} \geqslant H_{im} \tag{5-15}$$

或

$$v \geqslant k\sqrt{H_{im}}, \; k = \sqrt{\frac{2}{3}g} \tag{5-16}$$

上式表明，叶轮周速一定要大于临界值（$k\sqrt{H_{im}}$），充气才成为可能。而该临界值与叶轮的浸水深度 H_{im} 的平方根成正比。浸水深度越大，开始充气的叶轮临界周速亦需相应提高。

浮选机叶轮正常工作时，矿浆处于高湍流状态（雷诺数 Re 为 $10^6 \sim 7 \times 10^7$）[9]。通过旋转叶轮产生气泡的机理是：先是空穴附在叶轮叶片的后缘，该叶片后缘为低压区。然后由于湍流作用，尾缘涡从空穴尾部脱落而形成气泡，这就是气泡形成的空穴机理，如图 5-6 所示。

5.6　机械搅拌式浮选机的结构及其参数

不同类型浮选机的结构不尽相同，但是均由两大部分组成：叶轮-定子系统和槽体。

5.6.1　浮选机叶轮-定子系统

浮选机的叶轮-定子系统是实现浮选的搅拌、混合、充气、矿化等分过程的关键部件。一些典型的浮选机叶轮-定子系统如图 5-7 所示。

浮选机的叶轮-定子系统的结构多种多样，概括起来，大体上可分为片状离心叶轮、棒条叶轮、圆台状叶轮和混合型叶轮四大类。

5.6.1.1 片状离心叶轮

片状离心叶轮由叶轮圆盘和 6～12 个辐射状叶片组成。根据圆盘和叶片的相对位置，可以分为三种情况。

① 叶片呈辐射状布置于叶轮圆盘面上者为单面叶轮，美卓 DR 型浮选机采用此种叶轮 [图 5-7 (a)]； V-flow 型浮选机使用单面叶轮，但叶片为弯曲叶片，位于叶轮圆盘之下，八个叶片与径向呈一定角度排列（图 5-7）。

② 叶轮圆盘的上下两面均有叶片的为双面叶轮，此种叶轮的搅拌力较强，洪堡型浮选机采用此种叶轮，如图 5-7（g）。洪堡型的叶轮盘与水平面呈 5°～15° 夹角倾斜安装，此种不对称结构的叶轮可以赋予矿浆以一种脉动转动，增强搅拌能力，加大充气量[22]。

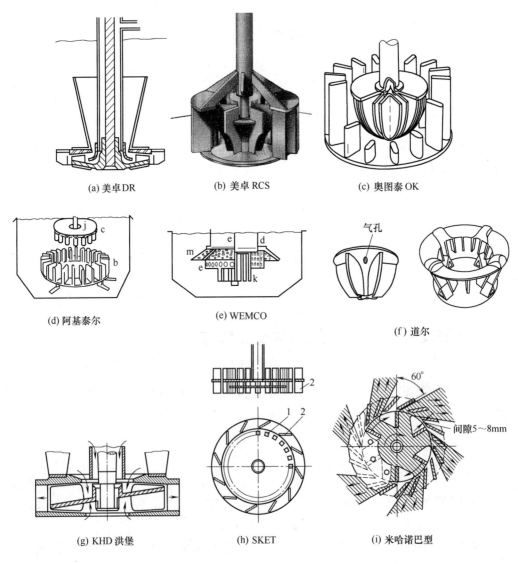

(a) 美卓 DR   (b) 美卓 RCS   (c) 奥图泰 OK

(d) 阿基泰尔   (e) WEMCO   (f) 道尔

(g) KHD 洪堡   (h) SKET   (i) 米哈诺巴型

图 5-7 浮选机转子定子系统

③ 叶片布置的第三种情况是叶片位于上下两圆盘之间，且叶片多为弯曲叶片，此种叶轮与离心泵的叶轮相似，对精矿量大、矿石质软的物料如煤泥等较为适用，如 XJM 型、 ΦM-2.5 型、米涅迈型等。

除上述三种情况外，采用没有圆盘的开启叶片的叶轮也逐渐增多。如威姆科型浮选机的星形叶轮是由鼠笼式叶轮演化而来，叶片末端突然变厚，如图 5-7（e）所示，兼有棒条叶轮及离心叶轮的特点。奥图泰 OK 型浮选机的叶轮从叶片和圆盘的相对位置看，属于单面叶轮，但是它有如下特点：叶轮厚度很大，远非其他单面叶轮可比拟；叶片中空，用以充气；叶轮上大下小，呈鸡心形 ［如图 5-7（c）］。

美卓 DR 浮选机在转子的上部有一个锥形的领子以增强矿浆从上部返回转子孔洞的再循环，使槽内的上部更为平静。这种矿浆再循环增强了粗颗粒的悬浮 ［如图 5-7（a）］。

5.6.1.2　棒条叶轮

棒条叶轮是应用较广的另一类叶轮。棒条叶轮通常由 12 根或更多的棒条（固定在叶轮圆盘的周边）组成。根据棒条与圆盘的相对位置的不同，可分为三种。

第一种，棒条位于圆盘之下，如阿基泰尔型浮选机的叶轮棒条垂直向下 ［图 5-7（d）］。

第二种，圆盘上下均装有棒条，如德国的 SKET 浮选机的叶轮 ［图 5-7（h）］。

第三种，双圆盘叶轮，棒条位于上下圆盘之间，又称鼠笼式叶轮，如法格古轮型浮选机，其转子由 16 根棒条及上下叶轮环（中空圆盘）组成，叶轮环中空部装有四片叶片，上下圆环的叶片的安装倾角相反，以保证由上叶轮环吸入空气。

5.6.1.3　圆台状叶轮

采用圆台状（伞状）叶轮。所谓圆台状叶轮，是指叶轮的上底及下底直径不等的叶轮，近来在叶轮设计中多有采用。此种叶轮又可以分为上底直径小于下底直径正圆台及上底直径大于下底直径倒圆台两种情况。

正圆台叶轮的主要特点是，叶轮旋转时形成倾斜向下的浆气混合流，此浆气流被叶轮倾斜向下甩出直至稳流板，再被稳流板反射向上，整个浮选槽内形成了浆气混合流的 W 形的运动路线。此种 W 形运动路线同丹佛型的 U 形运动路线相比，有一定的优点：它可以防止槽底沉积矿砂及产生死角，可以保证矿浆循环只在叶轮区进行，使矿浆面较为稳定；还可以保证气泡有足够的矿化路线，易于实现浅槽作业。一般情况下，正圆台叶轮与浅槽浮选机及槽底的稳流板是相互配合采用的，稳流板具有定子的某些作用，因此可以不装定子。

倒圆台叶轮（又称尖缩叶轮）的工业实例是 OK 型浮选机 ［图 5-7（c）］。 OK 型浮选机的叶轮近似于一抛物线的旋转体。为了使叶轮具有最大的弥散空气面积，应保证在矿浆中叶片空心夹缝从顶端到末端承受相同的压力，根据此原则通过流体力学计算设计出 OK 型叶轮的独特几何形状。倒圆台叶轮的浆气混合流方向为倾斜向上，较适用于深槽浮选机；它的另一优点是，不怕突然停机造成压槽。

5.6.1.4　混合型叶轮

突破片状和棒条叶轮之间的明显差异，设计混合型叶轮。例如，由法格古轮型的棒条叶轮发展为 Wemco 型的星形叶轮，由 Warman 叶轮发展而来的环射式叶轮等。

5.6.1.5　叶轮直径

叶轮直径 d 可作为线性尺寸的基数。若 L 表示槽体宽度（刮泡一边的边长），H 表示矿浆深度，b 表示叶片高度，h 表示叶轮与槽底之间的间隙，则有 d/L（径宽比）、d/H（径深比）、b/d（高径比）、h/d（距径比）等比值，用它们可表示浮选机部件主要结构尺寸。

用这种表示方法，在对比不同型号的浮选机时很容易看出各主要尺寸之间的相关关系。据有关文献可知，对于同一种类型的工业用浮选机，不论其槽容积的大小如何，d/L 的数值几乎是不变的。有些厂家由于采用标准化叶轮，槽容规格多于叶轮规格，因而引起 d/L 值波动，波动幅度在 10％～40％左右。由此可见，在设计新叶轮时可参考现有资料（见表5-4），按槽宽和估计的 d/L 值，确定直径 d。如果决定一个槽要采用 4 组转子-定子机构，则 L 取槽宽的 1/2。

常用浮选机之 L/d 见表5-5。

表 5-4　浮选机设计参数

机型及牌号		$V_{有效}$ /m³	L /m	H/L	L/d	b/d	h/d	u /(m/s)	U_g /[m³/(m²·min¹)]
美卓	DR 500	14.36	2.691	0.736	3.210	0.223		7.46	1.5
	DR 300	8.835	2.234	0.819	2.661	0.167		7.15	1.5
	DR 30-100	2.832	1.576	0.744	2.590	0.188	0.3	6.38	1.5
	DR 24-50	1.416	1.219	0.834	2.182	0.125		6.58	1.5
	DR18SP-25	0.708	0.914	1.000	2.000	0.069		6.58	1.5
	DR 15-12	0.340	0.710	1.073	2.328	0.104		6.38	1.5
	DR 8	0.085	0.482	0.897	2.374	0.148		6.38	1.5
	DR 7	0.354	0.354	0.862	2.145	0.135		6.31	1.5
	DR 5	0.241	0.241	1.055	2.114	0.139		8.37	1.5
奥图泰	OK-3	2.7	1.50	0.80	3.000	0.598		5.2	
	OK-8	8	2.25	0.85	3.344			6.1	
	OK-16	16	2.80	0.75	3.868	0.606		6.4	
	OK-38	38	3.49	0.90	3.902			7.1	
WEMCO	♯144	12.03	2.843	0.583	4.152	1.000		6.6	
	♯120	7.22	2.286	0.589	4.097	1.045	0.05	6.4	
	♯84	3.68	1.600	0.841	3.941	1.000		6.4	
	♯66D	2.41	1.524	0.783	3.744	1.000		5.7	
	♯66	1.44	1.524	0.450	4.691	1.020	0.06	6.4	
	♯56	0.99	1.422	0.429	5.071	1.182		6.4	

表 5-5　浮选机槽宽 L 与叶轮直径 d 之比

品牌	Agitair48	XJM 型	Wemco	Aker	美卓 DR	Sala 型
L/d	1.56	3.57	4～5	4.3～5.0	2.56～3.2	2.25

5.6.1.6　叶轮厚度与直径

片状离心叶轮和棒条叶轮在外形尺寸上很不相同：离心叶轮一般较薄，叶轮厚度 b 与直径 d 的比例 b/d 较小，约为 0.2 左右；棒条叶轮的 b/d 值一般较大，约在 0.5 以上，见表 5-6。

表 5-6　叶轮厚度 b 与直径 d 之比

浮选机名	丹佛 Sub-A	法格古轮	OK 浮选机	WEMCO	阿基泰尔
b/d 值	0.15	1.0	0.61	1.0	0.3～0.5

一般情况下，随着叶轮的 b/d 值的增大， L/d 值亦相应有所增大。

5.6.1.7　定子

离心叶轮的外围均有定子，棒条叶轮的外围大多也有定子。仅伞状棒条叶轮用槽底的稳流板代替定子，这是因为此种叶轮造成了向下的矿浆运动所致。通常，定子由叶轮盖板或浮选槽底安装一定数量的固定叶片构成。定子的主要作用是把被叶轮甩出的矿浆的切向运动变为轴向运动，使叶轮周围的矿浆迅速扩散开去而不随叶轮转动，以保证叶轮出口处矿浆与叶片末端之相对速度为最大（基本上为叶轮周速），从而获得最大的充气量；定子的另一作用是对被叶轮甩出的浆气流起导向作用。

定子叶片大都呈辐射状，也有沿叶轮旋转方向成 60°～70° 角安装的，例如米哈诺巴型 ［图 5-7（i）］ 及 V-flow 型。斜角安装可以保证与被叶轮甩出的浆气流的主流方向一致，从而减少流体出口时的水头损失，使浆气流畅通地扩散出去[23]。

在叶轮转动时，叶片的后面会出现空隙现象 ［如图 5-7（i）所示］，叶片前后出现很大的压力差。由于叶片前面的压力大于后面的压力，故叶片前的矿浆会通过叶片与盖板的间隙流到叶片后面，而且矿浆运动的惯性更助长了这种间隙流。因此，叶轮叶片和盖板的轴向间隙不能太大，否则，会影响矿浆的通过能力，从而降低其充气量。

定子对功耗的影响存在两个相反的工艺：增加叶轮和定子之间的剪切会增加功耗，但是增加充气量会减少功率的消耗。两者之间必须很好地平衡。单位充气量的比功耗是这个平衡的有用指标。有关叶轮和定子间隙对浮选机充气量和功耗的影响见表 5-7。减小间隙会增加充气量和功耗，但单位充气量的比功耗会降低。因发生磨损，间隙就会增大，这种设计容易受到间隙增大的影响。

一般要求间隙保持在 6～10mm 为最好。

同样，叶轮与导向叶片之间的间隙对浮选机的充气量和电耗影响也很大，从表 5-7

中可知，对于图 5-7（i）所示的叶轮，当径向间隙超过 8mm 时，充气量大为减少，当间隙为 22mm 时，导向叶轮几乎不起什么作用，从节能的角度，间歇应为 10～12mm，生产实践表明，间隙在 5～8mm 为最好 [23]。

叶轮和定子是极重要的部件，关系着矿浆充气和搅拌的程度，其形状直接影响浮选效果。因此，定子和叶轮应由耐磨材料制成，可采用衬胶的方法来提高使用寿命。目前是用白口铁铸成的，使用寿命为六个月左右。

表 5-7　叶轮和定子间隙对浮选机性能的影响

间隙大小/mm	充气量/(m³/min)	消耗的功率/kW	单位充气量的电能消耗/(kW·h/m³)
8	0.95	3.2	3.37
12	0.7	2.6	3.71
16	0.7	2.9	4.14
22	0.45	2.5	5.55
无定子	0.42	2.41	5.74

5.6.2　浮选机槽形的选择和设计

浮选机的槽体由入料箱、浮选槽、中间箱、排矿箱和泡沫槽构成。

5.6.2.1　槽体形状

浮选机的槽体主要是指： a. 槽体的几何形状； b. 槽体的深/宽比； c. 槽体间的连接组合方式； d. 槽体的几何容积等。

根据浮选作业机组矿浆主流的垂直方向槽体断面形状的不同，槽体的几何形状大体可分为方形（多为矩形）、梯形、U 形、圆形或上方圆等几何形状。

小于 50m³ 的槽体纵断面通常是矩形。矩形结构便于安装和连接，加工制造也比较容易。为防止矿浆在槽底沉淀形成"死角"，也可采用梯形槽和圆底槽。大于 50m³ 的浮选机槽体大多数呈圆柱形。

槽体既是矿浆容器，又是零部件支承结构，用钢板和型钢焊接而成。

槽体形状对槽箱内的矿浆流动状态有一定影响。一方面，最佳的矿浆流态既可保证较高的气泡矿化速度，又不降低浮选的选择性，所以它在一定程度上也影响到浮选的效果；另一方面，它又影响到设备的占地面积。若干种常用浮选机的槽体断面形状如图 5-8 所示。

1982 年，容积为 60m³ 的圆柱形浮选机首次在芬兰 Pyhasalmi 矿山投入使用。这类圆柱形的奥图泰 TankCell 浮选机是获得整个矿物工业普遍承认的首台新一代圆柱形浮选机。也已证明，圆柱形浮选机是适合浮选的理想混合器。圆柱形槽体的对称性改善了浮选搅拌机构的效率。这个事实已经被一些大容积浮选机的应用所证实。

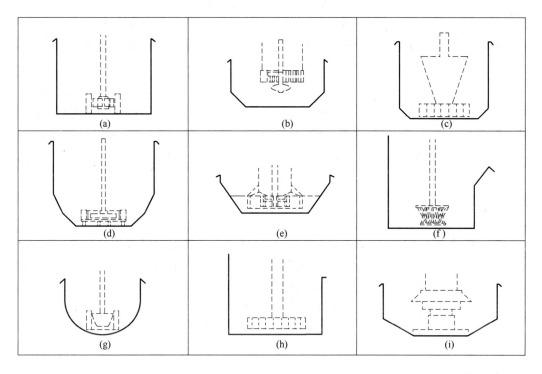

图 5-8　浮选槽形状图

5.6.2.2　槽体深宽比

现有浮选机的槽子深度与宽度之比值的数据见表 5-4 和表 5-8。表中所列举的深宽比 H/L 是指浮选机正常工作时槽内矿浆最大深度与槽体宽度之比，并非几何尺寸比。

H 愈大，则转子在矿浆中深度愈大，空气形成气泡所需克服的水静压力也就愈大。因此，设计者宁愿增加槽宽而不愿增加槽深来增加槽容积。于是 H/L 随槽容积的增大而减小。

表 5-8　国外机械搅拌式浮选机深宽比

浮选机名称	型号	槽容/m³	槽深/m	槽宽/m	深宽比
美卓 DR(芬兰)	D-R500	14.2	2.01	2.69	0.75
	D-R1275	36.2	2.59	4.26	0.68
奥图泰 OK(芬兰)	OK-16	16	2.46	2.69	0.91
	OK-38	38	3.23	3.59	0.8
威姆科(美国)	144	14.2	1.6	3.66	0.44
	164	28.3	2.35	4.17	0.56

由表 5-8 看出，充气机械搅拌式浮选机的深宽比较大，均在 0.7 以上，而自吸气机械搅拌式浮选机的深宽比较小，在 0.5 以下。为减少槽底和角落沉砂并有助于矿浆流动和循环，大都将方形或矩形槽体的下部做成倒锥形或 U 形。

槽子深宽比 H/L 是槽体设计的一个重要参数。某些浮选机的 H/L 接近于 1，称为深槽，如矿用型、丹佛 Sub-A 型等；还有一些浮选机的 H/L 则在 0.5 以下，为浅槽型，如瓦尔曼型。随着浮选机的大型化，趋向于减小 H/L。许多浮选机放大时，往往只增加槽体断面，而不增加槽深，如美卓 DR-300、DR-500、DR-600 之容积分别为 $8.5m^3$、$14.0m^3$ 和 $17.0m^3$，而槽深 H 不变，均为 1980mm。这样，可以减小叶轮浸水深度，增大充气量，减小动力消耗。浅槽的缺点是影响处理量的提高，易造成泡沫层的不稳定，因此设计合理的浆气流运动路线至为重要。例如采用圆台状叶轮，如前所述，可使浆气流扩散向下，再反射而上，从而可延长气泡行程，稳定矿浆面。防止矿粒沉积。

5.6.2.3　浮选槽设计

浮选机槽体形状是矩形或 U 形或圆柱形。通常，采用矩形槽体的机械浮选机其容积高达 $3m^3$，采用 U 形槽的机械浮选机其容积高达约 $38\sim45m^3$，大于 $38\sim45m^3$ 的浮选槽通常设计成圆柱形槽和锥形底或平底。

浮选机的发展已经从矩形槽和 U 形槽倾向于圆柱形槽。圆柱形槽产生的好处包括由于槽角消除、制造成本降低以及每单位容积的功耗降低而减少沉砂现象。尽管槽的形状已经改变，但是浮选槽的高径比，即矿浆高度与槽直径（H/D）之比保持相对恒定。对于 Wemco 产品系列，H/D 范围为 $0.68\sim0.75$。在粗选应用中，Dorr-Oliver 机器的 H/D 范围为 $0.7\sim0.9$，而在精选应用中，H/D 范围为 $0.9\sim1.2$。Dorr-Oliver 和 Wemco 圆柱形浮选槽在其槽体设计中均包含斜面底部，该特征极大地减少了粗颗粒沉降并增加槽内混合。另一个重要的设计考虑因素是槽与槽的开放连接。通过该通道的矿浆速度的变化对压降或水压头有影响。这种效果随着矿浆流速的平方而变化。因此，为了正确设计这种连接需要测得通过浮选回路的准确流速。

随着浮选槽容积的增加，设计者必须意识到容积的立方关系与泡沫表面积的平方关系相比，结果是停留时间比泡沫表面积增加得更快。在一些应用中，例如精选回路或煤浮选，回收的限制因素可能不是停留时间而是刮泡速率。外部周边溢流槽可用于代替标准内部周边溢流槽，以增加泡沫表面积。此外，现在大多数圆柱形浮选槽包括了径向溜槽以增加堰长度并减少泡沫输送距离。

5.6.3　泡沫溜槽设计

常见的矩形浮选机泡沫溜槽如图 5-9（a）所示。泡沫从一侧排出。反射板安装在槽体后部，倾角 α 为 $20°\sim45°$，插入矿浆中。或者，将槽体后侧壁上部前倾，代替反射板。槽内矿浆遇反射板后折转向前运动，带动泡沫移动到集泡区。泡沫被刮板排至泡沫溜槽，溜槽槽底坡度随长度的变化而变化，蛋形槽底有利于泡沫精矿自流输送。工业浮选机刮板的刮泡深度（自堰口向下的距离）约为 100mm，刮板每隔 2s 刮 1 次泡沫，通常在旋转轴上安装 2 片刮板，转速约为 $15\sim17r/min$。常见的圆柱形浮选机的泡沫溜槽如图 5-9（b）所示。

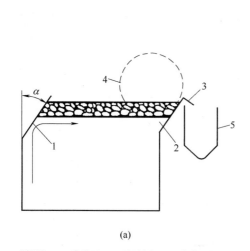
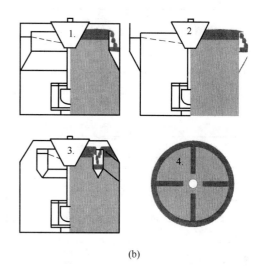

1—反射板； 2—集泡区； 3—泡沫堰； 4—泡沫刮板；

5—泡沫溜槽

1—内部周边环形溜槽； 2—外部周边环形溜槽；

3—内部中央多纳圈型溜槽； 4—内部径向溜槽

图 5-9 泡沫溜槽的设计示意图

5.7 浮选机工艺性能参数

5.7.1 浮选时间

浮选时间的长短对浮选槽容积的大小和浮选指标的好坏影响很大，必须慎重选取。通常根据选矿试验结果并参照类似矿石选矿厂生产实践确定浮选时间。选矿试验浮选时间比工业生产的时间要短，在设计计算浮选槽容积时，应将选矿试验浮选时间加长，国外通常增长 2 倍，国内增长 1.5 倍。对新设计的选矿厂或更新浮选机的充气量与选矿试验浮选机充气量不同，应按下式加以调整。

$$t = t_0 \sqrt{\frac{q_0}{q}} + \Delta t \tag{5-17}$$

式中 t——设计浮选时间，min；

t_0——选矿试验浮选机的浮选时间，min；

q_0——选矿试验浮选机的充气量，m^3/m^2；

q——生产用浮选机的充气量，m^3/m^2；

Δt——根据生产实践增加的浮选时间，或 $\Delta t = 0.5 k t_0$，min；

k——浮选时间调整系数，一般取 $k = 1.5 \sim 2$。

物料在浮选机内的停留时间见表 5-9。

表 5-9　物料在浮选机内的停留时间

物料	典型的粗选给矿浓度/%	典型的粗选停留时间/min	典型的试验室浮选时间/min	放大系数
铜	32～42	13～16	6～8	2.1
铅	25～35	6～8	3～5	2.0
钼	35～45	14～20	6～7	2.6
镍	28～32	10～14	6～7	1.8
钨	25～32	8～12	5～6	1.8
锌	25～32	8～12	5～6	1.8
重晶石	30～40	8～10	4～5	2.0
煤	4～8	3～5	2～3	1.6
长石	25～35	8～10	3～4	2.6
萤石	25～32	8～10	4～5	2.0
磷酸盐	30～35	4～6	2～3	2.0
钾碱	25～35	4～6	2～3	2.0
砂(杂质浮选)	30～40	7～9	3～4	2.3
二氧化硅(铁矿)	40～50	8～10	3～5	2.6
二氧化硅(磷酸盐)	30～35	4～6	2～3	2.0
废水	—	7～12	4～5	2.0
油	—	4～6	2～3	2.0

5.7.2　充气性

充气性包括充气量和气泡分散度两个方面。充气量反映浮选机充气的多少，只说明充气性数量的一面。

(1)　比容积充气量

比容积充气量通常用下式表示：

$$q = Q/V \qquad (5-18)$$

式中　Q——单位时间充入空气量，m^3/min；

　　　V——浮选槽有效容积，m^3。

(2)　充气量

充气量通常用下式表示：

$$J_g = Q/A \qquad (5-19)$$

式中　Q——单位时间充入空气量，m^3/min；

　　　A——浮选槽横截面积，m^2。

浮选机的充气量范围约为 $0.6～1.8m^3/min \cdot m^2$。我国常用的矿用型浮选机的充气量的测定值为 $0.8～0.9m^3/min \cdot m^2$；棒型浮选机为 $1.1～1.2m^3/min \cdot m^2$。

(3) 气泡分散度

气泡分散度表示矿浆中气泡的粒度组成及其弥散均匀度，是反映充气质量的重要数据。据研究表明，浮选机的结构及工作状态决定充气量及气泡的弥散均匀度，而气泡的粒度组成主要由化学因素如起泡剂的添加量等所决定。设气泡的平均上升速度为 u，气泡在槽中停留时间 $t = H/u$，则矿浆中气泡的体积浓度 C_q 由下式计算：

$$C_q = \left(\frac{Q}{V}\right)t \text{ 或 } C_q = \frac{Q}{Au} \tag{5-20}$$

式中，　t 为气泡在槽中停留时间，与气泡大小及矿浆运动状况直接相关，　min。

可见，　C_q 不仅与充气量有关，还取决于气泡的上升速度。气泡的上升速度主要取决于气泡的平均尺寸，也与矿浆的运动状态有关。因此，　C_q 实际上是反映浮选机充气性的质和量两方面的综合性指标。正常情况下，浮选机的 C_q 值在 15% 左右[24]。

(4) 气泡表面积通量

气体表面积通量与气泡分散度的作用相同，是表示气体分散程度的常用变量，同时也是将气体分散与浮选行为直接联系在一起的重要参数。气泡表面积通量是在某一时间通过一个假想平面的所有气泡的总表面积。也可定义如下：

$$S_b = 6J_g/d_s \tag{5-21}$$

式中　S_b——气泡表面积通量；

　　　J_g——表观气体流速；

　　　d_s——气泡 Sauter 平均直径。

正如 Klassen 和 Mokrousov 所评述的，"空气是浮选系统中的工作要素"[25]，浮选机的分类应基于充气过程。最近发表的研究文献均证实：矿浆充气的程度决定了浮选机的质量及其整体性能。确定气泡表面积通量是决定浮选性能的主要因素，这也进一步佐证了这种说法[26]。

图 5-10 显示了不同浮选机的气泡表面积通量 S_b 的估算值[27]。如该图所示，实

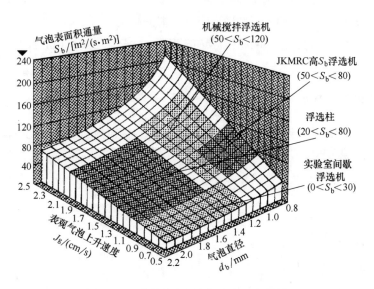

图 5-10　不同浮选机的气泡表面积通量

验室中使用的间歇浮选机产生的 S_b 值低，主要是因为这些实验室浮选机只能处理低 J_g 的气泡，并且产生的气泡尺寸大于 1.2mm。由于与工业浮选机设备相比，实验室浮选机的气泡表面积通量较低，因此进行浮选槽设备放大并非易事。浮选柱可以处理较大的表观气体速度（J_g），但也会产生较大的气泡。这些结论被用来建造高气泡表面积通量浮选机（HSbFC），该浮选机能够更好地用于浮选设备的放大。

表 5-10 给出了一些工业浮选机的气泡表面积通量[28]。

表 5-10　浮选机的气泡表面积通量

浮选机规格/m³	类型	表观气体速度 J_g/(cm/s)	气泡平均直径 D_{32}/mm	气泡表面积通量 S_b/[m²/(s·m²)]
10~15	自吸气	0.45~1.05	1.01~1.98	21~48
28	自吸气	0.59~1.75	1.05~2.39	34~44
42.5	自吸气	0.79~1.64	1.17~3.01	27~57
100	充气	1.27~1.55	2.29~2.55	33~37
130	充气	1.53~1.85	3.00~3.68	30~31
130	自吸气	0.80~1.07	1.40~1.80	32~40
160	充气	1.07~2.27	2.20~4.10	24~43
200	充气	1.59~2.00	2.68~4.26	27~41
250	自吸气	0.57~1.00	0.90~1.80	32~46
300	充气	1.22~1.59	1.54~2.10	40~62

(5) 充气方式

机械搅拌式浮选机有自吸式和充气式两类。小型浮选机一般采用自吸式，它所需要的空气量靠搅拌机构吸入完全能满足工艺要求；而大型浮选机需要的充气量大，尤其是当槽体深度较大时，为了吸取足够的空气量往往要耗费很大的功率，槽体太浅又不易得到稳定的液面。所以一部分大型浮选机除了靠搅拌机构吸入空气外，另设有鼓风机通过管道向叶轮充入空气。这样使系统复杂化，同时总的功耗没有减少或减少不多。另一部分大型浮选机则仍采用自吸式，将叶轮埋入深度适当降低。根据测定，在能耗增加不多的情况下自吸式的充气速率也可以满足，甚至略超过浮选的要求，达到 1.2m³/（m²·min）。

5.7.3　浮选机传动功率

浮选机叶轮的传动功率是根据流经叶轮的矿浆上升到槽面所做的功来决定，按下式计算：

$$N = \frac{(Q_1 + Q_2) H\gamma}{102\eta} \qquad (5-22)$$

式中　N——浮选机的功率，kW；

　　　Q_1——吸入矿浆量，m³/s；

　　　Q_2——循环矿浆量，m³/s；

　　　H——叶轮至槽面的矿浆深度，m；

γ——矿浆密度，kg/m^3；

η——叶轮的效率，$\eta = 0.6 \sim 0.8$。

5.7.4　浮选机处理量

浮选机的处理量，用单位时间内所处理的矿浆量或干矿量来表示。为了便于比较不同容积的浮选机，也常用单位容积的处理能力表示，其单位为 $t/(h \cdot m^3)$（指干矿量）或 $m^3/(h \cdot m^3)$（指矿浆体积）。

(1) 干矿处理量

浮选机每小时处理干矿的吨数，即干矿处理量，一般用下式计算：

$$Q = \frac{60nVK}{(R + 1/\gamma)t} \qquad (5\text{-}23)$$

式中　Q——浮选机的干矿处理量，t/h；

　　　n——浮选机的槽数；

　　　V——浮选机的单槽容积，m^3；

　　　K——有效容积系数，一般取 $=0.65 \sim 0.75$，扫选作业取较大值，精选作业取较小值，粗选作业取中间值；

　　　R——矿浆液固比（按质量计）；

　　　γ——矿石密度，t/m^3；

　　　t——浮选时间，根据实验室试验或处理类似矿物的实际数据确定，min。

(2) 矿浆处理量

浮选机单位时间内所通过的矿浆体积，即矿浆处理量，一般用下式计算：

$$W = \frac{kQ(R + 1/\gamma)}{60} \qquad (5\text{-}24)$$

式中　W——浮选机的矿浆处理量，m^3/min；

　　　k——不均衡系数，一般取 1.25。

其他符号同上。

一些典型的机械搅拌式浮选机的技术规格和特征参数分别见表 5-11 和表 5-12。

表 5-11　机械搅拌式浮选机技术规格

浮选机名称	型号	槽体尺寸（长×宽×高）/m	槽容/m³	叶轮直径/m	叶轮转速/(r/min)	充气量/(m³/m²·min)	安装功率/kW	实耗功率/(kW/m³)
美卓 DR 浮选机（芬兰）	D-R300	2.23×2.23×1.82	8.5	0.84	163	1.54	22	2.1
	D-R500	2.69×2.69×2.01	14.2	0.84	170	1.56	30	1.2
	D-R1275	4.26×4.26×2.59	36.2	1.27	119	1.47	55	1.2
OK 浮选机（芬兰）	OK-3	2.29×2.29×1.88	8	0.63	160-170		15	1-1.6
	OK-16	2.95×2.69×2.46	16	0.75	150-160		30	0.9-1.4
	OK-38	3.49×3.59×3.23	38	0.9	140-155		55	0.9-1.2

浮选机名称	型号	槽体尺寸 （长×宽×高） /m	槽容 /m³	叶轮直径 /m	叶轮转速 /(r/min)	充气量 /(m³/m²·min)	安装功率 /kW	实耗功率 /(kW/m³)
威姆科 浮选机 （美国）	120	2.29×3.05×1.35	8.5	0.56	220	0.97	22	2.1
	144	2.74×3.66×1.6	14.2	0.66	190		30	1.7
	164	3.02×4.17×2.36	28.3	0.76			45/55	1.3/1.6

表 5-12 机械搅拌式浮选机特征参数表

浮选机名称	槽有效容积 /m³	叶轮周速 /(m/s)	比功率 /(kW/m³)	充气量 /[m³/(m³·min)]	功率准数	气流准数
Agitair	1.8～42.5	6.6～8.5	2.0～1.1	1.0～0.5	2～3	0.07～0.01
Aker	3.1～40.1	6.5～6.0	2.5～1.0	1.3～1.1	7～9	0.3
美卓 DR	2.8～36.1	6.6～8.3	3.1～1.2	1.4～0.6	2.5	0.1
Dorr-Oliver	2.8～70	5.0～7.0	2.0～0.8	1.0～0.5	6～8	0.2
奥图泰	3.0～60	5.3～7.5	2.0～1.0	1.3～0.5	3.5～5	0.07～0.2
Wemco 1+1	2.8～42.5	6.4～7.7	2.1～1.6	0.9～0.7	5	0.18～0.26

5.7.5 浮选机的选择和计算

【**实例 5-1**】 已知某铜矿浮选粗选作业的给料矿浆流量为 1400m³/h，并且通过小型试验厂连续试验，确定浮选时间为 16min。请提供该铜矿浮选粗选段的浮选机选型和配置。

解：

步骤 1：确定浮选槽总容积

$$浮选槽总容积 V_f = \frac{Q \times T_r \times S}{60 \times C_a} = \frac{1400 \times 16 \times 1}{60 \times 0.85} = 439 \quad (m^3)$$

步骤 2：确定每段浮选槽数

可处理矿浆 1400m³/h 的最小浮选槽规格为 RCS40（生产能力为 400～1600m³/h）。 439/40=10.97 槽，铜浮选粗选段槽数通常为 8～12 槽，因此，所选浮选槽规格是适宜的。如果算出的槽数不在 8～12 之间，应另选浮选槽规格重新计算。

共需 11 个 RCS40 型浮选槽。粗选段浮选槽总容积=11×40=440（m³）。

步骤 3：确定粗选段浮选槽配置

对 RCS40 型浮选槽而言，每节最多可配置 3 个浮选槽，因此，粗选段浮选槽应配置如下： F-2-I-3-I-3-I-3-D。

5.8　影响浮选机性能的因素

5.8.1　叶轮转速和周速

(1) 叶轮转速

浮选机叶轮转速直接影响浮选机的充气量，叶轮直径与浮选机槽子宽度和高度有一定的比例关系，一般机械搅拌式浮选机槽子宽度与叶轮直径之比为 2～3 范围内，叶轮转速与叶轮直径至槽面的矿浆深度有直接关系，其叶轮转速按下式计算：

$$n = \frac{189}{D}\sqrt{H} \qquad\qquad (5\text{-}25)$$

式中　n——叶轮转速，　r/min；

　　　D——叶轮直径，　m；

　　　H——叶轮至槽面的矿浆深度，　m。

(2) 叶轮周速

目前，绝大多数机械搅拌式浮选机的叶轮周速为 5.6～10m/s。一般地说，机械搅拌压气式浮选机的叶轮周速较低，约为 6～7m/s，如 OK-16 型和 OK-3 型浮选机的叶轮周速分别为 6.35m/s（转速 160r/min）及 5.23m/s（转速 200r/min）；机械搅拌自吸式浮选机的叶轮周速较高，约为 8～10m/s，但是随着叶轮结构的改进，周速也在降低，如 WEMCO 浮选机的叶轮周速一般不超过 7m/s。

表 5-13 列举了各种型号浮选机的叶轮周速[29, 30]，以便分析比较。

从表中数据可见，同一浮选机系列，随着槽体增大，叶轮周速也相应有所增大。对于浮选机的比拟放大，如 N_{Er} 为不变量，则 v 应与叶轮直径 d 的平方根成正比，即 $v \propto d^{0.5}$；实际上仅 OK 型浮选机接近比值 $v \propto d^{0.47}$。近来提出，叶轮周速应按 $v \propto d^{\alpha}$ 进行放大，式中 $\alpha \approx 0.2$～0.3。叶轮周速随槽体增大而相应增大的原因，可用保持矿浆悬浮状态加以解释。因为矿浆运动速度随着矿浆与叶轮的距离增大而减弱，在大槽中要保持相同的矿粒悬浮状态，必须适当增大从叶轮排出的矿浆流的速度，故而叶轮周速必须增大。

表 5-13　各种型号浮选机的叶轮周速

自吸式		压气式	
型号	$v/(\text{m/s})$	型号	$v/(\text{m/s})$
Wemco 36	5.34	21～23	6.35～6.6
44	5.64	200～300	7.1～7.5
56	6.16	Agitair 24	5.1～7.3
66	6.33	36	4.6～7.5
84	5.5～6.82	60×60	5.3～6.4

自吸式		压气式	
型号	$v/(\text{m/s})$	型号	$v/(\text{m/s})$
120	6.7～7.45	60×100	6.0～6.4
144	6.6～7.8	78×150	6.0～6.4
XJM-4 型	9.0～9.5	90A×300	6.1～7.4
Booth	9.1～11.2	120A×400	6.1～7.4
Humboldt	7.8～9.6	OK-3	5.23
		OK-16	6.35
		Sala BFP	7.5～7.9

5.8.2　叶轮与槽底的距离

一般情况下，随着底距的增加，充气量相应提高，动力消耗略有下降。 Arbiter 等人考察了 h/d（底距与叶轮直径比）对浮选机悬浮性能及充气性的影响，指出 h/d 值应控制在 0.56 以下[31]。实验表明，当 h/d 过低时，矿粒的悬浮高度随之减小；对于丹佛型片状离心叶轮， h/d 值超过一定范围时又引起矿粒在槽底沉积。对于自吸式浮选机，当 h/d 值小于 0.16 时，导致充气量的减少，大于此值后，充气量不发生显著变化。但是 h/H_{im} 有连带关系，增加 h 意味着减小 H_{im}。因此，当 h/d 值增大并超过一定范围时，由于 H_{im} 的减小，将引起充气量的增大。

5.9　浮选机的流体动力学研究

浮选机已有一百多年的历史。从浮选机的研制和按比例放大或缩小的现状来看，至今仍停留在经验和反复试验的基础上，因而试验周期长，试验费用昂贵，浮选机也难以达到较佳的技术性能。特别是对浮选槽内的掩体动力学状态和充气-搅拌机构二者之间的关系方面的理论研究尚显得十分薄弱。因而，在浮选机的设计、选择及其应用方面，往往还是凭经验判断，甚至为某些偏见所驱使，未建立在坚实的科学基础之上。因此，对浮选机流体动力学的研究，不断地引起浮选机研究者的重视。目前，国外绝大多数浮选厂使用机械式浮选机（外加充气式和自吸气式）。

浮选是一个很复杂的物理化学过程，影响作业指标（有用矿物的品位、回收率）的因素很多。除参与浮选矿物的可浮性及其差异、有价矿物的结晶颗粒大小及其解离度、矿泥的多少及其性质、药剂的作用、水质等之外，浮选机的流体动力学特性也是影响浮选作业指标的一项很重要的因素。在参与浮选相（液相，固相，气相）的湍流混合过程中，叶轮回旋时，在浮选槽中形成的流体动力学状态和产生的湍流结构，直接影响浮选微观过程——湍流传送（固体颗粒的传送，气泡的传送），湍流扩散（气泡的扩散，气泡-矿粒集合体的分散，药剂的扩散），湍流中的碰撞（气泡同矿粒的碰撞和气泡在疏水性矿粒表面析出）等，从而影响浮选指标。浮选槽内流体动力学的研究是研制新型浮选机和设计大型浮选机的理论基础。过去，浮选槽内流体动力学的研究是从宏观机理上找出相似放大的判据和宏观流体动力学参数，用以指导浮选机的设计和评价。在微观机理方面的研究进展不快。

掌握浮选槽内流体的微态规律是浮选机研究者所向往的。各国研究者如 N. Arbiter、 C.C Harris、 H. Schubert、野中道郎、井上外志雄和今泉常正等为此曾做出过许多努力，把浮选槽内宏观过程研究引向微观过程研究。为了深入揭示浮选过程的实质和对浮选过程进行优化控制，研究浮选动力学及其数学模型有着重要意义。关于浮选机流体动力学的研究工作主要是在两个方面展开的：其一，是浮选机流体动力学的微观机理的研究，即研究浮选槽内湍流的脉动速度和 Lagrange 速度相关函数，湍流混合能和能量传递过程，搅拌能和能量传递率，以及气泡同矿粒的附着和碰撞等微观机理；其二，是关于浮选动力学模型的研究。

5.10　浮选机的数学模型

5.10.1　浮选动力学模型的研究

动力学模型是根据浮选动力学的理论建立的浮选模型。浮选动力学是研究泡沫产品随时间变化的规律，表示这种变化的量主要是有用矿物的质量、回收率和产率。浮选动力学模型是目前浮选模型研究的重点，有些研究者认为，尽管目前浮选数学模型研究的方向很多，但是浮选过程的模型和控制最终将会建立在浮选动力学的基础上。

浮选过程是个极为复杂的物理化学过程，影响浮选作业指标的因素繁多，因此，迄今为止还没有得出能较符合实际的浮选动力学模型。不少研究者把浮选泡沫和矿浆的性质和行为视为一样，提出单相浮选模型；但浮选过程中矿浆和泡沫实质上为两个各不相同的相。

20 世纪 60 年代以后，出现了两相模型和多相模型。两相模型是将浮选槽划分为矿浆与泡沫两个不同的相，有用矿物在不同的相中，由于浓度的不同，其作用规律也不同，相与相之间存在着物质的交换与分配，因此，要在不同的相中分别建立独立的模型，然后再综合为两相模型。多相模型则把浮选槽分为更多的相，然后从理论上建立各相的模型。1966 年，哈瑞斯和瑞曼（H. W. Rimmer）等提出两相浮选模型。单相和两相模型有一级、二级及 n 级反应的速度模型。1978 年哈瑞斯更进一步提出三相或多相模型。1969 年米卡和富尔斯坦诺曾提出微观浮选模型，他们把实际的浮选过程按照浮选作用机理分解为四个子过程[32]，即：①矿粒与气泡碰撞和附着；②泡沫与矿浆之间进行物质交换和分配；③矿粒从气泡上脱落；④精矿泡沫排出槽外。由于目前对上述四个子过程还缺乏精确的定量研究，模型中涉及的参数尚无精确的定量关系，所以这种模型只能起到解释现象的作用。

目前，具有实用价值的还是单相模型，利用单相模型，可以模拟单槽浮选或多槽连续浮选，从而建立复杂浮选系统的数学模型。

单相浮选动力学模型见表 5-14。

表 5-14　单相浮选动力学模型

古典的分批浮选过程的一级浮选速度模型	$R(t)=R_{\max}(1-e^{-kt})$
速度常数具有均匀分布的分批浮选过程的一级浮选速度模型	$R(t)=R_{\max}\left[1-\dfrac{1}{k_{\max}t}(1-e^{-k_{\max}t})\right]$
连续的分批浮选过程的一级浮选速度模型	$R=R_{\max}\dfrac{k\tau}{1+k\tau}$
连续的 Klimpel 浮选速度模型	$R=R_{\max}\left[1-\dfrac{\ln(1+k_{\max}\tau)}{k_{\max}\tau}\right]$
通用的用于分批浮选过程的一级浮选速度模型	$R(t)=R_{\max}\displaystyle\int_0^{\infty}(1-e^{-kt})f(k)dk$
通用的一级浮选速度模型	$R(t)=R_{\max}\displaystyle\int_0^{\infty}\int_0^{\infty}(1-e^{-kt})f(k)E(t)dkdt$

5.10.2　浮选总体平衡模型的研究

总体平衡模型是工程上常用的一种模型。对于一个系统，某种特性的输入和输出应该是平衡的，利用这种关系，可以研究系统中组分的变化，建立相应的总体平衡。在选矿上，有些作业是可以用总体平衡理论来建立模型的，有人利用它来研究磨矿机模型，也有人用以研究浮选模型。

休伯-帕努（Huber-Panu）等人利用概率理论并对浮选过程的参数作一些必要的假设，提出了浮选的总体平衡模型[33, 34]。他们假定在浮选原料中，不同粒度的物料，可浮性是不同的，根据浮选原料的粒度分布和各粒级有用矿物的可浮性分布，分别计算浮选回收率，用总体平衡的原理建立分批浮选和连续浮选的数学模型。

赫布斯特（Herbst）等人的研究表明，总体平衡模型可以用于预测扰动变量和操纵变量对浮选机关键性能指标（如浮选回收率和品位）的动态影响。

5.11　浮选机的比拟放大

在浮选机放大中所考虑的问题有：①槽子及叶轮和定子装置的几何结构；②叶轮转速；③空气流速和空气停留时间；④功率消耗与功率强度。这些问题关系到浮选微观机理的因由和效应。对它们进行研究并将之与浮选性能联系起来，可得出整个浮选现象上的描述。浮选机比拟放大中所要考虑的重要的几何参数和流体动力学参数列于

表 5-15 中。

表 5-15 浮选机重要的几何参数和流体动力学参数

参数	度量单位	工业平均范围
槽深/槽长	m/m	0.4~1
叶轮直径/槽长	m/m	0.25~0.5
叶轮叶片数/叶轮直径	数目/m	0.49~1.31
叶轮高度/叶轮直径	m/m	0.15~0.5
叶轮周速	m/s	4.6~9.8
充气量	$m^3/(s \cdot m^2)$	0.009~0.030
比功率	kW/m^3	1.32~5.3
气流数	空气流量/体积排出量	0.01~0.07
弗劳德数	惯性力/重力	0.1~5
功率数	阻力/惯性力	0.5~5
欧拉数	压力/惯性力	0.5~3

5.11.1 浮选机放大相似准数

新型浮选机的研制一般分为 5 个步骤：方案设计与模型制造、模型试验、工业样机设计制造、样机的浮选生产试验和定型图纸绘制。与其他水力机械一样，相似理论是整个研究工作中有力的工具。目前用来描述浮选机性能的相似准数见表 5-16。

表 5-16 浮选机相似准数

雷诺数	$Re = \dfrac{\rho N D^2}{\mu} = \dfrac{N D^2}{\upsilon}$	$(0.7\sim4)\times10^6$
功率数	$N_P = \dfrac{P}{\rho N^3 D^5}$	2~9
弗劳德数	$Fr = \dfrac{\rho_l}{(\rho_s-\rho_l)}\dfrac{N_{js}^2 D}{g}$	0.4~1.5
气流数	$N_a = C_a = \dfrac{Q_g}{ND^3}$	0.07~0.3
Weber 数	$We = \dfrac{\rho n^2 D_2^3}{\sigma_{lg}}$	

注：ρ—矿浆密度；μ—动力学黏度；υ—运动黏度；Q_g—气体流量；σ_{lg}—表面张力；N—叶轮转速；D—转子直径；g—重力加速度

表 5-16 中 5 个无因次准数从不同角度反映了浮选槽中的宏观过程状态。过去许多浮选机制造厂家凭借经验采用某个相似准数作为设计依据。近来，浮选机设计已开始注

意搅拌混合条件以及流态分布的微观机理的研究与应用，对同一类型的浮选槽按比例放大时，要满足下列条件：

　　① 固体颗粒悬浮和输送相似；

　　② 叶轮的工作条件应保证吸入的空气量和气泡分布状态相似；

　　③ 矿浆的给入量或循环量应当相似；

　　④ 搅拌混合条件或流态分布应当相似。

5.11.2　相似放大方法的应用

　　由于浮选槽内流体力学过程的复杂性，人们往往从不同的着重点对浮选机相似放大过程进行探讨。下面以 OK 浮选机为例，说明相似放大方法的应用。

　　用浮选槽容积为 $3m^3$ 的小型机进行 OK 浮选机相似放大方法的研究。目的是将浮选槽容积顺利地放大到 $16m^3$。

　　欲满足颗粒悬浮相似，在大小不同、形状相似的浮选槽里，流体在对应点上的速度绝对值和方向应该相同，即：速度场相似，边界条件相同。

　　设浮选槽内任一点（坐标为 x_i）上速度为 u，另一浮选槽内相对应的点（坐标 x'_i）上速度为 u'，则要求：

$$u'(x'_i)=u(x_i) \tag{5-26}$$

　　选取槽体的一个特征尺寸，例如槽宽 L，用因次分析法，由上式得：

$$u'(L')=u(L) \tag{5-27}$$

　　下面研究叶轮射出的矿浆流的速度场的特征，近似地推导计算速度的公式。为了简化，假设射流来自圆盘形缝隙，以缝隙中心与轴线正交的对称平面为坐标，即用半径 r 和与对称面的距离 z 确定点的位置，该点的速度：

$$u=u_0 f(r) \cdot \phi(z/r) \tag{5-28}$$

式中　u_0——位于对称面上的缝隙出口处的射流速度；

　$f(r)$——对称面上速度随 r 值变化率；

$\phi(z/r)$——半径 r 处对称面的垂直方向上速度随 z 值变化率。

　　按照动量守恒原则进行理论推导，可得：

$$f(r)=c/r \tag{5-29}$$

　　式中，　c 为常数。

　　在对称面上 $r=\sigma \cdot D/2$ 处射流速度等于 u_0，可得：

$$u=u_0 \cdot c(\sigma \cdot D/2) \tag{5-30}$$

　　因此，　$c=(\sigma/2) \cdot D$。

　　系数 σ 仅与转子型及缝隙出口形状有关，几何相似的转子的 σ 值相等。在对称面上，速度分布可按下式计算：

$$u(r)=u_0 \cdot (\sigma/2) \cdot (D/r) \tag{5-31}$$

　　对于 2 个几何相似的转子，可得出：

$$u(L)=u_0 \cdot (\sigma/2) \cdot (D/L) \tag{5-32}$$

$$u'（L'）=u'_0 \cdot （\sigma/2） \cdot （D'/L）\qquad（5-33）$$

由式（5-27）得：

$$u'D'/L'=u_0 D/L\qquad（5-34）$$

射流对称面上缝隙出口处的射流速度与出口平均速度成正比，后者又与转子圆周速度成正比，即 $n'D'$ 代替 u'_0，nD 代替 u_0，得：

$$n'D'^2/L'=nD^2/L\qquad（5-35）$$

式（5-35）表达了型式相同、尺寸不同的浮选槽中，固体颗粒悬浮状态相同的条件。也就是说，尺寸相同的矿粒，气泡在这些浮选槽中所受到的黏滞力或重力是一样的。

欲使空气分散状况一致，则压力状况应该相同，即弗劳德数应相等：

$$n'^2D'/g=n^2D/g\qquad（5-36）$$

式中，g 是重力加速度。

由式（5-35）和式（5-36）得到转子直径比为：

$$D'/D=（L'/L）^{\frac{2}{3}}\qquad（5-37）$$

圆周速度比为：

$$（n'D'）/（nD）=（D'/D）^{\frac{1}{2}}=（L'/L）^{\frac{1}{3}}\qquad（5-38）$$

转子排出的矿浆量 Q_L 等于出口面积与平均流速的乘积。利用式（5-38），得：

$$Q'_L/Q_L=（D'/D）^{\frac{5}{2}}=（L'/L）^{\frac{5}{3}}\qquad（5-39）$$

参考水泵计算公式，得到转子功率消耗为：

$$P'/P=（n'^3D'^5）/（n^3D^5）=（D'/D）^{\frac{7}{2}}=（L'/L）^{\frac{7}{3}}\qquad（5-40）$$

可见，增大浮选槽容积可以降低单位容积的功率消耗。浮选机大型化可以节省电力消耗。

从以上这些公式可以看出，槽宽与转子直径和圆周速度的放大系数（或缩小比例尺）是不相同的。需指出的是，对于厚度不大的转子，不必严格遵守弗劳德准数恒定原则，允许在较宽的范围内选择结构尺寸。对于工业浮选机，可以简单地采用圆周速度不变（$n'D'=nD$）和相对尺寸不变（$D'/L'=D/L$）的原则。图 5-11 检验了

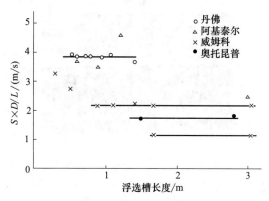

图 5-11　四种不同浮选机的颗粒悬浮条件

式（5-35）的实用性，其中，纵坐标为转子圆周速度 S（m/s）与径宽比（D/L）的乘积。

借助上述相似放大方法及计算公式将 OK 浮选机从 $3m^3$ 放大到 $16m^3$，两者保持了几何相似。它们在使用中没有显示选矿指标的差别。在给矿量与浮选槽容积成正比时，两者的停留时间分布是一致的[35]。

在理想情况下，充气量相同就能获得相近的浮选结果。实际上，只有空气流量与浮选槽容积成比例才能做到这一点。

5.12 几种典型的浮选机

5.12.1 美卓 DR 浮选机

美卓 DR 浮选机是在历史悠久的丹佛 Sub-A 浮选机的基础上发展和改进而来的一种充气机械搅拌式浮选机。1964 年丹佛公司为提高粗颗粒矿物的选别效率，先后进行了加大 Sub-A 浮选机的叶轮转速和加大充气量的试验，均未达到预期的效果。后来将引入空气的中心筒和定子分开，另在定子上开了一个 360° 的环形孔，并在其上加一个矿浆循环筒，使矿浆从槽子中部经循环筒被吸进叶轮腔，形成从槽子下部开始的矿浆垂直向上大循环，并产生有规律的上升流，改善了矿浆的循环特性，循环区域大，槽内的矿浆多次通过强烈的搅拌区，因此，提高了矿粒的悬浮和分散空气的能力，增加了粗、重颗粒选别的可能性，并改善了选别指标。美卓 DR 浮选机的结构如图 5-12 所示，其技术规格见表 5-17。

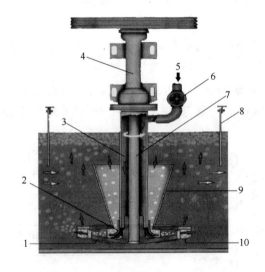

图 5-12 美卓 DR 浮选机结构示意图（图片来自美卓矿机）

1—叶轮；2—钟形导气装置；3—立管；4—心轴轴承座；5—加压空气；6—充气量控制阀；

7—轴；8—可调泡沫挡板；9—循环筒；10—扩散器

表 5-17　美卓 DR 浮选机技术规格

规格/型号	槽容积 /m³	最大给料流量 /(m³/h)	充气量 /(m³/min)	单槽充气压力 /kPa	每排最大槽数
DR15	0.34	25	0.67	7	15
DR18sp	0.71	55	1.33	8	12
DR24	1.4	110	2.5	10	9
DR100	2.8	215	3.8	10	7
R180	5.1	415	5.0	14	6
R300	8.5	580	7.7	18	5
DR500	14.2	760	11.3	18	4
DR1500	42.5	1780	19.8	23	3

(1) 结构特点

美卓 DR 浮选机结构中的轴承体、盖板和叶轮与丹佛 Sub-A 浮选机的基本相同。这种浮选机的最大特点是在叶轮上面加一个矿浆循环筒（根据矿浆循环量的需要，循环筒可做成倒圆锥形或圆柱形），使矿浆立体循环，保证矿浆和空气在叶轮腔内混合，增加了循环量，形成粗矿粒悬浮流动作用，有效地减少了沉砂问题，并且美卓 DR 浮选机空气竖管是在循环筒底部开了一个 360°的环形槽，通过循环筒将矿浆引向 360°的环形槽，直接进入叶轮腔。

美卓 DR 浮选机采用外部压缩空气充气，空气竖管上端接鼓风机风管，下端以筋条与矿浆循环筒连接，直接通向叶轮中心。

由于叶轮仅起矿浆循环和矿浆与空气混合的作用，所以叶轮转速较慢，功率消耗较低，叶轮和盖板磨损较少。

美卓 DR 浮选机的槽体布置特点是槽与槽之间没有中间分隔室及堰，取消了单个槽子的给矿管，矿浆可在浮选机内无阻碍地自由流动。矿浆液面仅由槽末端的一个尾矿堰控制。这种浮选机浮选效率高，操作简便，操作工的看管工作大为减轻。大多数大处理量的选厂采用自流型浮选机，并且很多都安装了矿浆液面及其他可变因素的自动控制装置[36]。该控制系统的工作是全自动的，当槽中液面下降时，排矿阀自动关闭，液面升高时，排矿阀自动打开，将矿浆面或泡沫面控制在预先选定的水平上。在 360°环形槽处，装设一个钟形罩，采用大直径端在下面，小直径端在上面的装配方法。当钟形罩上移时，360°环形槽（钟形罩外围）的截面积缩小，因此循环矿浆量就减少；反之，循环矿浆量就增加。

(2) 工作原理

叶轮旋转时，矿浆围绕叶轮壳向四周排出（图 5-13），使 B 处形成真空，循环矿浆经循环孔 C 进入 B 处，低压空气 E 经空气管向下进入叶轮腔同循环矿浆混合，混合物受到旋转叶片 A 的强压力并且被甩撞在盖板导向叶片 G 上，使空气和矿浆进一步混合，含气矿浆在整个槽底向上扩散，矿化气泡上升到泡沫区，用刮板刮出，未矿化的矿浆进入下一个槽体重新浮选。

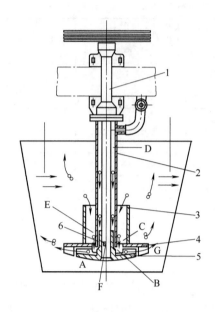

图 5-13 美卓 DR 浮选机结构及作用原理

1—轴承体；2—空气竖管；3—矿浆循环筒；

4—盖板；5—叶轮；6—钟形调节器

（3）美卓 DR 浮选机的特点

① 采用锥形循环筒，使矿浆在垂直方向循环，气泡和矿浆在垂直方向混合，提高了气泡的矿化概率，有效地保证了矿粒悬浮而不易沉槽，同时使槽子的上部更为平静。在低功率电动机驱动和低叶轮转速的情况下依然能够保持矿物颗粒高度悬浮和气泡有效矿化。

② 由于外加充气，降低了叶轮的转速，克服了深槽消耗功率大的缺点，并能降低叶轮、盖板等零部件的磨损。

③ 由于槽深，所以金属耗量较大。

美卓 DR 浮选机在国外广泛应用于各种矿石浮选，也适用于粗粒难选煤的浮选。对入料浓度变化适应性较强，一般入料浓度为 $6.5\% \sim 10\%$。单位容积处理量较大，按干煤计可达 $1.03 \sim 1.6 \mathrm{t/m^3 \cdot h}$。1965 年 DR 浮选机首次应用于加拿大不列颠哥伦比亚的 Endako 钼矿扩建工程[33]。此后，Denver 公司十分谨慎地将其原有浮选槽扩大来设计大型浮选机。该公司担心主轴机构是否具有足够的动能与扩大规模后的槽体相配合。Denver 公司最初设计大型浮选机的方法是将两个较小的槽体连接在一起后去掉中间的间隔物。该公司大型浮选机首次命名为 Denver DR 600（$17 \mathrm{m^3}$），它由两个 Denver DR 300 的槽体背对背拼接而成，因此一个槽体中有两个主轴机构。1967 年 DR 600s 浮选机在 Endako 钼矿的又一个选厂安装使用。1972 年在 Bougainville 铜矿安装 108 台 Denver DR 600H 浮选机作为粗颗粒精选设备。该浮选生产线处理量达到 90kt/d。

5.12.2 RCS 浮选机

美卓矿机生产的 RCS（Reactor Cell System）压气机械搅拌式浮选机，是在深叶片充气系统的基础上开发研制的。这种浮选机于 1997 年开始投放市场。

RCS 型浮选机的槽子是一个圆筒形槽，如图 5-14 所示。它结合了圆筒形浮选机优点和其叶轮结构的特点，为粗选、精选和扫选作业创造理想条件。对于 RCS-200 型浮选机来说，其浮选槽的高度为 9.4m、直径为 7m。

RCS 型浮选机采用深叶片（Deep Vane）型机械搅拌机构，其叶轮由一组独特的下边缘逐渐收缩的垂直叶片和空气分散隔板组成。搅拌机构使矿浆产生强大的流向槽壁的径向流，并产生流向叶轮下方的强烈的回流，避免矿粒在槽底沉积。另外，这一独特的搅拌机构，能够产生最大的流向叶轮上部的再循环矿浆流。垂直分散型叶片可促进矿浆径向流动，完全消除了矿浆在槽中旋转。

目前 RCS 型浮选机系列产品包括容积分别为 $5m^3$、$10m^3$、$15m^3$、$20m^3$、$30m^3$、$40m^3$、$50m^3$、$70m^3$、$100m^3$、$130m^3$、$160m^3$ 和 $200m^3$ 的 12 种规格。RCS 型浮选机已应用于铜、铅-锌、铂族金属和其他矿石的浮选。

RCS 型浮选机有三个重要的特点：①下部区域的固体达到良好的悬浮和输送，使颗粒与气泡多次接触，以充分回收各粒级的物料；②减少了上部区域的紊流，防止较粗颗粒从气泡脱落；③有一个稳定的液面，尽可能减少颗粒的机械夹带。浮选空气由鼓风机提供，每套机构的充气速率可以控制。在槽子容积不大于 $70m^3$ 时，采用 V 形带传动；大于 $70m^3$ 采用齿轮箱传动。叶轮和扩散器采用了新材料，由高耐磨的合成橡胶或模压聚氨酯制成。RCS 系列浮选机的技术规格见表 5-18。

图 5-14 美卓 RCS 浮选机

表 5-18 美卓矿机 RCS 浮选机技术规格

规格/型号	槽体有效容积 /m^3	电动机功率 /kW	充气流量 /(m^3/min)	充气压力 /kPa
RCS 3	3	11	2	17
RCS 5	5	15	3	19
RCS 10	10	22	5	22
RCS 15	15	30	7	25
RCS 20	20	37	8	27
RCS 30	30	45	10	31
RCS 40	40	55	12	34
RCS 50	50	75	15	38
RCS 70	70	90	18	42
RCS 100	100	110	22	47
RCS 130	130	132	27	51
RCS 160	160	160	30	54
RCS 200	200	200	35	58

5.12.3 TankCell 浮选机

5.12.3.1 TankCell 浮选机结构和技术规格

TankCell 浮选机由浮选槽、给矿箱、精矿溜槽、搅拌装置、驱动装置、排矿箱、液位控制系统、充气装置等组成。其结构示意图如图 5-15 所示[37]。

奥图泰浮选机的设计均采用流体动力学分析和计算机流体动力学（CFD）模拟。TankCell 浮选机为各种不同的浮选粗选、扫选和精选应用提供了众多可供选择的浮选机规格，可以适应多种多样的工艺和生产量的要求，其技术规格见表 5-19。

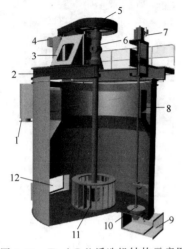

图 5-15　TankCell 浮选机结构示意图

1—精矿出口；2—桥架；3—驱动架；
4—电动机；5—皮带轮驱动装置；
6—轴承装置；7—阀门执行机构；
8—精矿溜槽；9—阀门箱；10—槽内镖阀；
11—浮选搅拌机构（转子和定子）；
12—给矿箱或通道

表 5-19　TankCell 浮选机技术规格

型号	有效容积 /m³	槽直径 /m	最大充气量 /(m³/min)	安装功率 /kW	消耗功率包括充气 /(kW/m³)
TankCell-5	5	2.0	2.8	11	1.97
TankCell-10	10	2.5	4.3	18.5	1.88
TankCell-20	20	3.1	6.7	37	1.65
TankCell-30	30	3.6	9	45	1.37
TankCell-40	40	3.8	10	55	1.18
TankCell-50	50	4.27	13	75	1.32
TankCell-70	70	5.3	19	90	0.87
TankCell-100	100	6.00	25	132	0.84
TankCell-130	130	6.4	28	150	0.90
TankCell-160	160	6.8	32	185	0.83
TankCell-200	200	7.2	36	250	0.80
TankCell-300	300	8.0	45	300	0.69
TankCell-500	500	10.00	70	400	0.66

5.12.3.2　浮选机技术创新

TankCell 浮选机具有如下特点：①通过优化和调节，空气消耗量比传统的浮选机明显降低；②先进的泡沫控制技术能够使气泡的大小最佳；③优化捜取功率；④能耗低；⑤具有最快的浮选动力学特性；⑥混合优良，短路现象最少。

(1) 新型的 FloatForce 搅拌机构

机械搅拌式浮选机的核心是转子和定子装置。它的作用是混合矿浆、分散空气和产生湍流动能。这种湍流使固体颗粒加速运动并提供足够的能量以便使固体颗粒附着在气泡上。浮选搅拌装置设计的出发点是适用于不同的浮选物料，包括粒度从超细到较粗的物料。为达到良好的浮选工艺效果，使细粒级颗粒得到较好的浮选应采用 Multi-Mix 搅拌机构 ［如图 5-16（a）所示］ 在正常或较高转速的情况下进行操作，而粗颗粒的浮选则是采用 Free-Flow 搅拌机构 ［如图 5-16（b）所示］ 在较低的转速下进行的。在这种情况下用于搅拌矿浆的能耗就从 $0.7kW \cdot h/m^3$ 降低到 $0.55kWh/m^3$ [38-40]。

归功于近年来对流体动力学的深入研究和透彻了解以及计算流体力学（CFD）的应用，奥图泰于 2006 年研制出一种新型的浮选搅拌机构——具有专利技术的 FloatForce 搅拌机构，如图 5-17 所示。

FloatForce 搅拌机构除了具有 OK 型搅拌机构的所有优点外，还在许多方面具有增强的性能。 FloatForce 搅拌机构的特点汇总于表 5-20 中。

(a) Multi-Mix

(b) Free-Flow

图 5-16 Multi-Mix 和 Free-Flow 搅拌机构

图 5-17 FloatForce 搅拌机构

表 5-20 FloatForce 搅拌机构的特点

特点	效果	结果
在同样的充气量下混合加强	增加气泡和颗粒的碰撞机会	回收率高
	加强粗颗粒的悬浮	粗粒回收率较高 较粗的磨矿细度（若解离度允许的话）
	提高入选的矿浆浓度	增加固体停留时间 增加处理量
	泵送更多的矿浆	减少沉砂现象
在较高的充气量的情形下维持混合	增加泡沫表面积通量（S_b）	回收率增加
维持混合和充气量（当为新设备选择较低的转速时）	在不充气/试车情形下降低实际功率	降低能耗成本 降低投资成本（电动机和电缆） 降低备件消耗成本
单独的、轻质的定子磨损部件	使得定子的维护更容易和安全能够测试不同的耐磨材料	维修快 减少在狭窄空间所花的时间 延长磨损件使用寿命 运转率高
	在有外物影响的情形下也能做到更换单个的定子叶片	降低磨损件消耗成本

（2）机械振动方面

TankCell 浮选机由于采用了先进的机械设计，它具有运行时产生振动很小的特点，同时可采用更轻便的支撑结构，实现更方便和安全的操作。采用详细的机械测量与分析，奥图泰已经开发出一种比现在已投入使用的浮选机体积更大的浮选机，而其振动速率比容积大约只有其一半的浮选机的振动速率还要低。

使用机械振动仪沿着水平方向在中空轴的上部支撑轴承上测量得到的结果示于表 5-21 中，采用的频率段为 $1\sim10\,\text{Hz}$。

表 5-21   奥图泰 TankCell 浮选机振动数据

TankCell 规格	TankCell-100	TankCell-200	TankCell-300
投产年份	1998	2002	2007
浮选槽直径×高度/m	6.0×4.7	6.8×6.2	8.0×7.0
安装功率/kW	132	220	300
振动速度(RMS1.10Hz)/(mm/s)	4.29	2.86	2.20
测得的振动峰值位移/mm	0.16	0.05	0.03

(3) 能耗低

Arbiter 在他的论文中[41]，对四个不同厂家的大型浮选机（包括 $100m^3$、 $130m^3$ 和 $160m^3$ 的浮选机）的功率消耗做了一个对比分析，见表 5-22。以 $160m^3$ 的浮选机为例，压气式 TankCell 浮选机（包括鼓风机）的单位能耗最低，比自吸式浮选机的单位能耗要低 25％。智利国家铜业公司的丘奇卡马塔铜矿对不同厂家的大型浮选机进行了工业对比试验，该工业试验的结果也证实了这一结论。

表 5-22   大型浮选机能耗比较

容积/m^3	功率/kW	比功率/(kW/m^3)	容积/m^3	功率/kW	比功率/(kW/m^3)
美卓 RCS	100 130 160	150 200 200	1.13 1.16 0.92	Dorr- Oliver	100 160	111.9 149.2	1.12 0.93
Wemco	85[①] 127[②] 160[②]	49 145 170	2.10 1.14 1.06	奥图泰	100 130 160	98 107 128	0.98 0.82 0.8

① Wemco 1+1 为矩形槽。
② Wemco SmartCell 为圆形槽。

5.12.4   Dorr-Oliver 浮选机

图 5-18   Dorr-Oliver 浮选机示意图

FLSmidth 公司的 Dorr-Oliver 浮选机（图 5-18）是充气式机械搅拌浮选机，设备的规格为 0.1～70m^3。该机叶轮的叶片特性总的类似于奥图泰浮选机的叶片设计，因此其矿浆循环形式与奥图泰浮选机的基本相同。叶轮被短的定子叶片包围，定子叶片从圆环顶径向地悬挂着，空气从空心轴直接释放出进入转子叶片间的泵送导沟，矿浆从下面进入，而混合物直接从转子上部喷出。该种浮选机当规格大于 2.8m^3 时浮选槽为 U 形槽。设计中避免了不必要的紊流，因而其能在低能耗下获得好的固体悬浮和充分的空气弥散。多槽使用一般为阶梯配置。 Dorr-Oliver 浮选机方形槽体有 0.02～2.4m³ 5 个型号， U 形槽体有 8.5～44m³ 5 个型号。

技术规格见表 5-23。

表 5-23   Dorr-Oliver 浮选机技术规格

圆柱形槽			矩形槽和 U 形槽		
型号	有效容积/m³	功率/kW	型号	有效容积/m³	功率/kW
DO-1.5 RT(半工业)	1.5	7.5	DO-1 R	0.02	0.6
DO-5 RT	5	7.5	DO-10 R	0.24	1.1
DO-10 RT	10	14.9	DO-25 R	0.6	2.2
DO-20 RT	20	29.8	DO-50 R	1.2	3.7
DO-30 RT	30	37.3	DO-100 R	2.4	5.6
DO-40 RT	40	44.8	DO-300 UT	7.2	11.2
DO-50 RT	50	56	DO-600 UT	14.3	22.4
DO-70 RT	70	74.6	DO-1000 UT	23.8	29.8
DO-60 RT	60	74.6	DO-1350 UT	32.2	37.3
DO-100 RT	100	111.9	DO-1550 UT	36.9	44.8
DO-130 RT	130	149.2	DO-1550 UT	36.9	44.8
DO-160 RT	160	149.2			
DO-200 RT	200	186.5			
DO-330 RT	330	410			

5.12.5 Wemco 1+1 浮选机

1969 年研制成功的 Wemco 1＋1 浮选机是 Fagergren 浮选机的发展和改进，在转子-定子系统结构上有较大的改进和突破，并且日趋大型化[42]。

Wemco 1＋1 浮选机是自吸气的机械搅拌式浮选机。该浮选机的适用范围比较广泛，既可用于煤炭的精选，有色、黑色金属及有用矿物的回收，还可以作食品的净化，纸浆脱墨，工业废料的回收等多种用途。

Wemco 浮选机有 13 种不同的规格，所有这些规格的浮选槽都符合几何形状相似性以及按比例放大等多项工艺标准。其单槽容积从 0.028m³ 至 84.96m³，自成完整系列，其技术规格见表 5-24。

表 5-24   Wemco 1＋1 浮选机技术规格

型号	有效容积/m³	槽体长度/m	槽体宽度/m	典型的唇长/m	典型的泡沫面积/m²	最大的充气量/(m³/min)	电动机功率/kW
18	0.028	0.31	0.25	0.61			0.37
28	0.085	0.46	0.34	0.91			0.75
36	0.31	0.91	0.48	1.83			2.24

型号	有效容积 /m³	槽体长度 /m	槽体宽度 /m	典型的唇长 /m	典型的泡沫 面积/m²	最大的充气量 /(m³/min)	电动机功率 /kW
44	0.59	1.12	0.62	2.24			3.73
56	1.16	1.42	0.73	2.84			5.6
66	1.73	1.68	0.8	3.35			7.46
66D	2.83	1.52	0.8	3.05			11.2
84	4.25	1.6	1.12	3.2			11.2
120	8.5	2.29	1.57	4.57			18.7
144	14.16	2.74	1.96	5.49	9.2	6.8	22.4
164	28.32	3.02	2.18	6.05	11.3	10.5	44.8
190	42.48	3.58	2.51	7.16	15.6	15.9	74.6
225	84.96	4.17	2.91	8.33	20.8	24.6	149.2

　　单槽浮选机广泛地用于分选煤,其次用于分选各类矿石。推荐在矿浆浓度不大于37%的条件下,用于浮选40%-0.074mm粒级的物料。为了浮选粗粒的矿浆,在浮选槽中安装了大的叶轮,定子上配置了有着小直径孔的附加圆筒,以改变矿粒循环次数。

(1) 工作原理

　　Wemco 1+1浮选机工作原理如图5-19所示,由电动机带动传动轴上的1+1星形转子在扩散器内旋转,造成竖管和导管中产生流动的涡流,这种涡流能产生足够的真空。因此,空气由竖管上部进入气管再进入星形转子,进气管有一个空气调节机构,可根据浮选要求调节空气进入量。同时矿浆由星形转子下部的导管进入转子,在转子-定

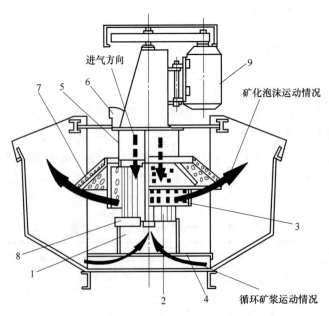

图 5-19　Wemco1+1浮选机工作原理

1—导管;2—1+1星形转子;3—扩散器;4—假底;5—竖管;6—进气管;7—定子盖罩;8—调节环;9—电动机

子区混合，空气、矿浆混合物在星形转子与扩散器高速剪切作用下，气泡得到了粉碎，经过扩散器径向孔抛射到槽体中，负载矿粒的气泡上升到泡沫层进行分离，未矿化的矿物由假底经导管进入叶轮再循环，锥形定子盖罩是防止转子对泡沫层产生干扰以稳定矿浆液面。

（2）结构特点

Wemco 1＋1 浮选机主要由搅拌机构和槽体组成，其搅拌机构主要由 1＋1 星形转子和扩散器组成（图 5-20）。转子形状为星形，共有八个叶片，根部最窄厚度为 35mm，端部厚度为 57mm。扩散器为圆筒形，周边有许多小孔，使空气矿浆混合物分散，扩散器内部的竖筋条起引导矿浆流向和增加负压作用。

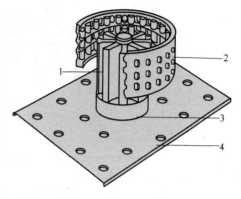

图 5-20　Wemco 1＋1 浮选机搅拌机构
1—叶轮；2—定子；3—吸浆管；4—假底

Wemco 1＋1 星形搅拌机构的特点：

① 转子与扩散器之间的间隙比一般机械搅拌式浮选机的叶轮与定子之间的间隙大三倍以上，因此增加了运动空间，减少了矿粒对转子及扩散器的研磨作用。

② 转子和扩散器均用耐磨柔性材料制成。当浮选机带负荷启动时，矿浆流甚至是沉淀物使叶片稍微向内弯曲，降低了启动力矩。当转子正常运转时，叶片又恢复到正常位置，因为转子上的叶片是完全对称的，当一端磨损后可以掉头使用，还可以做顺逆方向旋转，因此叶轮磨损均匀。在一般情况下，转子和扩散器使用寿命可达 2～6 年。

③ 一般大型浮选机叶轮埋入矿浆的深度为 1m 左右，搅拌功率约占浮选机功率 15%～25%。Wemco 浮选机转子埋入矿浆深度仅为 102～229mm，因此降低了电耗，例如 Wemco 120 型浮选机的搅拌功率则降低到 5%～8%，并且这样的数值远比充气式浮选机要小得多，因为充气式浮选机需要外加压缩空气、输送及扩散空气等，所以效率比较低。

④ 当浮选机工作时，垂直负荷集中在下半部。当从上部导入矿浆流时，转子会产生向下的拖曳效应，这种螺旋形的效应阻止矿浆上涌，提高了充气效率，并保证矿浆液面的稳定，因此转子转速可降低 25% 左右。例如 Wemco 120 型浮选机的周边速度由 8.74m/s 降低到 6.58m/s，由于转子转速降低，则功率消耗亦随之降低。

Wemco 1＋1 浮选机槽体配置如图 5-21 所示[42]，它由给料箱、槽体中间连接箱及排矿箱组成。在中间连接箱内装置一个矿浆调节器，既可让矿浆顺利地通过，也能调节各槽体中矿浆液面高度。浮选精矿可以自溢排出，亦可以用双面刮板器刮出。

Wemco 1＋1 浮选机具有处理量大、生产效率高、充气量大 [1ft^3/（ft^3·min），1ft＝0.3048m]、气泡分散均匀、药剂用量低、电耗量小、占地面积小、维修方便等优点。但由于这种浮选机转子在矿浆中埋入深度浅，槽体容积大部分用于矿浆循环，所以容积利用率较低。

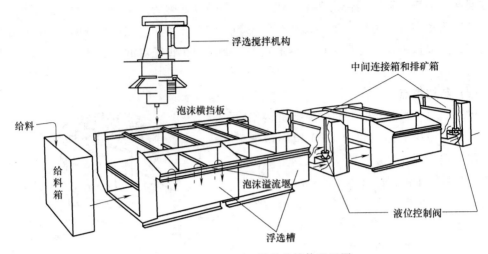

图 5-21 Wemco 1+1 浮选机槽体配置图

5. 12. 6 Wemco SmartCell 浮选机

1996 年，FLSmidth 公司在 Wemco 1+1 浮选机的基础上研发出 Wemco Smart-Cell 浮选机。两者的结构基本相同，SmartCell 浮选机吸收了 Wemco 1+1 浮选机的优点，采用圆筒形的槽体结构、圆锥形的通气引流管和泡沫集中器（推泡器），在每个槽子中间部位都有转子式分散器，有强力搅拌和吸气双重作用。周围的空气靠旋转的转子通过立管吸入，由分配器将其分散成微小的气泡并以旋转状均匀地分布于整个矿浆内，由于采用了自吸气结构，从而省去了鼓风机和通气管网的费用。通气机构置于远离槽底的上方位置，减小了转子和分散罩的磨损，而且停车后可以立即启动。Wemco SmartCell 浮选机的结构见图 5-22。

叶轮叶片和定子均用耐磨橡胶模制成，采用完全的分段对称式结构，转子可以顺时针或反时针运转，也可以上下颠倒使用，实现磨损面和未磨损面的互换。

SmartCell 浮选机的结构先进，控制精确，精矿品位和回收率高。与 Wemco 1+1 浮选机相比较，不仅能耗减少了 30%~40%，而且提高了运转效率。单槽容积达 350m³。Wemco 1+1 和 Wemco SmartCell 浮选机在世界矿业领域得到了广泛应用。其技术规格列于表 5-25。

表 5-25 Wemco SmartCell 浮选机技术规格

型号	有效容积/m³	安装功率/kW	型号	有效容积/m³	安装功率/kW
1.5(半工业型)	1.5	7.5	70	70	150
5	5	30	100	100	150
10	10	37	130	130	185
20	20	50	160	160	185
30	30	75	200	200	250
40	40	90	250	250	315
50	90	90	300	300	373
60	60	150	350	350	373

图 5-22   Wemco SmartCell 浮选机结构示意图

1—给矿箱；2—电动机；3—推泡器；4—径向溜槽；5—混合挡板；6—环形溜槽；7—转子；8—分散罩；
9—分散器；10—槽内倒角；11—液位控制阀；12—尾矿排放口；13—减速机；14—轴；15—进气管；
16—镖阀；17—假底；18—导管；19—放空口

5.13　充气式浮选机

充气式浮选机是一种无机械搅拌装置的浮选槽。槽内矿浆的流动靠重力作用，充气靠槽外附设的鼓风机或空压机供给。

5.13.1　浮选柱

5.13.1.1　浮选柱发展概况

浮选柱发明于 20 世纪 60 年代初，于 1962 年获得专利。问世之后，我国选矿工业曾将其作为一种主要浮选设备来应用。我国是世界上工业应用浮选柱最早的国家。浮选柱在我国从 20 世纪 60 年代中期到 80 年代中期使用近 20 年，由于缺乏对浮选柱结构和分选原理的深入研究和分析，在浮选工艺流程中应用的作业位置不合适，没能使浮选柱的选别优点发挥出来。当 20 世纪 80 年代初，随着大型浮选机的出现，使原来的浮选柱用于粗选作业的缺点越发明显，从而导致浮选柱除在个别矿山由于各种因素被保留下来外，其余的全被大型浮选机所取代。

20 世纪 80 年代初，材料工业及自动控制有了新的发展，国外的浮选柱也开始进入了工业应用阶段。1980 年 6 月，加拿大的加斯佩（Gaspe）选矿厂在钼精选作业中首先安装了浮选柱。其后，科明科公司的波拉里斯矿安装浮选柱提高了铅粗选的品位，美国的圣马尼奥选矿厂在铜制分离后的精选中安装了浮选柱，西澳大利亚的哈博里兹矿用浮选柱产出了最终的含金硫化物精矿。此外，智利的劳斯布洛恩斯矿、美国的西亚丽塔等也都采用了浮选柱。浮选柱在国外矿山开始迅速推广开来，但当时国外这些浮选柱应用的一个共同特点是均用于选矿厂的精选作业。

浮选柱能够有效地回收细粒级的矿物，因此绝大部分的浮选柱应用于精选作业，如铜、铅、锌、钼等的精选回收。当然也有浮选柱应用于粗选，如伊朗的 Miduk 铜矿[43] 和巴西的 Serrana 磷矿，但浮选柱的尾矿则应用浮选机扫选，以保证粗粒矿物的回收。

5.13.1.2 浮选柱分类

浮选柱分类见表 5-26。

表 5-26　浮选柱分类表

分类方式	类别	型号
按矿浆和气流流向分	逆流方式	旋流充气浮选柱、全泡沫浮选柱、Wemco-Leedss 搅拌式浮选柱、CPT 浮选柱、FXZ 静态浮选柱、Microcel 浮选柱、Flotair 浮选柱、Boutin 浮选柱、Leeds 浮选柱、MTU 充填介质浮选柱、气浮式浮选柱、电浮选柱、磁浮选柱
	同流方式	Jameson 浮选槽、KYZ 顺流喷射式浮选柱
	逆流-同流混合方式	射流浮选柱、旋流器式浮选柱、FCMC 旋流微泡浮选柱、FCSMC 旋流-静态微泡浮选柱、TAFC 双充气微泡浮选柱、KΦM 浮选柱、XFZ 多柱室逆顺流交替流动式浮选柱
按浮选柱槽数分	单槽柱	浮选柱一般都为单槽柱
	多槽柱	IOTT 多槽浮选柱（俄罗斯）
按浮选柱高度分	高柱型	Flotair 浮选柱、Boutin 浮选柱、KFP 浮选柱、Leeds 浮选柱、MTU 充填介质浮选柱、电浮选柱、磁浮选柱、ΦII 浮选柱
	矮柱型	旋流器式浮选柱、射流浮选柱、旋流充气浮选柱、全泡沫浮选柱、LHJ 浮选柱、Jameson 浮选槽、Wemco-Leeds 搅拌式浮选柱、气浮式浮选柱
按气泡发生器分	内部充气型	Boutin 浮选柱、MTU 充填介质浮选柱、KΦM 浮选柱、XFZ 多柱室逆顺流交替流动式浮选柱、电浮选柱、气浮式浮选柱
	外部充气型	旋流器式浮选柱、射流浮选柱、旋流充气浮选柱、全泡沫浮选柱、LHJ 浮选柱、Jameson 浮选槽、Wemco-Leeds 搅拌式浮选柱、FCMC 旋流微泡浮选柱、FCSMC 旋流-静态微泡浮选柱、Microcel 浮选柱、CPT 浮选柱、TAFC 双充气微泡浮选柱、FXZ 静态浮选柱、KYZ 顺流喷射式浮选柱、Flotair 浮选柱、KFP 浮选柱、Leeds 浮选柱、磁浮选柱

5.13.1.3　浮选柱举例

目前，世界上普遍采用的浮选柱主要是常规浮选柱或称为加拿大浮选柱，这里主要介绍这一类型的浮选柱。

20 世纪 90 年代以前，工业上采用的浮选柱主要是常规的浮选柱，断面形状为方形或圆形，国外采用的浮选柱高一般为 10～14m，均用于有色金属矿的精选，最高的为美国西亚丽塔（Sierrita）铜矿直径为 2.3m 的铜精选浮选柱，高为 15.2m；国内采用的浮选柱断面为圆形，高为 4.5～8m，均用于有色金属矿的粗选。

在我国最早使用浮选柱的是柴河铅锌矿（1966 年投产，1992 年 11 月闭坑）选矿厂。刚投产时，该选矿厂的方铅矿和闪锌矿粗选回路使用的浮选柱为 $\phi2.2m×7.0m$，扫选回路使用的浮选柱为 $\phi2.2m×6.0m$。在 1970 年扩建后，根据当时的实际情况，把浮选柱的高度降低了。

浮选柱的应用中，微泡的产生是关键，气泡发生器是其核心。20 世纪 80 年代后期，随着技术和应用材料的发展及国外对浮选柱在精选作业的应用，气泡发生器开始采用外置式安装和更换，使浮选柱的应用进入了一个新的阶段。

但在国内，由于 20 世纪 60 年代粗选作业采用浮选柱，在 80 年代绝大部分被浮选机替换的经验教训，致使浮选柱的使用处于停滞状态。直到 90 年代末，中国恩菲工程技术有限公司在设计赞比亚的谦比西铜矿选矿厂时，在精选作业中首次采用了新型的浮选柱，并开始了新型浮选柱在国内设计中的应用先例。此后，浮选柱的工业应用又重新在国内逐渐推广开来。

目前，常规浮选柱已经广泛应用于选矿工业及其相近的领域。已经投产使用的最大浮选柱是 Eriez（CPT）生产的 $\phi6.0m×14.0m$ 浮选柱，应用于淡水河谷位于巴西北部的 SaloboMetais 铜矿选矿厂，共 8 台。

5.13.1.4　加拿大浮选柱

(1)　工作原理

经药剂调整后的矿浆，由泵给入给料箱，通过进浆管引入柱体上部的中央部位（距离泡沫溢流唇 3m），入料与来自上面的水混合后分布于槽内。压缩空气由设在柱底部的气泡发生器喷出。上升的气泡流与矿浆下降流相对运动，在这个行程中气泡与颗粒按对流碰撞原理实现附着。被气泡挟带的脉石细泥多集中于气泡的尾流，与集中于运动气泡后面的湍流尾流中的脉石细泥，将随气泡一起进入泡沫层。为了提高泡沫精矿的质量，在距泡沫柱上表面约 100mm 处安装了洗水管，缓缓流动的清水漫过泡沫柱上段，下降清水流有助于洗掉泡沫层中夹杂的脉石细泥和气泡尾流中的细泥。其特点是它不具备机械搅拌式浮选槽密实的泡沫层，而仅保持泡沫柱状态。由于洗水的作用，泡沫柱的上部处于清水介质中，因此由泡沫柱底部上升的矿化气泡进入清水段后得到了精选，实质上这是一种泡沫柱浮选，所以起泡剂的用量较少。起泡剂只用于控制气泡大小。加拿大浮选柱如图 5-23 所示。

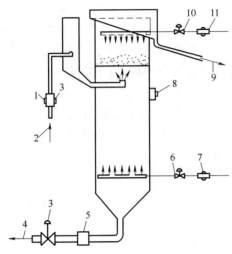

图 5-23　加拿大浮选柱示意图

1—给矿流量计；2—给矿；3—自动阀；4—尾矿；
5—底流流量计；6—空气自动阀；7—空气流量计；
8—压差计；9—精矿；10—洗涤水自动阀；
11—洗涤水流量计

泡沫精矿自流入精矿槽，尾矿流由浮选柱底部排出。为了保证浮选柱操作过程的稳定性，安装了仪器检测和自动控制系统。

(2) 仪器检测和自动控制系统

使进出浮选柱的物料经常处于平衡状态，这是保证浮选柱操作稳定性的先决条件。为此设置了下列仪器检测和控制回路：

① 控制入料流和尾矿流差量的回路，见图 5-24。为了保证泡沫受到充分的清洗需要添加清水，因此应使尾矿流的排出量大于入料矿浆量，其差值预先给定，图中为 30.3L/min。入料量波动范围限定在几升每分之内。

② 控制泡沫基线和洗水的回路。正常情况下，浮选柱内的泡沫柱高度保持在 $1.0\sim1.3m$ 之间。为了保证稳定的泡沫柱高度，在浮选柱的侧壁上安装了差压槽监视泡沫柱和矿浆的界面。差压槽控制洗水管上的自动阀 V_1，泡沫柱厚度的任何变化皆以洗水量的增减来抵补。所以泡沫柱中的洗水有两个作用，一是冲洗上升的矿化气泡，消除挟带的脉石细泥，二是使通过浮选柱的物料流保持平衡。此外，洗水压力也要保持恒定，压力波动也会造成不稳定操作。

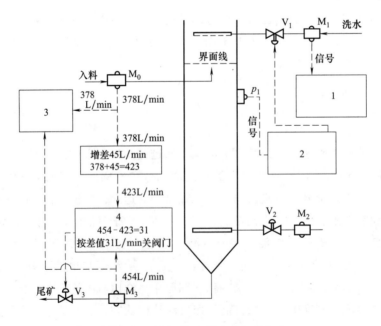

图 5-24　浮选柱的自动控制系统

1—洗水记录器；2—界面移动阀门控制器；3—入料及尾矿流量记录图；4—阀门控制器；
$V_1\sim V_3$—阀门；$M_0\sim M_3$—流量计；p_1—压差计

③ 控制充气速率的回路。充气速率或空气容积是入料中固体量的函数，应当相互适应。入料量过高会减少浮选时间，显著降低回收率，充气量过大会降低精矿质量。充气速率由流量计检测，用手动阀调节流量。气泡发生器出现漏洞会显著影响浮选过程，必须经常检查和定期更换。

(3) 应用实例

加拿大盖斯帕（Gaspe）铜矿公司用浮选柱代替丹佛 DR 浮选机，作为 Cu-Mo 分离浮选、粗选钼精矿的精选设备。以三个总容积为 $51.03m^3$ 的浮选柱代替了 40 台总容积为 $44.8m^3$ 的机械搅拌式丹佛 DR 浮选槽，减少了精选作业数目，提高了钼精矿品位和回收率。

根据 Cu-Mo 混合精矿的粒度分析，-400 目含量占 78.6%，因此，认为浮选柱对微细粒级物料的分选精度高，是提高钼精矿品位和回收率的主要原因。

5.13.1.5 微泡浮选柱

微泡浮选柱（MICROCEL）是美国弗吉尼亚工业大学 Yoon 教授和他的团队研发出来的，是利用压差从矿浆中析出大量细小的气泡群，同时利用独特的微孔管产生大量细碎和均匀的微泡来进行浮选的一种新型浮选设备。微泡浮选柱的结构示意图如图 5-25 所示，其柱高 $5080\sim7620mm$，直径 $1524\sim2540mm$，泡沫层 $1\sim1.5m$。该浮选柱设立了中矿循环，循环矿浆、压缩空气与起泡剂一起进入静态混合器中被强烈剪切。这种作用，一方面产生大量的微泡，另一方面使循环矿浆矿化。其使用了在线静态混合气泡发生器，气泡直径在 $0.1\sim0.4mm$ 之间，大量微泡提高了气泡与颗粒碰撞的概率，从而提高了浮选速率，允许使用短柱分选并且减少空气和能量消耗。此外，气泡发生器不会堵塞，不需使用清水，由于是外部安装，容易维修。

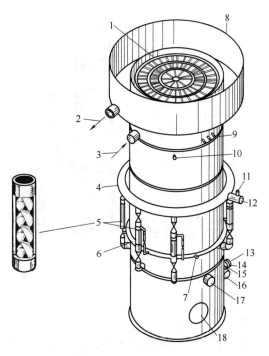

图 5-25　微泡浮选柱示意图

1—洗涤水分配器；2，3—泡沫产品给矿入口；4—环形矿浆管；5—微泡发生器；6—环形空气管；7—进气管；8—泡沫溜槽；9—洗涤水入口；10—压力传感器；11—起泡剂添加管；12—连接砂泵的进口管道；13—亲水性产品；14—控制阀；15—放矿口；16—排空口；17—排放口去砂泵吸入端；18—检修孔

5.13.1.6 CPT 浮选柱

CPT 浮选柱由加拿大工艺技术公司（CPT）研制，其核心是它的空气分散系统，共有四种类型，其中最新的是 SlamJet 气泡发生器和 CavTube 气泡发生器。SlamJet 气泡发生器所需空气通过一组环绕浮选柱槽体的支管提供，分散系统共有若干根简单、坚固的气体喷

射管，这若干根喷射管一般均匀地分布在浮选柱底部附近的同一截面上。每根管子配有一个独立的气功自动流量控制及电动关闭装置，该装置可保证喷射管在未加压或发生意想不到的压力损失时能保持关闭和密封状态，防止矿浆流入，确保气泡发生器系统不因堵塞而影响其正常运行。喷射管喷嘴有多种不同的型号可供使用，通过调整喷射管开启个数及喷射管喷嘴的大小，可调整浮选柱的供气压力、流量，确保柱内空气充分弥散。SlamJet 在浮选柱运行的情况下都易于插入和抽出，检查、维修方便，如图 5-26 所示。

　　CPT 浮选柱分选原理：经浮选药剂处理后的矿浆，从距离柱顶部以下 1～2m 处给入，在柱底部附近安装有可从柱体外部拆装检修的气泡发生器。气泡发生器产生的微泡，在浮力作用下自由上升，而矿浆中的矿物颗粒在重力作用下自由下降，上升的气泡与下降的矿粒在捕收区接触碰撞，疏水性矿粒被捕获，附着在气泡上，从而使气泡矿化。负载有用矿物颗粒的矿化气泡继续浮升而进入精选区，并在柱体顶部聚集形成厚度可达 1m 的矿化泡沫层，泡沫层被冲洗水流清洗，使被挟带而进入泡沫层的脉石颗粒从泡沫层中脱落，从而获得更高品位的精矿。尾矿矿浆从柱底部排出，整个浮选柱保持在"正偏流"条件下工作。其结构如图 5-27 所示。

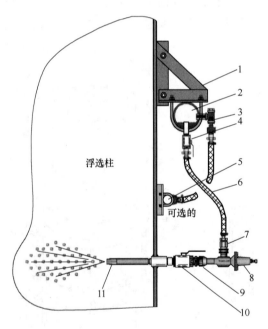

图 5-26　SlamJet SLJ-75 气泡发生器系统
（图片来自 Eriez 公司）

1—气管支撑架；2—空气分配管；3—止回阀；4—隔离阀；5—水管；6—挠性软管；7—快速接头；8—气动截止阀；9—密封件；10—球阀；11—陶瓷喷嘴

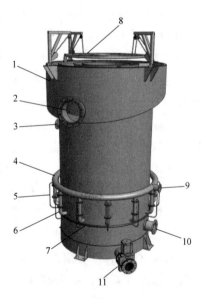

图 5-27　浮选柱结构示意图
（图片来自 Eriez 公司）

1—泡沫槽；2—泡沫产品；3—给矿口；4—矿浆管路；5—空气入口；6—微泡发生器；7—空气管路；8—可调式冲洗水分配器；9—来自砂泵排矿的入口；10—与砂泵入口连接的出口；11—尾矿排出阀门

　　CPT 浮选柱已应用于有色金属的浮选作业。例如江西铜业公司德兴铜矿大山选矿厂已成功应用 CPT 浮选柱对尾矿铜矿进行浮选，浮选柱铜精矿品位比机械浮选槽铜精矿品位平均提高了 4.62%；铜和金的作业回收率分别提高了 3.89% 和 4.06%；银和钼的作业回收率分别下降了 0.81% 和 12.26%。

5.13.1.7　CISA 浮选柱

浮选柱的一个主要缺点是回收率低，循环负荷过大。美卓 CISA 气泡发生器来自 Microcel™ 专利技术，克服了工业上浮选柱多孔和喷射型气泡发生器的低回收率及高维护需求的缺点，提高了选别性能，可以根据品位回收率曲线灵活调节。美卓 CISA 浮选柱的主要优点是：①改善回收率，并且使品位最佳；②增加了处理能力；③增进气泡与矿粒的接触；④没有堵塞；⑤在线更换，并且磨损小，维护量低；⑥独特的气泡发生器技术。

该气泡发生器在浮选柱的外面，在控制条件下使得空气和矿浆接触（见图 5-28），在浮选柱的底部通过在线静态混合器产生气泡。尾矿矿浆通过一台离心泵进行循环，空气刚好在矿浆流过静态混合器之前被引入循环矿浆。对高为 12m 的浮选柱，其静态混合器位于底部以上 2.4m 处。高剪切力形成的气泡使得矿浆与气泡的悬浮体通过静态混合器，气泡矿浆的混合体在靠近浮选柱底部位置进入浮选柱后，气泡上升通过富集区域。

浮选柱的矿浆与泡沫之间的界面采用两个压力传感器进行控制，传感器分别安装于浮选柱中低于唇缘 1.4m 和 2.4m 的位置，传感器与尾矿排矿阀门构成闭环控制。冲洗水分配器是一套 5 个多孔同心 PVC 圆环，支撑于泡沫表面上方 100mm 处。

CISA 浮选柱的气泡发生器系统如图 5-29 所示。气泡发生器系统产生的更小的气泡也增大了气泡的承载能力，提高了目的矿物的回收率。这使得气泡表面积通量最大化，这是评价浮选设备性能的一个标准参数。它也在静态混合器中保证了固体颗粒与气泡之间最大程度的接触，以及泵的运行所导致的高效的药剂活化。

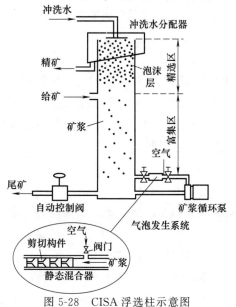

图 5-28　CISA 浮选柱示意图

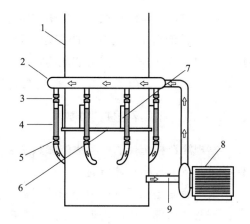

图 5-29　CISA 浮选柱气泡发生器系统示意图
1—柱体；2—矿浆管路；3—阀门；4—静态混合器；
5—阀门；6—空气管路；7—空气管路和微泡发生器
之间的连接管线；8—矿浆循环泵；9—起泡剂入口

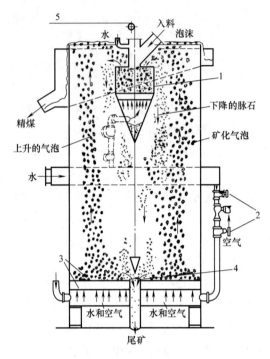

图 5-30　Flotaire 浮选柱示意图
1—给料箱；2—吸气器；3—空气分配盘；
4—中央管；5—调节铅锤

5.13.1.8　Flotaire 浮选柱

为了克服浮选柱中的气泡发生器孔眼堵塞问题，可去掉槽内气泡发生器，或以高压水将空气带入并使它以微细气泡形态出现。Flotaire 浮选柱采用后一种充气方式，其结构示意图如图 5-30 所示。0.24～0.31MPa 的高压水通过吸气器 2 时将空气吸入，由于水中含有起泡剂，所以空气以微细气泡状态与水构成混合体，沿两条管路分别送入给料箱 1 和两个空气分配盘 3 的中间。矿浆在给料箱内与含有微细气泡的水混合后分布于浮选柱上部；空气分配盘 3 上均布着许多截锥形冲孔，空气与水的混合液通过倒置截锥形孔喷出，均匀分布于浮选柱内。下降的矿浆与上升的气泡形成对流碰撞，在浮选柱上部形成泡沫层。上部不设洗水管，靠泡沫层中的自然流泄作用完成二次富集。尾矿通过空气分配盘中央管 4 排出。该浮选柱没有自动控制系统，故操作简单。

该浮选柱高 4～5m，圆形柱容积 0.13～19m³。在美国弗罗里达州用于分选粒度上限 14 目（1.18mm）的磷灰石，所得回收率比一般机械搅拌式浮选机要高。

5.13.1.9　旋流微泡浮选柱

中国矿业大学矿物加工工程研究中心研制的旋流微泡浮选柱现已成功应用于煤泥分选[44]，并取得了良好的分选指标、经济效益与环境效益。与常规浮选机相比，采用旋流微泡浮选柱分选煤泥可节能约 1/2～1/3，精煤灰分可降低 1.0%～1.5%，从而确保选煤厂精煤灰分低于 8.0%[45]。旋流微泡浮选柱分选原理示意见图 5-31。

5.13.1.10　常规浮选柱的参数

常规浮选柱选择时要考虑的参数主要有表观速度、偏差、负载率、负载能力、空气保有量、气泡规格和停留时间。

表观速度是指浮选柱中流量除以浮选柱的横断面积所得到的值，单位为 cm/s。工业上浮选柱顶部气体的表观速度 J_g 通常在 1～2cm/s 之间。

偏差是指冲洗水流量和精矿水流量之间的差。当冲洗水量超过精矿水量时，偏差是正的；反之则为负的；当两者相等时则为零偏差。浮选柱正常运行时应为零偏差的范围，或高一点或低一点。如同气体流量和矿浆流量一样，可以采用表观速度 J_B 表示，单位为 cm/s。

运载速率是浮选柱内单位面积的精矿固体通量，以 C_a 表示，单位为 t/（h·m²）。在大多数的精选回路中，有效的表面积是一个非常关键的因素。在浮选柱中，由于很小的直径与高度（d/h）比值，运载速率就显得更为重要。工业上浮选柱的运载速率一般为 1～3t/（h·m²），取决于冲洗水添加的情况和精矿的粒度，粒度变小会导致运载速率变低。精矿运载速率与偏差的相互关系如图 5-32 所示[46]。

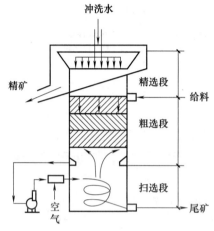

图 5-31　旋流微泡浮选柱分选原理示意图

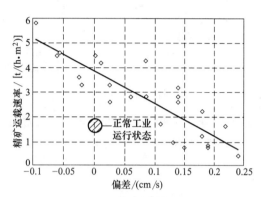

图 5-32　在铜矿精选中采用半工业浮选柱和工业
浮选柱获得的精矿运载速率与偏差的关系

运载速率的最大值称为运载能力，用 C_M 表示。但要注意的是，工业上浮选柱的实际运载能力要比试验用浮选柱的运载能力小得多。Espinosa 和 Johnson 报道过，铅和锌精选的直径分别为 2m 和 2.5m 的浮选柱的运载能力 C_M 只是约为试验用直径为 5cm 的浮选柱运载能力的 50%。当然，对工业浮选柱来说，精矿粒度越大，运载速率越高的趋势仍然是对的。

浮选柱富集区内气泡所占有的体积称为浮选柱的气体保有量，用 % 表示。气体保有量是气体流量和气泡规格的函数，因此，知道了气体流量和气体保有量，可以推断计算出气泡的平均规格。

和在浮选机中一样，气泡大小在浮选柱浮选中起着非常重要的作用，一般来说气泡越小越好。但如果矿物一次精选具有快浮动力学特性时，太小的气泡则不利于泡沫的迁移，因而是不利的。

5.13.2　反应器/分离器型充气式浮选机

反应器/分离器型充气式浮选机可分为四种类型，如图 5-33 所示。

5.13.2.1　达夫可拉浮选机

达夫可拉浮选机（Davcra Cell）是由澳大利亚锌矿公司于 20 世纪 60 年代研制成功的[16]。它是一种将矿浆加压、空气强制吹入的喷射式浮选机，有多种规格，处理量

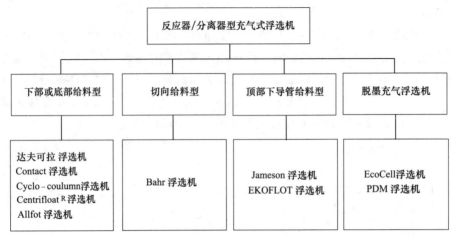

图 5-33　反应器/分离器型充气式浮选机

为 30～400t/h，已在澳大利亚、南非、赞比亚等国的锌、铜选厂和洗煤厂使用。

该设备浮选速度快，处理量大，动力消耗小，适用于单槽浮选。如用于磨矿循环中浮出已解离的可浮矿粒以减少过磨。

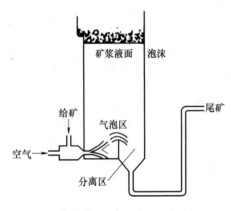

图 5-34　达夫可拉浮选机

达夫可拉浮选机结构简单（图 5-34），它的主要部分是一个带有旋流喷嘴的槽体，喷嘴多少可根据槽体大小选择。工作时加压矿浆从螺旋喷嘴沿切线方向进入，并沿喷嘴内壁旋转后从喷嘴孔喷入槽内，压缩空气由安装在喷嘴中心的空气导管压入。空气导管与喷嘴在同一中心线上，空气导管的管口靠近喷嘴出口但稍后于喷口，当空气喷出时形成一股空气束。由于快速运动的空气束和周围慢速旋转矿浆的相互作用，空气和矿浆得到充气混合，空气被分散成小气泡。当矿浆从喷嘴喷出时，由于压力的降低会析出大量活性微泡。喷嘴喷出的浆气流射向一块挡板，以保证中心空气束完全分散。射入槽内的浆气流碰击挡板后消耗了喷射能，并沿喷入流体周围旋转折回，这一方面可保证空气的分散，另一方面使水平喷射运动转成垂直运动，保证了附着矿粒的气泡平稳上升，形成泡沫层。尾矿从挡板后的排矿管排出，矿浆液面由尾矿排出管控制。

5.13.2.2　Jameson 浮选槽

Jameson 浮选槽是由澳大利亚 Newcastle 大学的 Graeme Jameson 教授发明的，故称为 Jameson 浮选槽。

(1) 结构与工作原理

Jameson 浮选槽的主体主要由柱体和下导管两部分组成。其中下导管的顶部装有混合头，混合头内设有入料口、喷嘴组件及空气吸入口。辅助设备有一台给料泵及控制系统的仪器仪表。

工作原理是将调好药剂的矿浆用泵经入料管打入下导管的混合头内，通过喷嘴形成喷射流而产生一负压区，从而吸入空气产生气泡，矿粒在下导管与气泡碰撞矿化，下行流从导管底口排入分离柱内，矿化气泡上升到柱体上部的泡沫层，经冲洗水精选后流入精矿溜槽，尾矿则经柱体底部锥口排出。充气搅混装置是 Jameson 浮选槽的关键部件，它采用了射流泵原理，在把矿浆压能由喷嘴转换成动能的同时，在密封套管内形成负压，并由空气导管吸入空气。经密封套管，射流卷裹气体进入混合套管，在高度紊动流体作用下，气体被分割成气泡并不断与矿粒碰撞黏附，得到矿化。分散器相当于静态叶轮，将垂直向下的矿浆沿径向均匀分散。Jameson 浮选槽的结构如图 5-35 所示。

（2）Jameson 浮选槽的主要优点

① 空气自然导入，避免了常规浮选柱压入空气所引起的麻烦。

② 在保持常规浮选柱泡沫层厚度且可使用泡沫冲洗水技术的同时，大幅度降低了长径比，柱体仅为 1.5m，高度一般与机械浮选机相近，给工业安装及运行带来了便利条件。

③ 从下导管上部自由吸入的气流在下导管中试图上升，而矿浆体则力图将其下推，因此，液气体挤压在一起，使下导管中气容率高达 60%。当气、固、液三相混合体从下导管底部排出进入分离槽后，会析出大量活性微泡。高气容率和大量微泡都有利于细粒浮选。

④ 因为气泡矿化主要发生在下导管中，浮选槽基本不需要矿化捕集区，矿浆在槽中停留时间短，所以浮选槽体积虽小，但泡沫层仍厚，处理量也大。

⑤ 生产能力大且占地面积小。单机生产能力大，可达 3000m³/h 或 20000～25000t/d。一台 Jameson 浮选槽可代替四台以上机械式浮选机完成一个作业，占地面积只是机械式浮选机的 40%～60%。

（3）Jameson 浮选槽的主要缺点

Jameson 浮选槽虽然有独特的优点，但也存在缺点而使其使用范围大受限制，其缺点主要表现在三个方面。

① 它只对给料充气，没有中矿循环，影响了浮选精矿的回收，尾矿也必须经过多级反复再选才能保证得到合理的指标。

② 由于既没有搅拌作用和离心力所引起的矿浆紊动，也没有传统浮选柱所具有的矿浆与气流逆向运动所引起的搅动，浮选过程完全处于"静态"分选状态，所以不能保证从下导管中排出的矿浆和气泡在浮选槽中充分均匀分散，不能保证浮选槽内矿粒充分悬浮，这对浮选分离是不利的；同时完全"静态"的分选条件无法克服细粒矿物之间的非选择性团聚以及细粒脉石在气泡团中的夹杂。

③ 下导管在分离槽内插入深度较大，易造成矿化气泡短路，使有用矿粒丢失在尾矿中。

（4）应用情况

Jameson 浮选槽因其尺寸小、结构简单，因而作业成本低，主要应用在澳大利亚的微粉煤处理上，现在澳大利亚一半以上的微粉煤处理厂使用这种浮选柱。Jameson 浮选槽也广泛应用于铅锌矿、铜矿、煤矿、工业矿物、污水处理、油砂等选别回收领域，到2013 年 5 月， Jameson 浮选槽的总安装台数已经达到了 320 多台。

　　Jameson 浮选槽与常规浮选柱最大的不同在于其作用原理不同。常规浮选柱的选择需考虑满足一定的停留时间要求，运行中要考虑充气量、冲洗水量、矿浆液位，要考虑泡沫层有一定的厚度，要考虑泡沫层的承载能力等。 Jameson 浮选槽是采用流体力学原理使给入的矿浆与同时产生的微泡气体直接进行剧烈混合而实现快速浮选， Jameson 浮选槽与常规浮选柱相比，需用空间小，不需要外接气源，维护简单。

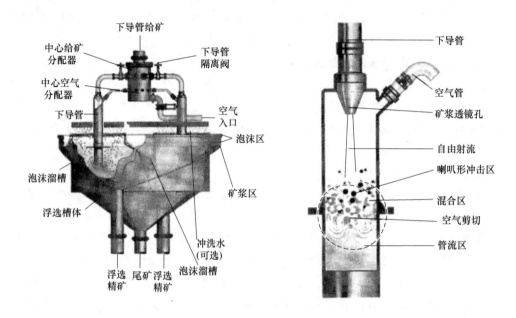

图 5-35　Jameson 浮选槽

　　Jameson 浮选槽的结构和工作原理决定了其适合于选别粒度细、浮游速度快的矿物，且可以直接得出最终精矿。而对于给矿中浮游速度慢的矿物，则需要采用常规的浮选机回收。因此， Jameson 浮选槽需与浮选机配合使用。 Jameson 浮选槽的处理能力与其下导管的数量直接相关，下导管数量越多，处理能力越大。

　　Jameson 浮选槽具有多种不同的型号规格，见表 5-27 和表 5-28。 Jameson 浮选槽的型号表示为 E2532/6 或 B5400/18，其中字母表示不同的外形，斜线前面的数字表示外形的规格，斜线后面的数字则为下导管的数量。

表 5-27　Jameson 浮选槽的型号规格（尾矿内循环）

型号	断面形状	尺寸/m×m	下导管数量/个	新给矿流量/(m³/h)
Z1200/1	圆形	φ1.2	1	50
E1714/2	方形	1.7×1.4	2	100
E2514/3	方形	2.5×1.4	3	150
E1732/4	方形	1.7×3.2	4	200
E2532/6	方形	2.5×3.2	6	300
E3432/8	方形	3.4×3.2	8	400

表 15-28　**Jameson 浮选槽的型号规格**（尾矿外循环）

型号	断面形状	尺寸/m×m	下导管数量/个	新给矿流量/(m³/h)
B4000/10	圆形	4	10	500
B4500/12	圆形	4.5	12	600
B5000/16	圆形	5	16	800
B5400/18	圆形	5.4	18	900
B6000/20	圆形	6	20	1000
B6500/24	圆形	6.5	24	1200

5.13.2.3　Pneuflot 充气式浮选机

Ekof 浮选机，也称为 Pneuflot 浮选机。它的技术最初来源于德国克劳斯塔尔工业大学巴尔教授在 1974 年发明的浮选机。

(1) Pneuflot 充气式浮选机的工作原理

浮选矿浆首先被输送到安装在浮选槽上方入料管上的空气反应器里，空气反应器（自吸式或带有风机或空压机的动力式）安装在向下的垂直入料管上。充气后的矿浆从空气反应器内通过中心管进入到位于浮选槽底部的物料分配盘里，实际上物料的流动是首先垂直向下然后再垂直向上，因此叫"垂直"型。

附着有疏水矿物颗粒的空气泡浮升到浮选槽的上部并形成泡沫层，泡沫产品随溢流进入环绕浮选槽的环形精矿槽内。未附着在空气泡上的颗粒物形成尾矿从浮选槽锥体底部排出。浮选液位控制是根据液位传感器采集信号来调整底流阀的开启度来实现或通过所谓的"鹅颈"排料管装置来调整。

为避免上升流无控制地进入泡沫层，浮选槽内物料分配盘的上方有一个最小高度空间要求。同时需要根据矿浆的密度计算出物料盘上喷嘴的喷出速度。

充气式浮选机可以使浮选过程的几个工艺任务分别分步骤完成（运输矿浆，颗粒悬浮，产生微细气泡，泡沫产品分离）。

矿浆在进入给料泵之前已被添加并混合药剂。在泵入浮选槽的过程中，通过专利装置空气反应器进行物料的充气、气泡的细化弥散及混入。气泡与颗粒的碰撞接触主要发生在空气反应器里，部分发生在去矿浆分配盘的路途上。气泡与矿物颗粒表面相互结合的动能是通过空气反应器内的矿浆紊流产生的。因而给料泵输出物料的压力和流速要达到必要的要求。

物料分配盘将充好气并矿化好的矿浆垂直向上喷入浮选槽内。浮选槽的任务仅仅是将附着有矿料颗粒的泡沫从矿浆中分离出来。

Pneuflot 充气式浮选机的工作原理示于图 5-36。

(2) 空气反应器

空气反应器（图 5-37）型号的主要区别在于根据混合空气的不同要求而选择的材料不同。无论何种型号，矿浆进入空气反应器的速率要达到 6~10m/s。充气设施的制造材料均为 25~100μm 的微孔材料，这种材料强度高且较经济。实践证明其服务年限至少为 2 年以上。矿浆进入空气反应器内腔的通道孔径为 10~12mm，否则浮选综合效率就会降低。压力型"强动力"单元空气反应器主要用于密度较大的浮选入料。因而需要 3bar（1bar＝10⁵Pa）压力和 2∶1 的气浆比。

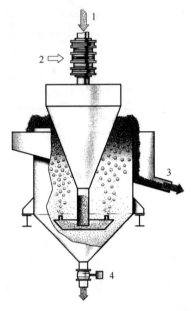

图 5-36 Pneuflot 充气式浮选机的工作原理

1—给料；2—空气；3—精矿；4—尾矿

图 5-37 空气反应器

对于密度较小的矿物及废水处理行业，特别是煤炭行业，不需要压力型充气装置，而自吸式充气装置则得到技术上的发展和应用普及。有压矿浆通过耐磨陶瓷的小孔进入较大的文丘里管产生真空负压，并将空气吸入矿浆。陶瓷小孔约 40 个并呈环形布置，能使矿浆在流动时产生必要的紊流，从而加强空气泡与矿物颗粒的接触。不同的矿浆处理能力及流速，所配置的空气反应器大小亦不同。

（3）Pneuflot 充气式浮选机的优势

同传统机械搅拌式浮选机相比，充气式浮选机的优势如下：

① 充气式浮选机无叶轮搅拌，空气是通过空压机给入或利用文丘里管原理在矿浆流动过程中产生负压自吸吸入。最大特点是多步重要工艺即输送矿浆、给入和弥散药剂、吸入空气、微化气泡并输入矿浆、气泡附着在矿物颗粒上、分离泡沫产品等在设计中明显地被分开，因而每一步骤被最大优化且互不干扰。

机械搅拌式浮选机中所有步骤全部通过搅拌器实现，矿浆中的疏水性矿物颗粒不可能在单个浮选槽内一次完成分离，所以机械搅拌式浮选机的设计配置一般采用一组多槽式，即矿浆需经过多个串联的浮选槽连续进行多次分选处理。表面疏水特性较强的矿物颗粒在串联的 5～8 个分选室的前段较易浮出，而表面疏水特性较差的则需要较长的停留时间，即所谓的"浮选时间"。一段浮选后并不纯净，只有通过增加几段浮选延长浮选时间才能实现物料的充分浮选。因此，浮选时间往往超过 30min。

② 充气式浮选机属于大型工业工艺设备，浮选工艺先进。浮选时间不会超过矿浆在浮选槽内停留的时间。气泡与矿物颗粒的结合以及分离浮选的时间为 2～4min。与机

械搅拌式浮选机的不同之处是矿浆进入浮选槽之前已充气并充分矿化,不需要在浮选槽内停留悬浮很长时间就可显著提高浮选精度。

③ 如果在矿化过程中表面疏水性颗粒不能成功附着在空气泡上,就还有一次富集的机会,即同逆流下降到槽底的空气泡再次碰撞接触。由底部物料分配盘喷射出的垂直向上矿浆流进一步提升附着有大颗粒的空气泡。

垂直型充气式浮选机设计结构简单,但其充气量大、泡沫产品的矿物浮出率高。这一特性强化了大颗粒物料的浮出能力。以往充气式浮选机的缺点是空气反应器的堵塞问题,通过使用先进材料如硬陶瓷而加以克服。同时不用考虑由于物料流速快而导致空气反应器及物料分配盘快速磨损的问题。

④ 自吸式充气浮选机的一个特殊优点是电耗低,只需给料泵电动机。自吸式充气浮选机的浮选速率与精度远优于机械搅拌式浮选机,不需要多次复选。尤其是对于煤质特性较差的难浮物料,这一特性更加突出。这就意味着,虽然充气式浮选机的浮选时间短、结构简单、占用空间少且能耗低,但浮选效率及浮选精度却远优于机械搅拌式浮选机。

综上所述,充气式浮选机的优点是:①工艺简单,操作容易;②单机处理能力大(5m 直径 Pneuflot 浮选槽单机通过量可达 $1000m^3/h$);③在浮选机前无需专门设置添加药剂的搅拌筒;④两段的设计,若采用机械搅拌式浮选机达到同等的浮选效率则需 6~10 槽;⑤精矿浓度高,简化了后续的脱水工艺;⑥由于对浮选入料变化的适应性强,可入浮固体含量较少、浓度较低的浮选入料;⑦每个单元的分选效率较高;⑧ Pneuflot 浮选机中无任何运转部件,空气反应器采用新型的耐磨陶瓷材料,减少了设备的损耗及维护保养;⑨能耗非常低;⑩占用空间少。

总之,充气式浮选机是先进的高效低耗大型化设备,可替代传统机械搅拌式浮选机,是新一代浮选机。

现在全世界有 20 多座大型洗煤厂成功采用了 Pneuflot 浮选机,但同时 Pneuflot 浮选机也可广泛用于下列方面:①有色金属矿石,例如铜矿、铅/锌矿、镍矿石;②氧化矿,例如铁矿石、氧化铜矿石、锡矿石;③工业原料,例如碳酸盐、菱镁矿、氟石、石英石、石灰石;④盐矿,例如钾盐、石盐、硫酸镁石;⑤煤炭;⑥化学工业废水处理、汽车工业、大型涂料工业、钢厂、原油及提炼、食品工业、城市污水处理、垃圾掩埋;⑦土壤净化;⑧纸及塑料废物回收;⑨处理飞灰及硫化物排放。

Pneuflot 充气式浮选机的技术参数见表 5-29。

表 5-29 Pneuflot 充气式浮选机技术参数

槽直径/m	处理能力/(m³/h)	槽容积/m³	空气反应器直径/mm
0.8	5~8	0.5	40~50
1.2	15~30	1.5	50~80
1.8	30~70	3	80~100
2.5	70~150	6	100~150
3	150~300	12	150~200
4	300~600	25	200~350
5	600~1000	53	350~700

5.13.2.4　Imhoflot G-Cell 浮选槽

目前的趋势是更细的磨矿，以改善矿物的解离，遗憾的是常规的浮选机对磨到小于30μm 粒级的有用矿物回收率很低，对磨到小于 15μm 超细粒级的有用矿物的回收率极低。对粗精矿进行的再磨进一步加剧了这个问题。到目前，浮选机制造商已经在试图通过给系统增加功率（更大的搅拌电动机），改善气泡和颗粒的接触来增加细粒级的回收率，但不幸的是这又影响了粗粒级的回收率。解决方案是采用 Imhoflot 气力浮选技术，即 Imhoflot G-Cell 浮选槽（图 5-38）。最近在一个镍矿进行了半工业试验，采用三段 Imhoflot G-Cell 半工业试验浮选槽，从选矿厂常规浮选机的最终尾矿中额外回收了 30% 的镍，回收的这部分主要是小于 11μm 粒级的，这表明回收率的改善不只和增加停留时间有关。上述结果和早期使用 G-Cell 在一个锌矿山进行的半工业试验结果相符，其从精选的尾矿中额外回收了 10%～20% 的锌，且主要是小于 7μm 的粒级。

上述的改善与 G-Cell 浮选机矿浆中给入空气速率增加的量级有关系，由于其充气腔内发生的气泡和颗粒接触是强制的，而不像一般浮选机槽本身只是作为泡沫分离室。通常 G-Cell 浮选机的给入空气速率是常规浮选机的 5～10 倍，尽管只有一半左右被使用。当这种增加的能量输入和 G-Cell 的离心作用结合后，小气泡的作用就在浮选速率（浮选动力学）和总回收率上显现出来了。改善后的浮选动力学导致了所需的停留时间比常规浮选机的要少，从而降低占地面积，改善回收率。

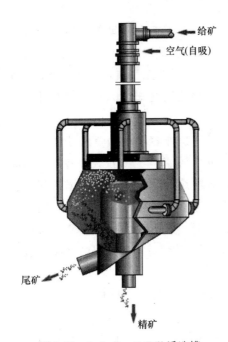

给矿

空气(自吸)

尾矿

精矿

图 5-38　Imhoflot G-Cell 浮选槽

5.14　特殊浮选机

5.14.1　闪速浮选机

闪速浮选是在高浓度（65%～75%）粗颗粒（分级机的返砂，－0.074mm 粒级的含量少）状态下浮选。高浓度粗颗粒矿浆中的细矿物料的含量较少，其中一些相对较细的已单体解离的有价矿物和含有价矿物的连生体，特别是金、银矿物由于浓度大而相对较易被捕收浮出。

闪速浮选处理的物料是磨矿分级回路中的分级设备的沉砂。由于大多数分级设备不是按粒度大小而是根据密度不同来进行分级，所以存在着"反富集"作用，金属矿物特别是金、银矿物由于其密度大而易进入沉砂，这就造成闪速浮选机的给矿品位相对较高，可得到较高的精矿品位和作业回收率。

分级设备的溢流已将大部分细泥带走，则沉砂之中矿泥含量极少，这就减少了闪速浮选的给矿中极细矿泥对浮选的有害影响，使金属矿物与脉石之间可达到很高的选择性，已解离的有价矿物达到快速浮选的境地。

闪速浮选因其浮选时间短而得名，它符合快速浮选动力学理论。由于浮选时间短，使得一些大粒连生体和脉石没有足够的时间上浮，这就保证了闪速浮选可获得合格的精矿产品。奥图泰 SkimAir 闪速浮选机的外形图见图 5-39，其基本参数见表 5-30。

图 5-39　SkimAir 闪速浮选机
（图片来自奥图泰）

表 5-30　SkimAir 闪速浮选机的基本参数

产品	质量 /kg	槽容积 /m³	电动机功率 /kW	充气		处理能力 /(t/h)
				×10³Pa	m³/min	
SkimAir 80	3000	2.4	11	14	0.1~1	80
SkimAir 240	6000	7.9	22	26	0.2~2	240
SkimAir 500	17000	24.9	55	40	0.4~4	500

5.14.2　StackCell 浮选机

Eriez 浮选公司于 2009 年研发出 StackCell 浮选机（见图 5-40），这种创新的技术与机械浮选机相比，能更有效地回收细粒级颗粒，其新的设计思路吸取了机械浮选机内在的优点，比机械浮选机小得多，所需的功率也小得多。该设计的浮选过程采用了完全不同的方式，减少了停留时间和能耗，具有浮选柱浮选的所有性能优点，极大地减少了设备投资、安装费用和运行成本。

StackCell 技术的核心是给矿充气系统，该系统集中所使用的能量产生气泡，并且使气泡和颗粒在一个相对小的空间内接触。在浮选机的中心位置有一个充气腔，腔内有一个叶轮，该叶轮在给进的矿浆存在的状态下，把空气剪切成极细的气泡，因此增强了气泡-矿物颗粒的接触。

与常规的机械搅拌式浮选机不同的是，StackCell 浮选机施加到矿浆上的能量只是产生气泡，而不是保持

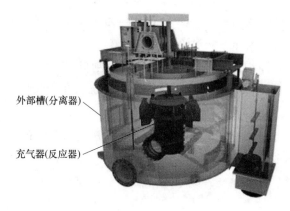

外部槽(分离器)

充气器(反应器)

图 5-40　StackCell 浮选机

颗粒的悬浮，从而导致减少了在槽内的混合，缩短了所需的停留时间。

StackCell 浮选机的喷射系统运行采用低压高效的鼓风机，与其他浮选设备所采用的空压机或多级鼓风机相比，功耗降低 50%。

StackCell 浮选机外形低矮，设计有一个可调的给水系统对泡沫进行冲洗，也利用槽-槽配置以减少短路，改善回收率。StackCell 浮选机所需的空间大约是等量的浮选柱回路的一半，相应的质量降低，安装费用减少，可以整台设备运输、起吊，不需现场装配。

该技术可以得到与浮选柱相同的回收率和产品质量，且所需空间小于浮选柱。该设备没有取代浮选柱的意图，但确实可以在想采用浮选柱而空间或投资有限的情况下作为方案之一进行考虑。新的 StackCell 更小的外形和更低的质量可以使选矿厂进行低成本的升级改造，对目前超负荷生产的浮选回路进行单槽或系列的槽子替换。

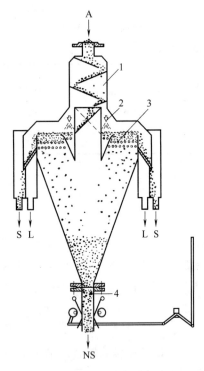

图 5-41　泡沫分选机
1—倾斜缓冲板；2—喷嘴；3—充气器；
4—卸料装置；A—给料；S—泡沫产品；
L—饱和溶液；NS—浮选尾矿

5.14.3　泡沫分选机

泡沫分选机是苏联首创的浮选设备，是专门用于粗颗粒浮选的设备，如图 5-41 所示。

泡沫分选机的工作原理是将预先调节的矿浆分散给到泡沫层上，泡沫层捕收了疏水性矿粒，亲水性的矿粒通过泡沫层流入锥形槽中。由于泡沫分选机在泡沫层中存在较大的空气和水的界面，矿浆流过泡沫层的时间较长，矿浆表面的湍流度又低等有利因素，故为可浮矿粒与气泡的附着创造了极为有利的条件。矿浆从泡沫分选机的上部给入，并在进入充气器槽之前下降到倾斜的缓冲板上，在此，矿浆被强烈地充气，然后水平地流到由一组水平排列的充气器所保持的泡沫层的上部。泡沫连续地由刮泡器刮除，水和脉石穿过泡沫层，通过充气器间的间隙进到倒圆锥中，然后借助重力排除。由于给矿浓度高，因而降低了给矿的湍流度。

这种泡沫分选机有两个泡沫刮除堰，每个长 1.6m，当给矿浓度为 50%～70% 时，每小时可处理 50t 矿石。

充气器由每平方厘米有 40～60 个细孔的胶管排列而成。充气压力为 17bf/in^2（1bf/in^2＝6894.76Pa），总的耗气量不多于 2m^3/min。

泡沫分选机的优点是功率消耗可降低 3/4～4/5，能粗粒解离的矿石可粗磨粗选，因而可减少磨矿和排水费用。

5.14.4 流化床泡沫浮选机

粗颗粒的矿物在常规的浮选机中浮游性能比较差，以前被认为是不可浮的。然而，近年来流化床泡沫浮选机（见图 5-42）把浮选回收的粒度上限提高了 2～3 倍，极大地改善了选别性能。

流化床泡沫浮选机技术的特点是：

① 在有用矿物最小损失的情况下尽早抛尾。可以增加选矿厂处理能力增大的潜力，或大为改善投资效益。

② 降低能耗。独立的模型预测，如果可浮颗粒的上限能达到 1mm，磨矿能耗至少可以降低 20％。

③ 对水的需求有利。流化床泡沫浮选机能够直接选别来自磨矿回路的产品，不用稀释，给矿浓度可以达到 80％，可以极大地节省工艺用水量。

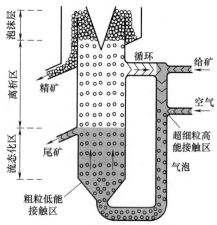

图 5-42　流化床泡沫浮选机

④ 改善金属矿物和其他高密度矿物的回收率。在一个连续的流化床泡沫浮选机中，高密度矿物颗粒会沉积到底部富集，可以定期地清空槽子进行回收。这在当重金属矿物含量太低不能单独建立处理车间时是非常有益的。

参考文献

[1]　郭梦熊. 浮选. 徐州：中国矿业大学出版社，1989.

[2]　Kellerwessel H. Aufbereitung disperser Feststoffe：mineralische Rohstoffe，Sekundärrohstoffe，Abfälle. VDI-Verlag，1991.

[3]　Fuerstenau DW. The froth flotation century. In Parekh B K，Miller J D（ed.）Advances in Flotation Technology，1999：3-21.

[4]　Lavrinenko A A. State and trends of development of flotation machines for solid mineral concentration in Russia. ЦВЕТНЫЕМеталлы，2016（11）.

[5]　Leja J，Rao S R. Surface chemistry of froth flotation. 2nd ed. / $ b revised by S. Ramachandra Rao. ed. NewYork：Kluwer Academic/Plenum Publishers，2004：2.

[6]　Poling G W. Selection and Sizing of Flotation Machines. SME，1980.

[7]　Wark I W，Sutherland K L F O. Principles of flotation. Melbourne：Australasian Institute of Mining and Metallurgy，1955：489.

[8]　ГлембоцкийВ. А. и. др，ФЛОТАЦИЯ. МОСКВА：ГОСГОРТЕ ХИЭДАТ，1961.

[9]　Schubert H. Aufbereitung fester stoffe，Band Ⅱ：Sortierprozesse. Stuttgart：Deutscher Verlag fur Grundstoffindustrie，1996.

[10]　Fuerstenau M C，Han K N. Principles of Mineral Processing. Society for Mining，Metallurgy，and Exploration，2003.

[11]　Clarke A N，Wilson D J. Foam flotation：theory and applications. Dekker，1983.

[12]　Adamson A W. Physical chemistry of surfaces. Wiley，1990.

[13]　Gupta A，Yan D S．Mineral Processing Design and Operations：An Introduction．2nd ed. ed. Elsevier，2016．

[14]　Gaudin. Flotation. 2nd ed. New York：McGraw-Hill Book Co，1957．

[15]　Gaudin A M. Mineral concentration by adhesion in the XV century. Engineering & Mining Journal，1940，141 (10)：43-44．

[16]　Lynch A J. HISTORY OF FLOTATION. AusIMM，2010．

[17]　邱广太．浮选机设计．国外金属矿选矿，1978 (02)：26-33．

[18]　Boeree C R. Up-scaling of froth flotation equipment. Delft University of Technology，2014．

[19]　今泉常正．Flotation Machines. 日本鉱業会誌，1971．

[20]　Kelly E G，Spottiswood D J. Introduction to Mineral Processing. New York：Wiley，1982．

[21]　Uhl V W，Gray J B. Mixing：theory and practice，Volume 1. New York：Academic Press，1966：345．

[22]　Kellerwessel H，Zahr P. Die Entwicklung von Rührwerks Flotationsmaschinen in der Steinkohlen-Aufbereitung. Aufbereitungs-Technik，1966 (9)．

[23]　ГлембоцкийВ. А. и. др，флотация. МОСКВА：ГОСГОРТЕ ХИЗДАТ，1961：257．

[24]　Harris C C. Flotation Machines. Flotation：A M Gaudin Memorial Volume，Fuerstenau M C，AIME，1976．

[25]　Классен，Мокроусов. ВведениевТеориюФлотаций. Москва：Госгортехиздат，1959．

[26]　Gorain B K，Franzidis J P，Manlapig E V. Studies on impeller type，impeller speed and air flow rate in an industrial scale flotation cell. Part 4：Effect of bubble surface area flux on flotation performance. Minerals Engineering，1997，10 (4)：367-379．

[27]　Vera M A，Franzidis J，Manlapig E V. The JKMRC high bubble surface area flux flotation cell. Minerals Engineering，1999，12 (5)：477-484．

[28]　Vinnett L，Yianatos J，Alvarez M. Gas dispersion measurements in mechanical flotation cells：Industrial experience in Chilean concentrators. Minerals Engineering，2014，57：12-15．

[29]　Harris C C. Impeller speed，air，and power requirements in flotation machine scale-up. International Journal of Mineral Processing，1974，1 (1)：51-64．

[30]　卢寿慈．矿物浮选原理．北京：冶金工业出版社，1988．

[31]　Arbiter N，Harris C C，Yap RF. Minerals Beneficiation-Hydrodynamics of Flotation Cells. The American Institute of Mining，Metallurgical，and Petroleum Engineers，1969．

[32]　Mika T，Fuerstenau D W. The microscopic model of the flotation process. Leningrad，1969．

[33]　Fuerstenau M C. Flotation：A M Gaudin Memorial Volume. Vol. 2. New York：AIME，1976．

[34]　任天忠．选矿数学模拟及模型．长沙：中南工业大学出版社，1990．

[35]　Fallenius K. Outokumpu Flotation Machines. Flotation：A M Gaudin Memorial Volume. vol. 2. Fuerstenau M C，1976．

[36]　Wills B A. Mineral Processing Technology 3rd Edition. Oxford：Pergamon Press，1985．

[37]　邹志毅．奥图泰 TankCell 浮选机及其应用．现代矿业，2011 (7)．

[38]　Fuerstenau M C，Jameson G，Yoon R H. Froth Flotation：A Century of Innovation. Littleton：SME，2007．

[39]　X. 奥拉瓦伊年．芬兰奥托昆普公司浮选机的研究与开发．国外金属矿选矿，2002 (04)：32-34．

[40]　ЛавриненкоА. А. Современныефлотационныемашиныдляминерального сырья. 2008186．

[41]　Arbiter N. Development and Scale-up of Flotation Cells. Mining Engineering，2000．

[42]　Mular A L，Anderson M A. Design and Installation of Concentration and Dewatering Circuits. Littleton：Society of Mining Engineers Inc.，1986．

[43]　Bahar A，Arghavani A. Lesson learned from using column flotation cells as roughers：The Miduk copper concentration plant case. Santiago，Chile：2014．

[44]　谢广元，吴玲，欧泽深，刘常春．从细粒煤泥中回收精煤的分选与脱水技术研究．煤炭学报，2004 (05)：602-605．

[45]　路启荣，谢广元，吴玲．浮选柱技术的新发展．中国煤炭，2002 (04)：37-40．

[46]　Mular A，Halbe D N，Barrett D J. Mineral Processing Plant Design，Practice，and Control. Littleton：Society for Mining，metallurgy and exploration.，2002：1239．

6 重选设备

6.1 概述

重选是一种利用固体颗粒密度差别进行固-固分离的选矿方法[1]。在矿物加工技术中，重选是最古老的分离矿石中的有用矿物和脉石的主要选矿方法。

虽然重选是一种古老的选矿方法，但是远没有过时。表 6-1 给出了美国在 1975 年采用重选处理矿石和煤的总质量和采用浮选处理的总质量。这种差异主要来自选煤。表 6-2 给出了选煤的生产统计数据，仅仅一小部分原煤是采用浮选法生产[2]。

表 6-1 在美国采用重选和浮选处理的原煤和矿石的重量

工艺		质量/万吨	工艺		质量/万吨
重选	烟煤	33900	浮选	铜、钼矿	23600
	无烟煤	800		煤,烟煤和无烟煤	1200
	其他	10300		其他	13500
	合计	45000		合计	38300

表 6-2 选煤工艺

方法				产出的精煤含量/%
重选	湿法	跳汰		46.6
		重介质	磁铁矿	27.1
			砂	5.1
			氯化钙	0.4
			合计	32.6
		摇床		10.7
		分级和溜槽		3.3
		合计		93.2
	干法			2.5
	合计			95.7
浮选				4.3
合计				100.0

进入 20 世纪后，随着磁选和浮选等技术的迅速发展和普及，虽然重选的重要性有所降低，但是由于近年来对重选的分选原理、设备简化和选别对象广泛性有了新的认识，所以，重选不仅用于选矿和选煤，而且广泛应用在资源再生利用、环境保护等领域，同时，对重选技术进行了各种创新，研制出新型重选设备。表 6-3 给出了重选设备的分类和用途。

湿式重选法是一种利用颗粒沉降行为差别和颗粒在流膜中的行为差别进行分选的方法。本章主要介绍湿式重选设备及其发展。

表 6-3　重选设备

项目	机型	尺寸（宽×长）	处理能力（平均）	速度	给矿浓度（体积）/%	投资/[美元/(t·h)]	用途
跳汰	隔膜或柱塞式矿物跳汰机	最大 1.2m×1.1m	4.0t/(h·m²)（200μm 锡石）	300r/min（5mm 冲程）	10(包括洗水)	5	粒度较粗的锡石、金和白钨矿的粗选、精选和扫选
	鲍姆（Baum）跳汰机	最大 17.6m（两组并联的六槽跳汰机）	20t/(h·m²)（—150mm 煤）	20~30r/min			主要用于洗煤
	巴塔克（Batac）	30m²(6 个 5m×1m 槽)	24t/(h·m²)（—150mm 煤）12t/(h·m²)（—12mm 煤）	55r/min			主要用于洗煤，巴塔克较鲍姆更适于处理细粒煤
	维姆柯-雷默	1.5m×4.9m	7t/(h·m²)（—25mm 骨料）	160r/min（二次 4000 r/min）（12mm 冲程）	约 10（包括洗水）		主要用于生产骨料
	圆形跳汰机	7.5mm（直径）（41.7m²）	10t/(h·m²)（200μm 锡石）				大量用在锡挖掘船上
	空气跳汰机	1.8m×3.8m	2~3t/(h·m²)	600r/min（6mm）	无		洗选需要获得干产品的合适的煤
摇床	摇床	2.0m×4.6m	0.05~0.25t/(h·m²)（重矿物）	265r/min（20mm 冲程）	15	14	处理煤、锡石、白钨矿和其他重矿物
	矿泥摇床（霍夫曼矿泥摇床）	2.0m×4.6m	0.01~0.06 t/(h·m²)	300r/min（10mm 冲程）	15	55	用于一般摇床不能处理的细粒，适于精选摇动翻床的精矿
	摇动翻床	1.2m×1.5m	2.5t/h	200~300 r/min	1~4	10	非常细的重矿物的粗选
	横流皮带溜槽	2.75m×2.4m	0.5t/h		10	40	与矿泥摇床用途类似

续表

项目	机型	尺寸	处理能力（平均）	速度	给矿浓度（体积）/%	投资/[美元/(t·h)]	用途
流膜选矿机	螺旋选矿机（汉弗莱螺旋选矿机）	0.6m(直径)2.9m(高)	每头1.5t/h	无	6~20（加30~60L/min洗水）	0.5~1.4	用于海滨砂矿、铁矿及其他重矿物。越来越多地用于精选圆锥选矿机的精矿，处理能力高，适于在磨矿循环中进行粗选
	尖缩溜槽	0.9m×(0.25m~1.8m)×0.4m	2~4t/h	无	30~45		选别海滨砂矿、磷酸盐矿石，用于处理量达不到采用圆锥选矿机的要求或者要求回路灵活的地方
	圆锥选矿机（赖克特圆锥选矿机）	2m(直径)	65~90t/h	无	35~40	1.0	最初是为处理海滨砂矿研制的，现用于选煤、铁矿石粗选和精选以及进行尾矿粗选，回收痕量矿物

6.2　重选原理

6.2.1　原理

重选法借助矿物因重力和一种或多种其他力作用而产生的相对运动来分选不同密度的矿物，其他类型的力往往是指水或空气等黏滞流体对运动的阻力。

为了进行有效的分选，矿物和脉石之间必定存在较大的密度差。根据下列重选判据可以得出某种可能分选类型的概念：

$$D_d = \frac{D_h - D_f}{D_l - D_f} \tag{6-1}$$

式中　D_h——重矿物的密度；

　　　D_l——轻矿物的密度；

　　　D_f——流体介质的密度。

总之，当上式之商大于2.5，无论是正值还是负值，重选都相当容易，而随着商值减小，分选效率下降，见表6-4。

表 6-4　分选难易程度及适用范围

D_d	分选难易程度	适用范围
+2.5	容易	分选粒度可低至 $100\mu m$ 或更细
1.75～2.50	能	分选粒度可低至 $150\mu m$
1.50～1.75	难	分选粒度可低至 $1700\mu m$
1.25～1.50	很难	只用于分选砂、砾石
<1.25	不可能	

颗粒在流体中的运动，不仅取决于颗粒的密度，而且受颗粒的粒度的制约；对大颗粒影响大于对小颗粒的影响。因此，重选过程的效率随粒度而提高，且颗粒应足够粗，以按牛顿定律运动。粒度较小的颗粒，其运动主要受摩擦力的支配，用工业规模处理量较高的重选法进行分选，效率就会相当低。在实践中，对重选过程的给矿必须进行严格的粒度控制，以减小粒度的影响，使颗粒的相对运动仅受密度的影响。

欲进行重选设备的工艺计算，就必须知道入选物料颗粒在流体中的运动速度和运动轨迹，下面加以阐述。

6.2.2　颗粒在流体中的运动

6.2.2.1　颗粒沉降

当质量 m 的颗粒在流体中自由沉降时，作用在颗粒上的力有重力、浮力和流体阻力，颗粒的运动方程式可以用以下公式表示。

$$m\frac{\mathrm{d}v}{\mathrm{d}t}=mg-\frac{m}{\rho_P}\rho g-CA\frac{\rho V^2}{2} \tag{6-2}$$

式中　V——颗粒和流体的相对速度；

　　　t——时间；

　　　g——重力加速度；

　　　C——阻力系数；

　　　ρ——流体密度；

　　　ρ_P——颗粒密度；

　　　A——与运动方向呈直角的颗粒投影面积。

在公式（6-2）中，右边的第 1 项为重力，第 2 项为浮力，第 3 项为阻力。如果考虑到重力沉降开始瞬间的速度 $v=0$，第 3 项可以忽略。因此，公式（6-2）可以写成公式（6-3）的形式。

$$\frac{\mathrm{d}v}{\mathrm{d}t}=\left(1-\frac{\rho}{\rho_P}\right)g \tag{6-3}$$

公式（6-3）表示的是在沉降初期，密度大的颗粒的沉降速度要快。随着时间的延长，颗粒加速向下的沉降速度也越来越快。随着 v（颗粒和流体的相对速度）的增大，公式（6-2）中的阻力也越来越大，不久达到 $\mathrm{d}v/\mathrm{d}t=0$（加速度＝0）的状态时，颗粒开始等速向下沉降，此时的沉降速度称为沉降末速度。颗粒直径为 D_P 的球形物体，其质量为 $m = \pi D_P^3 \rho_P / 6$，将 $A = \pi D_P^2 / 4$ 代入公式（6-2）中得：

$$\frac{\mathrm{d}v}{\mathrm{d}t} = \left(\frac{\rho_P - \rho}{\rho_P}\right) g - \frac{3C\rho v^2}{4\rho_P D_P} \tag{6-4}$$

在上式中，当 $\mathrm{d}v/\mathrm{d}t = 0$ 时，可得到颗粒沉降末速度的一般公式：

$$v_t = \sqrt{\frac{4g\,(\rho_P - \rho)\,D_P}{3\rho C}} \tag{6-5}$$

式中，v_t 为颗粒沉降末速。

从公式（6-5）可以看出，颗粒的密度和直径越大，其沉降末速度就越大。这里的沉降末速度指的是颗粒在稀悬浮液中向下沉降的末速，即所谓自由沉降。采用颗粒雷诺数 Re（$Re = D_P v \rho / \mu$，μ 为流体的黏滞系数），将 $C = 24/Re$ 代入公式（6-5）中，可以得到颗粒在层流区的自由沉降速度公式（Stokes 沉降速度公式）：

$$v_t = \frac{(\rho_P - \rho)\,g}{18\mu} D_P^2 \tag{6-6}$$

将 $C = 4/9$ 代入公式中，可以得到下列颗粒在紊流区的自由沉降速度公式（Newton 沉降速度公式）：

$$v_t = \sqrt{\frac{3\,(\rho_P - \rho)\,g D_P}{\rho}} \tag{6-7}$$

在浓悬浮液中，悬浮液的密度和黏滞系数因液体不同而异，但不能忽略颗粒向下沉降时的颗粒置换和液体上升运动时的影响。这种情况下的沉降称为干涉沉降，与自由沉降的情况相反。在层流区的干涉沉降过程中，干涉沉降速度 v_h 可由公式（6-6）表示：

$$v_h = k D_P^2\,(\rho_P - \rho_S) \tag{6-8}$$

式中，k 为常数；ρ_S 为悬浮液的表观密度。

另外，可由公式（6-7）得到紊流区的干涉沉降速度公式（6-9）：

$$v_h = k\sqrt{D_P\,(\rho_P - \rho_S)} \tag{6-9}$$

在这里有密度分别为 ρ_A 和 ρ_B 的物质 A 和物质 B，当直径为 D_A 的颗粒 A 和直径为 D_B 的颗粒 B 以相同的沉降末速自由沉降或干涉沉降时，根据公式（6-6）～公式（6-9），D_A 和 D_B 之间有如下关系：

$$\frac{D_A}{D_B} = \left[\frac{\rho_B - \rho_S}{\rho_A - \rho_S}\right]^m \tag{6-10}$$

式中，m 为常数，取 $0.5 \sim 1$。

等降颗粒的直径比（D_A / D_B）称为等降比。在层流区时，$m = 0.5$；在紊流区时，$m = 1$；在中间区时，则 $0.5 < m < 1$。

公式（6-10）为颗粒 A 和颗粒 B 的沉降末速度相同时这两种颗粒的直径比。而两种颗粒直径相同时，可由公式（6-6）～公式（6-9）推导出下式：

$$\frac{v_B}{v_A} = \left[\frac{\rho_B - \rho_S}{\rho_A - \rho_S}\right]^m \tag{6-11}$$

由此可知，两个直径相同颗粒的沉降速度比是等降比的倒数。从公式（6-10）和公式（6-11）可以看出，等降比越大，两个颗粒的沉降速度差别越明显。即颗粒粒度均匀时，沉降比越大的颗粒越容易选别。由于颗粒在紊流区时，不仅两个公式中的 m 值为 1，大于在层流区时的 m 值，而且沉降速度比也比较大，所以适于重选分选。在自由沉降时，悬浮液的表观密度 ρ_S 可以看作流体密度 ρ，但是，在干涉沉降时，由于 $\rho_S > \rho$，所以，等降比和沉降速度比都很大，比较容易重选。

如图 6-1（a）所示，在某容器中，由密度大的颗粒（●）和密度小的颗粒（○）组成的颗粒群在初始速度等于零时开始向下沉降。由公式（6-3）可以看出，初期的重力加速度只依赖于密度，与颗粒直径无关，颗粒向下沉降时的情况如图 6-1（b）所示。颗粒经过干涉沉降过程 ［图 6-1（c）］ 后，不久沉积在容器底部。这种沉积现象为吸啜期钻隙（Consolidation Trickling）。这是小颗粒在跳汰过程中，通过大颗粒间的空隙而下落时，出现的一种最终沉积状态 ［图 6-1（d）］。

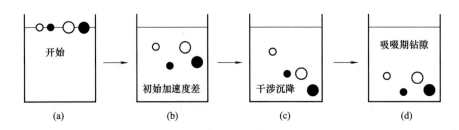

图 6-1　颗粒理想沉降过程 （●颗粒的密度大于○颗粒的密度）

6.2.2.2　颗粒在流膜中的行为

假设质量 m 的颗粒位于倾斜平面流动的流膜中，当颗粒不滚动向下滑动时，作用于颗粒上的力有重力、颗粒与平面的摩擦力、流体阻力三种，此时，颗粒的运动方程式可用以下公式表示。

$$m\,\frac{\mathrm{d}u}{\mathrm{d}t} = F_1 + mg\sin\theta - (m - m_1)\,g\,\phi_d \qquad (6\text{-}12)$$

式中　F_1——颗粒受到流体的力；

　　　θ——平面的倾角；

　　　ϕ_d——颗粒与平面的动摩擦系数；

　　　m_1——颗粒和相同体积流体的质量。

公式（6-12）整理后可写成：

$$\frac{\mathrm{d}u}{\mathrm{d}t} = \frac{F_1}{m} + g\sin\theta - \left(\frac{\rho_P - \rho}{\rho_P}\right) g\,\phi_d \qquad (6\text{-}13)$$

当流膜内的流速 v 为流膜内的深度方向的坐标 y 时：

$$v = \frac{\rho g \sin\theta}{\mu}\,(2h - y)\,y \qquad (6\text{-}14)$$

式中，　h 为流膜的深度。

公式（6-13）中的 F_1 为颗粒受到流体的力作用，随着公式（6-14）中的流速 v 的增加，F_1 也相应地增大。因此，在流膜中，距平面的距离 y 越大，流速 v 就越快，F_1 也增大。从公式（6-13）和公式（6-14）可以看出，平面的倾角、颗粒与平面的摩擦系数、流膜的深度是重选选别的参数。从公式（6-13）可以看出，颗粒的密度越小，受到平面的摩擦力作用越小，越容易滑动。从公式（6-14）还可以看出，颗粒直径越大，受流体的力作用越大，越容易滑动。

在倾斜平面流动的流膜中，放入由密度大的颗粒（●）和密度小的颗粒（○）组成的颗粒群，这些颗粒群在初始速度等于零的条件下，开始沿倾斜的平面滑动〔图 6-2（a）〕，图 6-2（b）是经过某时间后的情况。由于颗粒群或按小密度颗粒或按大密度颗粒进行分层，所以，才出现如图 6-2（b）所示的那种状态。

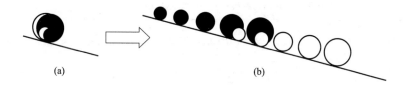

(a)　　　　　　　　　　　　(b)

图 6-2　颗粒在流膜中的作用（●颗粒的密度大于○颗粒的密度）

6.3　跳汰选矿

跳汰选矿是利用不同密度颗粒的沉降速度差别，对位于水流中固定筛板上的颗粒层，给以上升和下降的交变水流，使颗粒在筛板上按不同密度进行分层的技术。

选别过程大致是这样：矿石给到跳汰机的筛板上，形成一个密集的物料层，称作床层，从下面透过筛板周期地给入上下交变水流（有的是间断上升或间断下降水流）。在水流上升期间，床层被抬起松散开来，重矿物颗粒趋向底层转移。及至水流转而向下运动时，床层的松散度减小，开始是粗颗粒的运动变得困难了，以后床层越来越紧密，只有细小的矿物颗粒可以穿过间隙向下运动，称作钻隙运动，下降水流停止，分层作用亦暂停。直到第二个周期开始，又继续进行这样的分层运动，如此循环不已。最后密度大的矿粒集中到了底层，密度小的矿粒进入到上层，完成了按密度分层。

6.3.1　跳汰选矿发展历程

跳汰选矿距今已有 400 多年的历史，是最古老的重选方法之一。最初用于选矿的是一种手动的动筛式跳汰机。跳汰选矿发展历程见表 6-5。

表 6-5　跳汰选矿发展历程

年份	大事记
约 1810 年	跳汰技术用于选煤
1820 年	活塞往复运动产生脉动水流的定筛跳汰取代动筛跳汰

年份	大事记
1840 年	在选煤中应用了偏心传动的具有固定筛板的活塞式跳汰机
1860	湿法跳汰工艺用到中欧的所有煤田
19 世纪中叶	相继出现了一系列活塞跳汰机,跳汰选矿有了快速发展
1891 年	德国工程师弗里兹·鲍姆获得了压缩空气、气体或蒸汽驱动水力跳汰机的专利,后来被称为鲍姆跳汰机
1930 年	鲍姆跳汰机在工业上应用并得到推广
1954 年	日本的高桑和松村在埃森举行的国际选煤会议上提出了一种新型筛下空气脉动跳汰机
1970 年	德国许特曼克雷默·鲍姆公司将 TACUB 跳汰机用于组合排料,使鲍姆跳汰机产生了具有变革作用的全新结构跳汰机——巴塔克跳汰机

其后,随着选煤技术的发展,跳汰机结构和性能逐渐得到改进和完善,出现了多种结构型式的选矿和选煤跳汰机。

6.3.2 跳汰机的使用范围

无论是从入选物料性质上看,还是从加工数量上看,跳汰在有用矿物精选中采用得都很广泛。在选煤领域,跳汰是主要的选煤方法,具代表性的跳汰机有 Baum 型跳汰机和 Batac 型跳汰机。

跳汰机的使用范围(见表 6-6)包括:有用成分的密度从 $1200kg/m^3$ 至 $15600kg/m^3$,有用成分和矸石间密度差从 $300kg/m^3$ 至 $13000kg/m^3$ 以及入料粒度从 $0.05mm$ 至 $250mm$ 的各种矿物原料。

表 6-6 跳汰机的使用范围

有用矿物类型		有用成分的密度 /(kg/m³)	跳汰入料粒度 /mm	可选用的设备
黑色金属	褐铁矿	3500	3~50(窄分级)	溜槽
	假象赤铁矿	5300	3~50(窄分级)	溜槽
	硬锰矿	4200	0.2~50(窄分级)	重介质分选机
	水锰矿	4300	0.2~50(窄分级)	重介质分选机
	软铁矿	4820	0.2~50(窄分级)	重介质分选机
	磁铁矿-赤铁矿 磁铁矿-假象赤铁矿	5200	0.5~1.0	磁选机
砂矿	锡石、钨、锰矿、钽铁矿、铌矿	6000~8000	0.05~25(窄分级)	溜槽和螺旋选矿机
	钛-锆矿,钍矿	4200~5200	0.05~25(窄分级)	溜槽和螺旋选矿机
	黄金,白金	达 15600	0.05~25(窄分级)	溜槽和螺旋选矿机
	金刚石	3500	0.05~25(窄分级)	溜槽和螺旋选矿机

有用矿物类型		有用成分的密度 /(kg/m³)	跳汰入料粒度 /mm	可选用的设备
原生矿	钨锰矿,锡石煤	7350～6950	0.3～6(窄分级)	溜槽和摇床
煤	烟煤	达 1500	0.5～13(10),13(10)～ 100(250)	重介质旋流器,摇床, 重介质分选机
	无烟煤	1800～2000	13～100(250)	重介质旋流器,摇床, 重介质分选机
	可燃性页岩	2000～2200	25～150	重介质旋流器,摇床, 重介质分选机

6.3.3　跳汰机分类

实现跳汰分选过程的设备称为跳汰机，跳汰机按照不同的划分方法有不同的形式。

① 按分选介质的种类来分，跳汰机可分为水力跳汰、风力跳汰和重介质跳汰。以水为介质的水力跳汰机应用最为普遍。以空气作为介质的风力跳汰机由于分选效率较低，一般只用于干旱缺水地区或不能被水浸湿的物料。

② 按入选物料的粒度来分，跳汰机可分为块煤跳汰机（入选物料粒度为 10mm 或 13mm 以上的）、末煤跳汰机（入选物料粒度为 10mm 或 13mm 以下的）、不分级煤跳汰机（入选物料粒度为 50mm 或 100mm 以下的）和煤泥跳汰机等。

③ 按所选出的产品种类来分，跳汰机可分为单段跳汰机（仅选出两种最终产品）、两段跳汰机（能选出三种最终产品）和三段跳汰机（能选出四种最终产品）。

④ 按其在流程中的位置来分，跳汰机可分为主选跳汰机（入选原煤）和再选跳汰机（处理主选中煤）。

⑤ 按重产物的水平移动方向来分，跳汰机可分为正排矸式（矸石层水平移动方向与煤流方向一致的排料方式）和倒排矸式（矸石层水平移动方向与煤流方向相反的排料方式）。

⑥ 按跳汰机脉动水流的形成方法来分，跳汰机可分为动筛跳汰机、活塞跳汰机、隔膜跳汰机和空气脉动跳汰机。其中动筛跳汰机的筛板是活动的，而活塞跳汰机、隔膜跳汰机和空气脉动跳汰机的筛板是固定不动的，又称为定筛跳汰机。

按跳汰机和压缩空气室的配置方式不同，可将无活塞跳汰机分为两种类型，即：①压缩空气室配置在跳汰室旁侧，称作筛侧空气室跳汰机；②压缩空气室直接设在跳汰室的筛板下方，称作筛下空气室跳汰机。后者出现较晚，其优点是质量轻、占地面积小、水流沿筛面横向分布较均匀等，因此后来设计的大型跳汰机多采用这种结构形式。

6.3.4　常用跳汰机

常用的跳汰机示意图见图 6-3。

（1）活塞跳汰机

如图 6-3（a）所示，活塞跳汰机是较早出现的机型，它的活塞上下往复运动，使跳汰机产生一个垂直升降的脉动水流。

（2）隔膜跳汰机

如图 6-3（b）所示，隔膜跳汰机是以隔膜鼓动水流，其传动装置与活塞跳汰机类似，多采用偏心连杆机构，也有应用凸轮杠杆或液压传动装置的。隔膜跳汰机主要用于金属矿石的分选，个别用于选煤厂脱硫。

（3）筛侧空气室跳汰机

如图 6-3（c）所示，筛侧空气室跳汰机由活塞跳汰机发展而来，空气室位于跳汰机机体的一侧，又称为鲍姆跳汰机、侧鼓风式跳汰机或者侧鼓跳汰机，其历史较长，技术上较为成熟。但由于空气室在跳汰室一侧，会造成沿跳汰室宽度各点水流受力不均、波高不等，影响分选效果。

（4）筛下空气室跳汰机

如图 6-3（d）所示，筛下空气室跳汰机是指空气室位于跳汰筛板下的跳汰设备。采用这种筛下空气室的跳汰机，不但使跳汰室床层上液面各点的波高一致，提高了分选效果，而且在占有相同空间的情况下，与筛侧空气室跳汰机相比，增加了跳汰面积，使处理能力得到提高。

（5）动筛跳汰机

如图 6-3（e）所示，动筛跳汰机是筛板相对槽体运动的分选设备，有机械驱动动筛跳汰机和液压驱动动筛跳汰机两种。动筛跳汰机在选煤厂可用于块煤排矸代替手选，在中小型动力煤选煤厂和简易选煤厂也可作为主选设备，或者用于块煤的分选。

总体来看，由于结构等因素的影响，选煤厂采用的主要是筛下空气室跳汰机和各种动筛跳汰机。在动力煤分选，尤其是原煤排矸方面，动筛跳汰机具有绝对的优势，因此本节也将主要介绍这两种机型。

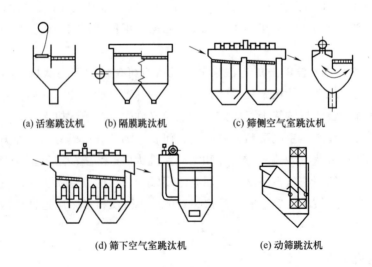

(a)活塞跳汰机　　(b)隔膜跳汰机　　(c)筛侧空气室跳汰机

(d)筛下空气室跳汰机　　　(e)动筛跳汰机

图 6-3　常用的跳汰机示意图

6.3.5　筛侧空气室跳汰机

筛侧空气室跳汰机因采用水力鼓代替活塞推动水流运动而得名，该机广泛用于选煤，国外亦有个别矿山用于分选铁矿和锰矿。

筛侧空气室跳汰机的空气室位于机体的一侧，该跳汰机又称鲍姆跳汰机（Baum jig）。国产设备筛面小者 8m^2，大者 16m^2，按用途又分为块煤（13～125mm）跳汰机、末煤（0.5～13mm 或 0～13mm）跳汰机及不分级（0～50mm）煤用跳汰机。

筛侧空气室跳汰机基本构造如图 6-4 所示。它由机体、风阀、筛板和排料装置等部件组成。利用风阀周期地进入或排出压缩空气，推动空气室的水面形成脉动水流，顶水从空气室下部的补充水管进入，以改变跳汰机的跳汰周期特性曲线；另一部分用水是从机头与物料一起加入的冲水，用来润湿物料，顶水与冲水共同在跳汰室中形成水平流运输物料。经过分层以后，矸石和中煤分别经矸石段和中煤段的排料机构排到机体下部，并与透过筛面的细粒物料汇合，一并用斗式提升机排出，精煤从溢流口排至机外。

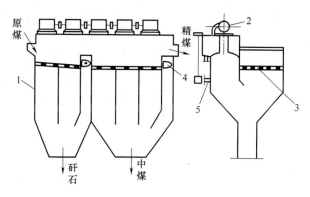

图 6-4　筛侧空气室跳汰机示意图

1—机体；2—风阀；3—筛板；4—排料装置；5—补充水管

6.3.6　筛下空气室跳汰机

在许多场合，鲍姆跳汰机的操作性能依然良好，可处理大量粒度范围宽的原煤（处理量高达 1000t/h）。但是，跳汰机分层力分布在跳汰机的一侧，会使其沿跳汰机筛板的宽度方向受力不均，从而引起不均匀的分层，因此可降低煤与重杂质的分离效率。在相对较窄的跳汰机中，此趋势并不是如此重要，而且在美国使用多层浮动层和闸门机制消减此种影响。

巴塔克（Batac）跳汰机也是气动的（图 6-5），但不同于鲍姆跳汰机，如无侧旁空气室[3]。相反，沿跳汰机在整个宽度上布置几个空气室，通常每槽两个，进而使空气分布均匀。这种跳汰机采用电子控制的气阀，可准确地切断给气和排气。给气阀和排气阀均可按照冲程和冲次任意进行调节，使脉动和吸入产生所要求的变化，这可使不同特性的原煤均能产生适宜的分层。因此，巴塔克跳汰机洗选粗煤和洗煤的效果均很好[4]。跳汰机也可成功地应用在铁矿石中选别高品位块矿和作为烧结给矿的精矿，而采用重介质技术不能提高此种铁矿石的品位[5, 6]。用于分选硬煤的巴塔克跳汰机生产数据见表 6-7[7]。

Batac 跳汰机在给矿粒度为 150～10mm 时的脉动频率为 45～55min^{-1}，在给矿粒

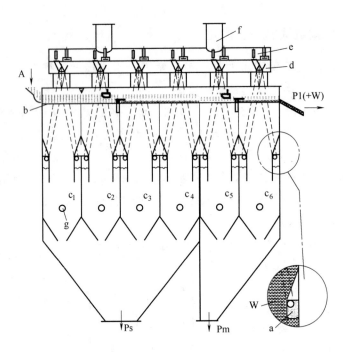

图 6-5　巴塔克跳汰机

A—入料；b—跳汰机筛板；$c_1 \sim c_6$—空气室；d—风包；e—风阀；f—配消音器的排气管；g—底水管；

P1—精煤；Ps—矸石；Pm—中煤；W—水；a—气室

度为 $50 \sim 8$mm 时，脉动频率为 $50 \sim 60$min^{-1}。

通过降低跳汰机脉动振幅，增加脉动频率，改造重产品排矿口结构，有可能对细颗粒进行跳汰选矿。用 Batac 跳汰机也能处理给矿粒度为 $3 \sim 0.1$mm 的煤。此时，脉动振幅为 $20 \sim 5$mm，脉动频率为 $70 \sim 100$min^{-1}。当处理给料粒度为 $150 \sim 10$mm 时，脉动振幅为 $200 \sim 100$mm，脉动频率为 $45 \sim 55$min^{-1}。应该根据分选对象的粒度变化，调整最佳运转条件。

我国研制的 LTX 系列筛下空气室跳汰机的最大筛面 35m^2，可以洗选 $0 \sim 100$mm 不分级原煤，处理量设计为 $350 \sim 490$t/h。采用数控电磁风阀，并用浮标电磁调速系统自动控制排料，操作灵敏可靠，可供装备 $300 \sim 400$ 万吨／年大型选煤厂使用。

表 6-7　用于分选硬煤的巴塔克跳汰机生产数据

项　　目	实例 1	实例 2
入料颗粒粒度/mm	$150 \sim 10$	$10 \sim 0.5$
单位跳汰面积的处理能力(基于三产品分离)/[t/(m$^2 \cdot$ h)]	$18 \sim 20$	$12 \sim 14$
单位筛板宽度的处理能力/[t/(m $\cdot$ h)]	$108 \sim 120$	$72 \sim 84$
单位床面的底水量/[m^3/(m$^2 \cdot$ min)]	$1.0 \sim 1.2$	$0.4 \sim 0.6$
工作气流/[m^3/(m$^2 \cdot$ min)]	6.0	3.5
跳汰机的工作气压/bar[1]	0.45	0.4

项　目		实例 1	实例 2
鼓风机的工作气压/bar		0.6	0.6
每个空气室的控制用气/(m³/min)		2.0	2.0
跳汰机的控制空气压力/bar		5.0	5.0
压缩机的控制空气压力/bar		8.0	8.0
跳汰机 (4m×6m) 的功率	用于工作空气/kW	160	110
	用于控制空气/kW	75	75
	液压系统/kW	2×5.5	1.5
	其他/kW	2	2
	总计/(kW·h/t)	1.03	0.78

① 1bar=10⁵Pa。

6.3.7　液压动筛跳汰机

下面以 ROMJIG 液压动筛跳汰机为例进行说明。

1984 年，德国洪堡维达格公司研发出 ROMJIG 液压动筛跳汰机，如图 6-6 所示[8]。ROMJIG 动筛跳汰机主要由槽体、双道提升轮、跳汰物料摇臂、排矸轮、集料斗、液压系统、电控系统等组成。

ROMJIG 动筛跳汰机的排矸控制是利用压力传感器测量动筛机构承受的载荷（在床层厚度稳定的条件下，矸石量增多则载荷加重），通过调节器控制液压马达转速，实现排矸量的自动控制。ROMJIG 动筛跳汰机的透筛物经闭液阀门排入煤泥筛脱水回收。

ROMJIG 动筛跳汰机属单端传动式，在筛框的延长端用销轴固定，另一端用液压缸带动上下运动。矿石沿筛面坡度移动，分层后的重产物由排料轮排出，轻产物越过堰板排出。两种产物分别落在被隔开的提升轮中，由提升轮将轻、重产物提起再卸到流槽中排出机外。

该机用于大块原煤的预选，入选粒度 300～25mm。筛板面积 3.6m²，筛孔

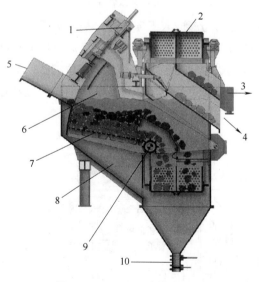

图 6-6　ROMJIG 动筛跳汰机

1—液压油缸；2—斗提轮；3—精煤；4—矸石；
5—原煤入口；6—摇臂；7—动筛；8—跳汰
机筛下室；9—排矸石；10—细煤排放阀

15mm，处理量达 300t/h，筛板最大冲程 500mm，冲次 25～40 次/min，补加水量只

有 $10 \sim 15 m^3 /$（台·h）。液压系统压力 $10.8 \sim 13.7 MPa$，总功率 55kW。该机已在德国埃森（Essen）地区煤矿应用。

该跳汰机特点是筛板可动，给矿端筛板用液压提升，靠重力降落。脉动频率为 $38 \sim 43 min^{-1}$。ROMJIG 动筛跳汰机的技术规格见表 6-8。

表 6-8　ROMJIG 动筛跳汰机的技术规格

项目	ROMJIG10.500.800	ROMJIG18.500.800	ROMJIG20.500.80
入料粒度/mm	$60 \sim 300$	$35 \sim 150$	$40 \sim 50$
处理能力/(t/h)	$150 \sim 170$	300	350
筛板有效面积/m^2	2	3.2	3.6
摇臂振幅/min	$300 \sim 500$(可调)	$300 \sim 500$(可调)	$300 \sim 500$(可调)
摇臂频率/min^{-1}	$30 \sim 50$(可调)	$30 \sim 50$(可调)	$30 \sim 50$(可调)
提升轮转速/(r/min)	0.7	1	1.2
提升轮功率/kW	11	15	—
驱动机构总功率/kW	86.88	95.5	110
我国应用的选煤厂	老虎台	新集二矿	兴隆庄等

6.3.8　其他类型的跳汰机

Altair 型离心跳汰机由装有排出轻产品和重产品的流槽的固定圆筒和在固定圆筒中旋转的浮槽组成，如图 6-7 所示。旋转浮槽内装有圆筒筛，圆筒筛筛板上铺有床石，利用离心力场形成人工床石层。给矿矿浆由上部给入，进入旋转浮槽中心，通过分散板分散在人工床石层表面上。在人工床石层的背面周期性注入压力水，使人工床石层和给矿层时而松散时而压实。大密度颗粒落下，通过人工床石层和筛板，被回收到重产品流槽里，未能通过人工床石层和筛板的小密度颗粒运动到筛板下部末端，被回收到轻产品流槽里。选别时的离心力为 $40 \sim 60gf$。

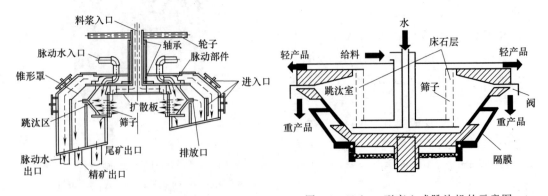

<table>
<tr><td>图 6-7　Altair 型离心跳汰机</td><td>图 6-8　Kelsey 型离心式跳汰机的示意图</td></tr>
</table>

Kelsey 型离心式跳汰机的示意图如图 6-8 所示。旋转转子圆周上有许多分流板，分流板上部与转子内的圆筒筛连接。利用离心力场在筛板上形成人工床石层。给入的料浆

由输送管送入中心，进入人工床石层。加压水周期性地流入各分流板，筛板上的颗粒层时而松散时而压实。小密度颗粒在人工床石层上移动，由上部回收，大密度颗粒通过人工床石层和筛板作为重产品回收，选别时的离心力为 $100gf$。

　　填充柱式跳汰机的示意图如图 6-9 所示。该跳汰机的填充柱部分安有锯齿状倾斜筛板或者放射状螺旋筛板（如图 6-10 所示），颗粒由给料口进入填充柱底部，在上升和下降的交变水流中，按其密度大小，或者上升或者沉降。结果，小密度颗粒由填充柱顶部排出，大密度颗粒由充填柱底部排出，该跳汰机分离精度高。

　　在线压力跳汰机如图 6-11 所示。该跳汰机是密封装置，里面充满水和矿浆，始终保持着最大压力为 0.2MPa 的状态。筛板呈圆形，液压传动轴上下运动，筛板上有人

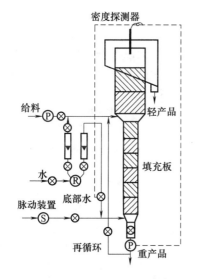

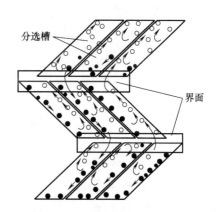

图 6-9　填充柱式跳汰机的示意图　　　　　　图 6-10　颗粒在填充柱式跳汰机中运动和分层

▯流量计；▨填充材料；Ⓡ压力计；Ⓟ泵；⊗阀　　　　○低密度颗粒；●高密度颗粒

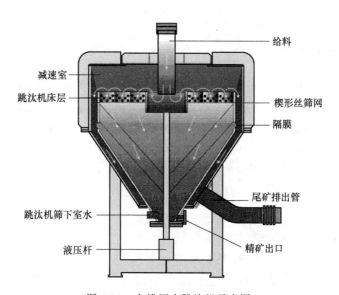

图 6-11　在线压力跳汰机示意图

工床石层，给料由中央上部给料口给到筛板上，与人工床石层同时上下运动，大密度颗粒穿过人工床石层下落，小密度颗粒在人工床石层上移动，由周边的溢流堰排出。在线压力跳汰机优点是能处理给矿粒度为几毫米到 30mm 的颗粒，由于使用循环水，所以，降低了给水用量和水处理的费用。

6.3.9　影响跳汰选矿的工艺因素

影响跳汰选矿工艺指标的因素，除矿石性质外，还有给矿量、冲程、冲次、给矿水、筛下补加水、人工床层的组成及厚度、筛面坡度、落差等。

6.3.9.1　冲程和冲次

冲程和冲次应根据矿石性质确定。矿石粒度大、密度大以及床层厚、给矿量大，应采用大冲程和小冲次，反之亦然。对于偏心连杆传动的隔腹跳汰机可依下式计算：

$$冲程 = \frac{(29 \sim 36) \times (0.5)^{2n} P^2 (\delta - 1) d_{max}}{\beta}（mm）$$

$$冲次 = \frac{100 \sim 125}{0.5^n P \sqrt{(\delta - 1) d_{max}}}（次/min）$$

式中　n——干涉沉降公式中的指数，对石英颗粒可取 $n = 2.24$；

P——矿粒形状修正系数，对于多角形矿石可取 $P = 0.5 \sim 0.65$，形状不规则取小值；

δ——重矿物颗粒密度，g/cm^3；

d_{max}——底层最大重矿物颗粒粒度，mm。

公式中的数值范围对应于跳汰机的最大加速度范围为 $(0.2 \sim 0.25) g$。增大冲程或冲次均可使水流速度增加，但增大冲次则可使水流加速急剧增加，结果床层松散时间缩短，容易变得紧密，降低分层速度。

6.3.9.2　床层松散度

冲程、冲次、给矿水、筛下水及床层厚度等共同决定着床层松散度，因而影响分层速度和产品质量。床层的松散形式一般是在上部矿粒升起后接着整体抬起，松散度自下而上推移，故床层多表现为中间紧密，两端较松散，但平均松散度是不大的，约为 $0.5 \sim 0.6$。某瞬时的平均松散度可按下式计算：

$$\theta = \theta_0 + \frac{1 - \theta_0}{1 + \dfrac{H_0}{S}} \tag{6-15}$$

式中　H_0，θ_0——床层自然堆积时的高度和松散度；

S——床层上表面的升起高度。

考虑到床层上升的最大高度总是比水流最大高度小，故床层的最大松散度与冲程及冲程系数间应有如下关系：

$$\theta_{max} < \theta_0 + \frac{1-\theta_0}{1+\dfrac{H_0}{\beta_1}} \qquad (6\text{-}16)$$

平均松散度还与周期曲线形式有关，正弦周期曲线吸入作用过强，松散度低，为此需补加大量筛下水，过去一直认为这样可以降低下降水速。实际上筛下水速一般不超过 0.6cm/s，即只能松散粒度小于 0.6mm 的床层，对周期曲线的影响是很小的。筛下水的主要作用是使下降水流不能恢复到原位，床层不再充分紧密，使得再次上升松散时变得容易，故平均松散度增大了。

6.3.9.3　人工床层

人工床层是控制重物排出数量和质量的重要因素，床石的粒度应达到排出颗粒的 3~6 倍以上，生产中常常选用原矿中的重矿物粗颗粒做床石，有时也采用铁球、磁铁矿等。人工床层的厚度对于细粒跳汰介于 10~50mm 之间，在处理铁矿石时则为最大给矿粒度的 4~6 倍。

6.3.10　跳汰机生产能力

6.3.10.1　按单位跳汰筛面的处理能力计算

跳汰机生产能力也可以按处理同类矿石的单位跳汰筛面实际生产的处理能力计算。表 6-9~表 6-11 分别列出了一些经验值。

表 6-9　跳汰机生产能力经验值

矿石	粒度/mm	单位生产能力/[t/(m² · h)]
铁矿石	−50+8(10)	8~10 或更多
	−8+3(2)	6~8(到 12)
	−3(2)	4.5~6.5(无活塞跳汰机 7~10)
锰矿石	−60+3	6~8(无活塞跳汰机 12~15)
	−50+8	6~8
	−8(10)+3(2)	4~6
	−3(2)	3~4(磁铁矿到 5)
砂金矿石	−3(2)	11~16(粗选)
		5.5~8(粗选)
锡矿石	−8(10)+3(2)	6~10
	−3(2)	2~6
钨矿石	+8(10)	7~12(磨矿分级循环中跳汰 10~20)
钨砂矿石	−3(2)	4~6

表 6-10 钨、锡矿几种常用跳汰机的处理能力

原料	跳汰机型式	给矿粒度/mm	冲程/mm	冲次/(次/min)	处理能力 t/(台·h)	t/(m²·h)
钨矿	300×450 上动形	18~8	19~25	280~290	2.7~3.24	10~12
		8~2	12.5~16	300~310	2.16~2.7	8~10
砂锡矿	300×450 上动形	20~6	18~20	250~280	3.0~4.0	11~15
		6~2	12~16	320~350	1.5~2.0	5.5~7.4
		2~0	15~18	280~320	1.0	3.7
钨矿	1000×1000 下动形	8~4.5	18~20	250~280	6.9~9	3.8~5
		4.5~1.5	14~16	280~300	5~6.8	2.8~3.8
砂锡矿	1000×1000 下动形	5~0	10~20	200~350	10~25	5.6~14
钨矿	(1200~2000)×3600 梯形	1.5~0.25	20~28	140~220	15~20	2.6~3.5
砂锡矿	(1200~2000)×3600 梯形	6~0	12~25	200~420	15~30	3.0~6.0
钨锡脉矿	1070×1070 锯齿波形	<15	12~17	60~200	17.5~15	3.3~6.6
	450×750×950 锯齿波梯形	<6	12~17	80~255	2~6	3.5~10.5

表 6-11 跳汰机处理能力的推荐指标（煤）

可选性	末煤 0.5~13mm		块煤(>13mm)和不分级煤(0.5~100mm)	
	单位处理能力/[t/(h·m²)]	矸石段单位处理能力(以>1800kg/m³ 计)/[t/(h·m²)]	单位处理能力/[t/(h·m²)]	矸石段单位处理能力(以>1800kg/m³ 计)/[t/(h·m²)]
易选	12~15	4~7	15~20	7~10
中等和难选	8~12	3~5	12~15	6~8

6.3.10.2 按经验公式计算

当处理粗粒矿石时，跳汰机的生产能力可用下列经验公式计算：

$$Q = 3.6BH\rho_T v(1-\lambda) \tag{6-17}$$

式中　Q——跳汰机的生产能力，t/h；

　　　B——跳汰机筛面总宽度，m；

　　　ρ_T——矿石密度，kg/m³；

　　　H——跳汰室料层溢出溢流堰的厚度，m；

　　　v——矿石向跳汰室溢流堰移动的速度，m/s；

　　　λ——床层的容积度。

不同粒度的给料，其 H 和 v 值如表 6-12 所示。

当跳汰细粒矿石－5mm 时，表 6-12 中的 H、v 值偏小，由式（6-17）计算出的

Q 值偏低。

表 6-12　不同粒度给料的 H、v 值

粒度/mm	−0.3	−0.5	−1	−2	−3	−6	−12	20~2
H/mm	1.7	2.3	3.0	3.4	3.8	6.0	12	20
v/(m/s)	0.12	0.13	0.15	0.18	0.20	0.21	0.22	0.23

6.3.11　跳汰机的应用

图 6-12 是 Batac 和 Baum 两种跳汰机的示意图。虽然两种跳汰机都是利用压缩空气，使水产生脉动水流，但是空气室的位置和数目不同。 Batac 型跳汰机可以根据筛板大小，在筛板下安装多个空气室。因此，尽管设备是大型的，但是能使筛板上的选别槽产生均匀的脉动水流。 Baum 型跳汰机筛板下的空气室（筛板下的水箱）呈 U 字形，由于空气室在筛板的侧面，所以，设备不能大型化，如果设备太大，就难以给选别室提供均匀的脉动水流。

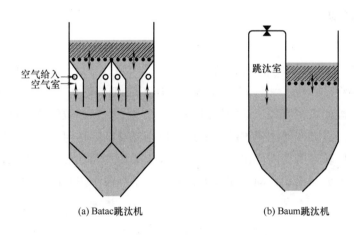

(a) Batac跳汰机　　　　　　(b) Baum跳汰机

图 6-12　Batac 型跳汰机和 Baum 型跳汰机示意图

以 600t/h 处理能力处理给矿粒度为 150~2mm 煤时，两种跳汰机的技术性能对比如表 6-13 所示。 Batac 跳汰机台数少，耗气量低，而且运转率高。为了洗选 Witbnk 第五层煤，使用 Batac 跳汰机（给矿粒度 70~1.5mm）、重介旋流器（给矿粒度 75~

表 6-13　600t/h 的选煤厂所用的 Baum 型跳汰机和 Batac 型跳汰机对比[9]

项目	Baum 型跳汰机	Batac 型跳汰机	项目	Baum 型跳汰机	Batac 型跳汰机
给矿粒度/mm	150~2	150~2	体积因数	1.00	0.43
给矿处理量/(t/h)	600	600	工作空气需要量/(m³/h)	160	145
跳汰室个数	2	1	水流脉动分布	不相等	相等
跳汰面积/m²	18	18	水流脉动、振幅调节	困难	容易
有效面积/%	75	100	水流脉动频率调节	困难	容易
重量因数	1.00	0.56			

1.5mm）和鼓式重介质分选机（给矿粒度 75～25mm）＋重介质旋流器（给矿粒度 25～1.5mm）。这 3 种方案的设备费用如表 6-14 所示。由此可以看出，Batac 跳汰机选煤最为经济。

表 6-14　不同重选设备分选煤的费用对比（以 Batac 型跳汰机为 100％）[9]

费用	Batac 型跳汰机	重介质旋流器	鼓式重介质分选机＋重介质旋流器
基本投资	100％	136.0％	144.0％
操作费用	100％	151.0％	167.0％

如上所述，由于 Batac 型跳汰机不仅处理能力大，维修保养容易，而且操作费用低，所以，除选煤领域外，它还广泛应用在废弃物再生利用、净化污染环境等领域。Batac 型跳汰机经过改进和扩大应用范围，到目前为止，已经研究出从废混凝土中回收骨材和水泥用的微粉，从废家电和废办公自动化设备中回收各种塑料和金属，以及从建筑副产品中回收原材料等[1]。

6.4　摇床选矿

Wilfley 型摇床是典型的流膜选矿机，其示意图如图 6-13 所示。床面是从图形的上方向下方形成平缓的斜面，水流沿斜面流动。床面装设有许多较低的格条。如图 6-13 所示，床面格条能使大密度颗粒不能越过格条，只有小密度颗粒随流膜流动越过格条。格条具有阻止大密度颗粒随流膜流动，减少颗粒相互混杂的作用。如图中所示，床面做横向往复摇动，以较慢的速度向左侧运动，以较快的速度返回右侧，因此，不随流膜流动的大密度颗粒随床面摇动，向左侧移动，其结果是颗粒群按密度和粒度随床面运动而分层（图 6-13）。

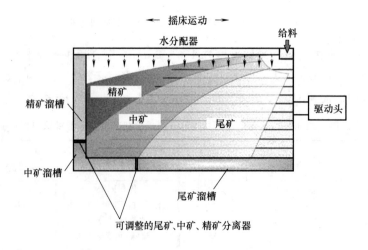

图 6-13　摇床的作用原理示意图

矿粒在床面上有两个方向的运动，一是在水流的作用下，沿床面倾斜方向的运动，二是在床面往复变速运动的作用下，由传动端向精矿端的纵向运动。

只有当矿粒的惯性力大于矿粒和床面之间的摩擦力时，纵向运动才能产生。即当满足下式时，矿粒才能开始在床面上移动：

$$ma \geq G_0 f \tag{6-18}$$

式中　m——矿粒质量；

　G_0——矿粒在水中的重力；

　a——矿粒的惯性加速度；

　f——矿粒与床面之间的摩擦系数。

矿粒由相对静止到刚能沿床面移动时所必需的最小惯性加速度称为临界加速度。

临界加速度：

$$a_{kp} = \frac{G_0}{m} f \tag{6-19}$$

对于球形矿粒，　$G_0 = \frac{\pi d^3}{6}(\delta - \Delta)g$，　$m = \frac{\pi d^3}{6}\delta$，所以：

$$a_{kp} = \frac{\delta - \Delta}{\delta} gf = g_0 f \tag{6-20}$$

式中，　g_0 为矿粒在介质中沉降的初加速度。

上式表明，临界加速度不仅取决于摩擦系数，同时也与矿粒密度有关。由此可见，不同密度矿粒在床面上开始移动的时刻不同，其移动的速度也不相同。为了使矿粒产生由传动端向精矿的纵向移动，床面必须做不对称的往复变加速度运动。即床面由前进行程变到后退行程时比较快（加速度大），由后退行程变到前进行程时比较慢（加速度小）。

矿粒群给到有来复条的床面上，首先在床面摆动和横向水流的作用下，开始松散、悬浮，在此状态下，颗粒小而密度大的矿粒，得以穿过大颗粒的间隙进入沟槽下层，开始分层过程。分层结果：在来复条沟槽最下层的是密度大、粒度小的矿粒，其上是密度大、粒度大的矿粒，再上面是密度小、粒度小的矿粒，最上面是密度小、粒度大的矿粒，如图 6-14 所示。

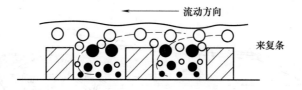

图 6-14　颗粒在来复条之间的垂直分层
● 颗粒密度大；○ 颗粒密度小

重矿粒在下层，因为和床面接触，受床面运动的作用大，而受横向水流作用小，主要做纵向移动。轻矿粒在上层，受床面运动的影响甚小，主要在横向水流作用下，做横向移动。结果，因它们在床面上的移动方向不同，和床面摇动方向所成的夹角——偏离角是不相同的（图6-15），所以下层大密度矿粒偏离角小，向精矿端移动；上层小密度矿粒偏离角大，向尾矿侧移动。

来复条的高度由传动端向精矿端逐渐降低，当矿粒沿沟槽向前移动时，水流首先将小密度矿粒冲下，大密度矿粒依然留在沟槽内。这使偏离移动作用加大，起到精选作用。

水流横向流过来复条时，在沟槽间形成涡流。这种涡流有利于洗出混杂在大密度矿粒内的小密度矿粒，对分选是必要的。选别粗粒物料时，要求有较大的涡流，来复条要高一些。对细粒物料，来复条则要求低一些，防止大密度矿物被水流带走。

综上所述，密度不同的矿粒，沿床面纵向移动的速度不同，受横向水流的冲洗作用也不相同。最终形成密度不同的矿带，呈扇形分布流下（图6-16），达到分选的目的。

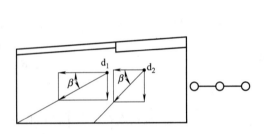

图6-15 矿粒在床面上的分离

d_1—重矿粒；d_2—轻矿粒

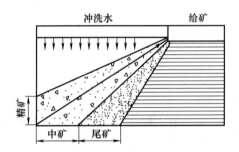

图6-16 矿粒在摇床上的扇形分布

6.4.1 构造

摇床属于流膜选矿类设备，由平面溜槽发展而来，以其不对称往复运动为特征而自成体系。所有摇床均由床面、机架和传动机构三大部分组成，典型结构示于图6-17中，床面呈梯形或菱形，在横向有1°～5°倾斜，在倾斜上方配置给矿槽和给水槽，床

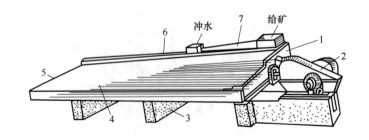

图6-17 典型的摇床结构

1—给矿端；2—传动装置；3—机座；4—床面；5—精矿端；6—冲洗水槽；7—给矿槽

面上沿纵向布置床条，其高度自传动端向对侧降低。整个床面由机架支承，在床面一端安装传动装置，后者可使床面前进接近末端时具有急回运动特性，即所谓差动运动。

摇床是分选细粒矿石的常用设备，处理金属矿石时有效选别粒度范围是 3～0.019mm，选煤时上限粒度可达 10mm。摇床的突出优点是分选精确性高，经一次选别可以得到高品位精矿或废弃尾矿，且可同时接出多个产品。平面摇床看管容易，调节方便，主要缺点是设备占地面积大，单位厂房面积处理能力低。

摇床的应用已有近 100 年历史，最初的摇床是利用撞击造成床面不对称往复运功，1890 年制成用于选煤的摇床。选矿用摇床是 1896～1898 年由 A·威尔弗利（Wilfley）研制的，采用偏心肘板机构。

6.4.2　摇床类型

表 6-15 列出了我国应用的摇床类型[10]。

表 6-15　我国常用摇床类型

力场	床头机构	支承方式	床面运动轨迹	摇床名称
重力	凸轮杠杆(Plat-O 型)	滑动	直线	贵阳摇床、云锡摇床、CC-2 摇床
	偏心衬板(Wilflet 型)	摇动	弧线	衡阳摇床、6-S 摇床
	惯性弹簧	滚动	直线	弹簧摇床
	多偏心惯性齿轮	悬挂	微弧	多层悬挂摇床
离心力	惯性弹簧	中心轴	直线、回转	离心摇床

冲程的长度对分选有所影响，可借助振动机构（摇动机构）上的手轮以及往复运动速度改变冲程（图 6-18）。冲程一般在 10～25mm 或以上的范围内波动，冲次的范围一般为 240～325 次/min。一般而言，细颗粒给矿所需冲次较大，而冲程较小，当床面冲程前进时速度提高，直至急剧停止，而后才快速返回，使床面上的颗粒大部分在后退过

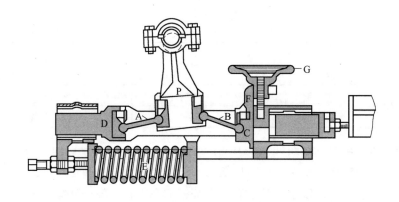

图 6-18　摇床的摇动机构

A—前肘板；B—后肘板；C—支架；D—轭体；E—弹簧；F—滑块；G—手轮；P—连杆

程中因积聚的动量而向前滑动。

6.4.3　摇床的工艺操作参数

摇床的工艺操作参数有冲程、冲次、给矿体积、给矿浓度、清洗水量及床面横向坡度等。表 6-16 列出了各种参数对摇床性能的影响[11]。

表 6-16　影响摇床性能的变量

变量(参数)	值	效果
摇床形状	斜线	增加能力 提高品位 降低中矿流量 较细的颗粒分选
来复条	部分床面	精选 处理未分级的原料
	全部床面	粗选 处理分级的原料
给矿量	2t/h	105mm 砂
	0.5t/h	$-150\mu m$ 矿泥
	15t/h	最大 15mm 煤
速度和冲程	260～300 冲程/min 12～25mm	粗粒矿石
	280～320 冲程/min 8～20mm	细粒矿石
	260～285 冲程/min 20～35mm	煤
长度倾斜和床面倾斜	11～25mm/m 20～25mm/m	粗砂
	9～15mm/m 15～30mm/m	中等粒度砂
	2～9mm/m 8～20mm/m	细砂
	1～7mm/m 4～12mm/m	矿泥
液固比	20%～25%(固体)	矿物分选
	33%～40%(固体)	选煤

赖克特圆锥选矿机示意图如图 6-19 所示。赖克特圆锥选矿机是圆锥纵向排列的固定流膜选矿机。给料由上部中央给料口给入，随流膜沿圆锥表面运动。流膜在圆锥外端折回，进入选别室。在选别室，圆锥底部有细缝隙，流膜大部分从缝隙上面迅速通过，小密度颗粒不随流膜流动落入缝隙，从中央尾管排出，大密度颗粒沉于流膜中，随流膜流动，落入缝隙，最终回收到精矿槽中。

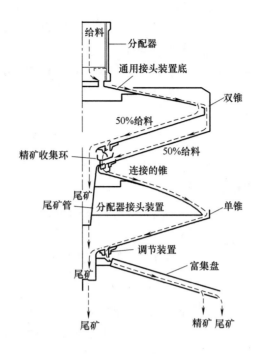

给料

分配器

通用接头装置底

双锥

50%给料

50%给料

精矿收集环

连接的锥

尾矿

尾矿管　分配器接头装置

单锥

调节装置

富集盘

尾矿

尾矿

尾矿

精矿　尾矿

图 6-19　赖克特圆锥选矿机示意图

6.5　螺旋选矿机

(1) 螺旋选矿机发展历史

螺旋选矿机是由美国 I. B. 汉弗莱研制成功的。于 1941 年开始试验，先是用旧汽车轮胎连接而成，接着用铅板由手工制造，其直径、节距与断面都是可变的。

1943 年汉弗莱金矿公司在库斯坎提（Coos County）矿首先建成了有 30 台螺旋选矿机的选厂，处理量为 1000t/d，用来回收铬，使用很成功。同年汉弗莱金矿公司供给克罗姆（Krome）公司 56 台螺旋选矿机，代替摇床选别铬矿。1944 年又有 192 台直径为 24in（1in＝25.4mm）的改进型螺旋选矿机被采用。1948 年克莱马克斯钼矿公司用螺旋选矿机从浮选尾矿中回收钨，开始用了 128 台以后增加至 500 台。1950～1960 年期间在美国建立了数个以螺旋选矿机为主要选别设备的大型铁选厂，选别非磁性铁矿。接着在加拿大、利比里亚与瑞典等国相继采用。

至 1957 年底西方国家采用的螺旋选矿机总台数已达 9390 台。至 1966 年底进一步增加到 25000 余台，其中用于铁矿的占 17224 台，占总数的 67％。1966 年西方国家的非磁性铁矿 85％是用螺旋选矿机选别的[12]。

(2) 螺旋选矿机的构造

螺旋选矿机的构造如图 6-20 所示，它由螺旋槽、补水冲洗水装置、产品截取器及支架等部件组成，主要用于－2mm 或－5mm 物料的选别。螺旋溜槽的外形也如图 6-20 所示，它用于选矿泥，在构造上与螺旋选矿机的区别是螺旋槽的断面形状不

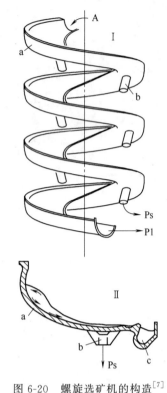

图 6-20　螺旋选矿机的构造[7]

A—给料；a—螺旋槽的横截面形状；
b—带出口的螺旋选矿机的通道；
c—冲洗水槽；Ps—精矿；Pl—尾矿槽

同，并且没有冲洗水装置和产品截取器，产品直接从槽尾截取。

螺旋槽是螺旋选矿和螺旋溜槽的主体部件，设计螺旋选矿机主要是设计螺旋槽，包括设计适宜的螺旋槽直径、断面形状、螺距、螺旋槽圈数及材质等。此外，设计螺旋选矿机时还要考虑冲洗水装置及产品截取器。

6.5.1　螺旋选矿机的设计

6.5.1.1　螺旋槽的直径

螺旋槽的直径表示螺旋选矿机或螺旋溜槽的规格。螺旋槽直径的设计与选择与下列因素有关。

(1) 螺旋槽的直径影响设备的处理能力

通常，设备的处理能力与螺旋槽直径的平方成正比，因此，处理量大的要采用直径大的螺旋槽，反之采用直径小的螺旋槽。

螺旋选矿机和螺旋溜槽的处理量可按下式进行近似计算：

$$Q = \frac{3}{1000C} D^2 d_{cp} n \rho_T \qquad (6-21)$$

式中　Q——螺旋选矿机处理量，t/h；

C——给矿液固比；

D——螺旋槽直径，m；

ρ_T——矿石密度，kg/m^3；

d_{cp}——给矿平均粒度，mm；

n——螺旋头（个）数。

(2) 螺旋槽的直径与入选矿石的粒度有关

选别粗粒的物料，应采用直径大的螺旋槽；选别细粒的物料，可适当减少螺旋槽的直径。直径小的螺旋槽将使处理能力降低。为了提高处理能力，在选别细粒物料时也可以采用断面较平缓的直径大的螺旋槽并配以较大的螺距，这样螺旋槽内的水流厚度和流速小，对提高细粒矿物的选收有利。

当选别 1～2mm 的粗粒物料时，一般采用直径在 1000mm 以上的大直径螺旋槽；选别 0.047～1mm 的物料时，采用直径为 500mm、700mm 或 1000mm 的螺旋槽均可获得较好的分选效果；选别 -0.074mm 的物料时宜采用直径为 600mm、1000mm 或 1200mm 的立方抛物线断面螺旋溜槽。

6.5.1.2 螺旋槽的螺距或纵向倾角

螺旋槽的纵向倾角 α 用下式求得：

$$\tan\alpha = \frac{h}{\pi D}$$ （6-22）

式中， h 为螺旋的节距。

螺旋槽断面上各点的纵向倾角是不同的，通常用节距与外径之比表示。这一参数影响到矿浆在槽内的厚度和流动速度。节距与外径的比值必须适当，以使矿浆能顺利流动和获得良好的分选条件。纵向倾角越大，即节距与外径比值越大，槽内的水流厚度越小，适合于选别细粒的物料；相反，粗粒的物料要用较小的纵向倾角，以得到较厚的水流。对于－2mm 的未分级的物料，当纵向倾角过小时，轻重矿物分带不明显；若纵向倾角过大时，粗粒的重矿物也容易损失到尾矿中去。

螺旋选矿机的节距与外径之比一般为 0.4～0.6，外缘的纵向倾角为 7°～11°。

6.5.1.3 螺旋槽的圈数

螺旋槽的圈数影响螺旋槽的长度，从而影响矿粒的分选和设备的高度。物料给入螺旋槽后，其中的重矿物特别是靠近螺旋槽外缘的重矿物要运动到内缘成为精矿，需要经过螺旋槽一定的长度，螺旋槽的圈数越少，长度越短，矿物的槽内分带越不明显，富集程度越低，回收率也越低。螺旋槽必需的圈数，应根据入选物料的性质而定。一般来说，处理密度差较小或连生体较多的物料，圈数要多；反之，入选的有用矿物与脉石矿物的密度差大，圈数可少些。一般易选的砂矿，螺旋槽有 4 圈已足够，难选的矿物可增加到 5～6 圈。重矿物在螺旋槽内的回收率在前 3～4 圈增加幅度较明显，超过 4 圈后，回收率增加较慢。

6.5.2 双螺旋选矿机

双螺旋选矿机是围绕同一圆柱在一个空间内组装两圈螺旋的选矿装置，如图 6-21 所

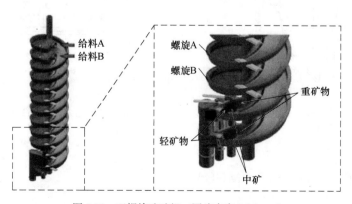

图 6-21　双螺旋选矿机（图片来自 Multotec）

示。双螺旋选矿机在澳大利亚已经应用了很多年，同时，也应用于其他地区。在加拿大芒特莱特矿安装了 4300 台螺旋溜槽来选别镜赤铁矿，处理能力为 6900t/h，回收率为 86%[13]。

6.6 利用离心力场的重选机

处理微细颗粒的重力选矿机，包括法尔肯选矿机、尼尔森离心选矿机、莫兹利多重力选矿机（MGS）等设备。在这里，将简单介绍这些设备。

6.6.1 法尔肯选矿机

法尔肯选矿机的主要部件是高速旋转的截头倒置圆锥形转鼓（图 6-22）。矿浆进入转鼓中心底部附近，在离心力场（～300gf）作用下，加快矿浆向鼓壁沉降的速度，沿着鼓壁产生上升的流膜。颗粒在流膜运动过程中，按密度差别进行分层。小密度颗粒从溢流中排出，大密度颗粒通过转鼓上部圆周部位的缝隙回收。

6.6.2 尼尔森离心选矿机

尼尔森离心选矿机的构造如图 6-23 所示。转鼓内有按阶梯状排列的环状分离隔板，转鼓旋转时的离心力场为 60gf。通过中心给料管给入的料浆从下边的分离隔板向上边的分离隔板依次运动。水从转鼓上的细孔给入，在分离隔板间产生颗粒流态化层。流态化层中的轻密度颗粒由分离隔板提起，向上移动，进入溢流，最终从溢流中回收得到这种轻产品。重密度颗粒富集在分离隔板的后边。在尼尔森离心选矿机的基本原理上，又研制出每小时处理量为 1000t 的新的 KC-XD70 型离心选矿机。

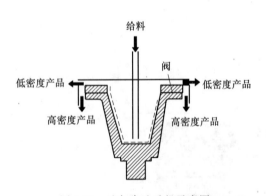

图 6-22 法尔肯选矿机示意图

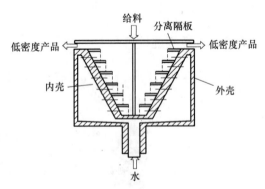

图 6-23 尼尔森离心选矿机示意图

6.6.3 莫兹利多重力选矿机（MGS）

莫兹利多重力选矿机（MGS）的操作原理除用圆柱形旋转滚筒代替摇床外，其他与 Wilfley 型摇床类似。图 6-24 是设备示意图。滚筒旋转（160～240r/min）产生离心力场（＜25gf），同时，旋转轴运动方向（如图中的左右方向）左右摇动（振动数 4.0～5.7min^{-1}，振幅12.7～19.0mm），滚筒的一端稍微倾斜（3°～5°），给矿端稍高。矿浆进入滚筒内，受离心力场作用发生分散，向滚筒内壁沉降，附着在滚筒内壁形成流膜。颗粒在流膜流动过程中，按密度发生分层，进入底层的大颗粒通过旋转速

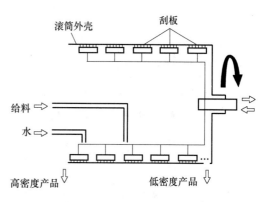

图 6-24　莫兹利多重力选矿机（MGS）示意图

度大于滚筒的刮板（旋转速度比滚筒旋转速度快 2.5％），被输送到给矿端，由重产品排出口回收。上层的小密度颗粒用清水冲洗，由轻产品排出口回收。

　　根据用途，选择最合适的设备，需要充分掌握选别目的、选别对象性质和选矿设备特点。目前还没有关于用同样试料对各种设备特点进行比较的文献，但是文献中已经报道了在满足某一定条件下，不同重选设备特点的对比结果，见表 6-17。

表 6-17　五种不同重选设备在处理 ＋400 目煤时的概率误差（E_p）和分选密度（SG_{50}）

分选机	Aitair	法尔肯	尼尔森	MGS	Kelsey
SG_{50}	1.43～1.54	1.5～1.8	1.90	2.1	2.0
E_p	0.08～0.17	0.10～0.15	0.10	0.10	0.12

6.7　重介质分选机

6.7.1　概述

　　重介质分选机也是选煤的主要设备之一，尤其对难选煤更具有较高的分选效果以及处理粒度范围较广的优点。同时，它也可以代替人工拣矸，简化工艺流程和节省动力。故在很多选煤厂得到了广泛的应用。

　　重介质分选机的分选粒度上限可达 300mm 左右，下限为 13～6mm。分选粒度小于此下限的末煤，一般采用重介质旋流器。

　　重介质分选的理论基础主要是阿基米德原理——物体在介质中所受的介质浮力等于同体积介质的重力。因此，物体在悬浮中所受的力除自身重力外，还有一个与其重力作用方向相反的悬浮液的浮力。物体在悬浮液中所受合力的大小与物体的体积、物体与悬浮液间的密度差成正比，而与物体的粒度和形状无关。因此，当物体密度大于悬浮液密度时，作用在物体上的合力为正值，物体则在悬浮液中下沉。反之，当物体密度小于悬浮液密度时，作用在物体上的合力为负值，物体则在悬浮液中上浮。通过机械方式使物体在一定密度的介质中上浮和下沉，便可得到不同密度的产物。这就是重介质分选机的

工作原理。

6.7.2　重介质分选的发展史

自从 1921 年第一台采用水砂作为分选介质的工业用强斯（Chance）分选机用于分选无烟煤以来，重介质分选迄今已有近百年的历史。其发展的历史见表 6-18。

表 6-18　重介质分选发展史

年份	大　事　记
1911	Chance 选煤法的专利涵盖了在圆锥形分离器中使用水砂作为分选介质
1917	出现水砂悬浮液选煤法
1921	首次采用 Chance 方法分选无烟煤的工业流程
1922	首次出现使用磁铁矿作为介质进行选煤试验（Conklin 选煤法）
1926	苏联工程师斯列普诺夫提出了使用稳定悬浮液的重介质选矿法
1931	第一个重介质选矿厂投入使用
1936	在美国的马斯考特矿建立了一个重介质选矿厂用以处理铅锌矿,采用细磨的方铅矿精矿和水混合配制成悬浮液作为分选介质
1937	在美国的一家选矿厂中首次使用硅铁（FeSi）作为介质,使用交叉带式磁选机进行介质回收
1938	Tromp 选煤法首先在德国商业化,使用磁铁矿悬浮液作为分选介质
1940	美国氰胺公司（American Cyanamid Co.）推出了重介质选煤工艺,包括磁选回收磁铁矿介质
1942	荷兰国家矿业公司开发出重介质旋流器并获得专利
1946	南非在钻石加工中首次使用圆锥形重介质分选机
1955	坦桑尼亚首次在钻石加工中使用重介质旋流器,使用磁铁矿作为分选介质
1960	开发出 DynaWhirlpool 和 Vorsyl 动态旋流器
1970	开发出 Tri Flo 动态旋流器
1970	第一台物理示踪器用于确定钻石的分选效率
1980	第一台物理示踪器用于确定煤炭的分选效率
1992	在选煤中首次使用直径＞1000mm 的重介质旋流器（当前最大直径 1500mm）
2005	首次在矿物分选中使用直径＞610mm 的重介质旋流器（当前最大直径 800mm）

6.7.3　重介质分选机分类

根据重介质选煤对重介质分选机的要求，该类设备的结构型式可以是多种多样的，重介质分选机的分类见表 6-19。

重介质分选机的入料粒度上限一般为 300mm 左右，最大的可达 1200mm，下限为 13mm（6mm）。

表 6-19 重介质分选机的分类

分类特征	分选机类型
分选后的产品品种	两产品分选机 三产品分选机
悬浮液流动方向	水平液流分选机 垂直液流分选机（上升流或下降流） 复合液流分选机（水平上升流或水平流）
分选槽形式	深槽分选机 浅槽分选机
排矸装置形式	提升轮分选机（斜轮、立轮） 刮板分选机 圆筒分选机 空气提升式分选机

目前，我国在生产上应用的块煤重介质分选机主要有斜轮或立轮重介质分选机以及刮板重介质分选机三种类型。它们的共同之处为：主体均是矩形锥体分选槽，槽中充满具有一定密度的悬浮液，原煤从一端给入分选槽中，大于介质密度的物料下沉，从分选槽底部排出；小于介质密度的物料浮起，随介质水平流从分选槽另一端排出。其不同之处主要为下沉物料的排出方式，斜轮分选机采用倾斜放置的提升轮排料；立轮分选机采用垂直放置的提升轮排料；浅槽刮板分选机则采用刮板输送机排料。

6.7.4 斜轮重介质分选机

斜轮重介质分选机也叫鲁博（Drewboy）重介质分选机，它由法国 PIC 公司在 20 世纪 50 年代初研制，于 50 年代末引入我国，用于分选块煤。这种分选机兼用水平介质流和上升介质流选出两种产物，其生产能力大，处理粒度范围广。

在选煤工艺中，斜轮重介质分选机分选大块可代替人工拣矸，不但免除了大量繁重的体力劳动，提高产品质量，而且消除了由于人工拣矸而经常发生的质量事故，确保稳定生产；斜轮重介质分选机入选粒度上限大，处理量大，受原煤质量波动的影响小，这对于难选特别是极难选的煤，分选效果尤为显著。

6.7.4.1 Drewboy 斜轮重介质分选机

采用 Drewboy 分选机分选粒度为 6～800mm 的块煤，处理能力高达 1000t/h。分选槽宽度为 0.5～5m，相应的排矸轮直径为 2.5～8.0m。图 6-25 显示了该设备的基本特征，Drewboy 分选机最常用于洗煤，但也可使用立轮式重介质分选机分选较细的块煤（120mm×6mm），处理能力达 100t/h。

6.7.4.2 国产斜轮重介质分选机

斜轮重介质分选机的规格用分选槽的宽度表示，目前国产斜轮重介质分选机有槽宽为 1.2m、1.6m、2.0m、2.6m、3.2m、4.0m、5m 以及槽宽为 1.6m、5m 两端给料的斜轮重介质分选机等几种规格。选型使用时，一般都用一端给料的重介质分选

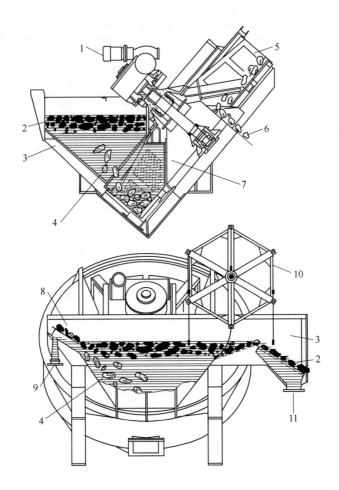

图 6-25 斜轮重介质分选机的构造

1—驱动机构；2—浮物；3—分选槽；4—沉物；5—矸石轮；6—沉物排放；7—护板；

8—原煤给料；9—重介质给入点；10—浮物排料轮；11—重介质溢流

机，只有大型选煤厂再选作业中可考虑用两端给料的斜轮重介质分选机。我国自行设计和制造的 LZX 型系列斜轮重介质分选机的技术规格见表 6-20。

表 6-20 LZX 型系列斜轮重介质分选机技术性能

型号	槽宽	入料粒度	处理能力	分选槽容积	排料轮			排煤轮		机重
					直径	转速	功率	转速	功率	
	mm	mm	(th)	m³	mm	(r/min)	kW	(r/min)	kW	t
LZX-1.2	1200	6～200	65～95	5	3200	5	7.5	9	2.2	11.5
LZX-1.6	1600	13～300	100～150	5.5	4000	2.3	7.5	7	2.2	17.5
LZX-2.0	2000	13～300	150～200	8	4500	2.3	7.5	7	2.2	22.0
LZX-2.6	2600	8～300	200～300	13	4500	1.6	10	6	2.2	24.5
LZX-3.2	3200	6～400	250～350	19	5500	1.6	10	5.8	4	33.5
LZX-4.0	4000	13～450	350～500	30	6660	1.6	10	5.3	4	43.0
LZX-5.0	5000	25～500	450～600	64	7800	1	22	5.3	4	99

6.7.5 立轮重介质分选机

立轮重介质分选机和斜轮重介质分选机一样，是目前国内外作为分选块煤的一种广泛应用的设备。它的工作原理及分选过程和斜轮重介质分选机基本相同，只是在分选槽的槽体型式和排矸轮的安放位置等机械结构上有所不同。

该类分选机按提升轮支承方式可分为 3 种：以波兰 DISA 型立轮（图 6-26）为代表的用胶带吊挂并传动的方式；以国产 JL 型立轮（图 6-27）为代表的用 4 个托轮支承提升轮上部两侧的方式；以德国 TESKA 型立轮（图 6-28）为代表的采用 4 个托轮支承提升轮下部的方式。前两种立轮采用槽体密封，即提升轮下半部浸泡在介质中。后一种立轮采用密封圈密封，即提升轮不浸泡在介质中。

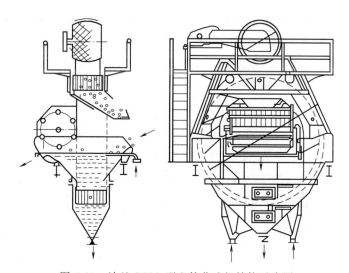

图 6-26 波兰 DISA 型立轮分选机结构示意图

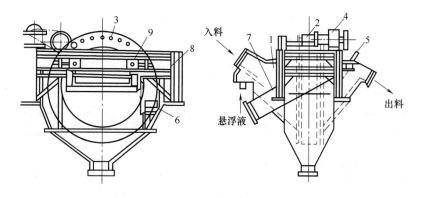

图 6-27 JL1.8 型立轮重介质分选机结构示意图

1—分选槽；2—排矸轮；3—棒齿；4—排矸轮传动系统；5—排煤轮；
6—排煤轮传动系统；7—矸石溜槽；8—机架；9—托轮装置

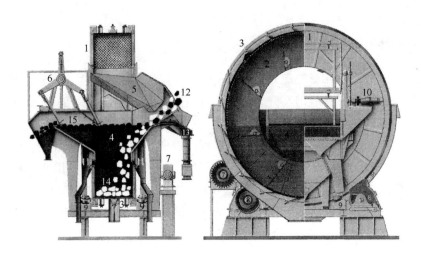

图 6-28 德国 TESKA 型立轮分选机

1—排矸轮；2—多孔板；3—喷嘴；4—分选室；5—沉物排放溜槽；6—浮物排出装置；7—驱动；8—支撑；
9—托轮；10—排料装置驱动；11—气动的密封缓冲器；12—给料；13—重介质；14—沉物；15—浮物

我国生产上使用的 JL 型立轮重介质分选机的主要技术规格见表 6-21。

表 6-21 JL 型立轮重介质分选机的技术规格

型号			JL-18	JL-20A	JL-2550
处理能力/(t/h)			160	200	300
最大浮煤量/(t/h)			—	120～160	159
最大沉煤量/(t/h)			—	200	301
入料粒度/mm			100～0	200～25	300～50
分选槽	宽度/mm		1800	2000	2500
	长度/mm		—	2400	2700
	深度/mm		—	1200	1200
	容积/m³		6.8	5	11
提升轮	内径/mm		3400	3400	3400
	轮宽/mm		—	800	800
	转速/(r/min)		2.94	2	2
	电动机	功率/kW	4	5.5	7.5
		转速/(r/min)	1450	1500	1500
排煤轮	节圆直径/mm		1000	700	1100
	转速/(r/min)		13.3	8	8
	电动机功率/kW		1	0.8	0.8
	电动机转速/(r/min)		950	1000	1000
外形尺寸(长×宽×高)/(mm×mm×mm)			3568×4230×4485	2758×4485×4070	3887×5957×5730
机器质量/t			12	12	23
安装地点			汪家寨选煤厂	仅出图纸	范各庄矿选矸车间

6.7.6　离心力型分选机

6.7.6.1　重介质旋流器

　　重介质旋流器是 20 世纪 50 年代初期由荷兰国有煤矿公司（DSM）研制成功的。到目前为止国外使用较普遍的重介质旋流器仍是荷兰的 DSM 型旋流器（图 6-29），直径为 500～700mm，处理能力为 50～100t/h，入口压力以 0.7～0.99kgf/cm^2 为最好。

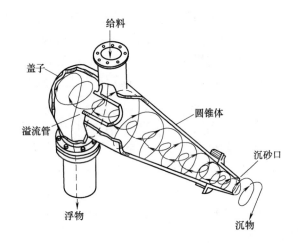

图 6-29　DSM 型旋流器

　　该设备的锥角为 20°。重介质旋流器处理矿石和煤的粒度范围一般为 0.5～40mm，目前最大的重介质旋流器直径可达 1.5m，选煤时的处理能力超过 250t/h。

　　荷兰 DSM 重介质旋流器和我国圆锥形重介质水力旋流器的技术规格分别见表 6-22 和表 6-23。

表 6-22　荷兰 DSM 重介质旋流器技术规格表

直径/mm		500	600	700
处理量	按悬浮液计/(m^3/h)	160	240	320
	按煤计/(t/h)	50	75	100
最大入料粒度/mm		30	50	50
定压箱高度/m		4.5	5.5	6.5
入料管直径/mm		150	180	210
溢流管直径/mm		200	240	280
底流口直径/mm		150	180	210
质量/kg		740	890	1850
锥角/(°)		20	20	20

表 6-23　我国圆锥形重介质水力旋流器技术规格

直径/mm	500	600	700
锥角/(°)	20	20	20
处理量/(t/h)	40～50	50～60	55～65
最大入料粒度/mm	33	50	50
定压箱高度/m	5.5	7.5	7.5
入料管直径/mm	150×60	150	150
溢流管直径/mm	160～200	190～220	225～235
底流口直径/mm	60～150	150～160	180
锥比	0.7～0.8	0.7～0.8	0.7～0.8
溢流口插入深度/mm	340～320	10	400
安装角度/(°)	10		10

　　矿石和煤悬浮在介质中，然后通过泵和重力给料的方法切向给入旋流器中。重力给料要求有一定的高度，因此建设投资较大，但该法可以获得较稳定的矿浆流，泵的磨损和矿石的碎裂均较小。密度大的物料（在选煤时是尾矿，选矿时是精矿产品）通过离心力的作用被甩到旋流器器壁，从底流沉砂口排出。轻产品"浮矿"围绕中心轴线流动，从溢流管排出。

　　重介质旋流器不仅用于洗选末煤和跳汰机中煤，而且用于铅锌矿和钨矿的预选作业中。澳大利亚芒特艾萨矿业有限公司在铅锌回路中引入了重介质旋流器处理铅锌矿石，粒度范围为 1.7～13mm，尾矿抛除率为原矿石的 30%～50%，铅锌、银的预选回收率为 96%～97%。湘东钨矿采用 ϕ430mm 重介质旋流器处理含钨石英矿石，围岩为花岗岩，以黄铁矿石为加重质，配制悬浮液密度为 2300～2450kg/m³，给矿粒度 13～3mm，可丢弃 50% 尾矿。

6.7.6.2　DWP 型重介质旋流器

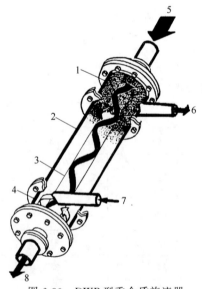

图 6-30　DWP 型重介质旋流器

1—沉物管；2—圆筒；3—空气柱；4—介质管；5—原料；6—沉物排出口；7—介质入口；8—浮物排出口

　　DWP 型重介质旋流器是一种典型的无压给料式圆筒形重介质旋流器，它由美国维尔莫特（Wilmont）公司研制，机体为圆筒形，筒长与直径之比为 3～6。

　　该设备由一个预定长度的圆筒构成（图 6-30），在两端有相同的切向入口和出口。设备在倾斜状态下运行，所需密度的介质在一定压力下泵送入底端入口，旋转的介质在整个设备长度内产生一个涡流，通过上部的切向排出口和底部的涡流出口管排出。进入上部涡流管的原料在少量介质的作用下进入设备，在开敞的涡流区很快地产生旋转运动。上浮物料向下通过涡流区，不与设备的外壁接触，因此大大减少了磨损。浮矿从底部涡流出口管排出。给料中重的沉矿颗粒穿过上升的介质流流向设备的外壁，通过沉矿排出管和介质一起排出。因为沉矿排出口与给料入口较为接近，所以沉矿几乎同时能从设备内排出，这又大大地减小了磨损。只有密度接近的颗粒才能沿着设备得到进一步的分离，也只有这些颗粒才能接触主筒体。切向沉矿排出口较灵活地连接到一沉矿软管上，通过改变软管的高度来调节反压力，以精确控制分选点。该分选机的处理能力高达 100t/h，与重介质旋流器相比有几个优点。该设备由于减小磨损，不但可以降低维修成本，而且还可以保持设备的分选性能。除此之外，设备的操作成本也较低，因为只有介质才采用泵送方式。另外，设备的沉矿能力要高得多，能适应较大波动的沉浮比。

DWP 型重介质旋流器多用于金属矿选矿，例如用于处理金刚石、萤石、锡矿和铅锌矿等，其处理的粒度范围为 0.5～30mm。用于细粒级分选，其效果不及 DSM 型，而且介质循环量大。但用于分选细煤时，因为是无压给料，它对原煤的破碎作用小，并且与其他重介质旋流器相比，原煤给入高度低，厂房高度可以降低。所以，近年来国内选矿与选煤界都对此进行了大量的研究。表 6-24 列出了其中两个型号的技术规格。

表 6-24　DWP 型重介质旋流器技术规格

圆筒直径/mm	圆筒长/mm	介质给入口直径/mm	原煤给入中心管直径/mm	沉物排出口直径/mm	浮物排出口直径/mm	入料粒度/mm	介质给入压力/kPa	矿浆通过量/(m³/h)	干煤处理量/(t/h)
229	1200	55	82	55	78	13～0.5	83	48	10～15
395	1955	100	140	95	130	13～0.5	90	240	40～50

6.7.6.3　沃尔西尔（Vorsyl）分选机

沃尔西尔（Vorsyl）分选机（图 6-31）在许多选煤厂得到了应用，主要用于处理粒度细达 50mm、给料速度为 120t/h 的煤。由脱泥后原煤和磁铁矿分选介质组成的原料切向给入分选机中，另外还研究出在一定的压力下经渐开线入口由分选室顶部给入的方式。密度小于介质的物料经溢流管流入净煤排出口，而密度接近介质的物料和较重的页岩颗粒由于离心加速度的作用流向分选室筒壁。颗粒呈螺旋形沿分选室向下移动至筒底，此时由于接近孔板而产生的拉力减小了切向速度，并朝着喷出口产生了强烈的内向流。这种作用使页岩和接近介质密度的物料通过高离心力区，从而实现最终的精确分离。页岩和一部分介质从喷出口排出进入页岩室，页岩室较浅并有

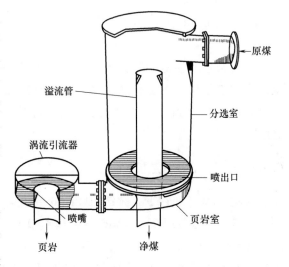

图 6-31　沃尔西尔（Vorsyl）分选机

一个切向出口，通过一短管连接到第二个浅页岩室，又称涡流引流器。该涡流引流器是

一个带有介质和尾砂切向入口和轴向出口的圆筒形容器。朝向出口有一内螺旋液流，该液流消耗了入口压力能，从而即使采用大排出口也不会排出大量的介质。

6.7.6.4　LARCODEM 型重介质分选机

LARCODEM（大煤矿重介质分选机）型重介质分选机可以用于处理较宽粒度范围（－100mm）的煤，且处理量较大。该设备还可用于分选铁矿石。其设备结构为一个与水平成大约 30° 倾角的圆筒形分选室（图 6-32）。一定密度的介质通过泵或静态压头在有压情况下在设备底端给入渐开线式切向入口，在圆筒的顶端有另外一个连接到涡流引流器的渐开线式切向出口。 0.5～100mm 的原煤通过一个连接到设备顶端的管道给入分选机中，分选以后的净煤通过底部出口排出。相对密度较高的颗粒快速通过分选器壁由顶部渐开线式出口和涡流引流器排出。

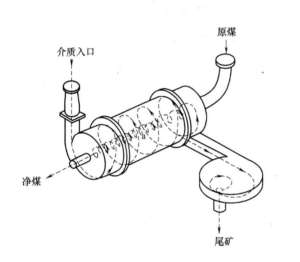

图 6-32　LARCODEM 型重介质分选机

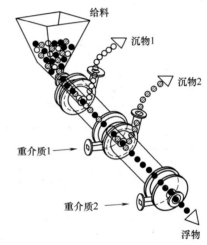

图 6-33　Tri-Flo 分选机

第一台工业设备安装在英国艾尔煤矿的一个处理量为 250t/h 的选煤厂中。该选煤厂将该设备作为主要分选设备。因为处理量为 250t/h 的 LARCODEM 型重介质分选机直径只有 1.2m，长度为 3m，因此它对将来选煤厂的设计和施工结构有很大的影响。

6.7.6.5　Tri-Flo 分选机

特利-弗罗（Tri-Flo）分选机（图 6-33）可以看作两台 DWP 重介质分选机串联在一起。该设备已应用在一些煤矿、金属矿和非金属矿选矿厂中。该设备采用渐开线式介质入口和沉矿出口，与切向入口相比，产生的紊流作用较小。

该设备为了生产出各自可控密度的沉矿产品可在两种不同密度的介质下操作，采用单一密度的介质通过两段处理可获得一种浮矿产品和只有轻微分选密度差异的两种沉矿产品。在处理金属矿时，第二种沉矿产品相当于重矿物的扫选作业产品，因此可以增加金属的回收率。第二种沉矿产品再粉碎脱泥后可返回设备进行再分选。当设备用于选煤时，第二段对浮矿进行精选可生产出高品位产品。两段分选还可以增加分离的精确度。

6.7.7 重介质分选筒

对于粒度范围为 6～200mm 的给料进行重介质分选的一种广泛应用的设备是重介质分选筒。重介质分选筒如图 6-34 所示，用于两种、三种或四种产品的分选。单室分选筒用于两种产品的分选。

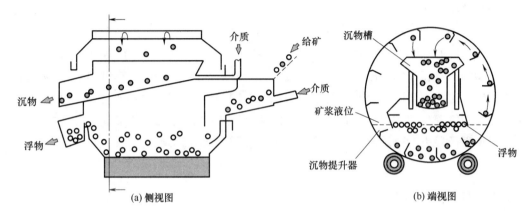

图 6-34 重介质分选筒示意图

双室分选筒如图 6-35 所示，用于三种或四种产品的分选。一个辐射状分隔板将分

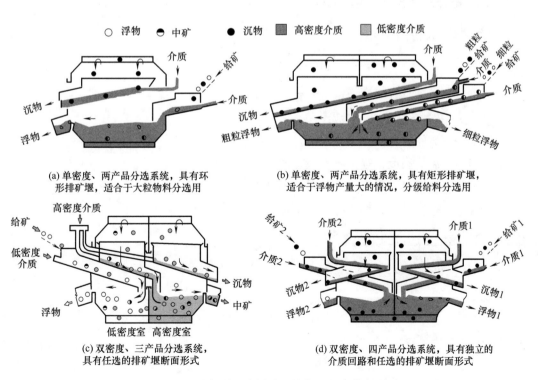

图 6-35 维姆科重介质分选筒作业方式示意图

选筒分成两个单室，每个单室可分别进行分选作业。这种分选设备采用三种给矿方式，即：

(1) 双密度操作方式一

新给矿先给入低密度的第一室分选。第一室的沉物经提升器提高并给入高密度的第二室分选。

(2) 双密度操作方式二

将不同的给料分别给入按不同密度操作的各单室进行分选。

(3) 单密度操作

将同一种给料或不同粒度给料，给入按相同密度操作的各单室进行分选。

采用这些方式中的哪一种要由设计条件来规定。重介质分选筒的规格，要对给矿量、期望的沉物和浮物产出量、给矿粒度大小、分选浓度和物料密度等因素加以考虑以后来决定。这些因素影响分选池的有效面积、在筒内停留时间、提升能力和从排料口溢出的介质深度等参数的选择。表 6-25 列出各种型号重介质分选筒的某些规格尺寸。

根据直径最大的分选筒所对应的参数来选择重介质分选筒。

6.7.8 重介质分选机的生产率

重介质分选机的生产率按重悬液面单位面积的负荷、槽宽或按含轻产品的重悬浮液流的运送能力确定。

6.7.8.1 重介质分选筒的生产率

重介质分选筒的生产率为：

$$Q_\pi = \frac{1}{\gamma} D^{0.5} h^{1.5} v \delta_\pi \tag{6-23}$$

式中　Q_π——轻产品计的分选机生产率，t/h；

　　　γ——轻产品产率，小数；

　　　D——鼓轮直径，m；

　　　h——溢流高度，等于最大块直径的 1.2～1.5 倍，m；

　　　v——分选机排出端的重悬浮液的排出速度，等于 0.3～0.5m/s；

　　　δ_π——轻产品的容积密度，kg/m³。

6.7.8.2 轮型分选机的生产率

轮型分选机的生产率（t/h）：

按轻产品计：

$$Q_1 = 3.6 B_B h v_0 \theta \delta_\pi \tag{6-24}$$

式中　B_B——槽宽，m；

　　　v_0——搅拌器运动的圆周速度，m/s；

　　　θ——矿石在重悬浮液中的充满系数。

表6-25 Wemco 重介质分选筒的提升能力和介质流量

提升器型号	筒径 1219mm 提升板间距/mm	溢流 L/s	t/h	筒径 1824mm 提升板间距/mm	溢流 L/s	t/h	筒径 2433mm 提升板间距/mm	溢流 L/s	t/h	筒径 3048mm 提升板间距/mm	溢流 L/s	t/h	筒径 3658mm 提升板间距/mm	溢流 L/s	t/h
22	112	3.86	5.9	175	4.55	13.6	237	5.31	25.4						
26	93	7.76	6.9	150	10.20	16.3	196	11.67	30.9	239	13.25	63.0	292	14.25	117.0
30	79	15.37	8.2	123	17.97	18.7	167	20.83	35.4	203	23.33	74.0	240	26.11	135.0
34	69	22.70	9.1	107	27.74	21.3	145	32.5	40.0	177	35.97	84.0	217	40.56	153.0
38	61		10.4	87	40.35	23.6	128	46.1	44.5	156	51.75	94.0	192	56.94	121.0
42	54		11.4	84		26.4	114	63.06	49.0	140	70.69	104.0	172	77.64	188.0
46	49			76		28.8	103		54.5	126	41.53	113.0	155	102.78	206.0
50	45			69		31.4	94		61.0	115	113.61	124.0	142	128.06	224.0
54				64			86		63.5	106	135.56	133.0	130	156.94	243.0
58							80		68.0	98		143.0	120	189.44	270.0
推荐的最大粒子尺寸/mm	89			125			150			200			250		
转速/(r/min)	2.25~3			1.5~2.2			1.10~1.5			0.9~1.2			0.75~1		
按305mm长度计提升容积/L				2.0			2.8			5.0			7.5		
池槽面积/m²	0.836			1.951			3.283			5.110			7.525		

对每分钟一转，密度 2.7kg/m³ 时

按重产品计：

$$Q_2 = 60Vnz\varphi\delta_T \qquad (6\text{-}25)$$

式中　V——一个勺子的容积，　m^3；

　　　n——提升轮转速，次/min；

　　　z——勺的数量；

　　　φ——矿石在勺中的容积充填系数，等于 0.6～0.7。

6.7.8.3　重介质旋流器的生产率

重介质旋流器按矿石计（t/h）的生产率可由重悬浮液的容积生产率确定：

$$Q_r = \frac{kd_n d_c \sqrt{gH}}{q_c}\delta \qquad (6\text{-}26)$$

式中　k——比例系数，等于 8.5；

　　　d_n——给矿口直径，　m；

　　　d_c——溢流管直径，　m；

　　　q_c——1m^3 矿石所消耗的重悬浮液，　m^3（$q_c = 7\sim10\text{m}^3$）；

　　　δ——矿石密度，　kg/m^3。

参考文献

[1]　昌美恒川. 湿式比重選別とその技術開発の動向. 資源と素材，2005，121（10/11）：467-473.

[2]　Ley C. Kirk-Othmer Encyclopedia of Chemical Technology. Fourth Edition. New York：John Wiley & Sons Inc.，2002.

[3]　Zimmerman R E. Performance of the Batac jig for cleaning fine and coarse coal sizes. Dallas，TX. Preprint 74-F-18：125：1975244.

[4]　Chen W L. Batac jig in five U. S. plants. Mining Engng，1980，32（Sept.）：1346.

[5]　Hasse W，Wasmuth H D. Use of air-pulsated BATAC Jigs for production of highgrade lump ore and sinter feed from intergrown hematite iron ores. Stockholm，Sweden：1988：1053.

[6]　Miller D J. Design and operating experience with the Goldsworthy Mining Limited BATAC Jig and spiral separator iron ore beneficiation plant. Minerals Engineering，1991，4（3）：411-435.

[7]　Kellerwessel H. Aufbereitung disperser feststoffe. VDI Verlag，1991.

[8]　Sanders G J，Gnanaiah E U，Ziaja D. Application of the Humboldt de-stoning process in Australia. Port Stephens：2000.

[9]　Sanders G J，Ziaja D，Kottmann J. Cost-Efficient Beneficiation of Coal by ROMJIGs and BATAC Jigs. Coal Preparation，2002，22（4）：181-197.

[10]　李值民，张燕，张惠芬. 重力选矿技术. 北京：冶金工业出版社，2013.

[11]　Burt R O. Gravity concentration technology. Amsterdam：Elsevier，1984.

[12]　Anon. Spiral Concentrator. Mining Engineering，1958（1）：84-87.

[13]　B H D，Meech J A. Preliminary tests to improve the iron recovery from the -212 micron fraction of new spiral feed at Quebec Cartier Mining Company. Mining Engineering，1989，4（2）：481-488.

7 磁选机

7.1 概述

磁选是在不均匀磁场中利用矿物之间的磁性差异而使不同矿物实现分离的一种选矿方法[1]。该法简单易行,效率高,污染少,已得到日益广泛的应用。磁选可用于黑色金属矿石、有色金属矿石和稀有金属矿石的选矿,为冶金工业提供优质原料;也可用于非磁性原料除去铁、钛氧化物,为造纸、陶瓷和硅酸盐等工业部门提供优质原料;还可用于废水处理,实现回水利用和减少环境污染。其中应用最多的是铁矿石的磁选[2]。

磁选机是利用各种矿物的比磁化系数不同并借助于磁力和机械力将磁性矿物与非磁性矿物分离开来的设备[3]。根据应用的普遍性和重要性,磁选机在不同矿石选别中的应用排序见表 7-1[4]。

表 7-1　磁选机在不同矿石选别中的应用

排序	矿石类型	实例	磁选机类型
1	铁矿石(顺磁性)	赤铁矿	湿式强磁场磁选机、高梯度磁选机和干式稀土磁选机
2	磁铁矿	铁燧岩	湿式或干式弱磁场磁选机
3	海滨砂	重矿物精矿	弱磁场磁选机、湿式强磁场磁选机、感应辊式磁选机和干式稀土磁选机
4	黏土和滑石	高岭土,滑石	高梯度磁选机
5	填料	碳酸钙	干式稀土磁选机
6	玻璃和陶瓷原料	硅砂,长石,霞石,正长岩	弱磁场磁选机、湿式强磁场磁选机、感应辊式磁选机和干式稀土磁选机
7	耐火材料原料	氧化铝矿,铬铁矿,菱镁矿	弱磁场磁选机、感应辊式磁选机和干式稀土磁选机
8	有色金属矿石	硫化矿,黑钨矿,锡石	湿式强磁场磁选机、高梯度磁选机、干式稀土磁选机和交叉带式磁选机

为了固体的富集和提纯,设计出多种专用磁选机。一般来说,"富集"是将大量磁性给料进行磁力分选,而 "提纯"则是从大量的非磁性给料中除去少量的磁性粒子[5]。

本章主要介绍富集和提纯用磁选机。先介绍弱磁场磁选机,即永磁筒式磁选机,再介绍强磁场磁选机(包括各种干式强磁场磁选机和湿式强磁场磁选机),最后介绍超导磁选机。

7.2 磁选的基本原理

7.2.1 磁选的必要条件

磁选过程表明，磁性颗粒在磁选机磁场中，除受磁力 F_m 作用外，还受竞争力 F_c 的作用。竞争力可定义为与磁力方向相反的所有机械力的合力，包括重力、离心力、惯性力和流体动力阻力等。在磁选过程中，磁力是捕收磁性颗粒的力，又称为磁捕收力；竞争力是使磁性颗粒脱离磁极的力，又称为脱落力。显然，磁性颗粒与非磁性颗粒分离的必要条件是：

$$F_m > F_c \qquad\qquad (7\text{-}1)$$

式中，F_m 为磁性颗粒所受的磁力；F_c 为竞争力。若要使两种磁性不同的颗粒分离，则必要条件是，较强磁性颗粒所受的磁力应大于竞争力，即 $F_{m1} > F_{c1}$，较弱磁性颗粒所受的磁力应小于竞争力，即 $F_{m2} < F_{c2}$。需要说明，在磁选实践中，不可能有绝对纯净的磁性产品与非磁性产品，除未单体解离的连生体影响产品纯度外，还会有一些单体磁性颗粒混入非磁性产品中，或一些单体非磁性颗粒混入磁性产品中。前一种情况，导致磁性成分的回收率下降，主要原因是这些磁性颗粒的粒度太细，磁力不足以克服流体阻力等竞争力；后一种情况导致磁性产品的品位下降，原因多半是颗粒之间存在较强的相互作用力。颗粒粒度越细，料浆浓度越大，颗粒间相互作用力越明显。

7.2.2 磁选机的磁场

按照磁场强度数值变化的性质，磁场分为均匀磁场和不均匀磁场两种。在均匀磁场中，所有各点的磁场强度都是相同的，即 $\mathrm{grad}H = 0$，例如在由两个相对配置的平面碰撞所产生的磁场的中间部分 ［图 7-1（a）］ 就是这样。在不均匀磁场中，各点的磁场强度的大小及方向都不同，即 $\mathrm{grad}H \neq 0$ ［图 7-1（b）］。在磁选机中只采用不均匀

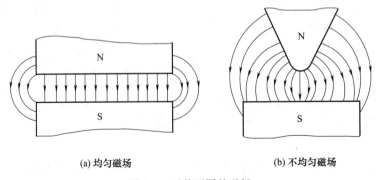

(a) 均匀磁场　　　　　　　　　　　(b) 不均匀磁场

图 7-1　两种不同的磁场

磁场。这是由于磁场中作用在粒子上的磁力正比于 $\mathrm{grad}H$，即磁场越不均匀，作用在粒子上的磁力越大。这种不均匀性是由磁系磁极的适当排列和形状所产生的。

7.2.2.1　磁场的产生

如果要在磁选机中的弱顺磁性颗粒上施加很大的力，则需要高磁场梯度以及高磁场强度。磁场通常由电磁体和磁极产生，通过设计来实现高磁场梯度。不同制造商之间的设计差异很大，这里仅描述一般原理。

磁场建立在两个磁极之间，其中一个磁极窄于另一个磁极，因此场强在其附近最大。磁场的这种集中会在磁场中产生必要的梯度，以在顺磁粒子上施加所需的力。图7-2 示意性地显示了两种配置。

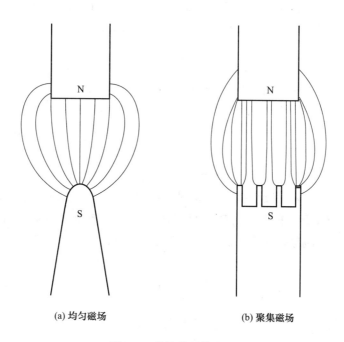

(a) 均匀磁场　　　　　　　(b) 聚集磁场

图 7-2　磁场的两种配置

在湿式强磁场磁选机中使用铁磁性材料的介质，而不是前文所述的固定或移动磁极。该介质可以提供高浓度的高场强点，并且可以由小球体、扩展的金属板、"楔形线"棒或带凹槽的金属板制成。

最方便产生磁场的是电磁体而不是永磁体。可以通过改变电流来方便地改变电磁体的场强。仅当线圈、磁芯、磁极和气隙的几何形状非常简单时，才可以简单地计算电磁体的磁极之间产生的场强。休斯提出了一个简单的例子。这种简单的方法基于磁路的概念，该磁路由电磁体的磁芯和极靴以及在其中产生分离场的气隙组成。电路的各个部分是串联或并联的，整个电路形成一个环（如图7-3所示）。

图7-3中所示的闭合磁路视为由六段磁路串联而成：磁芯，磁极1，气隙1，保持器，气隙2和磁极2。为了将气隙中的磁场强度与线圈中的电流关联起来，作如下假设：通过磁路的任何横截面的平均磁通量沿磁路的整个长度都是恒定的，磁场的边缘和

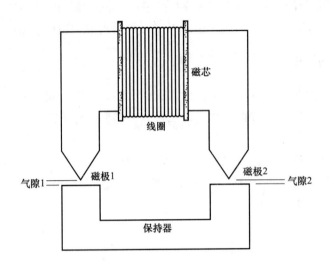

图 7-3 产生变形磁场的简单磁极

泄漏可以忽略不计，磁极片和气隙可以用有效的横截面面积和长度表示，并且磁场是串联的各段磁路的加和。

如果 Φ 是电路中的磁通量，则第 i 部分的磁场强度 H_i 由下式给出：

$$H_i = \frac{B_i}{\mu_i} = \frac{\Phi}{a_i \mu_i} \qquad (7\text{-}2)$$

公式（7-2）中，μ_i 是组成第 i 段材料的磁导率；a_i 是第 i 段的有效横截面积。

线圈产生的整个闭合磁路的总磁场是通过对单独的各段磁路求和而获得的。在 SI 单位制中，H_i 为电流除以线圈提供的磁路长度（A/m）。因此，只有一匝的线圈中的电流为：

$$I_1 = \sum H_i l_i \qquad (7\text{-}3)$$

$$I_1 = \Phi \sum_i \frac{l_i}{a_i \mu_i} \qquad (7\text{-}4)$$

式中，l_i 为有效长度；$\dfrac{l_i}{a_i \mu_i}$ 为磁路中第 i 段的磁阻。

通常电磁铁是采用许多的线圈绕制而成。需要的电流正比于绕组数，这样：

$$I_n = \frac{I_1}{n} \qquad (7\text{-}5)$$

式中，I_n 是具有 n 个绕组的线圈所需要的电流。

图 7-3 的气隙中平均磁场强度由下式给出：

$$H = \frac{\Phi}{a_g \mu_g} \qquad (7\text{-}6)$$

$$H = \frac{n I_n / a_g \mu_g}{\sum l_i / a_i \mu_i} \qquad (7\text{-}7)$$

a_g 是气隙的有效横截面积，μ_g 是空气的渗透率（$4\pi \times 10 \text{H/m}$）。公式（7-7）

表明，平均场强与线圈中的电流线性相关，但这只是显而易见的。磁芯的磁导率是 Φ 的强函数，因此是电流的强函数，因此该关系是相当强的非线性。但是，在中等电流范围内，H 和 I 之间的关系几乎是线性的，并且具有以下类型的经验关系：

$$H = aI_n^m \tag{7-8}$$

在许多情况下，发现 $m=1$ 是令人满意的。

公式（7-7）告诉我们如何通过好的磁选机设计来提高磁场强度。通过减少磁路中组成部分的各项 $l_i/a_i\mu_i$ 即可实现此目的。磁芯和保持器的磁导率应较高，并且间隙应尽可能小。

7.2.2.2 磁回路计算实例

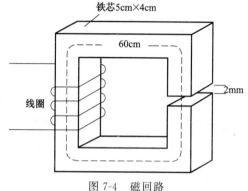

图 7-4 磁回路

【实例 7-1】 为了在图 7-4 所示的磁回路气隙中产生 1.2T 的磁感应强度，试计算所需的电流。已知铁芯的相对磁导率为 300，空芯的相对磁导率为 1.0。线圈有 800 匝。

假定气隙中任何地方的磁场都是均匀的

解： 在气隙中，$\Phi = 1.2 \times 0.04 \times 0.05 = 2.40 \times 10^{-3}$（Wb），这在整个回路中都是恒定的。所需的安匝数可通过将磁路各段所需的安匝数相加得出。

$$安匝数 = nI_n = \Phi \sum \frac{l_i}{a_i\mu_i}$$

$$= \frac{2.4 \times 10^{-3}}{4\pi \times 10^{-7} \times 0.04 \times 0.05} \times \left(\frac{0.002}{1} + \frac{0.598}{300} \right)$$

$$= 3813$$

该应用所需的电流为 $3813/800 = 4.77$（A）

$l_i/(a_i\mu_i)$ 称为 i 段的磁阻。

7.2.3 磁力

一个颗粒上的磁力是很难测出的。但往往可以做一些简化的假设以能足够精确地计算出特定情况下的磁力。如果颗粒足够小，能使外生磁场在颗粒内大致是均匀的，则该颗粒可以看成是位于颗粒质量中心的点磁偶极[6]。小磁偶极在磁场中的受力情况如图 7-5 所示[7]。

在简化条件下，作用在非均匀磁场中的固体颗粒上的力 F 可以用以下公式描述[8]：

$$F = \mu_0 \left(\frac{\kappa_S}{1 + E\kappa_S} - \kappa_M \right) VH \cdot \mathrm{d}H/\mathrm{d}x \tag{7-9}$$

式中，μ_0 是感应常数，κ 是物体（S）或周围介质（M）的体积磁化率，E 是取决

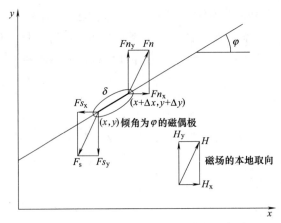

图 7-5　磁场中的小磁偶极的受力示意图

于晶粒形状的退磁系数，V 是颗粒的体积，H 是磁场强度，dH/dx 是磁场梯度。

如果在磁场的同一点上有足够多的不同力作用在它们上，则可以分离出不同的颗粒。对于分离介质（水或空气），常规磁送机的磁场对抗磁性颗粒和比磁化率较低（$K/p < 200 \times 10^{-6} \, \text{cm}^3/\text{g}$）的顺磁性颗粒所产生的力很小，可以忽略不计。具有较高磁化率的顺磁性物质和铁磁性物质可以与其他物质分离。如果差异足够大，它们也可以彼此分离[9]。

7.2.4　竞争力

在磁选机中，与磁力相竞争并作用于所有颗粒上的力有重力、摩擦力、惯性力和黏附力（例如由于附着的水分），以及在湿法分离的情况下，流体动力学阻力也起作用。如果分离是在旋转圆筒的表面上进行，则离心力也是一个因素。每种力的相对重要性随磁选机的设计而异。重力和流体动力学阻力是比较重要的，简要讨论如下[6]。

对于密度为 ρ_s 的球形颗粒，其纯重力为：

$$F_g = \frac{\pi}{6} d_0^3 (\rho_s - \rho_f) g \tag{7-10}$$

式中　g——重力加速度；

ρ_f——所用液体介质的密度。

在层流条件下，通过斯托克斯定律求液体动力学阻力：

$$F_d = 3 \pi d_0 v \mu \tag{7-11}$$

式中　v——相对于流体的颗粒速度；

μ——流体介质的黏度。

重力取决于颗粒直径的三次方，对于大颗粒是重要的。在层流条件下，流体动力学阻力取决于颗粒直径的一次方，所以对于小颗粒更为重要。因此，处理大颗粒的干式磁选机，其磁力大小必须能吸住磁性颗粒，克服重力竞争力。在用于小颗粒的湿式磁选机中，磁力必须大于流动矿浆所施加的流体动力学阻力。

在干式弱磁场圆筒磁选机中，使颗粒脱离圆筒的最重要的作用力一般是离心力，可由下式求出：

$$F_c = \rho_s V \omega^2 R \qquad (7\text{-}12)$$

式中　ω——半径为 R 的圆筒的角速度；

　　　V——颗粒的体积。

尽管重力的作用随颗粒在圆筒上的位置而变化，但如果圆筒转速超过 80r/min，则重力忽略不计产生的误差是很小的。如果脱离力（此时是离心力）超过捕集力（磁力），即捕集比（捕集力／脱离力）小于 1 时，颗粒就会脱离圆筒。正好产生捕集（即离心力与磁力相等时）的角速度为：

$$\omega_e = \frac{4\pi}{R}\left(\frac{2H_d}{\rho_s V \theta_d}\right)^{1/2} \qquad (7\text{-}13)$$

因为颗粒大小不是主要因素，所以干式磁选机可以成功地处理颗粒范围很广的给料。

大多数矿物的密度相近，所以最佳颗粒粒度对于所有的矿物大约是相同的。这样，顺磁性矿物只在有限的粒度范围内可以分选，而铁磁性矿物则不一样，它可在很广的粒度范围内分选。在强磁场磁选中这一有限的粒度范围与矿物的磁化率有密切关系。这可从图 7-6 中看出。但真正的情况并不是这样简单，因为机械因素也是重要的。

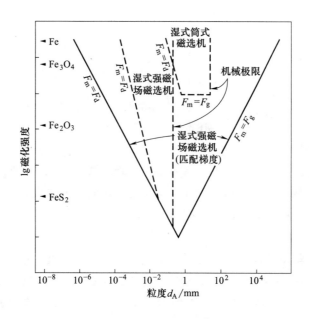

图 7-6　矿物磁化强度和可能进行磁选的粒度范围

图 7-6 进一步说明了理论匹配的湿式强磁场磁选机、实际的湿式强磁场磁选机和典型的湿式弱磁场圆筒磁选机的磁选可分离性的概念。无论是哪种磁选机，如果细粒的阻力超过磁力就达到了下限。对于理论匹配的磁选机，如果大颗粒的重力超过磁力则达到上限。两台实际磁选机的上限是分选机的机械尺寸极限。弱磁场圆筒磁选机的重力超过磁力则达到了磁化的下限。

总之可以看出，湿式圆筒磁选机只限于用于选别铁磁性矿物，而且颗粒粒度小于 $74\mu m$ 时效果不佳。湿式强磁场磁选机可以处理粒度范围窄、磁化程度低的顺磁性矿物，而且只能是较小的粒度。因此，回收率取决于磁化率和粒度，而处理不同粒度物料的设备对于磁性变化微小的各种矿物不可能有很强的选择性。但一般来说，待分离矿物的磁性差别是很大的。

7.2.5　矿物磁性

(1) 磁性体的分类

置于磁场中的物质如果显示出磁矩，则一般叫作磁性体，任何一种物质在强磁场下都或多或少地显示出磁矩，因此，严格地说，所有物质都具有磁性。然而，根据物质的磁化方向（对磁场方向而言）和磁化强度的差异可将磁性分成如下几种类型[9]：

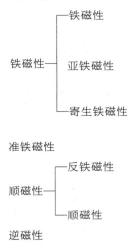

(2) 矿物的磁性

这些矿物分为强磁性（磁铁矿、磁赤铁矿、磁黄铁矿）、弱磁性（大多数其他铁和锰矿物，但不包括纯黄铁矿）和非磁性。可通过还原焙烧或氧化来提高弱磁性矿物的磁化率。强磁性物质包括人造钢铁（某些合金钢除外）、铁含量高的硅铁、钡铁氧体和相关的磁性材料。

磁选实践中，常将矿物按物质比磁化率大小分成下述三类矿物：

① 强磁性矿物：其比磁化率 $\chi > 35 \times 10^{-6} m^3/kg$。这类矿物很少，如磁铁矿、钛磁铁矿、$\gamma$-赤铁矿、磁黄铁矿等铁磁性矿物属于强磁性矿物。这类矿物为易选矿物，可用约 0.15T 的弱磁场磁选机分选。

② 弱磁性矿物：其比磁化率 χ 在 $7.5 \sim 0.1 \times 10^{-6} m^3/kg$ 之间，这类矿物较多，如各种弱磁性铁矿物（赤铁矿、褐铁矿、菱铁矿、铬铁矿等）、各种锰矿物（水锰矿、软锰矿、硬锰矿、菱锰矿等）、大多数含铁和含锰矿物（黑钨矿、钛铁矿、独居石、铌铁矿、钽铁矿、锰铌矿等）以及部分造岩矿物（绿泥石、石榴石、黑云母、橄榄石、辉石等）。一般说来，可用强磁选机分选的顺磁性矿物属于弱磁性矿物。但这类矿物的磁性差别大，因此所需磁场的场强变化范围宽，约为 $0.5 \sim 2.0T$。

③ 非磁性矿物：其比磁化率 $\chi < 0.1 \times 10^{-6} \, m^3/kg$。这类矿物也比较多，如白钨矿、锡石和自然金等金属矿物；煤、石墨、金刚石和高岭土等非金属矿物；石英、长石和方解石等脉石矿物。一般说来，不能用强磁选机分选的磁性很弱的顺磁性矿物和逆磁性矿物属于非磁性矿物。

一些典型矿物的比磁化率见表 7-2 [10]。

表 7-2　矿物的比磁化率

矿物名称、分子式			比磁化率 $\chi/(\times 10^{-9} \, m^3/kg)$
氧化矿	铬铁矿	$(Mg,Fe)(Cr,Al,Fe)_2O_4$	$65 \sim 1575$
	针铁矿	$\alpha\text{-}FeOOH$	$250 \sim 2500$
	赤铁矿	$\alpha\text{-}Fe_2O_3$	$550 \sim 3800$
	钛铁矿	$FeTiO_3$	$1300 \sim 5000$
	锡石	SnO_2	$-3.3 \sim +2100$
	锌铁尖晶石	$\gamma\text{-}MnOOH$	$350 \sim 1900$
	磁铁矿	Fe_3O_4	$1800000 \sim 12800000$
	菱铁矿	$Me \leqslant 2\text{-}Mn_8O_{16}$	$700 \sim 900$
	石英	SiO_2	-6
	软锰矿	$\beta\text{-}MnO_2$	$250 \sim 1250$
	金红石	TiO_2	$-4 \sim +25$
硫化矿	含砷黄铁矿	$FeAsS$	$6 \sim 100$
	斑铜矿	Cu_5FeS_4	$10 \sim 180$
	黄铜矿	$CuFeS_2$	$1600 \sim 4000$
	白铁矿	FeS_2	$10 \sim 50$
	黄铁矿	FeS_2	$1 \sim 3$
	磁黄铁矿	FeS	$40000 \sim 60000$
	闪锌矿	$\alpha\text{-}ZnS$	$40 \sim 6000$
碳酸盐类	方解石	$CaCO_3$	-45
	白云石	$CaMg(CO_3)_2$	$5 \sim 80$
	菱镁矿	$MgCO_3$	$-6 \sim +60$
	孔雀石	$Cu_2[CO_3(OH)_2]$	$100 \sim 200$
盐类	菱锰矿	$MnCO_3$	$1300 \sim 1400$
	菱铁矿	$FeCO_3$	$400 \sim 1900$
磷酸盐，硫酸盐，钨酸盐	磷灰石	$Ca_5(PO_4)_3(F,Cl)$	$-3 \sim +10$
	重晶石	$BaSO_4$	$-4 \sim +10$
	黑钨矿	$(Fe,Mn)WO_4$	$400 \sim 800$
硅酸盐	闪石	$(Ca,Mg,Fe)_8Si_9Q_{26}$	$80 \sim 2000$
	绿泥石		$200 \sim 350$
	云母		$10 \sim 1000$
	石榴石		$140 \sim 3000$

续表

矿物名称、分子式			比磁化率 $\chi/(\times 10^{-9} \mathrm{m}^3/\mathrm{kg})$
硅酸盐	橄榄石		40～1300
	正辉石		40～900
	斜辉石		80～800
	电气石	$HqAl_2(BOH)_2Si_4Q_{19}$	10～500
	锆石		-3～80

7.2.6　磁性材料

磁选设备所用的磁性材料有软磁材料和硬磁材料两种。软磁材料用于制造磁轭、磁极头、磁介质及其他导磁零件；硬磁材料主要用作磁选机的磁源。

(1) 软磁材料

软磁材料的基本特征是磁导率高。它的矫顽力较小（$H_c < 1000\mathrm{A/m}$），磁滞回线狭长，包围的面积小。

(2) 硬磁材料

硬磁材料的基本特征是能在工作空间产生很大的磁场能。它的矫顽力一般很大（$H_c \approx 10^4 \sim 10^6 \mathrm{A/m}$）。矫顽力是磁硬度的判据。

硬磁材料有两大类：合金和陶瓷磁体（或铁氧体磁体）。

含有稀土元素的永磁材料，磁性能要比铁氧体和常用合金磁体高得多，现在已经用作永磁强磁选机的磁源材料。

图 7-7 给出了磁性材料的发展历程[11]。

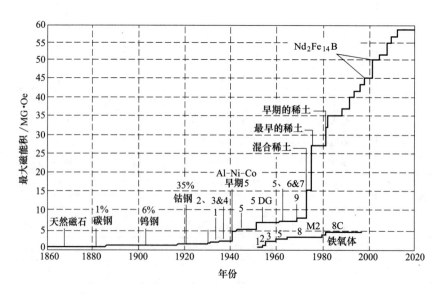

图 7-7　磁性材料的发展历程

（1MG·Oe=8kJ/m³）

7.3　磁选机的简短历史

虽然早在公元前 550 年古希腊就知晓了磁的现象，公元前 3 世纪中国就发现了磁铁的定向性质，但是直到 1845 年法拉第（Faraday）才发现所有物质都不同程度地受到磁场的影响[12-14]。人们用永磁铁选别磁铁矿的首次尝试可以追溯到 17 世纪，第一个用磁选法处理铁矿石的专利是富勒（Fuller）于 1772 年在英国获得的，但在 19 世纪末以前，磁选法的应用发展缓慢，主要原因是没有构造完善的磁选机。直到 1855 年 Nonteponi 首先提出采用电磁铁来产生磁场，才使磁选方法向前进了一步[12, 15]。表 7-3 给出了磁选机发展的简短历史[12, 16-18]。

表 7-3　磁选机发展的历史

年份	大事记
1845	法拉第（Faraday）发现所有物质都不同程度地对磁场作用敏感
1854	Palmer 提出了沿物料移动方向磁极极性交替的磁选机
1855	Nonteponi 首先提出采用电磁铁来产生磁场
1890	鲍尔（Ball）、诺顿（Norton）等人创造了磁极极性交替的电磁筒式磁选机,成功地实现了强磁性矿物的分选
1895	韦瑟里尔（Wetheril）设计出了强磁场并且具有粒状物料流偏向装置的磁选机。相继研制了盘式、筒式和辊式等不同类型的干式磁选机。这些设备处理的矿物限于粒度较粗和中等强磁性矿物
1906	格朗达尔（Grondal）设计的湿式筒式磁选机开始在工业上应用,解决了干式磁选难以胜任的细粒分选问题
1920	罗奇发明了带式磁选机,用于磁选局部氧化的弱磁性矿石
1937	弗朗茨（Frantz）研制出了一种由包铁螺线管中充填铁磁钢带构成的磁选机。该种磁选机在发展现代强磁场和高梯度磁选机中成为重要的里程碑
1960	KHD 洪堡公司设计和制造出第一台琼斯（Jones）湿式强磁场磁选机。该磁选机首次在原磁极之间充填磁介质,这种多层磁介质,既增大了选别空间,又保持了工作隙中较大的磁感强度,这为强磁场磁选机在工业中的应用奠定了基础,也推进了高梯度磁选机的研制
1967	高梯度磁选机（HGMS）在 20 世纪 60 年代末才出现,这一周期和连续作业磁选机的发展,扩展了磁选在微米级颗粒范围的弱磁性甚至逆磁性矿物中的应用,使磁选的深选能力加强了
1968	美国颁布第一个超导磁选机专利
1980	商用超导磁选机

7.4　磁选机的分类和适用范围

目前，国内外生产的磁选机种类繁多，规格比较复杂，分类方法也各不相同。

尽管各种磁选机有着不同程度的差别，但是最基本的差别在于磁场强度的强弱不同。在实际使用中也往往根据这一点把它们分为强磁场磁选机（磁场强度为 500～2000kA/m）和弱磁场磁选机（磁场强度为 100～240kA/m）。在工作中，也常常按照其选别方式的不同而将它们分为干式和湿式磁选机，或者按照产生磁场的方法的不同将其分为电磁磁选机和永磁磁选机；也有按给矿方式进行分类的，以及直接按照结构的不同而将它们分为筒式磁选机、盘式磁选机、辊式磁选机、环式磁选机、转鼓式磁选机、转笼式磁选机和带式磁选机。图 7-8 给出了磁选机的分类[19]。

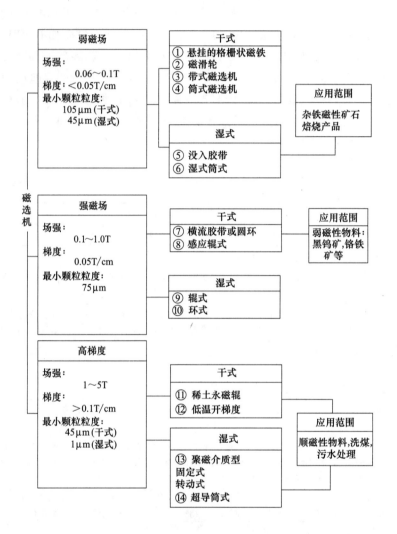

图 7-8　磁选机的分类

不同磁选机的工作方式和适用范围见表 7-4 和图 7-9[20, 21]。

表 7-4　不同磁选机的工作方式和适用范围

给矿方式	从下方						从上方			
分离方式	挖						抛			附着
操作方式	湿式			干式			干式			湿式
粒度	细粒	中等	粗粒	细粒	中等	粗粒	细粒	中等	粗粒	细粒
磁感应	N S	N S	N S	N S	N S	N S	N S	N S	N S	N S
A＝筒式磁选机	A	A		A	A	A	A	A	A	

B＝带式(湿式带式)磁选机	B									
C＝环式磁选机	C	C	C	C						
D＝辊式磁选机		D		D		D		D	D	
E＝悬挂磁铁					E		E			
F＝交叉皮带式磁选机;盘式磁选机						F				
G＝磁滚筒								G	G	
H＝沟槽磁选机									H	
I＝摇床磁选机										I
K＝琼斯磁选机										K

注：n＝弱磁场；s＝强磁场。细粒指粒度 <0.1 (1.0) mm，中等颗粒指粒度 0.1 (1.0)～5.0 (10) mm，粗粒指粒度>5 (10) mm。

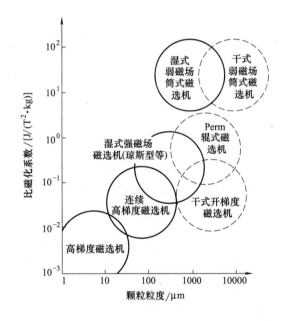

图 7-9　磁选机的适用范围

7.5　弱磁场磁选机

7.5.1　干式弱磁场磁选机

7.5.1.1　磁滚筒（磁滑轮）

　　磁滚筒（或称磁滑轮）的结构原理如图 7-10 所示。磁滑轮通常作为皮带运输机的一个部件头轮来设计。当磁性物料移动到磁滑轮的顶部时被吸着；转动到底部时自动脱

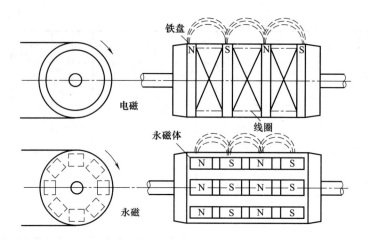

图 7-10　磁滑轮结构示意图

离。非磁性物料沿水平抛物线轨迹落下。它可用于料流除铁，也可以用于磁铁矿石块矿的预选。

　　磁滑轮用于从带式输送机运送物料中清除过铁。电磁和永磁磁滑轮直径均可达 1524mm，宽度也可达 1524mm。电磁磁滑轮能在带速为 2.54m/s 下作业。永磁磁滑轮则可在带速为 2.21m/s 下作业。表 7-5 为拣铁磁滑轮的典型资料。表中数据以带宽为基准。顺带宽栏查找等于或稍大于处理能力的数值，再平行顺着到表的左边去查找所需的磁滑轮直径。然后再平行顺着到表的右端去查找推荐的正常胶带速率。如所需速率较高，则必须选取直径较大的滑轮。当胶带运输机为倾斜装置时选取磁滑轮，必须对胶带速度和处理能力采用一个修正系数，如表 7-6 所列。

表 7-5　在正常输送机操作下过铁清除用的磁滑轮生产能力（m^3/h）

滑轮直径 /mm	胶带宽度/mm												正常胶带 速度/(m/s)
	305	356	406	457	508	610	762	914	1067	1219	1372	1524	
305	22	31	41	53	66	99							0.89
381	25	35	47	61	75	113	178						1.02
457	29	39	53	69	85	127	201	297					1.14
508		44	59	76	94	142	224	331	470				1.27
610			67	87	108	161	255	377	538	742			1.45
762				100	125	187	294	436	623	861			1.68
914					138	207	326	481	688	951	1226		1.85
1067						227	357	530	756	1042	1345	1671	2.03
1219						246	385	575	821	1133	1461	1818	2.21
1372							629	898	1237	1597	1985		2.41
1524								943	1303	1679	2090		2.54

表 7-6 倾斜输送机的修正系数

倾斜角度/(°)	5	6	7	8	9	10	11	12
修正系数	0.955	0.946	0.937	0.928	0.919	0.910	0.901	0.892
倾斜角度/(°)	13	14	15	16	17	18	19	20
修正系数	0.883	0.874	0.865	0.856	0.847	0.839	0.829	0.820

磁滚筒有永磁和电磁两种，用于黑色金属矿山在矿石入选前抛弃大块废石（350～10mm），从而提高原矿品位，增加处理量，节约能源。永磁磁滚筒由于其结构简单、工作可靠和节能，故被广泛应用，已列为部颁标准，其型号由 CT-66 至 CT-816，即筒体尺寸 $D \times L = 630mm \times 600mm \sim 800mm \times 1600mm$。国产 CT 系列永磁磁滑轮的技术特性见表 7-7[22]。

表 7-7 CT 系列永磁磁滑轮的技术性能

型号	筒体尺寸 /mm	相应皮带宽度 /mm	筒表面磁场强度 /kA/m	入选粒度 /mm	处理能力 /(t/h)	质量 /kg
CT-66	630×600	500	120	10～75	110	724
CT-67	630×750	650	120	10～75	140	851
CT-89	800×950	800	124	10～100	220	1600
CT-811	800×1150	1000	124	10～100	280	1850
CT-814	800×1400	1200	124	10～100	340	2150
CT-816	800×1600	1400	124	10～100	400	2500

为了解决当前黑色金属矿山日益严重的矿石贫化问题，更有效地分选磁性较强的铁矿石，磁滚筒趋向大型化和高场强方向发展。美国埃利兹（Eriez）公司研制一种 SR-E 型电磁永磁复合磁系磁滚筒，已形成系列产品，有 8 种规格，最大规格为：筒径×筒长 = 2433mm×2438mm。

为了提高永磁滚筒的场强，将磁极材料由锶铁氧体改为铈钴铜永磁合金，磁极间隙由原来无充填物改为用铈钴铜合金充填。

目前我国的磁滚筒，磁性矿石采用吸着方式选出，当给矿层较厚时，处于上面的磁性矿石，由于受到的磁力较小，易进入尾矿，使其品位增高。美国研制的一种电磁—永磁复合磁系磁滚筒采用吸出方式选出磁性矿石。电磁系处于分选点的上方，主要用于选出磁性物料，永磁系与电磁系并排，主要用于将磁性物料保持在圆筒表面，随圆筒的旋转被运至弱磁场区。

7.5.1.2 干式筒式弱磁场磁选机

干式筒式弱磁场磁选机多是永磁磁系，主要用于细粒级强磁性矿石的干选，也用于从粉状物料中剔除磁性杂质和提纯磁性材料，在冶金、化工、水泥、粮食等部门以及处理烟灰、炉渣等物料方面得到日益广泛的应用。

实践表明，此机处理细粒浸染贫磁铁矿不易获得高质量的铁精矿。

此机已定型并系列化,有单筒和双筒两种。单筒型号为 CTG-69。筒体直径×长度=600mm×900mm,筒表场强最大 103.5kA/m(1300Oe),给矿粒度 5(1.5)~0mm,处理量 3~15t/h。双筒型号为 2CTG-69 及 CT-TR-69,上下筒表最大场强均为 99.5kA/m(1250Oe),给矿粒度 5(1.5)~0mm,处理量 3~15t/h。

干式筒式弱磁场磁选机分选小于 0.2mm 的物料时,由于易黏结成团加上磁团聚的作用,使磁性与非磁性颗粒无选择性地结合在一起,导致分选效果降低。为了克服这一问题,波兰 M. Brozek 等人研制一种圆筒-平板干选弱磁场磁选机,由产生交变磁场的平板和产生恒定磁场的圆筒组成。交变磁场可使磁团分散,当磁性颗粒被吸向圆筒时,非磁性颗粒易于从磁团中分离出来。

由此看出,对于分选较细颗粒的弱磁选机应向颗粒易于分散的方向发展。

7.5.2 湿式弱磁场磁选机

由于永久磁铁的研制与应用,使湿选弱磁场磁选机的形式日趋一致。普遍认为筒式比带式优越,永磁比电磁优越。目前我国永磁筒式弱磁场磁选机几乎独占了强磁性矿物的湿式磁选领域,实现了设备的永磁化、系列化并向大型化发展。

7.5.2.1 湿式筒式磁选机

湿式筒式磁选机在重介质选矿厂里可用作介质的回收设备,对铁磁性铁矿石可用作选矿设备。磁力过滤机用于从液体或悬浮液中除去微细的铁磁性颗粒。

永磁筒式磁选机已广泛应用于黑色及有色金属选矿厂、重介质洗煤厂以及其他工业部门。它具有结构简单、体积小、重量轻、效率高、耗电少等优点,现已几乎全部代替了复杂、笨重的带式磁选机以及电磁筒式磁选机,是现代磁选厂和重介质洗煤厂的重要设备之一。图 7-11 为 ϕ1200mm×1800mm 永磁筒式磁选机外形图。

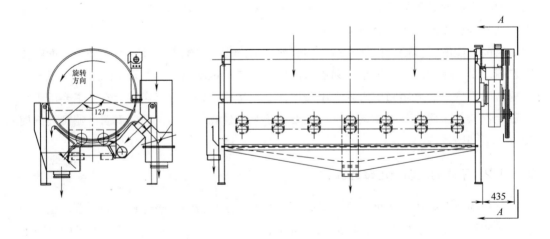

图 7-11 ϕ12000mm×1800mm 永磁筒式磁选机

（1）湿式筒式磁选机的类型

湿式筒式磁选机用于富集经过细磨的强磁性物料。筒式磁选机有三种基本类型：①顺流式筒式磁选机，用于－1/4in矿石的预选作业；②半逆流式筒式磁选机，用于－10网目矿石的粗选作业；③逆流式筒式磁选机，用于－65目以下矿石的精选。磁选机操作包括：将给矿导入磁选机给矿箱，由此将矿浆引到旋转筒体表面，磁性粒子受到磁铁组合体产生的交变磁极磁搅动作用而得到选别。顺流式湿式磁选机的操作基本原理示于图7-12（a），半逆流式湿式磁选机的操作原理如图7-12（b）所示。

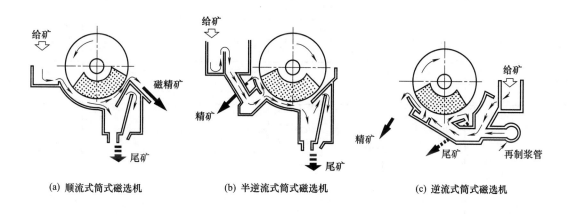

(a) 顺流式筒式磁选机　　　　(b) 半逆流式筒式磁选机　　　　(c) 逆流式筒式磁选机

图7-12　湿式筒式磁选机的三种基本类型

（2）湿式筒式磁选机的技术规格

湿式筒式磁选机有永磁和电磁两种类型。永磁筒式磁选机，因其可靠性较大、生产和维护费用较低，故使用较多。电磁温式筒式磁选机在所要求的场强很高或希望实行简单磁场调控的场合下使用。大多数圆筒直径为762mm、914mm和1219mm，磁铁宽度（即铁芯长度）达3m。依各个分选作业的需要，可考虑选用筒式磁选机。预选和终选作业的筒式磁选机一般采用双筒或三筒磁选机。预选作业磁选机适宜的给矿体积为55.9～93.1m^3/（h·m）磁铁宽度；粗选作业为55.9～74.5m^3/（h·m）磁铁宽带；精选作业为29.8～44.7m^3/（h·m）磁铁宽带。

永磁筒式弱磁场磁选机按槽体结构有三种类型，即半逆流式（CTB型）、逆流式（CTN）和顺流式（CTS）。最常用的是半逆流式。它们的系列规格为CTB-712～CTB-1230、CTN-712～CTN-1230、CTS-712～CTS-1230。CTB型适用于0.5～0mm强磁性矿石的粗选和精选，尤其适用于0.15～0mm强磁性矿石的精选，CTN型适用于0.6～0mm强磁性矿石的粗选和扫选，以及选煤过程中重介质的回收。CTS型适用于6～0mm强磁性矿石的粗选和精选。其技术参数见表7-8[23]。

（3）湿式筒式弱磁场磁选机处理能力

在湿式磁选铁矿石时，圆筒直径和给矿细度对湿式筒式弱磁场磁选机处理能力的影响见表7-9。

表 7-8　永磁筒式磁选机技术参数

型号	圆筒尺寸（筒径×筒长）/mm×mm	磁感应强度/mT	处理量		电动机功率≤kW	噪声dB(A)	参考质量/t
			t/h	m³/h			
CTB-712 CTS-712 CTN-712	750×1200	120～750	15～30	48	3.0	≤70	1.5
CTB-718 CTS-718 CTN-718	750×1800		20～45	72			2.2
CTB-918 CTS-918 CTN-918	900×1800	130～750	25～50	80	4.0	≤70	2.8
CTB-924 CTS-924 CTN-924	900×2400		35～70	110			4.3
CTB-930 CTS-930 CTN930	900×3000		48～95	160	7.5		6.2
CTB-1018 CTS-1018 CTN-1018	1050×1800	130～780	40～75	120			4.3
CTB-1021 CTS-1021 CTN-1021	1050×2100		47～90	140	5.5		4.8
CTB-1024 CTS-1024 CTN-1024	1050×2100		52～100	160			5.2
CTB-1030 CTS-1030 CTN-1030	1050×2400		65～120	200	7.5	≤75	7.0
CTB-1218 CTS-1218 CTN-1218	1200×1800	150～780	30～55	90	5.5		4.3
CTB-1224 CTS-1224 CTN-1224	1200×2400		45～85	160	7.5		7.0
CTB-1230 CTS-1230 CTN-1230	1200×3000		80～130	260			8.5
CTB-1530	1500×3000		100～160	380	11.0		14.2
CTB-1540	1500×4000		130～210	510	15.0		17.5

表 7-9　圆筒直径和给矿细度对湿式筒式弱磁场磁选机处理能力的影响

给矿		磁选机槽体型式	推荐的处理能力/[t/(h·m)]		
描述	−74μm 粒级含量/%		圆筒直径/m		
			0.60	0.90	1.20
粗	15～25	顺流式	15～25	70～90	120～160
中等	50	顺流式或逆流式	10～15	35～50	60～90
细	75～95	半逆流式	6～10	30～50	60～90

【实例 7-2】　粒度为 20%−74μm 的磁铁矿采用筒式磁选机进行粗选，要求的处理能力为 500t/h。请选择合适型号的湿式筒式磁选机。

解：选择顺流式筒式弱磁场磁选机。

从表7-9中可知：当圆筒直径为1.2m时，单位长度磁圆筒的处理能力为140t/（h·m）（取平均值）。

需要的圆筒长度$L = 500/140 = 3.6$（m）。

查阅美卓矿机湿式弱磁场磁选机（LIMS）技术规格表（表7-10），型号为WS 1236 CC的满足要求。

表 7-10　美卓湿式弱磁场筒式磁选机技术规格表

型号	筒长/mm	功率/kW	净重/t
WS 1206 CC	1770	4	1.9
WS 1212 CC	2370	5.5	2.8
WS 1218 CC	2970	7.5	3.6
WS 1224 CC	3570	7.5	4.7
WS 1230 CC	4218	7.5	5.6
WS 1236 CC	4818	11	6.6

故选择一台直径为1200mm、筒长度为3600mm的湿式筒式弱磁场磁选机，型号为WS 1236 CC。

（4）分选圆筒的设计

分选圆筒由3～5mm厚的非导磁不锈钢板、铜板或玻璃钢制成。圆筒的端盖为铸铝件，用不锈钢螺钉和筒体连接。

筒体的材质要求其导磁率越小越好，以减少磁通的损失，保证筒体表面有较高的场强。固定磁系湿选筒式磁选机的圆筒常用1Cr18Ni9Ti或15Mn26Al4等非导磁不锈钢板卷成。干选筒式磁选机或旋转磁系磁选机，由于圆筒与磁系的相对运动的频率很高，故筒体会产生感应电流，它力图减小磁场和筒体之间的相对运动，消耗部分电功率。筒体产生的电涡流还会使圆筒的温度升高。因此，磁频率较高的干选永磁磁选机的圆筒应该用玻璃钢制成。非导磁不锈钢的化学成分和性能见表7-11和表7-12。

表 7-11　非导磁不锈钢的化学成分

牌号	成分/%				
	C	Mn	Al	Cr	Ni
1Cr18Ni9Ti	<0.12	—	—	17～19	8～11
15Mn26Al4	0.13～0.19	2.45～27.0	3.8～4.7	—	—

牌号	成分/%			
	Ti	Si	S	P
1Cr18Ni9Ti	0.5～0.8	≤0.6	≤0.035	≤0.03
15Mn26Al4	—	≤0.6	≤0.035	≤0.035

表 7-12　非导磁不锈钢的力学性能

牌号	抗拉强度 /(kgf/mm²)	屈服强度 /(kgf/mm²)	延伸率 /%	收缩率 /%	冲击值 /(kg·m/cm²)
15Mn26Al4	50 48	20 20	38 30	50 50	8 12

　　树脂配方：618 环氧树脂，100 份；501 稀释剂，10 份；邻苯二甲酸二丁酯，5 份；三乙烯四胺，15 份。

　　玻璃布：0.22mm 的厚斜纹布。

　　树脂含量 50%，室温固化。

　　环氧玻璃钢的力学性能见表 7-13。

表 7-13　环氧玻璃钢的力学性能

类型	抗拉强度 /(kgf/mm²)	屈服强度 /(kgf/mm²)	延伸率 /%	收缩率 /%	冲击值 /(kg·m/cm²)
环氧型	31	27.8	—	—	0.93

　　玻璃钢的密度为 1400～2000kg/m³，约为普通钢材的 1/4～1/6。热导率为金属的 1/100～1/1000。1Cr8Ni9Ti 型不锈钢的相对磁导率约为 1.1，15Mn26Al4 型不锈钢为 1.0021，而玻璃钢约为 1。

　　分选圆筒的直径应和磁系的结构尺寸相适应。在满足力学性能（如刚度、圆度等）的条件下，圆筒与磁系之间的运转间隙应尽可能小，通常为 2.5～5mm。目前，我国生产的定型产品的圆筒尺寸见表 7-14。

表 7-14　圆筒尺寸的规定　　　　　　　mm×mm

750×1200	750×1800	1050×2400	1250×2400
1250×3000	1500×3000	1500×4500	

　　圆筒的外表面应绕 1 层直径为 1.5mm 的铜钱或 3mm×25mm（厚×宽）的胶皮带作为耐磨层。有的选矿厂在圆筒表面涂 1 层沥青或白硫氯丁胶作为保护层，效果也很好。耐磨层不仅可以保护筒体不受磨损，而且可使圆筒表面具有一定的摩擦系数，以保证磁性矿粒在圆筒表面不发生滑动，有利于磁性产品的排出。

　　圆筒通过链条由电动机带动转动，也可以经减速机直接传动。不同直径的湿选筒式磁选机的转速通常为 20～40r/min。生产实践表明，圆筒转速在某一范围内变化对选矿指标的影响不显著，在此范围内取较低的转速，可使传动功率小一些，但此时设备的产量稍低；在一定条件下，随着转速的提高，精矿、尾矿品位稍有提高，但回收率稍有下降。干选筒式磁选机的圆筒转速直接影响离心力的大小。圆筒的旋转允许周速可按理论公式计算，但由于考虑因素的局限性，计算值与实际值相差较大。因此，圆筒的转速应根据矿石性质和作业要求经过试验后确定。

(5) 分选槽体的设计

　　湿选筒式磁选机分选槽体的结构对磁选指标有重要的影响，必须适当地选择。槽体一般由非导磁不锈钢板或工业塑料板焊制而成。常见的槽体有顺流式、逆流式和半逆流式 3 种结构形式。

顺流式槽体磁选机的给矿矿浆流动方向和圆筒的旋转方向一致。由于精矿、尾矿流动方向和筒体转向相同，所以，它具有处理量大、构造简单，并且可以串联配置，进行多次分选等优点。但顺流式槽体磁选机的磁性矿粒容易流失于尾矿中，通常还要对尾矿进行扫选。如果用于分选细粒和微细粒矿石时，分选指标不如逆流式和半逆流式槽体。这种槽体适用于 6～0mm 粗粒物料的粗选和精选作业。

逆流式槽体磁选机的给矿矿浆流动方向和圆筒旋转的方向相反。非磁性矿粒由底板上的尾矿孔排出，而磁性矿粒随圆筒逆着给矿方向移到精矿排出端，排入精矿槽中，磁选机的精矿排出端距给矿口较近，磁翻作用差，所以，精矿品位不够高。但它的尾矿口距给矿口远，矿浆经过较长的分选区，增加了磁性矿粒被吸收的机会。尾矿口距精矿排出端也较远，磁性矿粒混入尾矿中的可能性较小，这种磁选机的金属回收率较高。逆流式槽体适用于 0.6～0mm 强磁性矿石的精选、扫选及选煤工业中的重介质回收。这种磁选机不适于处理粗粒矿石，因为粒度粗时，矿粒沉积会堵塞分选空间。

半逆流式磁选机的矿浆从槽体的下方达到圆筒的下部。非磁性产品移动的方向和圆筒的旋转方向相反，磁性产品移动方向和圆筒旋转方向相同。槽体的下部为给矿区，其中插有喷水管，用来调节分选作业的矿浆浓度。在给矿区上部有底板（或称尾矿堰板），底板上开有矩形孔用于流出尾矿。底板和圆筒之间的间隙与磁选机的磁场特性、处理能力及给矿粒度等因素有关，一般可在 20～40mm 之间调节。由于矿浆是以松散悬浮状态从槽底下方进入分选空间，矿浆运动方向与磁场力方向基本相同，故矿浆可以到达磁场力高的圆筒表面。另外，尾矿是从底板上的尾矿孔排出，这样，槽内可保持一定的矿浆面高度。因此，采用半逆流式磁选机可以得到较高的精矿质量和金属回收率。这种型式的磁选机适用于 0.5～0mm 的强磁性矿石的粗选和精选，尤其适用于 0.15～0mm 的强磁性矿石的精选作业。

磁场特性：直径为 1200mm 的典型筒式磁选机的磁场特性见图 7-13。

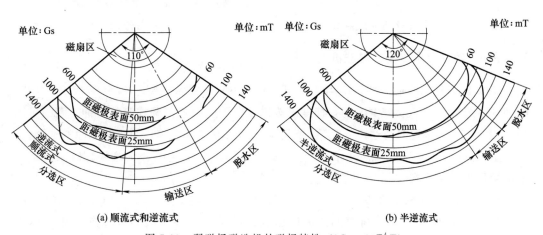

图 7-13　弱磁场磁选机的磁场特性（1Gs＝10^{-4}T）

上述磁选机，距极面 10mm 处的磁场强度最高为 139kA/m（1750Oe），对于磁性较强的矿石，这样的磁场强度已经够了，但对磁性较弱的磁性矿石，如假象赤铁矿，则显得低了。为了进一步提高永磁筒式磁选机的磁场强度，又研制出一种稀土永磁筒式磁选机，采用高磁能积的稀土磁块和锶铁氧体磁块复合成磁系。筒表场强达 2000Oe，磁场深度大，处理量高（60～120t/h），其系列规格为 XCT_N^B-1050mm × 1000mm ～ XCT_N^B-1050mm×2400mm。还有一种 ϕ1050mm×2400mm 永磁筒式磁选机，其磁系由钕铁硼、铈钴铜铁和锶钙铁氧体三种永磁体组成，同时应用高秉性矫顽力稀土永磁体作极间排斥极，这样可使距极面 10mm 处的磁场强度高达 318kA/m（4000Oe）。

为了提高筒式弱磁场磁选机的分选效率，国内曾研制一种永磁旋转磁场筒式磁选机，它能使被吸住的磁性矿粒经受强烈的磁搅动，将夹杂的非磁性矿粒排出，从而提高精矿品位。保加利亚索菲亚矿山地质研究院的研究人员在湿选筒式磁选机的给矿槽壁上安装一个振动器，使矿浆槽分选区内的磁絮团松散，分离出夹杂在其中的非磁性颗粒，从而提高分选指标。

为了简化生产流程，减少单筒磁选机的台数，多筒永磁磁选机在国外被广泛应用，已有双筒、三筒及四筒磁选机，可在一台磁选机上完成粗选、精选、扫选等多种作业。

此类磁选机朝增大筒径方向发展，已出现 ϕ1500mm × 4000mm 的磁选机。增大筒径可以增长分选区的长度，也便于提高磁场强度和增加磁极极数，这些都有利于提高分选指标。

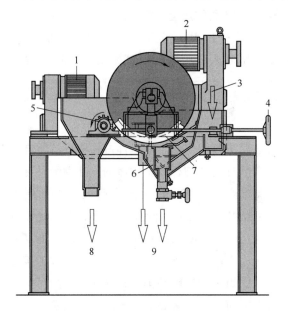

图 7-14　湿式钕铁硼永磁筒式磁选机

1—排料辊传动装置；2—圆筒传动装置；3—给矿；

4—磁系定位装置；5—排料辊；6—半逆流槽体；

7—磁系；8—磁性产品；9—非磁性产品

7.5.2.2　钕铁硼永磁筒式磁选机

德国 KHD 洪堡-韦达格公司用钕铁硼（NdFeB）永磁体研制了名为 "PERMOS" 的筒式磁选机，意即永磁中磁场开梯度磁选机。有干式筒式和湿式筒式两种，筒面磁场为 0.4～0.5T，必要时可达 0.7T，主要用于分选假象赤铁矿等具有中等磁性的矿物。

湿式钕铁硼永磁筒式磁选机的构造如图 7-14 所示，主要由分选圆筒、磁系、顺流式选箱和卸料辊等构成[24,25]。

磁系：钕铁硼磁系（图 7-15）与铁氧体磁系的构造有所不同，它不是由极性按单一径向排列并具有一定间隙的大磁体组成，而是由许多磁极方向逐渐变化的小磁体紧密拼凑而成，磁极数目与磁体数目不相等。这种磁系结构所需的磁性材料较少，而磁场强度的分布规律较好，有效场强较高。图 7-16 给出了 55 块磁体磁系和它沿筒面的场强分布。显然，这种磁选机沿筒面周向的场强波动很小。55 块磁体磁系筒面的磁场可达 0.7T，距离筒面 8mm 的磁场约为 0.4T。20 块磁体磁系的筒面磁场可达 0.5T，10 块磁体磁系的筒面磁场可达 0.4T。该磁选机磁场强度的大幅度提高，除磁系结构有所改善以外，主要归因于钕铁硼永磁材料的磁性能很高：剩磁可达 1.2T，矫顽力接近 10^6 A/m，磁能积高达 $300kJ/m^3$。

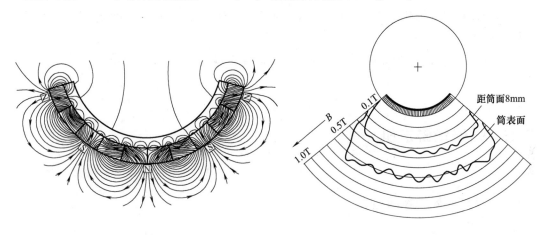

图 7-15　10 块钕铁硼磁体磁系　　　　图 7-16　55 块磁体磁系的磁场分布

分选圆筒：样机圆筒的规格为 $\phi600mm \times 600mm$，由不锈钢制成，工作时绕固定轴旋转。

卸料辊：卸料辊用低碳钢制成，辊面有辐射条，其作用是感应磁化产生磁力，将分选圆筒表面上的磁性矿粒吸到辐射条上，按逆时针方向旋转 180° 后，用水洗入精矿槽中。

钕铁硼永磁筒式磁选机的工作原理与一般铁氧体永磁筒式磁选机相似。前者的主要优点是筒面磁场可达 0.7T，因而适用范围更广。磁系采用 $Nd_2Fe_{14}B$ 材料，以 Fe 为基体，Nd 在稀土中较丰富且用量少，因而原料来源广，经济上较为有利。这种磁选机将是现有开梯度圆筒磁选机的有竞争力的替代设备。

7.5.2.3　磁重复合磁选机

用磁力加重力方法分选强磁性矿石，已有多年的历史。目前国内外都在大力研究重-磁联合选矿方法。已在生产中应用的设备有磁力脱泥槽（磁力脱水槽）、磁团聚重选机、磁力水力旋流器、磁力尖缩溜槽等。

(1)　磁力脱泥槽

目前主要采用永磁系，装于顶部和底部，分别称为顶部磁系磁力脱泥槽和底部磁系磁力脱泥槽。前者的系列规格主要有 CS-12S、CS-16S、CS-20S，即槽口直径为 1200mm、1600mm 和 2000mm；后者的系列规格主要有 $\phi1600mm$、$\phi2000mm$、$\phi2500mm$ 和 $\phi3000mm$ 等几种。

(2) 磁团聚重选机

该机与磁力脱泥槽有相似之处，利用同心圆筒永磁系产生低场强均匀磁场，使进入磁场的磁性矿粒磁化后产生磁团聚，再借助上升水流，使磁性矿粒处于分散-团聚与团聚-分散状态，实现选择性磁团聚，在重力作用下沉降，非磁性矿粒从上部溢出。它与磁力脱泥槽的区别是磁性矿粒受磁化不受磁力，磁化后的絮团靠重力沉降与非磁性矿粒分开，它的主要特点是实行选择性磁团聚。

该机目前已系列化，有 $\phi300mm$、$\phi600mm$、$\phi1500mm$、$\phi1800mm$、$\phi2500mm$ 等五种规格。

具有重-磁复合力场的新型选矿设备是分选弱磁性矿物的一个发展方向，值得重视。

7.6　强磁场磁选机

7.6.1　干式强磁场磁选机

干式强磁场磁选机最常用的有两种：①交叉皮带式；②感应辊式。

7.6.1.1　交叉皮带式磁选机

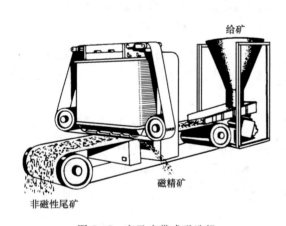

图 7-17　交叉皮带式磁选机

交叉皮带式磁选机（图 7-17）是一个选择性选矿机。交叉皮带从给料皮带上吸起磁性物并将其卸到一侧。分选是靠直接的吸起作用，磁性产物中比较纯净，没有非磁性物料。交叉皮带式磁选机常用于分选黑钨矿、独居石和其他高价矿产品。交叉皮带式磁选机的处理能力较低，单位给矿能力投资费用较贵。一台 457mm 宽有两个磁极的交叉皮带式磁选机的处理矿量可达 2t/h。交叉皮带式磁选机处理不同物料的应用举例见表 7-15。

7.6.1.2　感应辊式磁选机

感应辊式磁选机可用作化工产品和矿物产品的分选和提纯设备。图 7-18 示出选矿用感应辊式磁选机的布置图。吸起型感应辊式磁选机也可用于选择磁选，其选出磁性物的效果基本上与交叉皮带式磁选机相当，而其单位处理能力的费用则约为交叉皮带式磁选机的三分之一。感应辊式磁选机制造成有各种不同辊型的组合形式。最常用的提纯型感应辊式磁选机为 762mm 宽、三磁场双联式磁选机，其总给料宽度为 1524mm。这种设备每小时可使 3～7.5t 产品净化。感应辊式磁选机按单位给料能力计算的投资费用较低。

表 7-15 交叉皮带式磁选机处理不同物料的应用举例

分选物料	考察的物理量	目的或用途	国家
铬矿		提高 Cr-Fe 比	尼日利亚
低品位铁矿	颗粒粒度	提高低品位矿的铁品位	埃及
铌铁矿		用于预选	尼日利亚
钠长石	磁场强度,给料量	除去含钛和铁的杂质	埃及
Lintz 炉渣	磁场强度	分选出含铁相	法国
含钴锰矿	磁场强度,颗粒粒度	分选出含钴的锰矿	印度
低品位含钴锰矿	颗粒粒度,磁场强度	分选出含锰的矿石	印度
转炉炼钢炉渣	磁场强度	分选出含铁相	中国
含钛矿物	磁场强度	从海滨砂中分选出钛矿物	斯里兰卡

感应辊式强磁场磁选机自 1908 年应用于工业生产以来,已有一百多年的历史。

在我国使用较早的干选强磁场磁选机有电磁盘式强磁场磁选机、永磁对辊强磁场磁选机,用于选黑钨矿、钽铌铁矿、钛铁矿及其他稀有金属矿。这两种磁选机已基本定型。盘式磁选机应用非常广泛。

苏联在 1944 年曾研究过干选感应辊式强磁场磁选机,代替重选处理粗粒块矿,取得了良好效果。随后便设计了单辊、双辊(HI1TPH-6 型)和三辊(3CKC 型)电磁感应辊式强磁选机,用于处理 75~5mm 粗粒矿石。近年来又研制了用于分选小于 6mm 弱磁性矿石的 4 3BC-36/100(3PC-6 型)和 6 3BC-10/80 型干选感应辊式强磁选机。

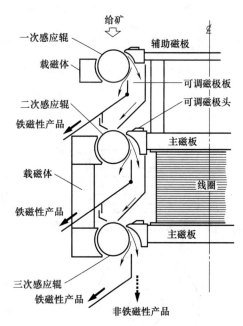

图 7-18 三段感应辊式磁选机

7.6.1.3 永磁辊式磁选机

1982 年南非 Bateman 公司 Arvidson 等提出了采用挤压磁路结构的"Permroll"永磁强磁选机,使用的永磁材料为钐钴磁性材料,磁能积高达 23MGOe。第 1 台工业样机研制成功后,首先用于南非 Vereeniging 耐火材料公司除去红柱石中的 Fe_2O_3,其后有 450 台使用钐钴磁性材料与软盘组合成永磁辊稀土永磁辊式磁选机用于各种工业非金属矿物的除铁。由于钐钴磁性材料价格昂贵、较脆、加工困难,基于钕铁硼磁性材料的稀土辊式磁选机不断出现。

美国巴特曼公司采用钐钴合金磁体研制成了一种永磁辊式磁选机(Permroll)。永磁辊的结构如图 7-19 所示。它是一组永磁盘和软磁盘相间叠合的圆辊,用一薄而耐磨的无极带围绕磁辊构成磁选机(图 7-20)。这种分选结构,即使强磁性物料颗粒也能除掉。经测定，辊表面磁场可达 1.7T。磁场梯度是一般感应辊式磁选机的两倍多，分选粒度为 25～0.45mm，由于可以使用高辊速，产生较大的离心力，故可分选细粒物料，用于精选时，处理量为 1t/h；粗选时为 5～10t/h；用于粗粒铁矿分选时，为 40t/h。

Permroll 磁选机的标准辊径为 100mm 和 75mm，输送带厚度为 0.13～1mm，辊表面磁场为 1.5T 左右。这种磁选机已在选矿厂使用。以色列奈格夫（Negve）陶瓷原料公司已用 Permroll 机全部替换了原来使用的感应辊式磁选机（IMR）。两种磁选机的性能比较列于表 7-16。

表 7-16 感应辊式磁选机与 Permroll 磁选机的性能比较（每米辊长）

参数	感应辊式磁选机（IMR）	Permroll 磁选机
最高场强	1.6T	1.6T
磁场梯度	80T/m	300T/m
气隙	连续生产时给料阻塞气隙，生产能力下降	无气隙，给料不阻塞
能耗	2kW/m	0.2kW/m
质量	10t/m	0.25t/m
辊子磨损	磁辊与给料直接接触	磁辊受皮带保护
操作	间隙和电流阀调节复杂	很容易，只需更换皮带

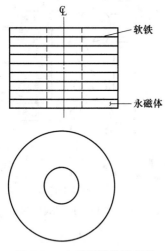

图 7-19 永磁辊结构示意图

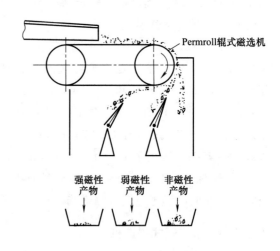

图 7-20 Permroll 辊式磁选机工作原理示意图

干式强磁场磁选机今后的发展将仍以辊式结构为主，并向多辊及永磁方向发展，因为多辊可在一台设备上完成多种作业，采用永磁则可减少能耗。

7.6.2 湿式强磁场磁选机

干式强磁场磁选机的优点是适于处理粗粒，入选粒度上限可达 30～50mm，产品不需脱水，简化了生产工艺流程，但其缺点是只适宜于分选较干燥且最好经过分级的矿石；粒级宽、潮湿或含泥的矿石，分选效果不佳。

为了克服干式强磁场磁选机的缺点，能处理粒级范围较宽的粗粒矿石和粒级范围较窄的细粒矿石，根据这一要求，国内外出现了种类繁多的湿式强磁场磁选机，但其基本类型可分为两类，即辊式和环式。前者适于粗粒（15～0mm），后者适于细粒（1～0mm）。

7.6.2.1　湿选辊式强磁场磁选机

我国研制辊式磁选机始于20世纪60年代，70年代进展较快，主要用于贫锰矿等。特别是5～0mm的粉矿的选矿。根据生产的需要，研制了多种型号的感应辊式强磁场磁选机，分述如下：

① CS-2型电磁感应辊式强磁场磁选机（规格ϕ380mm×1468mm，双辊），分选粒度15～0mm，工作间隙14～35mm，口字形磁系，磁场强度0.4～1.78T，处理量25～30t/h，激磁功率4.23kW，传动功率13×2kW，该机用于分选南京梅山铁矿的铁矿石。

② CS-1型电磁感应辊式强磁场磁选机（规格ϕ375mm×1452mm双辊），分选粒度15～0mm，工作间隙14～28mm，磁场强度1.0～1.86T，处理量10t/h，激磁功率5.5kW，传动功率13×2kW，该机用于分选八一锰矿的锰矿石。

③ SHC-1800型电磁感应辊式强磁场磁选机，分选粒度10～0.2mm，磁场强度0～1.6T，处理量3～7t/h，激磁功率3kW，该机在广西龙头锰矿使用。

④ 3QCX-82型永磁辊式强磁场磁选机（规格ϕ250mm×1050mm，双辊），分选粒度5～0.2mm，工作间隙6～14mm，磁场强度0.8～1.1T，处理量3～5 t/h，传动功率2.2×2kW，用于分选湖南桃江锰矿的锰矿石。

⑤ CGDE-210（原GC-200型）型电磁感应辊式强磁场磁选机（规格ϕ270mm×2000mm），分选粒度4～0mm，最大工作间隙9mm，磁场强度0.94～1.2T，处理量4～6t/h，激磁功率2.2kW，传动功率3×2kW，该机在湖南桃江锰矿和湘潭锰矿使用。

⑥ 3QCX-72型永磁辊式强磁场磁选机（规格ϕ250mm×1050mm），分选粒度2～0.074mm，磁场强度1.0～1.5T，处理量4t/h，该机在云锡黄茅山采选厂和易门铜矿使用。

国外也在研制新型的湿选辊式强磁场磁选机，俄罗斯研究得最多，有2 3BM-30/100（3PM-1）、4 3BM-30/100（2 3PM-2）、2 3BM-38/250（3PM-3）、4 3BM-38/250（3PM-4）和4 3BM-38/250A型等多种电磁感应辊式强磁场磁选机。前四种的分选粒度均为5～0mm，磁场强度分别为1.2T、1.6T、1.8T、1.8T，处理量分别为4t/h、5t/h、16t/h、22t/h，激磁功率分别为30kW、5.5kW、7.7kW、13.2kW。

4 3BM-38/250A型是4 3BM-38/250的改进型，其特点是：①磁场强度高，上辊为1.58T，下辊为2.0T；②工作间隙超过最大入选粒度3～8倍，当入选粒度为4～1mm和1～0.1mm时，其相应的工作间隙为5mm和10mm，这样便减少生产中堵矿现象，该机辊径为380mm，给矿宽度5500mm，设计处理量为35t/h。

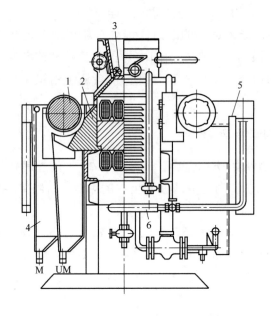

图 7-21　ERM-1 型三转环强磁场磁选机

1—辊子；2—磁极；3—给矿机；4—磁性产品受料槽；

5—溢流口；6—水管；M—磁性产品；UM—非磁性产品

ERM-1 型三转环强磁场磁选机如图 7-21 所示。辊式强磁场磁选机技术特性见表 7-17。

辊式磁选机的感应辊是单层感应介质且分选区较短，处理细粒物料时回收率低，由于是单层介质，处理量还不够高；当回收细粒级别物料，且需要大处理量时，则多用多层感应介质的环式强磁场磁选机。

表 7-17　辊式强磁场磁选机技术特性

参　　数		湿式磁选机			
		ERM-1	4ERM-2	ERM-3	ERM-4
圆辊直径/mm		300	300	380	380
圆辊有效长度/mm		1000	1000	2560	2500
圆辊数量		2	2/2[1]	2	2/2[1]
圆辊突出部工作间隙的磁场强度/(kA/m)		800~1200	1200~1300	1300~1400	1350~1400
入选物料粒度/mm		5	5	5	5
圆辊传动功率（电动机数量乘功率）（不大于）/kW		2×3	$\dfrac{2 \times 3^{[1]}}{2 \times 1.5}$	2×7.5	$\dfrac{2 \times 7.5^{[1]}}{2 \times 4}$
给矿中固体含量/%		70~80	70~80	70~80	70~80
耗水量/(m³/h)		4	5	16	16~22
生产率/(t/h)		8~10	10~16	10~12	40~50
主要尺寸	长（沿圆辊轴）/mm	2700	2900	5000	5100
	宽/mm	1700	2000	2200	2900
	高/mm	1700	2200	2400	2800
机重/kg		5500	11000	19000	36000

① 分子——粗选辊的功率 kW；分母——精选辊的数量。

7.6.2.2 湿式环式强磁场磁选机

(1) 琼斯湿式强磁选机

Jones 于 1955 年设计出第一台琼斯湿式强磁选机并获得专利，这是一台间断工作的小型试验装置[26]。1963 年，琼斯连续转盘式磁选机研制出来并获得英国专利[27]。在此基础上，德国 KHD 洪堡公司制造了一系列的工业型琼斯磁选机。最大的型号是 DP-335。DP 表示双盘，335 为转盘直径，单位为 cm。设备重 110t，处理能力达 220t/h。其主要技术参数见表 7-18。

表 7-18 琼斯湿式强磁选机技术参数

型号	处理能力/(t/h)	滚筒直径/m	水量/(m³/h)	功率/kW	质量/t
DP-335	220	3.350	260	120	110
DP-317	140	3.170	150	85	96
DP-180	40	1.800	50	30	41
DP-71	5	0.710	6	21	12.6
P-40	0.5	0.400	0.5	4.6	2.7

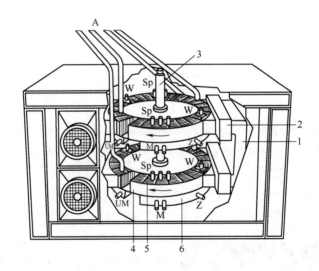

图 7-22 琼斯湿式强磁选机

1—磁轭；2—线圈；3—垂直中心轴；4—转盘；5—分选箱；

6—产品收集槽；A—给矿；M—磁性产品；UM—非磁性产品；

Sp—漂洗水；W—高压水；Z—中间产品

琼斯湿式强磁选机结构如图 7-22 所示。磁选机的机体由一钢制的框架组成，在框架上装有 2 个 U 形磁轭，在磁轭的水平部位上，安装 4 组励磁线圈，线圈外部有密封保护壳，用风扇吹风冷却。在两个 U 形磁轭之间装有上下两个转盘，转盘起铁芯作用，与磁轭构成闭合磁路。分选箱直接固定于转盘的周边，因此，分选箱与磁极之间只有一道很窄的空气间隙。蜗杆传动装置带动垂直中心轴，垂直中心轴带动转盘和分选箱，在 U 形磁板间旋转。

矿浆从磁场的进口处给入，在磁场的影响下通过分选箱内的齿板缝隙，非磁性矿物流至下部的产品接收槽中成为尾矿。顺磁性矿物则被吸附于齿板上，并随分选箱一起移动，在脱离磁场区之前（转盘转动约 60°），用压力水清洗吸附于齿板上的磁性矿物，使其从缝隙的上部移到缝隙的下部，将其中夹杂的非磁性矿物和连生体冲洗下去成为中矿，进入中矿接收槽。在分选箱转到磁中性（即 $H=0$）区时，设有精矿冲洗装置，用压力水将吸附在齿板上的磁性矿物冲下成为精矿。

DP-317 型琼斯湿式强磁选机主要部件的参数如下：

① 励磁线圈：用矩形铝导线绕制，共有 4 组线圈，每组 4 个线包，每组 10600 安匝。设计总功率 67kW，磁场强度达 8000～12000Oe，用 4 台风扇吹风冷却。

② 磁极头：材料为工业纯铁，极头宽度约为 2400mm，单个极头对转盘的包角为 90°。

③ 转盘：如图 7-23 所示，用导磁材料制成。转盘的周边设有 27 个分选箱，宽约 200mm。箱内装有齿状极板作为聚磁介质。

④ 聚磁介质：用不锈耐磨导磁材料制成，形状为锯齿形，每块齿板高 220mm，厚 6～9mm，齿尖角 80°～100°。齿板的排列是齿尖相对，齿板缝隙宽度一般为 1～3mm，对不同矿石需通过试验确定。每个分选箱装有 16～22 块齿板。

为了克服该设备重量较大的缺点，洪堡-维达格公司制造了大型八极琼斯磁选机，处理量高达 400t/h。20 世纪 90 年代，琼斯型磁选机经历了下列重大改进[28]：

① 用超导磁系取代常导磁系，超导磁系置于分选环内。改进后场强达 2T 以上，处理量大，制造材料消耗少。

② 将实心铁质转盘改为空心转环，转环由滚动金属球支承而旋转，改进后转环的重量减轻、磁路缩短，因为磁力线经转环壁再通过铁芯和铁轭形成回路。

③ 增设强化排矿装置，即高压气-水喷射装置。

④ 增加分选环数，即在未改变线圈绕制方式的情况下，由原来两个分选环增加到四个、六个和八个。八分选环与双分选环相比，其能耗为双分选环的 1/3～1/2。

图 7-23　琼斯湿式强磁选机的转盘

苏联研制了一种 ERFM-1 型三转环强磁场磁选机，它比 DP-317 型琼斯磁选机的分选间隙大，为 4mm，分选区场强为 1040kA/m（13000Oe）。该机的特点是在上部主转环上设置场强为 320kA/m（4000Oe）的去杂转环，它利用上部主转环的漏磁通产生磁场，主要作用是入选物料进入主转环前，先通过去杂转环脱除强磁性杂质，然后再进入主转环。由于有了去杂环，故无需另外添置弱磁场磁选机。采用去杂转环和增加分选间隙后，处理量提高到 90～100t/h。在一台此种设备上可进行三次磁选作业，并能同时选出强、弱两种磁性矿物[29]。

美国埃里兹公司也生产类似于琼斯型的强磁场磁选机，有八种系列规格，即 CF-10、 CF-50、 CF-100、 CF-120、 CF-200、 CF-400、 CF-600、 CF-1200（CF-1200 为双分选环，其余为单分选环），分选环直径相应为 760mm、 900mm、 1240mm、 1390mm、 1690mm、 2700mm、 3060mm、 3060mm，处理量相应为 1t/h、 5t/h、 10t/h、 12t/h、 20t/h、 40t/h、 60t/h、 120t/h，此机的特点是：①采用油冷电磁体或永磁体；②聚磁介质是钢板网之间夹钢毛的"夹层"结构。

综上所述，国内外所生产的环式强磁场磁选机均以琼斯型机为基础。同时也有所改进，琼斯型机本身也有重大改进，这都说明琼斯型机具有优良的性能。

我国环式磁选机的研制始于 20 世纪 70 年代，先后研制出平环、立环等多种类型的强磁场磁选机，经过近五十年的反复实践，基本定型的有三种，即长沙矿冶研究院研制的仿琼斯型、江西有色金属研究所研制的链状磁路 SQC 型和广州有色金属研究院研制的双立环型。

仿琼斯型有 ShP-700、 ShP-1000、 ShP-2000、 ShP-3200 等四种规格，最大给矿粒度 1.0～0.9mm，磁场强度 1.5T，处理量分别为 7t/h、 15t/h、 50t/h、 120t/h。

（2）SQC 系列湿式强磁选机

SQC 系列有 SQC-6-2770A、 SQC-6-2770、 SQC-4-1800、 SQC-2-1120、 SQC-2-710 五种规格，分选粒度 0.8～0mm，分选区最高磁场强度 1.6T，处理量分别为 35～45t/h、 25～35t/h、 8～12t/h、 2～3t/h、 0.5～0.8t/h。SQC 系列湿式强磁选机主要技术参数见表 7-19。

SQC-6-2770 型磁选机的磁场梯度与琼斯磁选机的基本相同，因为两者的磁介质和工作场强基本相同。

表 7-19　SQC 系列湿式强磁选机主要技术参数

名　称	参数		
	SQC-6-2770	SQC-4-1800	SQC-2-1120
磁极对数	6	4	2
分选环直径/mm	2770	1800	1100
环速/(r/min)	2～3	3～4	4～5
处理能力/(t/h)	25～35	8～12	2～3
最高磁场/T	1.6	1.6	1.7
激磁功率/kW	36	16	14.6
传动功率/kW	10	7.5	3
给矿粒度/mm	−0.8	−0.8	−0.8
给矿浓度/%	35	35	15～20
冲洗水压/MPa	0.3～0.5	0.3～0.5	0.3～0.5
冷却水压/MPa	0.1～0.2	0.1～0.2	0.1～0.2
机重/t	35	15	7
外形尺寸/mm×mm	$\phi4000×3435$	$\phi2800×2717$	$\phi42100×2235$

7.6.2.3　湿式强磁场磁选机的应用

目前湿式强磁场磁选机除了大规模用于回收赤铁矿外，还广泛用于其他多领域的工业生产，例如从锡石精矿中去除磁性杂质，从石棉中脱除细粒磁铁矿，从白钨矿精矿中脱除磁性杂质，滑石提纯，从浮选尾矿中回收黑钨矿和含钼的非硫化矿，处理重矿物海滨砂矿等。

在南非它们也被成功地用于从氰化尾渣中回收金和银，这些尾渣中含有一些游离金，而一些细粒金则被包裹在以黄铁矿为主的硫化矿和一些硅酸盐矿物中。进一步氰化，可以回收尾渣中的游离金，而采用浮选工艺可以回收黄铁矿中的细粒金。由于存在铁杂质和涂膜，磁选工艺可以用来回收一些游离金和硅酸盐包裹的大部分细粒金。

利用一些硫化矿如黄铜矿和铁闪锌矿的顺磁性，采用温式强磁磁选，增加浮选工艺流程，可从弱磁性和非磁性硫化矿中分选这些顺磁性矿物。调查显示智利某选矿厂铜精矿中铜的品位从 23.8% 提高到 30.2%，并且回收率可以达到 87%。该选矿厂是在磁场强度为 2T 的场强下从黄铁矿中分离黄铜矿。在铜铅分选操作中，发现黄铜矿和方铅矿在磁场强度为 0.8T 时也可以有效地分离。当此工艺用于钼精矿脱铜时，可以将铜的品位从 0.8% 降至 0.5%，同时钼的回收率达到 97% 以上。

7.6.3　高梯度磁选机

前述湿式磁场磁选机对于分选小于 $20\mu m$ 的物料，效果都不好，由于高梯度磁选机能产生很强的磁力，对于小于 $20\mu m$ 的物料也能有效地回收，它可以分选微米级的物料。

最早出现的是周期式高梯度磁选机，是由美国麻省理工学院和磁力工程联合公司合作于 1968 年研制的。20 世纪 70 年代后期出现一种连续式 SALA 型平环高梯度磁选机，而后又出现了连续作业的立环高梯度磁选机[30]。这些磁选机都存在磁介质机械夹杂、易堵、磁性产品质量难以提高的问题。为了克服这一问题，国内又研制了振动高梯度磁选机、脉动高梯度磁选机、振动-鼓动高梯度磁选机。

极低磁化率的磁性矿物必须在强的磁力作用下才能分选。通过增加磁场强度，可以增强磁力作用，在传统的强磁磁选机里使用铁磁性铁芯产生一个强磁场，该磁场强度是外加磁场强度的几百倍，并且这个过程的电力消耗最低。但缺点是，需要的铁芯的体积要比分选区体积大好几倍。比如，琼斯磁选机里的钢毛占据了 60% 的分选空间。因此采用常规铁芯线圈的强磁场磁选机其处理能力往往较大，一台大型的磁选机用于导磁的铁芯可能达 200t，因此基建和安装费用都极高。

铁芯磁化达到饱和时的磁场强度是 2～2.5T，而常规的铁磁路很难产生超过 2T 的磁场。要想产生一个 2T 以上的磁场，就必须要使用磁螺旋管产生磁场，但是能耗非常高，同时螺旋管的冷却也是问题。

7.6.3.1　周期式高梯度磁选机

周期式高梯度磁选机是 20 世纪 60 年代末在美国开始发展于 70 年代成熟起来的一项新技术。周期式高梯度磁选机用于处理废水时称为磁过滤器，已经系列化，其型号有 305-15-5、214-15-5、152-15-5、107-15-5、76-15-5、56-15-5、38-15-5、10-15-5 等八种。型号中第一个数表示螺线管内径，单位为厘米，第二个数表示滤床高度，第三个表示最大背景场强，单位为 dT。

1971 年美国太平洋电机公司（PEM 公司）开始设计和制造工业型周期式高梯度磁选机。1973 年生产出第一台 PEM84（分选腔内径 84in，深 20in）机，用于高岭土提纯。分选空间背景场强为 2T，能提为 500kW，现在生产的新 PEM84 机的能耗已降到 270kW。PFM84 机的处理量，对于高岭土为 60t/h，每处理一吨高岭土的能耗低于 6kW·h。PEM 公司还生产分选腔内径为 20in、33in、60in、120in 的 PEM 机，PEM120 机的处理量为 130t/h 干高岭土，能耗 400kW。

PEM84 周期式高梯度磁选机的构造见图 7-24，主要由螺旋管磁系、分选腔和钢毛介质等构成。

磁系由圆柱形螺线管、铁铠和磁极头组成，螺线管的内、外直径为 2.1m 和 2.8m，高为 1m，激磁螺线管由空心铜管绕制而成，铜管总匝数为 320 匝，钢管总重为 20t。线圈铜充填率为 0.75，电流密度为 $3.2 \times 10^6 \text{A/m}^2$，额定电流 3000A，激磁功率 420kW。激磁线圈用水冷散热，线圈控制温度在 35℃左右。铁铠和磁极头为工程纯铁所制，铁铠截面积为磁极头的 2.6 倍，纯铁消耗量为 110t。螺旋管磁系和线圈-铁芯磁系相比的优点是，从小磁体放大至大磁体时，设备所需的激磁功率与螺线管直径呈一次方比例增大，而生产能力与之呈平方比例增加，因此，设备越大越经济。

PEM84 高梯度磁选机采用导磁不锈钢毛为分选介质。

7.6.3.2　连续式高梯度磁选机

当原矿中磁性物含量较高时，周期式高梯度磁选机处理量太低，这就需要连续式高梯度磁选机，此类设备有平环式和立环式两种。

（1）平环式高梯度磁选机

20 世纪 70 年代后期由 SALA 磁力公司研制，其系列规格为 ϕ120mm、ϕ185mm、ϕ240mm、ϕ350mm 和 ϕ480mm（转环平均直径）。最大型的 ϕ480mm 机，场强 0.5T，有 4 个磁极头，每个头的最大处理量可达 2000t/h。

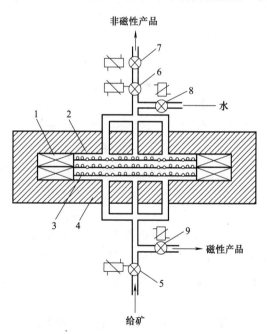

图 7-24　周期式高梯度磁选机示意图
1—螺旋管；2—分选腔；3—钢毛介质；
4—铁铠；5—给料阀；6—排料阀；
7—流量控制阀；8，9—冲洗阀

萨拉连续式高梯度磁选机有 SALA-HGMS120、SALA-HGMS185、SALA-HGMS350 和 SALA-HGMS480 四种型号，其中 120 型为试验型设备，其余为工业型设备。185 型可配置 2 个磁体，每个磁体的处理能力为 25t/h；350 型和 480 型可分别配置 4 个磁体，单个磁体的处理能力分别为 100t/h 和 200t/h。磁选机的额定磁场视需要而定，可在 0.5～2T 范围内调节。

① 构造。

SALA-HGMS 平环式高梯度磁选机（图 7-25）由磁体、转环、给矿装置和排矿装置等构成。

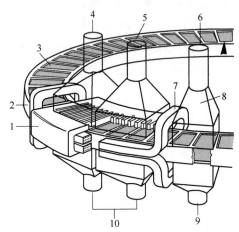

图 7-25　平环式高梯度磁选机

1—磁头；2—聚磁介质环；3—聚磁介质；4—给料；
5—喷洗水；6—磁性产品；7—磁体线圈；8—冲
洗水站；9—冲洗水；10—非磁性产品

a. 磁体。连续式设备的磁体保留了周期式设备磁体的特点，即磁体由线圈和铁铠组成，工作面积可根据需要按比例放大。磁场方向与矿浆流平行，分选介质的轴向与磁场方向垂直，因而介质元上下表面的磁力最大、流体阻力最小，容易将磁性颗粒捕收在介质元的上下表面，但也作了一些变动：结构加长了，线圈端部翘起来，成为鞍形，便于转环运行，上、下磁铁头有许多槽孔，这种槽孔结构可使给料速度得到控制。

b. 转环。转环由非磁性材料制成，内装拉板网作分选介质，转环的上、下端有一种独特的密封装置，这种装置可控制液面，使分选介质淹没在矿浆中，得到与周期式设备相同的分选条件。

② 分选过程。

充填分选介质的圆环连续通过磁场区域，料浆从上部给入，通过槽孔进入分选区，非磁性矿粒随矿浆流穿过介质的缝隙，从非磁性产品槽中排出，捕集在介质上的磁性矿粒随分选环运转到清洗区域，清洗出被夹杂的非磁性矿粒，然后离开磁化区域，到达场强基本为零的冲洗区域被冲洗下来。

③ 应用。

连续式高梯度磁选机可用于各种弱磁性金属矿物的分选、非金属矿物的除铁和煤脱硫等。 SALA-HGMS480 型连续式高梯度磁选机在瑞典斯特拉萨铁矿的工业试验是处理细粒尾矿，给料含 $-19\mu m$ 55.30%，含铁 11.5%，主要铁矿物为赤铁矿，在磁场 0.4T 和流速 25cm/s 条件下分选一次，精矿品位为 42.61%，尾矿含铁 7.05%。铁精矿用细筛筛除 $+75\mu m$ 粗粒后，品位提高到 49.9%，回收率只降低 2.31%。

(2) 立环式高梯度磁选机

平环式高梯度磁选机，磁介质易产生堵塞，立环式可在一定程度上克服这一缺点。

捷克与苏联先后研制成 VMS 和 VMKS-1 立环式高梯度磁选机，前者磁系在立环上部，后者则在下部。

VMS 机，分选区场强最高为 1.7T，处理量 25～3t/h， VMKS-1 机主要用于高岭土提纯，其分选区最高场强 2T，处理量为 1t/h（干高岭土）。

① VMS 型高梯度磁选机。

该机是 20 世纪 80 年代由捷克布拉格矿石研究所研制的，其结构如图 7-26 所示。结构特点为周期式高梯度磁选机常用的马斯顿磁路，分选环在磁系下方。其技术数据：分选环直径 2000mm，分选环转速 2～5r/min，背景场强 1.35T，磁介质高度 150mm，给矿宽度 500mm，处理量 25～30t/h，最大背景场强时的激磁功率 148.5kW。对捷克 Rudnany 矿山复杂菱铁矿石进行了试验。试验条件为背景场强粗选 0.3T，扫选 0.4T，ϕ3mm 棒磁介质，给矿流速 0.13cm/s，转环周边速度 0.3～0.4m/s。经粗选和扫选的结果：原矿铁品位 26%，精矿品位 27.5% Fe，精矿回收率 81.34%。

VMS 型高梯度磁选机技术规格见表 7-20。

② SSS-Ⅱ湿式双频脉冲双立环高梯度磁选机。

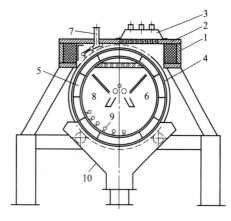

图 7-26　VMS 型高梯度磁选机

1—线圈；2—铁铠；3—给矿箱；4—转环；5—分选箱；6,8—溜槽；7—漂洗站；9—漂洗站；10—马槽

表 7-20　VMS 型高梯度磁选机技术规格

型号	磁感应强度/T	尺寸$(L \times W \times H)$/m	质量/t	功率/kW	处理量/(t/h)
VMS 25	0.5 1.0 1.5	2.5×3.3×4.5	25 37 48	13 48 190	25～35
VMS 50	0.5 1.0 1.5	3.5×3.3×4.5	45 56 101	17 66 225	50～75
VMS 100	0.5 1.0 1.5	6.1×3.3×4.5	80 110 250	33 132 550	100～150

广州有色金属研究院研制的 SSS-Ⅱ型湿式双频脉冲双立环高梯度磁选机，是一种高效磁选设备[31]。由于采用水平的左、右磁极和立环相结合，对磁性产物的选择性增强，故能得到高品位的精矿。其技术特性见表 7-21。

表 7-21　湿式双频脉冲双立环高梯度磁选机技术特性

型号	SSS-Ⅱ-1000	SSS-Ⅱ-1200	SSS-Ⅱ-1500	SSS-Ⅱ-1750	SSS-Ⅱ-2000
分选环直径/mm	1000	1200	1500	1750	2000
额定激磁功率/kW	40	55	70	85	1000
处理能力/(t/h)	3～8	10～20	15～30	25～50	40～60
背景场强/T	0.5				
给矿粒度/mm	0.01～2				
电动功率/kW	4.5	6.6	8.4	13.5	16.5
机重/kg	10000	15000	25000	32000	40000

分选原理及选别过程：　SSS-Ⅱ型高梯度磁选机的结构示于图 7-27。当激磁线圈 1 带入大电流的直流电时，在分选空间内形成强度很高的磁场，聚磁介质 2 的表面在磁场中能形成很高的磁场力。分选环 3 由电动机与减速机组 4 和一对齿轮副 5 带动，按顺时针方向转动，其下部通过左磁极 12 和右磁极 13 形成弧形分选空间，分选环 3 上的每一个分选小室中都充满聚磁介质。

该机型由于采用左、右磁极和转盘外缘导磁部分形成水平磁力线的分选空间并与独特的双频脉冲装置相结合，因此能兼顾精矿质量和金属回收率，既能得到高品位的精矿，又能使尾矿品位降到一定程度，根据流程的需要用中矿来调节，该机型特别适合提高精矿品位和金属回收率。

矿浆由给矿斗 6 均匀地进入分选空间，由于磁场力的作用，磁性矿物颗粒被吸附在聚磁介质 2 表面，调整尾矿脉冲机构 9 使得脉冲频率和峰值较小，这样产生的流体动力很小，磁性极弱和非磁性的颗粒受到的磁场力极小，它们受到矿浆的流体动力大于磁场力，不能被聚磁介质 2 吸住而通过其空隙进入尾矿斗 10，剩下吸附的聚磁介质 2 表面上的颗粒群随分选环 3 转动，调整尾矿脉冲机构 7，使得脉冲频率和峰值增大，这样产生的流体动力随之增强，此时其他磁性较弱的颗粒和连生体受到的磁场力小于流体动力，它们就会脱离聚磁介质 2 表面并通过其空隙进入中矿斗 8；而不脱落的磁性较强的颗粒群受到的磁场力大于流体动力，被牢固地吸在聚磁介质 2 表面并继续随同分选环 3 转动，逐渐脱离磁场，进入磁性产品卸矿区，由于磁场在该区很弱，用精矿冲洗水将磁性物从磁聚介质 2 表面冲洗下来并进入精矿斗 11，即为磁性产品。于是，磁性不同的颗粒群得到有效的分离。

此设备有如下特点：a. 分选空间磁场是水平磁场，与矿浆脉动方向垂直，有利于提高竞争力的效率；b. 介质的梯度是变化的，分布密度也是变化的，这更能适应给矿中不同磁性和粒度的矿物的吸附，减少了夹杂的堵塞，有利于提高品位和回收率；　c.

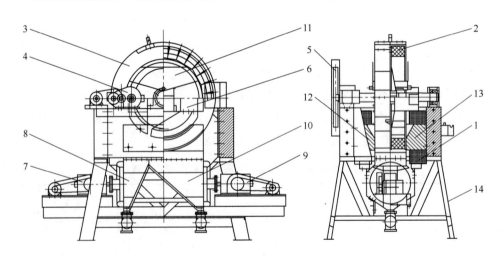

图 7-27　双立环高梯度磁选机

1—激磁线圈；2—聚磁介质；3—分选环；4—电动机与减速机组；5—齿轮副；6—给矿；7,9—脉冲机构；8—中矿斗；10—尾矿斗；11—精矿斗；12—左磁极；13—右磁极；14—机架

在粗选区和精选区均设置了脉冲装置，脉冲力的调节组合更多，对于不同的矿石和不同的产品要求，可通过单独调节粗选区、精选区的冲程冲次来达到产品要求，或同时调节两个脉冲的最佳条件以达到最佳的选别效果，因此设备具有更强的适应性。

③ SLON 型脉动高梯度磁选机。

一般高梯度磁选机都存在磁介质机械夹杂问题，为了克服这一缺点，1987 年赣州有色冶金研究所和中南工业大学合作研制出 SLON-1000 型脉动高梯度磁选机。该设备采用立环，环下部装一产生脉动水流的装置，分选区内的矿粒受到脉动水流的作用而消除机械夹杂，该机的系列规格为 SLON-1000、SLON-1500、SLON-2000，分选区场强均为 1.0T，分选粒度－200 目 60％～100％，处理量相应为 4～7t/h、20～30t/h、50～70t/h。SLON 型脉动高梯度磁选机技术参数见表 7-22。

SLON 型脉动高梯度磁选机的构造见图 7-28，该机主要由磁系、分选立环和脉动机构组成。

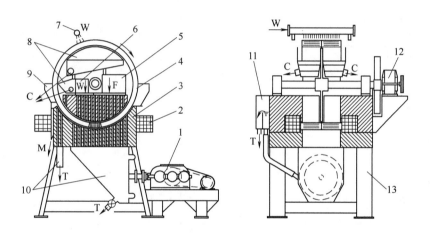

图 7-28　　SLON 型脉动高梯度磁选机

1—脉动机构；2—激磁线圈；3—铁轭；4—转环；5—给矿斗；6—漂洗水斗；

7—精矿冲洗装置；8—精矿斗；9—中矿斗；10—尾矿斗；11—液位斗；

12—转环驱动机构；13—机架；

F—给矿；W—清水；C—精矿；M—中矿；T—尾矿

工作原理：转环内装有导磁不锈钢棒或钢板网磁介质（也可根据需要充填导磁不锈钢毛等磁介质）。选矿时，转环做顺时针旋转，矿浆从给矿斗给入，沿上铁轭缝隙流经转环，转环内的磁介质在磁场中被磁化，磁介质表面形成高梯度磁场，矿浆中磁性颗粒被吸着在磁介质表面，随转环转动被带至顶部无磁场区，用冲洗水冲入精矿斗中，非磁性颗粒沿下铁轭缝隙流入尾矿斗中排走。

磁系：以 SLON-1000 机型为例，该机的磁系由电工空心铜管绕制的激磁线圈、一块下铁轭、两块上铁轭和两块月牙板构成，上下铁轭之间的弧形空间为选矿区，磁系磁包角为 90°。线圈使用截面为 22mm×18mm×5mm 的空心铜管绕制，激磁线圈共绕 8层，每层 11 匝，总计 88 匝，额定电流为 1200A，额定激磁功率为 25.5kW，螺线管采用水冷散热，冷却水消耗 1.2m^3/h。磁力线由下铁轭极头上留有缝隙，供矿浆通过。这

表 7-22　SLON 型脉动高梯度磁选机技术参数表

机型	SLON500	SLON750	SLON1000	SLON1250	SLON1500	SLON1750	SLON2000	SLON2500	SLON3000	SLON4000
转环外径/mm	500	750	1000	1250	1500	1750	2000	2500	3000	4000
干矿处理/(t/h)	0.03~0.13	0.06~0.25	4~6	6~16	15~27	25~45	45~70	70~125	125~225	225~450
矿浆量/(m³/h)	0.25~0.50	0.5~1.0	10~20	20~50	50~100	75~150	100~200	200~400	350~650	550~1050
给料浓度/%	10~40	10~40	10~40	10~40	10~40	10~40	10~40	10~40	10~40	10~40
额定背景场强/T	1.0	1.0	1.0	1.0~1.3	1.0~1.3	0.6,1.0~1.3	0.6,1.0~1.3	0.6,1.0~1.3	1.0	1.0
电动机功率/kW	0.74	1.3	3.3	3.7	7	8	13	22	37	74
冲洗水量/(m³/h)	0.75~1.5	1.5~2.5	10~20	30~45	60~90	80~120	100~150	200~300	350~530	600~1200
冷却水量/(m³/h)	4	5	5	6	8	11	12	15	20	24
主机质量/kg	1500	3000	6000	14000	20000	35000	50000	105000	175000	398000
外形尺寸(L×W×H)/mm	1800×1400×1320	2000×1360×1680	2700×2000×2400	3200×2340×2700	3600×2900×3200	3900×3300×3800	4200×3550×4200	5800×5000×5400	6600×5300×6400	8000×6000×7400

一磁系在一定程度上保留了马斯顿磁路的特点，且为转环预留了通道，优点是漏磁小、磁路短、激磁功率小、矩形线圈易绕制、铜材利用率高、水冷效果好。

转环立式旋转的优点是：如果给矿中有粗颗粒不能穿过磁介质堆，一般会停留在磁介质堆的上表面，即靠近转环内圆周，当磁介质堆被转环带到顶部时，正好旋转了180°，粗颗粒位于磁介质的下部，很容易被精矿冲洗水冲入精矿斗。

当鼓膜在冲程箱的驱动下做往复运动时，只要矿浆液面高度能浸没转环下部的磁介质，分选室的矿浆便做上下往复运动，脉动流体力使矿粒群在分选过程中始终保持松散状态，从而有效地消除非磁性颗粒的机械夹杂，显著地提高磁性精矿的品位。

立环脉动高梯度磁选机另一大优点是在设备中加设了脉动装置，这对提高磁性产品品位和避免堵塞起到了重要作用。脉动机构由冲程箱和橡胶隔膜组成，工作原理是冲程箱中的连杆往复运动，带动橡胶隔膜挤压分箱中流体上下脉动。脉动可以在保障回收率的同时，提高精矿品位。

7.6.4　超导磁选机

常导磁选机的磁场强度一般最高为 2T，再高就不经济了，超导磁选机可以达到更高的磁场强度，可以分选磁性更弱、粒度更细的物料，因而可以扩大磁选的应用范围，现在的问题是需进一步降低制冷系统的成本。

从 20 世纪 70 年代初开始英、美、法、联邦德国等国以及我国都先后开展了超导磁选机的研制工作。经过四十多年的努力，超导磁选机已经成功应用在矿物加工的许多领域。不仅在高岭土、碳酸钙和滑石等白色矿物加工上继续扩大，而且还在煤、水的除杂净化方面有了新的应用。

超导磁选机目前有两种类型：一种为低梯度（或称开梯度）超导磁选机；另一种为高梯度超导磁选机。前者是利用磁体线圈的形状和排列产生梯度，因而梯度低，后者是利用置于高磁场中的磁介质被磁化时产生梯度，故梯度高。低梯度超导磁选机目前有两种：一种为筒式超导磁选机；另一种为环式超导磁选机。

7.6.4.1　往复列罐周期式超导磁选机

往复列罐周期式超导磁选机又称低温磁滤器（Cryofilter），由英国瓷土公司首先构思并申请专利，由低温公司承建，其构造与主要特征参数见图 7-29，主要由超导磁体、往复介质列罐、制冷机、真空容器和线性传动器构成。

（1）超导磁体

超导线圈用 0.5mm Nb-Ti 线绕制，线圈内直径为 275mm，外直径为 570mm，长 750mm。激磁电流为 90A 时，中心磁场为 5T，储能 0.7MJ，激磁时间 24min。铁轭厚 130mm，加设厚铁轭可提高内腔磁场，降低外部磁场。后者可带来两点好处，能采用短列罐和消除磁体对附近工作人员的危害。按健康和安全规定，磁场大于 0.5mT（5G）的区域，限制人员入内。若无轭铁，0.5mT 的边缘会延伸到离磁体 12m 以外。

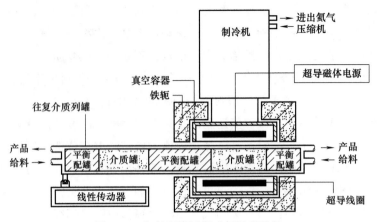

图 7-29 往复列罐周期式超导磁选机

（2）往复介质列罐

介质列罐由两个钢毛罐和三个平衡配罐组成，全长 7.4m。它由线性转动器带动，可在磁场中往复运动，以便实现一个罐在加工高岭土时，另一个罐在冲洗磁性物；列罐单程移动时间为 10s（可缩短到 6.5s），行程 1.1m。这可大大提高磁体的利用率，克服周期式高梯度磁选机需要交替激磁与断磁和伴生涡流的缺点，使超导磁体不耗功地保持恒定激磁。因而可提高处理能力，降低电耗和减少生产成本。三个平衡配罐中充填磁性物质，但不是用于磁波，而是用于移动钢毛罐时，抵消磁体与钢毛罐之间的作用力，这与无配罐时相比，作用力可减少到 1/15。因而可大大降低线性传动器的传动功率，并使超导磁体少受机械力的干扰，工作更加稳定。

（3）制冷

超导线圈被封闭在真空绝热容器中，用液氮冷却，挥发的氮气可循环使用。

（4）给料方法

与一般周期式高梯度磁选机不同，该机采用径向给料。高磁场配合径向给料可弥补小直径磁体处理能力低的缺点，因为径向给料的磁滤面积增大了。显然，若取径向给料时的平均磁滤面积与轴向给料磁滤面积相比较，则磁滤面积扩大为 5.73 倍。该设备在 5T 磁场下，生产与普通 ϕ2m 磁选机（以 2T 磁场工作）相同质量的高岭土产品，磁滤速度可提高到约 4.3cm/s，即过浆速率可达 40m^3/h。取负载周期率 70%，对固体含量 37%（480kg/m^3）的高岭土料浆，则处理能力为 12t/h 以上。这可满足中小生产规模的需要。

全套设备连同泥浆阀用 Siemens 程序控制器控制，它对特定应用可调节到最佳加工周期。

工作时，超导磁体处于恒定激磁状态，列罐由线性传动器带动。使两个钢毛罐交替进出超导磁体的内腔磁场，进入磁场中的钢毛罐加工高岭土料浆，移出磁场的钢毛罐受压力水冲洗出磁性物，每个周期的停料时间只有 10s。

据估算，常规 ϕ2m 高梯度磁选机磁体在 1985 年的生产费用为：折旧 0.35 美元/t，电费 0.5 美元/t，总共 0.85 美元/t。低温磁滤机磁体的生产费用为：折旧 0.5 美元/t，电费 0.05 美元/t，总共 0.55 美元/t。显然，超导高梯度磁选机具有更大的工业优越性。

7.6.4.2 伊利兹周期式超导磁选机

伊利兹磁力公司先后研制了三种不同规格但构造相似的超导周期式高梯度磁选机，充填 6%～8% 空间密度的导磁不锈钢毛作分选介质，用于提纯高岭土。其主要特点是快速激磁和断磁，这可顺利实现像常规高梯度磁选机那样周期性工作，而不需其他辅助设施。

第一种伊利兹超导磁选机（图 7-30）的钢毛罐规格（直径×高）为 $\phi120\text{mm}\times508\text{mm}$，室温腔直径和高度分别为 152mm 和 508mm，铠装螺线管磁体高 940mm，直径 864mm，重 2721kg。超导线圈用铌-钛线绕制，用液氦冷却。该机可在 36s 内将磁场由零升至 5T，在 27s 内由 5T 降至零。磁体在 5T 下运行只需功率 0.007kW，制冷系统消耗功率 20kW；液氮耗量为 0.18L/h，液氦耗量为 1.0L/h，若采用闭环液化器，氦耗量有可能降至零。

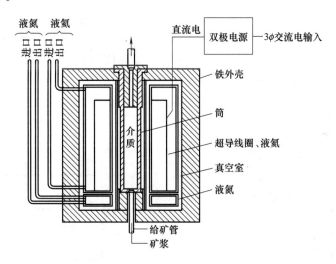

图 7-30 伊利兹 5T 超导磁选机

第二种伊利兹周期式超导磁选机的规格为直径 84in（2134mm）。达 2T 磁场的电流为 840A，储能 3.53MJ，总共耗功率约 60kW，而同一规格的水冷常规高梯度磁选机产生 2T 磁场需功率约 400kW，于 1986 年在美国佐治亚州休伯（Huber）公司吴伦（Wren）高岭土选矿厂投入应用。据介绍，按工作 8 万小时估算，该机的磁体折旧费用为 0.5 美元/t，电费为 0.07 美元/t，合计 0.57 美元/t。用它取代常规同一规格的高梯度磁选机，每年节约电费约 20 万美元。

第三种伊利兹周期式超导磁选机的规格为直径 120in（3048mm），重约 500t，超导线圈也用 Nb-Ti 线绕制，用液氦冷却至 4.2K。额定磁场也是 2T，周期开头激磁时由外电源供给电能，在 60s 内，磁场可由零升到 2T，然后不需外电能仍可维持 2T 磁场，周期末退磁时，磁体"归还"的电能约为启动时"借去"电能一半。该机于 1990 年在休伯高岭土公司投入应用。

7.6.4.3 MK-4 型超导磁选机

MK-4 型超导磁选机是在 MK-2 型和 MK-3 型超导磁选机的基础上改进而成的，是英国科恩（Cohen）和古德 （Good）长期研究的成果。据介绍，该机已接近于工业应用，曾先后进行过下列扩大试验：美国煤的脱硫（黄铁矿）；南非磷灰石与二氧化硅分离；西非赤铁矿与美国铁燧岩的选别；金刚石选矿；加拿大硫化镍矿选矿；铜矿选矿；希腊铬铁矿选矿；南非铀精矿除铁；巴西铌-钽铁矿选矿等。

(1) 主体结构

MK-4 型超导磁选机的主体结构如图 7-31 所示，包括超导线圈和低温容器。

磁体由两个尺寸相同、同极性相对的超导线圈同轴配置而成。线圈之间空一间隙，间隙中产生的向外扩展的反斥磁场为工作磁场，该磁场又称为开放梯度磁场。磁体用铜基多股 Nb-Ti 线绕制，绕好后，用超级绝热材料聚酯薄膜屏蔽并置于真空低温容器中。超导线圈的外直径为 386mm，高为 135mm；低温容器的外直径为 420mm。

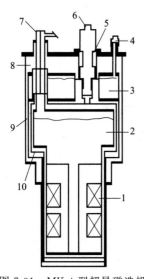

图 7-31 MK-4 型超导磁选机

1—超导线圈；2—液氦；3—固氮；

4—带减压阀的氮容器通道；

5—拿掉制冷机后氦交换；

6—两段闭路制冷机；

7—氮容器通道；8—真空；

9—外辐射屏；10—中辐射屏

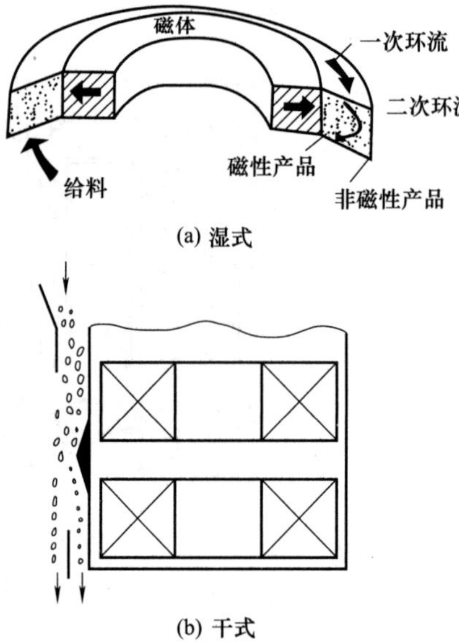

图 7-32 MK-4 型超导磁选机工作原理

低温容器用钛稳定化不锈钢制成，内储 4.2K 液氦；浸泡冷却磁体，外层被抽成真空并含两层辐射屏，上置固氮容器，用以隔绝外热。此外，一台小型制冷机置于容器的上部，与液氦容器成闭路工作，液氦挥发量为 $10\sim20\text{cm}^3/\text{h}$，挥发的氦气循环再用，氦气耗量很少，一瓶氦气可用 $10\sim12$ 个月。挥发的氦气经两个压缩机和一个两段闭路制冷机连续循环，两段可分别提供低于 77K 和 15K 温度，屏蔽着 4.2K 氦容器，该制冷系统的优点是，氦挥发量和耗量很少，因此，维修线路或停电数日，磁体仍能连续工作，而不改变持续性。唯一需要注意的是保持容器的氮面高度。

（2）磁场特性

工作磁场为全圆周反斥磁场，又称开放梯度磁场，分选区域的磁感应强度为 $3\sim4T$，磁场梯度为 $40\sim100T/m$。

（3）湿选装置

MK-4 型的湿选装置又称为开槽（Open Channel）磁选机，即在磁体的周边磁场中设置一根无障碍的管或槽而成图 7-32（a）所示的形状。分选管的长度约为容器外周长的 3/4，常用的断面形状可以是方形、圆形、椭圆形或梯形。由于可利用的磁场区域较大，因而分选管的断面积可以不同，处理量也随着改变。例如，处理赤铁矿时，可选用 $16cm^2$、$32cm^2$ 或 $64cm^2$ 断面的分选管，处理能力分别约为 $5t/h$、$10t/h$ 和 $20t/h$。

工作时，矿浆从切向给入分选管，管内矿浆呈现一次环流和二次环流，二次环流的产生是由于上部矿浆受离心力作用向分选管外壁流动，下部矿浆虽然也受离心力作用，但所受的摩擦阻力和黏性阻力较大，因而被上部向外环流的矿浆挤向内壁流动，这种二次环流在分选管中呈螺旋线形前进，产生较强的搅拌作用，使矿粒反复靠近容器壁，这有利于提高磁性矿粒的回收率。吸向管内壁的磁性矿粒在较大矿浆流速的推动下，不断向前运动，最后从管口内侧排出，成为磁性产品；非磁性矿粒从管口外侧排出，成为非磁性产品。

（4）干选装置

MK-4 型的干选装置如图 7-32（b）所示，在分选磁场区域的上、下部位，绕容器周边，设置垂直向下的给料装置和分矿挡板。分选区容器周围的三角形突块是南非磷酸盐开发公司加设的。这一改进可使给料贴近磁体容器表面并触及突块，增大非磁性颗粒与磁性颗粒流之间的偏移距，提高磁性产品的回收率和品位，取得了比 SALA-120-15 型高梯度磁选机更好的分选效果。

工作时，垂直向下给料，非磁性矿粒在重力作用和三角形突块折射下，远离磁体容器外壁落下，成为非磁性产品；磁性矿粒受磁力和重力作用，靠近磁体容器外壁落下，成为磁性产品。该机的缺点是，没有除去强磁性矿物的装置，给料需要预先除去强磁性成分；此外，给料含较多磁性矿物时，部分非磁性颗粒会被磁性颗粒流扫入磁性产品中，降低精矿品位。

7.6.4.4　筒式超导磁选机

筒式超导磁选机原名为 DESCOS，意即筒式电磁超导开梯度分选机，由德国 KHD 洪堡·韦达格公司于 1987 年制成，它将常规圆筒磁选机的优点和超导磁体的优点结合在一起。磁场磁力可达 $200T^2/m$，用于分选弱磁性矿物，处理能力可达到 $50\sim100t/h$，能连续湿选或干选，对过粗颗粒、强磁性颗粒及多产品分选不敏感，有工业应用价值，已售给土耳其一家菱镁矿生产厂家，用于将弱磁性的蛇纹石脉石与菱镁矿分离，原矿含 SiO_2 20%，Fe_2O_3 4%，经一次干选，获得含 SiO_2 1.5% 和 Fe_2O_3 0.3% 的菱镁矿粗精矿。

(1) 主体结构

DESCOS 的主体结构如图 7-33 所示，由超导磁系、制冷容器和分选圆筒组成。

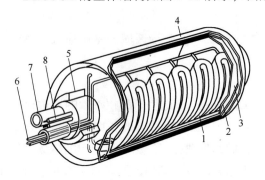

图 7-33 筒式超导磁选机的主体结构

1—超导线圈；2—辐射屏；3—真空容器；
4—分选圆筒；5—普通轴承；6—He 源；
7—真空管道；8—供电引线

超导磁系由 5 个梭形线圈沿轴向按极性交替排列而成，磁系包角为 120°，线圈用 Nb-Ti 线绕制，可配轭铁，也可不配轭铁，额定电流为 1800A，主要磁性能参数为：无轭铁和有轭铁时，筒面最高磁场分别为 4.25T 和 5.23T；筒面最低磁场分别为 3.45T 和 4.2T；磁场磁力分别为 $69.5T^2/m$ 和 $125.6T^2/m$；磁体储能分别为 2.25MJ 和 3.11MJ。

制冷超导线圈被放置在液 He 容器中冷却到 4.2K。液 He 容器外面有辐射屏和真空层。筒外制冷系统将液 He 经输 He 管给入磁体容器的底部，挥发的 He 气从容器上部排出，循环再用。为了预防 He 容器由于磁体猝熄或真空破坏引起过度升压，通过安全线提供了三段预防。

分选圆筒用增塑碳纤维制成，其外直径为 1216mm，长度为 1500mm，转速可在 2～30r/min 之间变化。

(2) 湿选装置

湿选装置如图 7-34 所示，在分选圆筒的下面设置顺流型选箱。分选过程与常规湿选筒式磁选机基本相同。

(3) 干选装置

DESCOS 的干选装置示于图 7-35，在分选圆筒的上部加设给料装置，下部加设分矿板，将磁系偏向给料端，即可实现干选。干选过程与常规干选筒式磁选机基本相同。

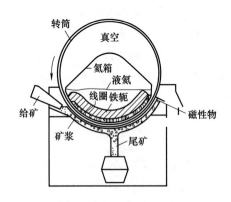

图 7-34 DESCOS 湿式磁选机

图 7-35 DESCOS 干式磁选机

7.6.4.5 超导磁体

Eriez 磁力公司以常导磁选机基本结构型式为基础，换用超导线圈激磁，集中力量成功地将磁体充放电时间压缩至 1min。平均耗电 75kW·h，作业率 98％以上，充分达到了安全可靠。生产成本略低于常导装置。

捷克的超导磁选机的特点是工作过程中超导磁体不需重复充放电，从而装置的体积、重量、所需的功率消耗大大减少。这是十分可取的优良形式。

英国 CCL 公司磁选机的特征为：①超导磁体采用超导开关闭环运行，从而使杜瓦在 4.2K 下漏热降至 1W；②采用 2W/4.2K 的 R700 型闭环制冷机进行液氦制冷，冷箱直接位于杜瓦上部，压机耗电低；③铁屏放在杜瓦外部，从而有效降低了外部散漏磁场并减少处理罐轴向长度；④处理罐内部矿浆呈径向流，处理长度短，处理量大。

几种螺线管超导磁体的主要技术性能见表 7-23。

表 7-23 几种螺线管超导磁体的主要技术性能

项目		美国 Eriez 磁力公司	英国 CCL 公司	捷克	中国 电工研究所
室温孔径/m		2.21	0.56	0.275	0.5
有效长度/m		0.508	1	0.5	1
中心场强/T		2	5.28	5	4
处理能力(高岭土)/(t/h)		14～60		6～12	3
设备总重/t		225		3.5	
导线		NbTi/Cu 绞缆电缆 铜超比 39	Nb-50％Ti 铜基多丝 铜超比 2.3	NbTi/Cu	NbTi/Cu 铜超比 2
绕组	匝数/匝	1008	600		3523
	储能/MJ	3.53	3.57	0.7	2.0
	电流密度/(kA/cm²)	1.34			12.1
	充放电时间	60s		24min	7s
杜瓦容积/L		200	100	无	100
LHe 消耗/(L/h)		10	4.56		12
设备类型		罐式	往复罐式	往复罐式	往复罐式

7.6.4.6 工业应用

超导磁选在高岭土处理工业中，应用已有 40 年历史。全球第一大超导磁选机生产商美卓奥图泰公司物理分选部统计了它在高岭土处理上已有 100 多个磁体运转年。

世界上两大顶级超导磁选机生产商 Outotec 和 Eriez 都在原有的 Cryofilter、Powerflux 两大系列超导磁选机上作出许多改进。采用可无故障连续运转 8000h 以上，无制冷剂的制冷机。用传导冷却技术维持超导的工作温度，取代了液氦浴浸泡式冷却。它在环境恶劣的亚马孙热带雨林区内荒野矿山上已正常运作，有极高的可靠性。即使超导磁突然"失超"不工作，重新开机时冷却磁体的时间也比立刻灌注液氦所用的时间要短得多，工作效率高。此外，采用特殊设计制备的聚磁材料后，高岭土产量随进料不同可有 30％～70％的提高，白度的增益约在 8 个 ISO 点左右，有效性明显改观。减掉了灌注液氦用的昂贵辅助设备，降低了一次性投资。

我国兖矿北海高岭土有限公司的高岭土项目一期工程为年采原矿 45 万吨，年产 10 万吨精制高岭土产品，并逐步建成我国最大的高岭土科研、生产、加工出口基地，参与全球经济一体化的市场竞争。2002 年向奥托昆普（现为美卓奥图泰）订购了一台 Cryofilter5T/500 超导磁选机，运行良好。

工业超导磁选机大多都采用了 5T 磁感应强度的超导磁体。认为高场强与高梯度都可提高分离力（磁力），高场强增强的力不会减少其作用距离，利于增强处理能力。同时，在高岭土处理上，还表明随磁场增强，产品的白度增益是明显提高的。这些完全满足了使用者的要求，因此 2003 年奥托昆普（现为美卓奥图泰）的 Cryofilter5T/500 超导磁选机已有 23 台遍布全世界，在市场上占了绝对优势。

7.7 磁选机生产率的计算

干选强磁性矿石时，磁选机的生产率 Q（t/h）可粗略地按下式计算[32]：

$$Q = 0.82n(L-0.1)v\delta\frac{d_2-d_1}{\lg d_2/d_1}ab \qquad (7-14)$$

式中　n——粗选圆筒数量

　　　L——圆筒长度，米

　　　v——物料在圆筒上的移动速度，取 1m/s；

　　　δ——矿石密度，t/m³；

d_1，d_2——给矿中矿石的最小和最大直径，mm（对于不分级物料 $d_1 = 0.01d_2$）；

　a，b——系数，见表 7-24、表 7-25。

目前已积累了大量磁选机的生产经验，在很多情况下可按下式利用每米给矿宽度的额定单位负荷来计算磁选机的生产率：

$$Q = qnL_P \qquad (7-15)$$

式中　Q——磁选机按原矿干重计的生产率，t/h；

　　　q——单位生产率，t/（m·h）（表 7-26）；

　　　n——磁选机粗选圆筒、圆辊或圆环的数量；

　　L_P——圆筒、辊或环的工作长度，m（对于筒式磁选机应取 L，$L_P = L - 0.2$，

　　　　　对于辊式或环式磁选机 L_P 可直接引自设备的技术特性）。

铁磁性加重剂再生用的磁选机和高梯度磁选机的选别指标取决于原矿粒度、原矿中固体及磁性产品的含量，可在很大范围内波动。考虑到高梯度磁选机的生产经验有限，上述设备的生产率建议用试验确定。

表7-24 系数 a 之值

给矿粒度/mm	−10+0	−20+0	−30+0	由−40+0至−60+0	−10+5	−20+6	−30+6	由−40+6至−60+6
a	2.5	1.5	1.1	1.0	1.2	0.75	0.65	0.6

表7-25 系数 b 之值

尾矿再选圆筒数量与粗选圆筒数量之比	0∶1	1∶2	1∶1	2∶2
b	1.0	1.25	1.5	1.5

表7-26 湿式弱磁场筒式磁选机允许的单位生产率，t/(m·h)

磁选机给矿条件			顺流型		逆流型		半逆流型	
−0.074mm 粒级含量/%	固体含量/%	磁性产品含量/%	$D=900$ mm	$D=1200$ mm	$D=900$ mm	$D=1200$ mm	$D=900$ mm	$D=1200$ mm
棒磨机溢流								
10~15	50	40~60	70~85	90~110	—	—	—	—
15~25	50	40~60	55~65	70~80	—	—	—	—
15~25	50	80~90	65~75	80~90	—	—	—	—
与水力旋流器闭路的球磨机溢流								
25~40	50	80~90	60~70	80~90	70~85	90~110	—	—
50~60	50	80~90	45~55	60~70	60~70	80~90	—	—
水力旋流器和分级机的溢流及磁力脱水槽的沉砂								
50~60	50	40~60	40~50	—	50~55	—	—	—
50~60	50	80~90	50~55	—	60~70	—	—	—
60~70	30	80~90	—	—	—	—	30~35	40~45
60~70	20	80~90	—	—	—	—	15~25	20~30
75~85	30	80~90	—	—	—	—	20~30	25~40
75~85	20	80~90	—	—	—	—	15~20	20~25
94~96	30	80~90	—	—	—	—	12~15	15~20
94~96	20	80~90	—	—	—	—	8~12	10~15

参考文献

[1] 王常任. 磁电选矿. 北京：冶金工业出版社，1986.

[2] 刘树贻. 磁电选矿学. 长沙：中南工业大学出版社，1994：337.

[3] 沈阳选矿机械研究所. 选矿机械. 北京：机械工业出版社，1974：242.

[4] Anderson C G, Dunne R C, Uhrie J L. Mineral processing and extractive metallurgy: 100 years of innovation. Englewood: Society for Mining, Metallurgy & Exploration Inc. , 2014：684.

[5] Bronkala W. Magnetic Separation. Mular A. L, Bhappu R. B (eds.): Mineral Processing Plant Design. Society of Mining Engineers of AIME，1980.

[6] Kelly E G，Spottiswood D J. Introduction to Mineral Processing. New York：John Wiley & Sons，1982.

[7] Schneider C L，King E A，King R P. Modeling and simulation of mineral processing systems. Englewood,

Colo.：Society for Mining，Metallurgy，and Exploration，2012：480.

[8] Kellerwessel H. Aufbereitung disperser feststoffe. Düsseldorf：VDI Verlag，1991.

[9] 井伊谷鋼一. 粉体工学ハント"フ"ツク. 東京：朝倉書店，1965.

[10] Schubert H. Aufbereitung fester stoffe，Band Ⅱ：Sortierprozesse. Stuttgart：Deutscher Verlag fur Grundstoffindustrie，1996.

[11] Anderson C G，Dunne R C，Uhrie J L. Mineral processing and extractive metallurgy：100 years of innovation. Society for Mining，Metallurgy&·Exploration. Englewood，2014.

[12] Деркач，В Г，Цацюл ИС. Электромагнитные процессы овогащения. Москва：Металлургиздат，1947.

[13] Svoboda J. Innovation in Electromagnetic Techniques of Material Treatment. 资源处理技术，2001，48（4）：211.

[14] 蒋朝澜. 磁选理论及工艺. 北京：冶金工业出版社，1994：309.

[15] Roche H M，Crockett R E. Evolution of Magnetic Milling at Scrub Oak. Engineering and Mining Journal，1933，134：241.

[16] Board E A. Ullmanns encyclopedia of industrial chemistry. Weinheim：Wiley-VCH，2005.

[17] Bikbov M A，Karmazin V V，Bikbov A A. Low-Intensity Magnetic Separation：Principal Stages of a Separator Development-What is the Next Step? Physical Separation in Science and Engineering，2004，13（2）：53-67.

[18] 久保田博南，五日市哲雄. おもしろサイエンス 磁力の科学. 日刊工業新聞社，2014：142.

[19] Mathieu G L，Sirois L L. Advances in Technology of Magnetic Separation. Stockholm，Sweden：1988.

[20] Bartholome E，Biekert E，Hellmann H. Ullmanns Encyklopädie der technischen Chemie. ·Bd. 2：Verfahrenstechnik I（Groundoperationen），1973：748.

[21] Kopp J. Superconducting magnetic separation. IEEE Transactions on Magnetics，1988，24（2）：745-748.

[22] JB/T 1993—2008 永磁磁力滚筒.

[23] JB/T 7895—2008 永磁筒式磁选机.

[24] Wasmuth H D. Beneficiation of martitie iron ores and industrial minerals by open gradient magnetic separators. Aufbereitungs-Technik，1994，35（4）：190.

[25] Wasmuth H D. A New Medium-Intensity Drum Type Permanent Magnetic Separator Permos and Its Practical Application For Processing Ores And Minerals and Martitic Iron Ore. Magnetic and electrical separation，1995，6：201.

[26] Jones G H. Magnetic Sepatators. U S Patent 3，1967，346，116.

[27] Iannicelli J. New Developments in Magnetic Separation. IEEE Transactions on Magnetics，1976，12（5）：436-443.

[28] 第三届全国选矿设备学术会议筹委会. 第三届全国选矿设备学术会议论文集. 北京：冶金工业出版社，1995.

[29] Ъогданов，ОС，Редактор，ГП. Справочник по обогащению руд. 2. Москва：Недра，1983.

[30] Arvidson B R，Fritz A J. New Inexpensive High-Gradient Magnetic Separator. France：Cannes，1985.

[31] 汤玉和. SSS-Ⅱ湿式双频脉冲双立环高梯度磁选机的研制. 金属矿山，2004（03）：37-39.

[32] Разумов К А，Перов В А. ПроектИрованИе обогатИтельнЫхфабрик. Москва：Недра，1982.

8 电选机

静电分选简称电选，是利用给矿中不同矿物导电性的差异在电场中进行分选的过程[1, 2]。

电选是最易被误解的物理选矿方法之一。尽管如此，每年仍有数百万吨钛矿、铁矿石、盐及其他矿物采用电选方法经济、有效和安全地加工处理[3, 4]。

电选机于19世纪末首次使用，主要是从导电性差的硅质脉石中分离导电性好的黄金和金属硫化物。21世纪初，由于第一台电晕放电型分选机研制成功，取得了实质性的重大进展。这种分选机的作用原理与今天使用的高压电选机相同。

这些早期的分选机也用于硫化矿，如闪锌矿和方铅矿的分离。但浮选的出现使大多数早期的静电选矿停止了发展。一直到20世纪40年代，金红石的需求量迅速增长，才重新恢复了对电选的兴趣。金红石矿床所含各种矿物往往密度相近，而且其表面性质与金红石非常相似，不可能采用优先浮选。然而，金红石的导电性却高得多，所以刺激了新型分选机械的研制。卡彭特（Carpenter）及其合作者研究出一种聚焦型或称光束型电极，它是今天使用的所有高压电选机的基础。此后工艺和设备都进展很快，电选的应用也扩展到其他矿物。

电选作为一种富集方法只用在少数矿物上，但凡是使用电选的地方都证实了它是非常成功的。它常与重选和磁选设备联合使用以进行非硫化矿物的相互分离。用重选除去硅石产出混合精矿，然后联合使用静电选和磁选分离剩余的有价矿物。

本章讨论各种类型的电选机以及它们的应用和作用原理。

电选的粒度适应范围见图8-1。

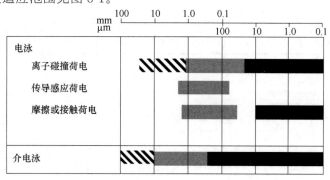

图 8-1　电选的粒度适应范围

▓▓ 干法标准分选范围；▨▨ 干法对特殊物料的延伸范围；██ 湿法标准分选范围

8.1　电选的历史

矿物电选是根据各种矿物具有不同的电学性质，在矿物经过电场时，利用作用在这些矿物上的电力以及机械力的差异来进行分选的一种选矿方法。

从历史上来看，电选的发展经历了相当长的一段时期。早在 1880 年就有人在静电场中分选谷物：将碾过的小麦在一个与毛毡摩擦而带电的硬橡胶辊下通过，麦糠等轻物体吸到辊子上，从而与较重的颗粒分开。1886 年卡彭特（F. R. Carpenter）曾用摩擦荷电的皮带来富集含有方铅矿和黄铁矿的干矿砂。1908 年在美国威斯康辛州 Plattville 建立了一座利用静电场分选铅锌矿的选厂。当时由于条件限制，电选只能在静电场中进行，因而分选效率低、处理能力小。直到 20 世纪 40 年代，由于科学技术的发展，特别是在电选中应用了电晕带电方法，大大提高了分选效率；加之当时国际上对稀有金属（例如钛）的需要量很大，促使人们重新注意研究和应用电选技术[5]。

电选机发展历史见表 8-1。

表 8-1　电选机发展历史

年份	事　　件
1870	ГольГцом 发明了电选机，用于除去谷物中的棉花
1880	在静电场中分选谷物：将碾过的小麦在一个与毛毡摩擦而带电的硬橡胶辊下通过，麦糠等轻物体吸到辊子上，从而与较重的颗粒分开
1886	F. R. Carpenter 曾用摩擦荷电的皮带来富集含有方铅矿和黄铁矿的干矿砂
1901	美国 H. M. 萨顿和 U. L. 斯蒂尔发明了筒式电选机，将电晕电场和静电场结合用于选矿
1908	世界上首座利用静电场分选铅锌矿的选厂在美国威斯康辛州 Plattville 建立
1949	J. H. Carpenter 及其合作者研究出一种聚焦型或称光束型电极，它是今天使用的所有高压电选机的基础
1965	世界上最大的采用高压电选机的电选厂在加拿大瓦布什铁矿建立
1973	首座采用自由下落式电选机的钾盐电选厂在德国建成，年生产水镁矾 15 万吨

8.2　静电选矿原理

电泳是荷电物体或颗粒在电场影响下的运动。简单说来，同号电荷相斥，异号电荷相吸（图 8-2）。当作用在颗粒上的力是由于电场和荷电颗粒之间的相互作用引起时，矿物电选应用电泳原理，电场来源于高压电源或带电颗粒本身的电场。颗粒荷电有三种形式：离子碰撞荷电、传导感应荷电或接触荷电。

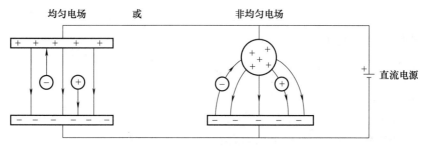

图 8-2　作用在荷电颗粒上的电泳力

大部分工业应用的高压电选均利用"吸引效应"，在分选中不导电的矿物颗粒从电极上接受表面电荷，并保留这种电荷，因正负吸引作用而被吸引到相反电荷的分选机表面。图 8-3 所示为实验室高压电选机原理，这种电选机很大程度上利用吸引效应，同时结合利用一些提升效应。

将表面电荷敏感度不同的混合矿物给入旋转滚筒，该滚筒由低碳钢或一些电导材料制成，并通过其支撑轴承接地。电极装置由一根黄铜管以及管前连接的一条细导线构成，横跨整个滚筒，并通以高达 50kV 的整流直流电，通常是负极。供给电极装置的电压可以使空气发生电离，肉眼可以观察到电晕放电现象，但必须避免电极与滚筒间产生电弧，因为它将破坏空气电离作用。当发生电离作用时，矿物接受放电，使不良导体表面获得很高的表面电荷，从而被吸引至滚筒表面。电导率相对高的颗粒不易快速充电，因为电荷通过矿粒传递给接地滚筒而消失。这些高电导率的颗粒按照近似矿粒未受到任何电荷作用时卸落的轨迹离开滚筒。

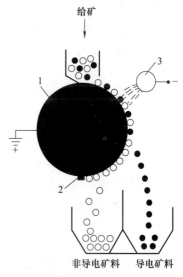

图 8-3　高压电选原理
1—接地滚筒；2—刷子；3—电极

电选原理基于这样一个事实，即在粒状混合物中的一种或多种物料，如果在静电场中或在其进入静电场之前能够接受表面电荷，那么这些物料粒子就将根据它们的电荷符号而受到一个电极的排斥而受到另一个电极的吸引。若将这些粒子引入选别流槽中，即得到分选或富集结果。

这个"原理"颇为简单并被广泛引述，鉴于当前工业应用中静电选矿种类繁多，应对这一"原理"给予更充分的论述。实际上，"静电"分选这一术语是含糊不清的。在某些电选过程中施加的能量几乎完全是静电能；但在另一些较常用的电选过程中是以电流流动形式施加能量，因此称作"动电"分选更为恰当。

分选或富集固体物质的基本带电机理分成三类：

① 接触带电；

② 传导感应带电；

③ 离子轰击带电。

8.2.1 电选的基本条件

电选是在电选机中进行的，图 8-4 是被选矿粒在电晕电选机中分离的示意图。

被选矿粒进入电选机电场以后，要受到电力和机械力的作用。作用在矿粒上的电力有库仑力、非均匀电场引起的吸力和界面吸力等，作用在矿粒上的机械力有重力和离心力。

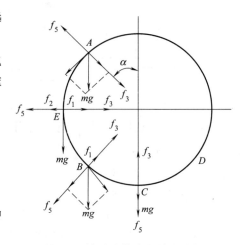

图 8-4　被选矿粒在电晕电选机中分离的示意图

8.2.1.1 作用在矿粒上的电力

(1) 库仑力

根据库仑定律，一个电荷的矿粒在电场中所受的库仑力为：

$$f_1 = QE \qquad (8-1)$$

式中　f_1——作用在矿粒上的库仑力；

Q——矿料上的电荷；

E——矿粒所在位置的电场强度。

在电晕电场中矿粒吸附离子所获得的电荷可由下式确定：

$$Q_t = \left(1 + 2\, \frac{\varepsilon - 1}{\varepsilon + 2}\right) E r^2 M \qquad (8-2)$$

$$M = \frac{\pi Knet}{1 + \pi Knet}$$

式中　Q_t——矿料在电晕电场中经过 t 时间所获得的电荷；

ε——矿粒的介电常数；

r——矿料的半径；

M——参数；

K——离子的迁移率（或称淌度），即在每 1cm 为 1V 电压下的离子的移动速度（在标准大气压下，　$K = 2.1\mathrm{cm}^2/\mathrm{V}$）；

n——电场中离子的浓度，　$n = 1.7 \times 10^8$ 个/cm^3；

e——电子的电荷，　$e = 1.601 \times 10^{-19}\mathrm{C}$ 或 4.77×10^{-10} 绝对静电单位电荷。

实际上矿粒在圆筒表面上不仅吸附离子而获得电荷（即荷电），同时还放出电荷（即放电）给圆筒。剩余电荷同矿粒的放电速度和荷电速度的比值有关。在此，作用在矿粒上的库仑力应是：

$$f_1 = Q_{(R)} E \qquad (8-3)$$

式中，　$Q_{(R)}$ 为矿料上的剩余电荷，　$Q_{(R)} = Q_t f(R)$。其中，　$f(R)$ 为矿粒界面电阻（接触电阻）的函数，对于导体矿粒它接近于 0（$R \to 0$）；对于非导体矿粒，它接近于 1（$R \to 1$）。

上式也可写成：

$$f_1 = \left(1 + 2\,\frac{\varepsilon - 1}{\varepsilon + 2}\right) E^2 r^2 M f\,(R) \tag{8-4}$$

库仑力的作用是促使矿粒被吸引在圆筒表面上。

（2）非均匀电场引起的力

这种力也有称它为有质动力的，可由下式确定：

$$f_2 = P\,\frac{\mathrm{d}E}{\mathrm{d}x} \tag{8-5}$$

式中　f_2——由非均匀电场引起的作用在矿粒的力；

　　　　P——偶极距，$P = aVE$，其中 a 为矿粒的极化率，V 为矿粒的体积；

　　　　$\dfrac{\mathrm{d}E}{\mathrm{d}x}$——电场梯度。

上式可写成：

$$f_2 = aVE\,\frac{\mathrm{d}E}{\mathrm{d}x} \tag{8-6}$$

如矿粒为球形，则：

$$a = \frac{3\,(\varepsilon - 1)}{4\pi\,(\varepsilon + 2)}, \qquad V = \frac{4}{3}\pi r^3 \tag{8-7}$$

此时

$$f_2 = r^3\,\frac{\varepsilon - 1}{\varepsilon + 2} E\,\frac{\mathrm{d}E}{\mathrm{d}x} \tag{8-8}$$

由此式可看出，电场愈不均匀，$\dfrac{\mathrm{d}E}{\mathrm{d}x}$ 愈大，f_2 也愈大。在电晕放电的电场中，愈靠近电晕电极，则 $\dfrac{\mathrm{d}E}{\mathrm{d}x}$ 愈大，而在圆筒表面附近的电场则已近似于均匀电场，$\dfrac{\mathrm{d}E}{\mathrm{d}x}$ 很小，因此 f_2 也很小。

（3）界面吸力

界面吸力是由荷电矿粒的剩余电荷和圆筒表面相应位置的感应电荷之间而产生的吸引力（此感应电荷和剩余电荷大小相等，符号相反），此力可由下式确定：

$$f_3 = \frac{Q^2_{(R)}}{r^2} = \left(1 + 2\,\frac{\varepsilon - 1}{\varepsilon + 2}^2\right) E^2 r^2 M^2 f^2\,(R) \tag{8-9}$$

式中　f_3——矿粒的界面吸力；

　　　　r——矿粒的半径。

界面吸力促使矿粒被吸向圆筒表面。

从以上作用在矿粒上的三种电力看出，库仑力和界面吸力的大小主要取决于矿粒的剩余电荷，而剩余电荷又取决于矿粒的界面电阻。界面电阻大时，剩余电荷多，所受的库仑力和界面吸力就大，反之则相反。对于导体矿粒来说，由于它的界面电阻接近于零，放电速度快，剩余电荷很少，所以作用在它上面的库仑力和界面吸力也接近于零，而对于非导体矿粒，它的界面电阻很大，放电速度极慢，剩余电荷很多，所以作用在它上面的库仑力和界面吸力较大。作用在半导体矿粒上的上述两种力的大小介于上述两类矿粒之间。

作用在矿粒上有质动力的大小和电场梯度成正比，根据实际计算，有质动力大小远小于库仑力，即使在极不均匀的电场中也是如此，并且随着粒度的减小而更加显著。例如，当矿粒粒度约为 1mm 时，库仑力要比有质动力大数百倍。因此在电选中有质动力的作用是很小的。

8.2.1.2　作用在矿粒上的机械力

(1)　重力

$$f_4 = mg \tag{8-10}$$

式中　f_4——矿粒的重力；

m——矿粒的质量。

矿粒在分选中所受的重力 f_4 在整个过程中在径向和切线方向的分力是变化的。图 8-4 中，在 AB 两点间的电场区内，重力 f_4 从 A 点开始起着使矿粒沿筒表面移动或脱离的作用。f_4 除在 E 点是一沿切线向下的力外，在 AB 内其他各点仅是其分力起作用。

(2)　离心力

$$f_5 = m \frac{v^2}{R} \tag{8-11}$$

式中　f_5——作用在矿粒上的离心力；

v——矿粒（在圆筒表面上）的运动速度；

R——圆筒半径。

为了保证不同电性的矿粒的分享，应当：

a. 对于导体矿粒，在选分带 AB 段内分出导体矿粒，必须：

$$f_1 + f_3 + mg\cos\alpha < f_2 + f_5 \tag{8-12}$$

式中，α 为矿粒在圆筒表面所在的位置，(°)。

b. 对于半导体矿粒，在选分带 BC 段内分出半导体矿粒（通常为中矿），必须：

$$f_1 + f_3 + mg\cos\alpha < f_2 + f_5 \tag{8-13}$$

c. 对于非导体矿粒，在选分带 CD 段内分出非导体矿粒，必须：

$$f_3 > mg\cos\alpha + f_5 \tag{8-14}$$

8.2.2　电选的基本形式

电选的基本形式见图 8-5～图 8-8。

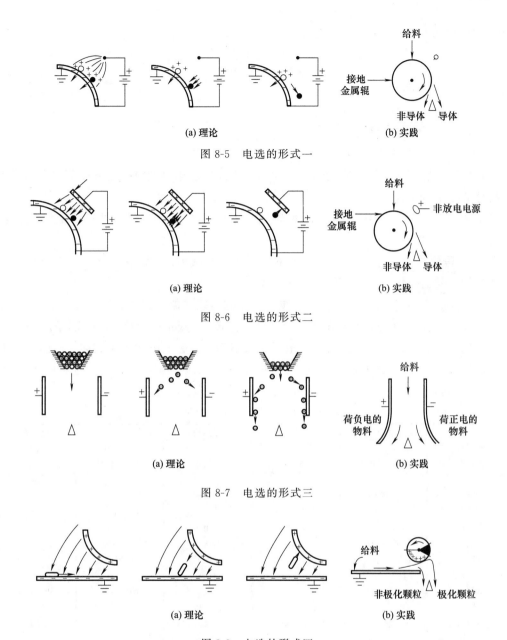

图 8-5　电选的形式一

图 8-6　电选的形式二

图 8-7　电选的形式三

图 8-8　电选的形式四

8.2.3　矿物的电性质

矿物的电性是电选分离的依据。其电性指标有很多种，在此仅对电导率、介电常数、比导电度进行介绍。

8.2.3.1　电导率

矿物的电导率表示矿物的导电能力。它是电阻率的倒数，用 γ 表示电导率，单位为 S/m，则其数学表达式为：

$$\gamma = \frac{L}{\rho} = \frac{L}{RS} \qquad (8\text{-}15)$$

式中　ρ——电阻率，$\Omega \cdot m$；

　　　R——电阻，Ω；

　　　S——导体的截面积，m^2；

　　　L——导体的长度，m。

矿物的电导率取决于矿物的组成、结构、表面状态和温度等。按电导率的大小，将矿物分成三个导电级别[6]。

① 导体矿物：$\gamma > 10^6$ S/m，这种矿物自然界很少，只有自然铜、石墨等极少数矿物。

② 半导体矿物：$\gamma = 10^6 \sim 10^{-6}$ S/m。这类矿物很多，有硫化矿物和金属氧化物，含铁锰的硅酸盐矿物，岩盐、煤和一些沉积岩等。

③ 非导体矿物：$\gamma < 10^{-6}$ S/m。属于这类的有硅酸盐和碳酸盐矿物。

非导体又称为绝缘体或电介质。劳弗尔（J. E. Lawver）认为，从电选角度看，为了更好地区分导体和非导体，可用放电时间来表示。一般放电时间快的称为导体，放电时间慢的为非导体。例如经过测定石英的放电时间为 10^6 s，磁铁矿的放电时间为 10^{-3} s。这两种矿物放电时间差别很大，这是有效分选的前提。

表 8-2　矿物的电导率和介电常数

矿物名称	电导率/(S/m)	介电常数 ε	矿物名称	电导率/(S/m)	介电常数 ε
硬石膏	$10^{-3} \sim 10^{-5}$	5.7~7.0	赤铁矿	$10^{-5} \sim 10^2$	25
钠长石	$10^{-6} \sim 10^{-12}$	6.0	钛铁矿	$10^6 \sim 10^4$	33.7~81
磷灰石	$10^{-10} \sim 10^{-12}$	5.8	锡石	$10^4 \sim 10^{-11}$	24
毒砂	$10^4 \sim 10^3$	>81	菱镁矿	$10^{-7} \sim 10^{-9}$	4.4
重晶石	$10^{-10} \sim 10^{-13}$	6.2~7.9	磁石	$10^8 \sim 10^{-3}$	33.7~81
黑云母	$10^{-9} \sim 10^{-12}$	10.3	辉钼矿	$10^2 \sim 10^{-4}$	>81
斑铜矿	$10^5 \sim 10^3$	>81	独居石	$10^{-9} \sim 10^{-12}$	3.0~6.6
方解石	$10^{-8} \sim 10^{-12}$	7.5~8.7	黄铁矿	$10^6 \sim 1$	33.7~81
黄铜矿	$10^4 \sim 10^{-1}$	>81	石英	$10^{-11} \sim 10^{-14}$	4.5~6.0
铬铁矿	$10^{-12} \sim 10^{-14}$	11.0	金红石	$10^6 \sim 10^2$	89~173
钻石	$10^{-3} \sim 10^{-7}$	5.7	白钨矿	$10^{-10} \sim 10^{-13}$	3.5
白云石	$10^{-4} \sim 10^{-7}$	6.3~8.2	硫	$10^{-13} \sim 10^{-16}$	4.1
萤石	$10^{-11} \sim 10^{-15}$	6.2~8.5	闪锌矿	$10^{-6} \sim 10^4$	5.0~6.0
方铅矿	$10^8 \sim 10^3$	>81	钾盐	$10^{-9} \sim 10^{-12}$	6.0
石榴石	$10^{-9} \sim 10^{-11}$	3.5~4.0	黑钨矿	$10^{-1} \sim 10^{-7}$	12~15
石墨	$10^8 \sim 10$	>81	锆石	$10^{-15} \sim 10^{-18}$	6~15
石盐	$10^{-10} \sim 10^{-15}$	5.6~6.4			

8.2.3.2　介电常数

电荷间在真空中的相互作用与其在电介质中相互作用力的比值，称为该电介质的介电常数。以 ε 表示介电常数，则：

$$\varepsilon = \frac{F_0}{F_\varepsilon} \qquad (8\text{-}16)$$

式中　F_0——在真空中电荷间相互作用力；

　　　F_ε——在电介质中电荷间的相互作用力。

导体的介电常数 $\varepsilon \approx \infty$，真空的介电常数 $\varepsilon = 1$（空气的 $\varepsilon \approx \infty$）。也就是说非导体的介电常数近似等于 1，半导体的介电常数介于两者之间。

一些矿物的电导率和介电常数的测定数据如表 8-2 所示[7]。应当指出表中所列数据仅作参考。因为矿物的电导率和介电常数在很大程度上受到其中杂质含量、水分、温度和生成条件等因素的影响。例如水分可使矿物表面电性的差异减小，半导体矿物的导电性一般也随温度的升高而增强。

8.2.3.3　比导电度

电选中，矿料的导电性也常用比导电度（或称相对导电系数）来表示。比导电度愈小，其导电性愈好。

矿物颗粒的导电性，也就是电子流入或流出矿粒的难易程度，除了同颗粒本身的电阻有关外，还与颗粒和电极的接触界面电阻有关。其导电性又与高压电场的电位差有关。当电场的电位差足够大时，电子便能流入或流出。此时非导体矿粒便表现为导体。

8.3　电选机分类

电选机的种类多达几十种，但目前尚无统一的分类方法，有的按电场的特征分类，有的按结构形式分类，有的按给矿方式分类，有的则按分选粒度粗粒分类，常见的有以下几种：

① 按矿物带电方法分为接触传导带电电选机、电晕带电电选机、摩擦带电电选机。

② 按构造特征分为鼓筒式电选机、滑板式或溜槽式电选机、室式电选机、带式电选机、圆盘式电选机、振动槽式电选机、摇床式电选机。

③ 按分选粒度的粗细分为粗粒电选机、细粒电选机。

由于在国内外生产中，90% 以上使用的电选机为鼓筒式电选机（小直径者也称为辊式），故本章也着重介绍鼓筒式电选机。

现今使用的两种主要设备类型是板式电选机和转筒式电选机。由国际矿物和化学公司研制的早期平板式电选机主要由两块垂直或近于垂直放置的悬挂板所组成（平板的所有边棱都制成圆形以防止电晕放电），两块板靠得很近，一块荷正电，一块荷负电，它们之间具有很高的电压梯度。待选物料必须首先经接触带电作用给以不同的电荷（粒子对粒子荷电），然后给入电极间的空间。这种电选机主要用于分选两种非导电性矿物，当前已很少使用。据笔者所知，这种电选机已不制造出售，使用者不得不自己来设计和制造。

鼓筒式电选机现已发展成多种类型。按接地鼓筒电极的数量可以分为单鼓筒型、双鼓筒型（串联型、并列型）、多鼓筒型。按鼓筒的直径大小可以分为两类：一类是比较古老的小直径型，即鼓筒直径为120mm、 130mm、 150mm 的电选机；另一类是现在世界各国生产的鼓径为 200～350mm 的电选机。其鼓筒的长度和转鼓数各不相同，采用的电压和电极结构也不同，当然分选效果也不一样。 但总的来说，早期产品使用的电压低，一般最高电压为 20kV，效率很低。新的鼓筒式电选机，从各方面来说都比老产品优越，现分述如下。

8.4   高压电选机

高压电选机，或称转筒式电选机，在其操作时完成一个极强的离子带电阶段，因此它的带电不完全取决于接触带电或传导感应带电。尽管如此，它还是利用传导感应与离子轰击作用相结合以产生选择性好的分选。

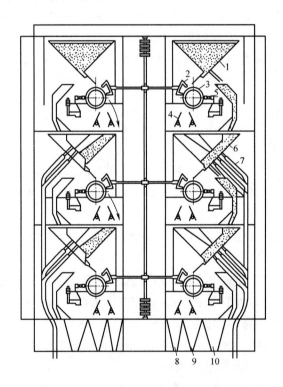

图 8-9   卡普科工业型高压电选机

1—给矿斗；2—电极（两个）；3—鼓筒；4—分矿板；5—排矿刷；6—给矿板；

7—接矿槽；8—导体矿斗；9—中矿斗；10—非导体矿斗

卡普科（Carpco）高压电选机是一种采用模块化设计的多用途电选机，在一台单体设备中可把几个转筒垂直地或水平地排列起来，因而可在一台机器中按任何类型流程实行分选。图 8-9 示出卡普科六筒垂直重叠排列的电选机剖面图，注意该机右边的排列顺序是供并联操作使用的。换言之每个转筒都可得到同样的给矿，此时全部转筒都作粗选机使用。该电选机左边的排列顺序是供串联操作使用的，这种情况适合小规模作业，这里一个转筒具有足够的粗选能力，若给矿要求得到最终精矿产品时则需要多段作业。虽然图中没有指出，但这种高压电选机也可以排列成能够再选中矿或尾矿产品的形式。这种电选机的处理能力一般较大，每米筒长处理量为 1500～3000kg/h。例如，一台卡普科六筒电选机（筒长 3m）一段作业分选镜铁矿的处理能力可达 54t/h。

该机的主要特点如下：

① 电极结构与其他电选机不同，是由美国 J. H. Carpenter 所研制，后由美国 Carpco 公司所垄断。其电极实为电晕极与静电极结合在一起的复合电场。最早只有一套电极，后增加至两套。可以调节电极与鼓筒的距离（极距），也可调节入选角度。

这种电极结构可从电极向鼓筒表面产生束状电晕放电，提高分选效果，加之高压电源可用正电或负电，电压最高可达 40kV。

② 采用大鼓筒，直径有 200mm、250mm、300mm 和 350mm 等多种，特别是研究型还可更换鼓筒，用直流电动机传动，可无级变速。

③ 处理量大。每厘米筒长处理量可达 18kg/h。现在许多国家的选厂采用此种形式的电选机，如加拿大瓦布什选厂采用这种电选机处理高品位铁精矿处理量可达 1000t/h；在瑞典每年生产 100 万吨高品位铁精矿，也都采用此种形式的电选机。

此机的缺点是中矿循环量仍比较大，循环负荷为 20%～40%。

8.5 筛板式电选机

筛板式电选机是在溜槽式电选机的基础上发展起来的一种静电选矿机，其构造简图如 图 8-10 所示。

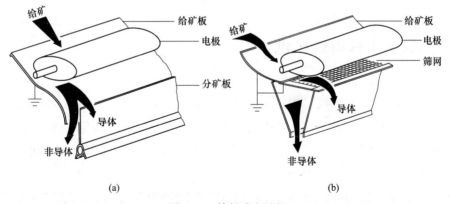

图 8-10 筛板式电选机

接地极为一溜板，上面为一高压静电极，通以高压负电或正电，此电极的切面为椭圆形，支承于溜板之上。两种形式的电选机被设计成相同的标准尺寸，其部件可以互相更换。给矿经给矿板（振动）溜下至接地极溜板而进入电场作用区域，矿粒被电极感应而荷电，导体矿粒被感应所带的电荷符号与带电极符号相反，从而吸向带电极，由于同时受到振动和重力分力的作用，故其运动轨迹不同于非导体，从最前方排出；非导体矿

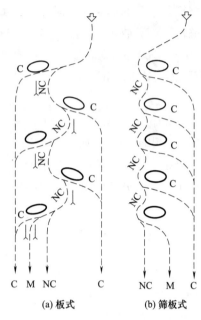

图 8-11　筛板式电选机串联生产图
C—导体；NC—非导体；M—中矿

(a) 板式　(b) 筛板式

粒虽然也受到电极的电场作用，但只能极化，由于受到振动和矿流向下流动的力的作用，继续向下流动而不会吸向电极。在分选中，由于细粒受到电场力的影响最大，因此总是含在导体产物中。此种电选机主要用来从大量非导体产品中分选出含量很少的导体矿物。目前比较大量使用的是澳大利亚各海滨砂矿，即从锆英石粗精矿中分出少量的金红石和钛铁矿，且常常是许多台这种电选机串联，构成一个或几个系列的连续分选。据报道，此种电选机还可用于分选不同电性质的非导体矿物，其系列使用简图如图 8-11 所示。

现代板式电选机主要用于从大量非导电性粒子中精选出少量导电性粒子。这种荷电机理是传导感应，并且这种电选机用于这一类型特殊分选时均很有效。在一块大的椭圆形高电压电极下面使用一块倾斜接地板，使矿物可从平板上滑下来进入电场。与板子相接触的导电体获得一个与电极相反的极性，因此它们便跳向电极。这样便有效地在板子下端形成两股矿物流，然后被刮板隔开。现代板式电选机由南港（Southport）矿床有限公司和里士莫耳（Lismore）雷定斯公司（Readings）制造，两家都是澳大利亚的公司。雷定斯公司还在美国佛罗里达州的橘园市（Orange Park）生产此种设备。工业上这种电选机主要用于从锆英石精矿中清除少量的金红石和钛铁矿。

8.6　涡轮荷电静电选矿机

人们早已认识到利用接触荷电进行电选，并认为它是一种选矿和选煤的适用技术。但是，电选的工业化应用却很少，只限于迫切需要干法选别时才采用，例如选盐。其他有潜在兴趣的方面是矿体主要位于干旱地区的磷矿选矿[8] 和避免大量用水的煤的精选[9]，尤其是用在处理极细粒煤。

该技术发展缓慢的原因主要是人们对于矿物颗粒静电荷电的原理认识不足，因此不能充分把握似乎是随机和偶尔发生的摩擦荷电现象[10]。

虽然根据半导体固体的能带模型，在小心控制的环境条件下矿粒接触起电的主机机理似乎与电子传递有关，但它更可能是各种与矿粒接触荷电相伴发生的物理或物化过程产生的结果，这包括电子和（或）离子在互相接触的固相之间进行交换。

就设备而言，该技术发展历程中的最新成就是专为工业应用而设计的涡轮荷电静电选矿机[10]，见图 8-12。

　　该设备的突出特点是有较强的颗粒接触力，因此可使矿粒获得又强又稳的电荷。这与基础研究的发展是一致的。即每个颗粒的荷电量在达到饱和之前，基本上是与颗粒所受的冲出能或滑动能成正比的。

　　新的选矿机具有下述特性：

　　① 由于采用冲撞接触的形式，缩短了矿粒在起电设施内的停留时间，从而提高了处理量；

　　② 在紊流介质中产生很强的摩擦作用，从而强化了颗粒间的摩擦；

　　③ 通过设备并进入分选腔的气流速度率较低，这可以尽量减少细粒吹损，同时有助于从主气流中回收固体物料；

　　④ 起电表面可调换，能适应特殊的分选问题；

　　⑤ 可根据最佳选择性需要的温度对电靶表面进行加热。

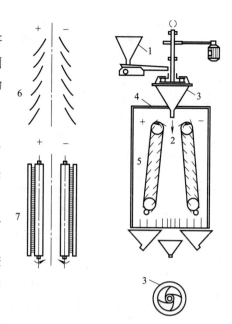

图 8-12　涡轮荷电静电选矿机

1—电振给料器；2—给料；3—摩擦带电器；
4—分选室；5—链辊电极；6—活动百叶
窗式电极；7—垂直管式电极

8.7　T-Stat 摩擦带电电选机

　　T-Stat 摩擦带电电选机采用静电分离的最新技术，非常适合于分离非导电性矿物和颗粒，例如从方解石中分离出石英，从 PET 中分离出 PVC 等塑料。 T-Stat 具有获

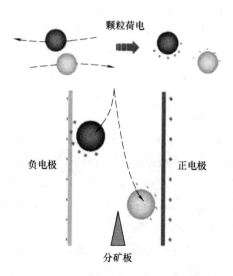

图 8-13　T-Stat 摩擦带电电选机作用原理图

得专利的"盒电极"设计,能够提供最大的多功能性和分离效率。

T-Stat 摩擦带电电选机的作用原理如图 8-13 所示[11]。

8.8 电选机的应用

电选机的应用见表 8-3。

表 8-3　电选机的应用

过程		应用	
		工业装置	半工业或实验室试验
电泳	离子碰撞荷电	海滨砂和冲积砂锡矿石	煤精选*
		铁矿石和铬矿石脱二氧化硅	静电分析
		生产超级铁精矿	
		碎电线丝与塑料分离	
		从玻璃砂中除去污染颗粒	
		从非金属物料(陶瓷和塑料)中除去全部金属杂质	
	传导感应带电	形状分选:将蛭石或云母与脉石分离	
		金红石最终精选	
		锆英石最终精选	
	接触带电	从粮食中除去杂质	重晶石与石英分离
		岩盐与钾盐分离*	萤石精选
		黏土脱水*	煤精选 长石与石英分离 磷酸盐与石英分离*
介电电泳	流体介质	从石油产品中分离催化剂细粒	不同矿物的介电分选,如金红石与石英分离
	空气介质	纤维或粮食分选	蛭石与云母分选 纸与塑料分选 纤维与粮食分选

*代表加入某种形式的化学表面调整剂

皮坎德·马瑟公司经营的拉布拉多市瓦布什矿(Wabush)应用高压电选法生产 1000t/h 高品位镜铁矿精矿[12]。高压电选车间有 54 台粗选(288 个滚筒)和 6 台扫选(24 个滚筒)卡普科(Carpco)分选机。每个 10in×14in 滚筒的给矿量为 2.5 长吨/h(1 长吨=1016.05kg),转速为 100r/min,在双重电极和滚筒之间保持 23~25kV 的电场。一个交流电刷使不导电颗粒上的残余电荷中和。电选机产出三种产品,中矿返回电选机给矿,尾矿进入扫选系统进行再选。高压电选机的回收率为 91%,精矿的铁品位为 65.5%,二氧化硅 2.55%,锰 1.95%。精矿运到一个 15000t 的装载设施,再转运至球团厂中[12]。

瑞典 LKAB 公司马姆贝里耶特铁矿选矿厂也用高压电选法生产 100 万吨/年高品位低磷镜铁矿。原料中含磷量为 0.6%，电选后降低到 0.04%，铁精矿品位由 55% 提高到 68%，提铁降磷的效果非常显著。在马来西亚、泰国及尼日利亚，几乎每个主要锡矿公司均用高压电选法使铌铁矿、钛铁矿及锡石与脉石分离。目前世界上很少有选钛厂不用高压电选法从独居石、锆英石及其他非导电体矿物中分选出的。杜邦公司在佛罗里达州有两个选矿厂，每个厂日处理重矿物精矿 1000t，应用高压电选与强磁选联合流程，主要生产钛铁矿、金红石、白铁石及锆英石等。佛罗里达州"钛企业"（Titanium Enterprises）重矿物选矿厂，年产钛矿物 10 万吨，选别方法与前述杜邦公司的相同。澳大利亚每一个海滨砂矿选矿厂都用高压电选法分选，其中的许多选矿厂目前还用板式电选机作为锆英石的最终精选设备。

这里简述一些普遍应用的条件供工程师们在应用电选法时参考。总的来说，多数矿石或物质须磨至 −8 目，使电荷与矿物的质量比值适当，才能进行有效分选。粒度范围在一定程度上影响分选效率，可以认为，粒级范围越窄，分选越有效，特别是导电体与非导电体的分选。如前所述，一切矿粒必须有不连续表面。这就要求进行一定程度的脱泥。例如，矿石磨至 −8 目时，须脱除 −200 目矿泥，磨至 −20 目时，须脱除 −325 目矿泥，磨至 −35 目时，须脱除 −400 目矿泥等。难选矿石的成功电选需要按中间粒级进行分级。极细矿粒（如 −75 +10μm）可用直流电进行电动分选，需用的脉冲频率为 300~700 次/s，而不是标准的 120 次/s。矿石中各矿物的密度大小能够显著地增加或减少从非导电体中分选出导电体的分选效率。例如，赤铁矿（镜铁矿）密度比硅石大得多，由于它是导电体而被从转筒上抛出，它的质量较大就有助于分选。另一方面，当从钛铁矿中分选出独居石时，非导电体独居石的密度比导电体钛铁矿的要大，从而使分选变得困难。

8.9　设备规格的确定

高压电选机（转筒式）固有的处理能力要比现代板式电选机大，除最终精选作业以外，它适合于所有的"静电"分选作业。供确定高压电选机规格所使用的经验数据是每厘米筒长每小时处理约 18kg 给矿。严格筛分的粗粒破碎矿石，如 −10 目 +65 目，其处理能力往往可达 30kg/cm，但细粒（65~0 目）的处理能力可能比经验数据稍低一些。最好是把上述破碎矿石的细粉部分脱泥，再进行高压电选，使给料粒度为 −65 网目 +20μm。

海滨砂矿已经过天然的分级和脱泥，其通常的平均粒度为 80 目左右。对于所有已知的海滨砂矿，其电选设备的处理能力都可采用 18kg/cm 这个经验数据。如要试验一种新矿石的高压电选特性，试验工作比较简单，可从实验室型电选机上测出给矿流宽度和在这个给矿流宽度时的总给矿速率。因为实验室型电选机和工业用电选机横断面的尺寸相同，因此确立工业用电选机的处理能力仅仅是根据比例放大的问题，即把实验室设备所测得的每小时每厘米处理能力乘以工业用电选机转筒长度，即可确定工业用电选机的台时处理能力。但不要忘记，工业用电选机转筒每端有 5cm 不能使用（否则给矿便从端部溢流出来），所以应从实际转筒长度中减掉 10cm 来准确地计算其处理能力[13]。

参考文献

[1]　Wills B A. Mineral Processing Technology. 8th ed. Elsevier，2016.

[2]　Дишман. Технология полезных ископаемых. Москва：Металлургиздат，1953.

[3]　Knoll F S. Advances In Electrostatic Separation. Los Angeles：Society for Mining，Metallurgy & Exploration，1984.

[4]　Knoll F S，Taylor J B. Advances in electrostatic separation. Minerals and Metallurgical Processing，1985（5）：106.

[5]　长沙矿冶研究所电选组. 矿物电选. 北京：冶金工业出版社，1982.

[6]　Bartholome E，Biekert E，Hellmann H. Ullmanns Encyklopädie der technischen Chemie. Bd. 2：Verfahrenstechnik I（Groundoperationen），1973：748.

[7]　Schubert H. Aufbereitung fester stoffe，Band II：Sortierprozesse. Stuttgart：Deutscher Verlag fur Grundstoffindustrie，1996.

[8]　Alfano G，Carbini P，Ciccu R. La separation tribo-electrique des minerals phosphares. Industrie Minerale-mines et Carrieres，1989.

[9]　Carta M，Del Fa' C，Ciccu R. Technical and Ecconmic Problems connected with the Dry Cleaning of Raw Coal and in particular with Pyrite Removal by means of Electric Separation. Sydney，Australia，1976：33.

[10]　Alfano G，Curbini P，Ciccu R. Progress in Triboeleccric Separation of Minerals. Stockholm，Sweden，1988：833-844.

[11]　Anderson C G，Dunne R C，Uhrie J L. Mineral processing and extractive metallurgy：100 years of innovation. Englewood：Society for Mining，Metallurgy & Exploration，2014：684.

[12]　Pickett D E，Hall W S，Smith G W. Milling practice in Canada. Montreal：Canadian Institute of Mining and Metallurgy，1978：413.

[13]　Dyrenforth W P. Electrostatic separation. Mineral Processing Plant Design，Mular A L，Bhappu R B，AIME，1980：479-489.